Wider die maßlose Komplexitätsreduktion

*Das Ganze ist mehr
als die Summe seiner Teile.*

Für Ina und Juliane

Felix Tretter

Ökologie der Person

Auf dem Weg zu einem systemischen Menschenbild

Perspektiven einer Systemphilosophie und
ökologisch-systemischen Anthropologie

PABST SCIENCE PUBLISHERS
Lengerich, Berlin, Bremen, Miami,
Riga, Viernheim, Wien, Zagreb

Bibliografische Information Der Deutschen Bibliothek
Die Deutsche Bibliothek verzeichnet diese Publikation in der Deutschen Nationalbibliografie; detaillierte bibliografische Daten sind im Internet über < http://dnb.ddb.de > abrufbar.

Prof. Dr. phil. Dr. med. Dr. rer.pol. Felix Tretter
Nervenarzt, Klinischer Psychologe
Chefarzt der Suchtabteilung
Bezirkskrankenhaus Haar
D-85529 Haar
E-Mail: tretter@krankenhaus-haar.de

© 2008 Pabst Science Publishers, D-49525 Lengerich
Konvertierung: Armin Vahrenhorst

Druck: KM-Druck, D-64823 Groß Umstadt

ISBN 978-3-89967-432-3

Inhaltsverzeichnis

Vorwort

Dieses Buch beruht auf über 25 Jahren klinischer Arbeit in der Psychiatrie und nahezu 40 Jahren begleitender Forschungstätigkeit. Es stellt einen Versuch dar, dem bedenklichen allgemeinen Trend der Reduktion des Menschen auf das Bild eines *deterministisch operierenden biomolekularen Nutzenmaximierers* entgegen zu wirken. Reduktionistische Menschenbilder können für manche Fragestellungen sinnvoll sein, sie treffen punktuell zu, sie sind aber nicht universell und transsituativ anwendbar, denn es hängt entscheidender von den variierenden Umweltgegebenheiten ab, wie sich der Mensch verhält. Gerade angesichts schwerer physischer, psychischer oder sozialer Einschränkungen ist der Mensch nicht mehr Akteur, sondern „betroffener" *Homo patiens*, der sein Schicksal weder alleine gemacht, noch gewählt hat. Es zeigt sich dann ein anderer Anteil des Menschen, nämlich jener des „Geworfenen". Hier setzt die medizinisch-therapeutische Begegnung komplementär ein, die im Grunde den *Homo curans* in professioneller Form der Therapeuten in Behandlung und Pflege darstellt. Diese Komplementarität garantiert unser Leben von Geburt an und erlaubt es uns auch, im Alter in Würde unser Leben zu beenden. Wir sollten uns dessen gewahr bleiben.

Es geht in diesem Buch um den Entwurf eines mehrdimensionalen Rahmens einer praktischen Anthropologie für Menschen, die mit Menschen arbeiten. Fokus des hier vorgetragenen Konzepts einer „Ökologie der Person" ist der Beziehungshaushalt des Menschen zu seiner Umwelt und somit ein Bild vom Menschen, das ihn ausdrücklich auf seine Umwelt bezieht.

Dieser Text kann allerdings nur den Charakter von Skizzen, Arbeitsprogrammen und Hinweisen auf mögliche fruchtbare Perspektiven beinhalten. Er versucht im besonderen Maße auf die Bedeutung von Modellen hinzuweisen. Es soll darüber hinaus eine sprachlich einfache Darstellung vorgelegt werden, was nicht immer möglich ist. Es sollen aber auch ausdrücklich philosophische Dimensionen angesprochen werden. Es geht in diesem Text darum, ein umfassendes Bild zu skizzieren. Es können allerdings nicht die verschiedenen Diskurse der Philosophiegeschichte detailliert angesprochen werden. Darüber hinaus kann die Problematik der Ausdrücke und Begriffe, die hier verwendet werden, nicht detailliert erörtert werden und so können die verschiedenen Begriffsverständnisse einzelner Autoren hier nicht ausführlich berücksichtigt werden. Es ist beispielsweise eine umfangreiche Literatur dazu vorhanden, die sich mit der Unterscheidung und Über- und Unterordnung der Kategorien „Person", Subjekt", Mensch", Person", Individuum" befaßt. Es wird zwar hier versucht, zu diesen Fragen eine gewisse Ordnung und begriffliche Bestimmungsmerkmale über den Text hin einzuhalten, Vertiefungen dazu würden aber nur vom Blick zum Ganzen abhalten.

Ich hoffe, dass dieses Buch professionell mit Menschen Arbeitenden den Rückhalt gibt, in einer Situation, in der die Naturwissenschaften als „Lebenswissenschaften" immer stärker beanspruchen, den Menschen „voll" zu verstehen, den Glauben an die Vielfalt und Individualität des Menschen nicht aufzugeben.

Danksagung

Die Anregung, das Buch zu verfassen ergab sich aus der Diskrepanz zwischen wissenschaftlichen Befunden der Hirnforschung und den Ökonomisierungstendenzen im Gesundheitswesen einerseits und der Konfrontation mit den chronisch Kranken in der klinischen Psychiatrie mit ihren oft erschütternden Biographien andererseits. Gerade den Patienten verdanke ich viele Einsichten, die ich versuchte hier allgemein, und was das Wesentliche betrifft, in einen akademischen Text einzubinden.

Für die Abfassung eines Geleitwortes bin ich Herrn Professor Klaus Dörner äußerst dankbar, denn er ist einer der wenigen Vertreter psychiatrischen Denkens und Handelns in Deutschland, die ein humanitäres Engagement nachhaltig praktiziert haben.

Für die Diskussion des gesamten Manuskripts und für mehrere detaillierte Ergänzungsvorschläge bin ich Frau Dr. Christine Grünhut sehr dankbar.

Die konstruktive Zusammenarbeit bei der Druckvorbereitung mit Herrn Armin Vahrenhorst bei Pabst Science Publishers ermöglichte die rasche Herstellung des Buches.

Schließlich bin ich dem Verleger, Herrn Wolfgang Pabst, für seine Anregungen, Kommentare und sein großes Vertrauen in dieses Projekt äußerst dankbar.

Geleitwort

Das Motto, das der Autor seinem Werk vorangestellt hat „Wider die maßlose Komplexitätsreduktion", durchzieht seine Denkarbeit wie ein roter Faden. Und das hat nur zu triftige Gründe. Denn verstand man unter „Komplexitätsreduktion" lange Zeit zu Recht einen wichtigen Schritt jeder wissenschaftlichen Tätigkeit im Sinne einer Methode, so wurde aus einem solchen *Mittel* im Laufe der Zeit zunehmend das *Ziel* von Wissenschaft; sie geriet immer mehr selbst in die Gefahr, nur noch reduktionistisch zu sein. Gefahr deshalb, weil im Rahmen dieses Prozesses die Disziplin der philosophischen Anthropologie an Bedeutung verlor, was zur Folge hatte, dass die Einzeldisziplinen der Humanwissenschaften nun ersatzweise eigene und damit einseitige „Menschenbilder" auf den Markt warfen, wie etwa den homo oeconomicus oder den homo neurobiologicus. Das fördert zwar die Tendenz zu immer weiteren Spezialisierungen, macht aber die jeweiligen Einzel-Menschenbilder ideologieanfällig und beeinträchtigt vor allem die Praxisrelevanz der zunehmenden empirischen Befunde.

Diese Analyse führt Felix Tretter zu der ebenso berechtigten wie verdienstvollen Zeitansage, dass es heute überfällig sei, uns wieder auf den Weg zu einer neuen, natürlich zeitgemäßen und vor allem integralen Anthropologie zu machen. Diese habe, so führt Tretter aus, im Unterschied zu früheren Anthropologien einmal ökologisch zu sein, da eine Erörterung des Menschen ohne seine Umwelt und ohne „Welt" von einem Menschen ausgeht, der „weder leben noch gedacht werden kann". Zum anderen habe sie systemisch zu sein, da sie nur so, also in einer Mehrdimensionalität, in der Lage ist, die Komplexität der Datenfülle der heutigen Empirie eben nicht nur zu reduzieren, sondern auch als solche durchzuhalten oder zumindest zu rekonstruieren; denn nur auf diese Weise kommt sie in den verschiedenen Anwendungsbereichen den jeweiligen Patienten oder Klienten zu gute, erweist sie ihr volles Potential an Praxisrelevanz. Natürlich sind das zunächst einmal nur erste Bausteine auf dem Weg zu der geforderten neuen integralen Anthropologie. Aber schon sie ist anschlußfähig an die erste moderne, nämlich nicht-ontologische Anthropologie des zentrisch-exzentrischen Menschen von Helmuth Plessner, der wohl nicht zufällig gerade eine Renaissance erlebt. Jedenfalls macht die Lektüre dieses Buchs von Felix Tretter ungemein Lust, diesen Weg weiterzugehen und ihm weitere Bausteine hinzuzufügen.

Klaus Dörner

Zusammenfassung

Der intellektuelle Anlass, dieses Werk zu verfassen liegt darin, dass wir im Rahmen der empirischen Forschung im klinischen Bereich, sowohl in der Psychologie wie auch in der Medizin, zunehmend eine Vereinzelung der Erkenntnisse erzeugen: die Spezialisierung, die Empirisierung, die Operationalisierung, so notwendig sie in einer bestimmten wissenschaftsgeschichtlichen Situation waren und weiterhin sind, laufen im klinischen Bereich, und nicht nur dort, Gefahr das Ganze – nämlich den Menschen – aus dem Auge zu verlieren. Es ist aber andererseits kaum möglich, in den Kategorien und in der Sprache des 20. Jahrhunderts und den Arbeiten der klassischen medizinischen Anthropologie alleine eine Neubestimmung des Menschenbildes vorzunehmen, sondern es muss gezielt auf den aktuellen Empirismus geantwortet werden und zwar so, dass diese Erkenntnisse der empirischen Forschung Eingang in ein *mehrdimensionales Menschenbild* finden können, aber zugleich durch die Synopse eine neue Qualität bekommen. Dabei ist der Gegensatz zwischen Teil und Ganzes, also das humanwissenschaftliche Detailwissen einerseits und das nur schematische gesamtheitliche Menschenbild andererseits im dialektischen Verhältnis zu sehen: Es ist an der Zeit, die Integration humanwissenschaftlichen Wissens vorzunehmen oder zumindest einen tragfähigen Rahmen zu finden. Dieser Rahmen eines neuen Menschenbildes muss Platz haben für die unterschiedlichen Methoden der Humanwissenschaften und den für die Humanwissenschaften wichtigen Einzelwissenschaften, wie es die Biologie oder die Soziologie oder die Ökonomie sind. Dieses Konzept muss zugleich diese Komplexität aufnehmen und damit auch eine Identität vermitteln können. Dazu sind zunächst die Grenzen humanwissenschaftlicher Rationalität auszuloten.

1. Das reduktionistische Forschungsprogramm der Wissenschaft der Gegenwart

Unser Weltbild heute, und damit auch unser Menschenbild, ist nahezu umfassend von der Wissenschaft und weniger von der Philosophie geprägt. Die *Wissenschaft der Gegenwart* besteht überwiegend aus empirischer und experimenteller Forschung. Daten haben Vorrang vor Überlegungen. Das ist ein Merkmal des *Empirismus*. Nicht messen und sich trotzdem äußern, heisst dann „spekulieren". Experimentell soll der zu untersuchende Gegenstand in seine Einzelteile zerlegt werden, um das Ganze verstehen zu können, was ein problematisches Vorgehen ist: Die Einzelteile werden möglichst aus den Zusammenhängen isoliert, um exakte Aussagen machen zu können. Programmatisches Leitkonzept von Wissenschaftlichkeit sind die Naturwissenschaften, insbesondere die Physik. Dieser Trend hat auch die Human-, Geistes- und Sozialwissenschaften voll erfasst.

Nach diesem Muster werden nun von einzelnen *biologischen Spezialdisziplinen* – Genetik, Molekularbiologie, Neurobiologie, Evolutionsbiologie – *Menschenbilder* generiert, die bezogen auf die praktisch erfahrbare Vielfalt der Menschen als *reduk-tionistisch* einzustufen sind. Sie stehen damit zwar im Einklang mit dem naturwis-senschaftlichen Paradigma der Reduktion der empirischen Komplexität auf ein Basis-gesetz, sie zeigen aber eine Ignoranz gegenüber der empirischen Komplexität menschlichen Daseins zugunsten der statistischen Behauptung, dass „Häufiges" eben das „Wesen" ausmacht. Hier kommt noch der Homo oeconomicus der *Wirt-schaftswissenschaften* hinzu. Diese reduktionistischen Ansätze sind in Hinblick auf *Anwendungen in Praxisfeldern*, wo Dienste an Kranken, Alten und Armen mit ihrem Bedarf an Daseinsfürsorge erbracht werden, hochgradig bedenklich.

Es ist daher wichtig, den vorherrschenden *Empirismus, Reduktionismus, Determinis-mus* usw. aus übergeordneter, „metatheoretischer", also wissenschaftstheoretischer Sicht kritisch zu beleuchten, um die „Rationalität" dieser Projekte zu untersuchen. Es zeigen sich dabei einige wichtige Lücken, Unschärfen und Inkonsistenzen, so dass beispielsweise der Determinismus letztlich wegen fehlender Daten ein (wissen-schaftliches) Glaubensbekenntnis für die Zukunft ist. Auch den *Probabilismus* als Position, die von Wahrscheinlichkeiten oder als *Stochastik* gar von Zufällen als Ursa-chen der Ereignisse in der Welt ausgeht, als Spezialfall des Determinismus einzuord-nen, ist hypothetisch und nicht Ausdruck von „Naturgesetzen". Das betrifft auch in Hinblick auf die *Kausaliätstheorien* die Einordnung des Konzeptes der *„multifakto-riellen Bedingtheit"* in den Determinismus. Schwer haltbar wird auch der („starke") Determinismus als wissenschaftlich fundiertes Weltbild in Hinblick auf zirkuläre Kausalketten, also bei (vernetzten) Systemen – das „Henne-oder-Ei-Problem" tritt auf.

2.   Systemisches Denken

In den Naturwissenschaften ist allerdings in den letzten 50 Jahren zumindest punk-tuell ein gegensätzlicher Trend zum Reduktionismus immer wieder zu beobachten, nämlich der *„systemische Ansatz"*, der in Extrempositionen von der Irreduzibilität der Phänomene als emergente Systemeigenschaften ausgeht und versucht, diese Zusammenhänge herauszuarbeiten. Diese Perspektive sieht die *Interaktionen zwi-schen Teilen, die Ganzheit, die Komplexität* und die (nichtlineare) Dynamik als zen-trale Probleme für den wissenschaftlichen Reduktionismus an. Wenn Dinge im Ein-zelnen betrachtet werden, dann wird aus systemischer Perspektive immer auch auf den *Kontext* geachtet, während der reduktionistische Ansatz auf der Suche nach den Elementarteilchen eher die innere Struktur des Untersuchungsgegenstandes beachtet und den Kontext gezielt eliminiert. Wenngleich der systemische Ansatz, der auch in der Gestaltpsychologie und Gestaltphilosophie verwurzelt ist, eine lange geisteswis-senschaftliche Tradition aufweist, wird er in der akademischen Welt nicht sonderlich gepflegt. Er ist auch nicht institutionalisiert. Deshalb scheint die institutionelle *Ein-bindung in die Philosophie* als traditionelle akademische Heimat der Wissenschaf-ten und der Reflexion sehr zweckmäßig zu sein.

3.   Systemphilosophie und systemische Anthropologie

Das systemische Denken hat in Form der *Kybernetik* und der *allgemeinen System-theorie* bereits seit den 1930er und 1940er Jahren punktuell in die akademische Welt Eingang gefunden. Trotz dieser langen Tradition ist eine umfassende Definition dessen, was eine interdisziplinär relevante *Systemwissenschaft* als Wissenschaft der Netzwerke ausmacht, nicht geklärt. Aus diesem Grund scheint es sinnvoll zu sein, der Philosophie diese Rolle zuzuweisen und einen speziellen Ansatz, die *„Systemphilosophie"* oder systemische Philosophie oder Philosophie der Systeme usw. zu propagieren. Die Philosophie, die im aristotelischen Sinne als Mutter aller Wissenschaften begriffen werden kann, hätte zunächst das Potenzial, diese Aufgabe zu übernehmen. Es geht darum, die wesentlichen *Begriffe* wie Aktivator, Inhibitor, Stabilität, Nicht-Gleichgewicht usw. systemanalytisch und metatheoretisch zu präzisieren, die typischen *Methoden* jenseits ihrer technischen Details herauszuarbeiten, wie es vor allem die Aussagekraft der Input-Output-Analyse, aber auch mehrere mathematische Verfahren sind. Vor allem die *Methodik der Modellbildung* und insbesondere die Rolle von *Computersimulationen* als zeitgemäße Form der Gedankenexperimente ist ein zentraler Gegenstandsbereich. Weiters stellt sich die Aufgabe, systemische Theorien, wie die Kontrolltheorie, die Katastrophentheorie, die Chaostheorie und die Komplexitätstheorie metatheoretisch zu beleuchten und deren interdisziplinäres Potenzial zu präzisieren. Schließlich sind die Besonderheiten verschiedener Paradigmen wie der *Nichtlinearität* (z.B. Wetter) oder der *Komplexität*, wie sie für das Gehirn typisch ist, herauszuarbeiten. Derartige Bemühungen könnten am besten im Umfeld der analytischen Wissenschaftstheorie aufgebaut werden.
In der Folge ist – und das ist das Kernthema des Buchs – eine *systemisch-philosophische Anthropologie* ein Ansatz, der die Komplexität und die Brüche und die Nichtlinearitäten des Daseins der Menschen unter besonderer Berücksichtigung der Umweltbeziehungen betrachtet. Unter „Umwelt" wird nicht nur die soziale Umwelt, sondern auch die technische und natürliche Umwelt verstanden, was hier mit der *ökologischen Perspektive* in Zusammenhang gebracht wird. Das ist in gezielter Abhebung von dem Kompetenzanspruch der vorher genannten Einzelwissenschaften, auch für Menschenbilder zuständig zu sein, gemeint.
Wenngleich die Anthropologie eine universitäre Einzeldisziplin oder Unterdisziplin der Philosophie ist, so zeigt sie zwar inhaltlich vielfältige disziplinäre Bezüge, die allerdings bisher keine entsprechend ausgestaltete Institutionalisierung aufweisen.

4.   Monodisziplinäre Menschenbilder

Die Humanwissenschaften als die Wissenschaften vom Menschen – vor allem die Psychologie und die Biomedizin, haben in den letzten Jahren eine unübersehbare Vielzahl von Daten geliefert, deren Zusammenschau zunehmend schwieriger wird. Diese Daten-Situation lässt sich mit dem erwähnten Begriff der *Komplexität* zutreffend erfassen, der vor allem charakterisiert, dass die Zusammenhänge der Einzelfakten schwerlich zu erarbeiten sind. Viele Disziplinen wie Psychologie, Medizin, Soziologie, Ökonomik, Pädagogik u.a. haben diese Daten generiert. Die Folge ist, dass aus den Einzelwissenschaften, wie der Ökonomie und der Neurobiologie, neuerdings „Menschenbilder" angeboten werden, die beanspruchen, das Wesen des Menschen „monodisziplinär" zutreffend zu beschreiben. Selbstverständlich wird dabei von den einschlägigen Autoren nicht vergessen, zu betonen, dass es keinesfalls darum geht, einen derartigen Anspruch auf Allgemeingültigkeit zu vertreten, sondern es seien nur „als-ob"-Bilder vom Menschen. Das erscheint aber nur als ein Versuch, die potenzielle Kritik herunter zu regulieren.

Der „Homo oeconomicus", wie er von dem Wirtschaftsnobelpreisträger Gary Becker propagiert wird, vertritt einen Anspruch der Allgemeingültigkeit, der nicht nur menschliches Verhalten im Kontext von wirtschaftlichem Handeln, sondern auch das Alltagsverhalten umfasst – der Mensch würde immer nur seinen Nutzen maximieren. Dieses Menschenbild findet nun zunehmend Eingang in das alltagsweltliche Denken – es ist von der *Beschreibung* zur Vorschrift, zum *normativen Schema* geworden. Ähnliches betrifft das Menschenbild, das die moderne Biologie *(Homo biologicus)*, zunächst auf der Basis der Erkenntnisse der Genetik und nun vor allem auf der Grundlage der aktuellen Neurobiologie liefert: Der Mensch ist von seinen biochemischen Prozessen determiniert und glaubt nur, nach eigenen Entscheidungen zu handeln. Dem Homo oeconomicus wie auch dem Homo (neuro)biologicus ist demnach, im Gegensatz zu der integralen Anthropologie von Gadamer und Vogler, gemeinsam, dass sie reduktionistisch und deterministisch gestaltet sind. Sie sind darüber hinaus *fachlich eindimensional* begründet und es bestehen auch Erklärungslücken. Es scheint aus der Sicht der Praxis der angewanden Humanwissenschaften auch nicht möglich zu sein, *eindimensionale Menschenbilder* anwenden zu können, weil sich die Menschen aus der Erfahrung verschiedener Praxisfelder der Arbeit mit Menschen abgeleitet nicht darunter subsumieren lassen.

Es ist deshalb hier zu zeigen, dass die Reduzierbarkeit des Menschen auf eine materielle Dimension nicht so ohne weiteres möglich ist. Derartige Konstruktionen bzw. Rekonstruktionen beruhen nämlich auf einer Vielzahl impliziter Annahmen, die solche Ansätze letztlich zu gleichartigen Glaubenshaltungen deklassieren, wie es nichtreduktionistischen Konzepten vorgehalten wird. Wenngleich derartig einseitige Menschenbilder zwar nicht völlig „falsch" sind, so ignorieren sie aber die Erfahrungen, die aus der *Praxis* der Medizin, Psychologie, Pädagogik oder Jurisprudenz stammen und auch nur als implizites Wissen zur Verfügung stehen, denn es gibt – wie erwähnt – keine universitär organisierte integrale Anthropologie, die multidisziplinär fundiert das Verständnis dessen, was der Menschen ist, aufbaut und zugleich die Praxisfelder mit einbindet, also „transdisziplinär" gestaltet ist.

5.   Ökologie der Person

Die hier vorgelegten Ausführungen zu einer *systemischen Philosophie* mit dem Fokus auf eine *systemische Anthropologie* zielen auf die Anwendbarkeit eines ganzheitlichen Menschenbildes im klinischen Kontext und begründen sich auch aus diesem Bereich. Die dabei vorgestellten Konzepte lehnen sich deshalb auch an die medizinische Anthropologie von Viktor von Weizsäcker an, die einen historischen Kumulationspunkt einer klinisch-praktischen Anthropologie darstellt. Als Kernpunkt

15

jenes Konzepts wird in diesem Zusammenhang die Verschränkung von Leib und Seele angesehen. Es handelt sich also zunächst um ein *zweidimensionales Menschenbild*, das im klinischen Bereich die Grundlage für die *Psychosomatik* stellt. Dieser „Dualismus" ist, philosophisch betrachtet, nicht zwingend ein ontologischer Dualismus, sondern zunächst aus pragmatischen Gründen klinischer Praxis nur ein methodologischer Dualismus. Er sagt über die prinzipielle Reduzierbarkeit nicht viel aus, denn solche Fragen sind auch heute, trotz der Beiträge aus der Neurobiologie, noch metaphysischer Art. So kann man den Monismus ebenso wenig beweisen oder widerlegen, wie dies für den ontologischen Dualismus zutrifft. Das wird in Hinblick auf die aktuelle Neurophilosophie detaillierter diskutiert.

Auch bieten die Arbeiten von Thure von Uexküll zu einer psychosomatischen Perspektive der Medizin, die zu einem integrativen Verständnis des Menschen in seiner Krankheit führt, eine gute Ausgangsbasis für das hier Vorgetragene. Es werden aber nur wenige Referenzen eingearbeitet, denn der hier vorgelegte Ansatz beruht einerseits auf langjährigen psychiatrischen klinischen Erfahrungen, die in dem Bereich schwerster psychischer Störungen liegen und weit über das Erfahrungswissen der Psychosomatik hinausgehen und auch viele andere Extrempunkte menschlicher Existenz betreffen. Ein Schwerpunkt sind in dieser Hinsicht die Suchtkrankheiten, die – was die anthropologische Perspektive betrifft – den Vorteil bieten, einerseits in den psychiatrisch-klinischen Erfahrungshorizont hineinzureichen, aber andererseits auch den breiten Bereich der *Normvarianten* des *Alltagsverhaltens* und *-erlebens* zu umfassen. Ein wesentlicher weiterer Grund legt nahe, die traditionellen Ansätze zu einer medizinischen Anthropologie nur am Rande zu nutzen – es ist dies die eigenständige anthropologische Perspektive, die sich im Kontext des ökologischen Diskurses, also banal gesagt – im Rahmen der Umweltdiskussion – entwickelt hat, die zeigt, dass eine Erörterung des Menschen ohne seine Umwelt von einem Menschen ausgeht, der weder leben, noch gedacht werden kann. Der letzte akademische Versuch einer Integration dieser humanwissenschaftlichen Sichtweisen wurde in Form einer integralen Anthropologie von Gadamer und Vogler in den 1970er Jahren in einem 7-bändigen Werk vorgenommen. Dabei wurden relevante Einzelfakten der humanwissenschaftlichen Einzeldisziplinen zusammengestellt. Es zeigte sich ganz deutlich, dass so etwas wie eine in einer Universitätsfakultät beheimatete umfassenduniverselle bzw. grundlegend-generelle Anthropologie nicht erreichbar war. Die akademische Anthropologie war zu jener Zeit in Form von Spezialisierungen, wie etwa der biologischen Anthropologie, institutionalisiert. Seither ist die Bedeutung der empirischen Anthropologie in der öffentlichen Diskussion eher zurückgegangen. Bei der hier vorgeschlagenen alternativen Perspektive handelt es sich um eine *„Ökologie der Person"*, oder akademischer gesagt um eine *„ökologische Anthropologie"*. Ein daraus abgeleitetes umweltbeziehungsorientiertes Menschenbild hat nun die Aufgabe, eine enorme Komplexität von Daten und Gesichtspunkten auch zu integrieren, was nur in einem multidisziplinären Forschungsprogramm bearbeitbar erscheint. Diese Komplexität führt nun dazu, die systemische Perspektive stärker zu betonen. Hier zeigt sich die Komplementarität von Ökologie und Systemforschung, insofern sie sich gewissermaßen wie *Inhalt und Form* zueinander verhalten.

Auf diesem Hintergrund soll deshalb ein mehrdimensionales Denkraster aufgezeigt werden, das unter anderem für die klinische Praxis geeignet erscheint und das zunächst weniger eine fertige Inhaltsbestimmung dessen liefern kann, „was der Mensch ist", als dass es eine praxisrelevante orientierungsstiftende *Heuristik* sein soll.

Die Ökologie der Person geht von einem Konzept aus, das die Person in die Umwelt eingebettet sieht, zu der vielfältige bidirektionale Beziehungen bestehen. Das Konzept *Umwelt* ist allerdings nicht so trivial, wie dies umgangssprachlich erscheinen mag – es sind Dimensionen der Umwelt, die Betrachterperspektive oder die Lebensbereiche zu unterscheiden. Ähnlich komplex ist die Bedeutung des Begriffs *Beziehung*, bei dem vor allem die Differenz objektiver und subjektiver Bestimmung, also die Beobachterabhängigkeit zu berücksichtigen ist. Der Beziehungsbegriff führt rasch zu dem Begriff des *Beziehungshaushalts* – ein Kernkonzept der Ökologie, die in Form der *Humanökologie* auch in den Humanwissenschaften präsent ist. Diese Begriffsbestimmungen erlauben es, zu konkreten Fragen der Person-Umwelt-Beziehungen unterschiedlich ausgerichtete konzeptuelle Rahmenmodelle zu konstruieren. Auf diese Weise ist ein umfassenderes qualitatives Verständnis von Mensch, Gesundheit, Krankheit, Therapie und Prävention zu erzielen. Gegebenenfalls können für empirische Studien auch Erhebungsskalen aus der Ökopsychologie genutzt werden. Diese Perspektive wurde bereits in einer anderen Publikation zum Suchtproblem dargelegt (Ökologie der Sucht).

Das Entscheidende dieses Textes ist das Ziel, einen Weg zu einer philosophischen Anthropologie zu finden, die eine ökosystemische Orientierung aufweist und außerdem wichtige Erkenntnisse der modernen empirischen Humanwissenschaften integrativ einzubinden erlaubt. Angesichts dieser komplexen Aufgabe ist letztlich zu betonen, dass dieser Text eher eine Skizze von zukünftigen Arbeiten ist, für den Fall, dass Interesse besteht, eine zeitgemäße Anthropologie und ein entsprechendes Menschenbild zu konstruieren.

1. Das Weltbild des Reduktionismus der Wissenschaften

Komplexitätsreduktion ist unumgänglich,
allerdings mit dem Risiko
der Elimination des Essenziellen.

1.1 Der Reduktionismus als methodologisches Programm der Wissenschaften

Die *Gegenwartskultur* ist durch ein Primat der *Vernunft* und damit auch der *Wissenschaft* gekennzeichnet. Was nicht wissenschaftlich „bewiesen" oder experimentell bzw. im Doppelblindversuch belegt ist, gilt nicht als „rational" und wird dem Bereich des *Glaubens* zugewiesen. Dieser nahezu religiös anmutende Wahrheitsanspruch der Wissenschaft muss auf seine Tragfähigkeit hin untersucht und seine Grenzen aufgezeigt werden. Dies soll in diesem Textabschnitt erfolgen, in dem das entsprechende reduktionistische Erkenntnisprogramm, die Überbetonung der empirischen Forschung, der Glaube an den Determinismus, die überhöhten Erklärungsansprüche und die Mängel in Hinblick auf ein deterministisches Menschenbild kritisch erörtert werden.

Ein zentrales Problem der Wissenschaft ist zunächst, dass sie für ihre Aussagen ihren Untersuchungsgegenstand experimentell auf möglichst wenige Einflussfaktoren hin *isolieren* muss. Dadurch *entkoppelt* sie aber auch ihr Objekt von den *Bedingungen der realen Existenz*. Sie „dekontextualisiert" ihr Forschungsobjekt. Dies gelingt recht gut mit anorganischer Materie, mit Lebewesen aber schlechter, und zwar bereits bei niedrigen Organismen, besonders schlecht aber funktioniert es beim *Menschen*. Das liegt einerseits an seiner *Komplexität* und seiner großen *Umweltabhängigkeit*, aber auch an der *Ethik*, die es verbietet, mit Menschen – auch bei deren Einwilligung – Experimente aller Art durchzuführen. Dass ethische Regeln verletzt werden, zeigt die Menschheitsgeschichte, wie zuletzt in besonders drastischer Weise in der Zeit des Nationalsozialismus, indem die Medizin und auch die Psychiatrie sich als politisch manipulierbar zeigten. Diese, die wissenschaftliche Erkenntnis grundlegend limitierenden Faktoren lassen aber zur Frage nach der *wissenschaftlichen Reduzierbarkeit* des Menschen und des Menschenbildes insgesamt die Vermutung aufkommen, dass ein schlüssiges, empirisch-wissenschaftlich fundiertes Menschenbild kaum zu erlangen ist. Das wird verschärft durch die Tatsche, dass es *methodologisch unterschiedlich ausgerichtete Humanwissenschaften* gibt, die Beiträge zum modernen Menschenbild liefern können. Da keine der beteiligten akademischen Disziplinen von vorne herein eine *höhere Validität* zu diesem Thema ausweisen kann, können die Wissenschaften nur *Teilbilder* für ein *mosaikartiges Menschenbild* liefern. In den letzten Jahren haben allerdings die *Neurobiologie* und die *Wirtschaftswissen-*

schaften den zunehmenden Anspruch erhoben, den Menschen auf ihre Disziplin reduzieren und wissenschaftlich „erklären" zu können – der Mensch sei nicht mehr als sein Gehirn, bzw. Menschen seien nur Nutzenmaximierer. Die Argumente erscheinen zunächst überzeugend, bei genauerer Betrachtung relativieren sich diese Aussagen aber beträchtlich. Dies wird in einem gesonderten Abschnitt im Kapitel 4 detailliert erörtert. Um derartige eindimensionale Menschenbilder analytisch kritisieren zu können, müssen allerdings zunächst einige Grundlagen und Grenzen (natur)wissenschaftlicher Erkenntnis erörtert werden. Dazu dient in diesem und im nächsten Abschnitt die Perspektive der Wissenschaftstheorie („Metatheorie"; Mittelstrass 2004). Diese Vorgehensweise, die Wissenschaft selbst und ihre Aussagen zum Gegenstand einer Analyse zu machen, bezieht sich hier auf die wissenschaftstheoretischen Analysen des kritischen Rationalismus, wie er beispielsweise von Karl Popper ausgearbeitet wurde (Popper 1984a, 1984b) und wie er in Grundzügen auch heute noch vertretbar erscheint (Balzer 1997, Bunge 1998, Lauth u. Sareiter 2002). Nach dieser metatheoretischen Kritik erfolgt die Detailkritik in einem gesonderten Abschnitt. Es zeigt sich dann vor allem für die Praxisfelder der Humanwissenschaften die Notwendigkeit, ein mehrdimensionales Menschenbild, das den Faktor Umwelt explizit einbezieht, zu entwickeln.

1.1.1 Top-down-Analyse – von der Vielfalt zum Elementaren

Die Komplexität der Welt gebiert gewissermaßen automatisch den Reduktionismus der Wissenschaft als institutionalisierte Strategie der Reduktion der individuell und kollektiv erfahrenen kognitiven Komplexität. Dieser Trend ist unumgänglich und sinnvoll. Am liebsten würde man als Wissenschaftler eine einfache unifaktorielle, aber universelle Theorie kreieren, die „alles erklärt" („Weltformel") und aus der sich verschiedene spezielle Anwendungsfälle logisch ableiten lassen. Diese Vision verfolgt die „Königsdisziplin" der Wissenschaften, die Physik, die umfassende Theoriebereiche aufweist, die aber noch immer nicht vereinigt sind. In diesem Sinne versuchen auch die Vertreter der empirischen Bereiche der Wissenschaften immer wieder, einen einzigen Wirkfaktor zu identifizieren, der möglichst alle Strukturen und Folgeprozesse determiniert und sie bemühen sich darum, auch bei multifaktoriellen Bedingungsgefügen – beispielsweise durch die statistische Methode der Faktorenanalyse – einen Generalfaktor zu finden. Dieser reduktionistische Weg des „Atomismus" (Mikroreduktionismus, nach Oppenheim u. Putnam, 1958) wurde beispielsweise in der „Königsdisziplin" Physik bei der Top-down-Suche nach den Atomen, den Atomkernen, den Quarks und den weiteren Bestrebungen der Elementarteilchenphysik beschritten (Erbrich 1996). Dieses Streben nach dem „Master-Teilchen", das alles regelt und auch die Welt im Innersten zusammenhält, ist aber auch – psychologisch betrachtet – Ausdruck eines impliziten magischen Denkens in der Wissenschaft, ein Denken und Streben, das allerdings auch enorme Fortschritte im Verständnis, in der Nutzung und in der Kontrolle der Natur erbracht hat. Allerdings zeigt die Wissenschaftsgeschichte (z.B. Atomphysik), dass der analytische Top-down-Erkenntnisprozess nach einer Phase der unifaktoriellen Betrachtung zu Ende ist und dass dieser Master-Faktor (z.B. Atom) aufgrund neuer experimenteller Daten nicht

19

als Element, sondern wieder als *System*, also als *Gefüge von Partikeln* begriffen werden muss (z.B: Atom -> Elementarteilchen). So folgt eine neue Phase der *multifaktoriellen Betrachtung*, bis wieder eine reduzierende Ordnung durch eine *mono-* oder zumindest *oligofaktorielle Betrachtung* gefunden wird (Theorie der Quarks, Periodensystem in der Chemie).

Die Bemühungen um eine *unifaktorielle Beschreibung* und *Erklärung* von komplexen Phänomenen, die somit auf *einen Kausalfaktor* zurückgeführt werden können, kennzeichnen also die Wissenschaft als *reduktionistisches Erkenntnisprogramm*. Dieses Projekt führt in Form von kognitiven Konstrukten vor allem zu einem *homogenen Weltbild* in Form der wissenschaftlichen Naturbeschreibung, sie sind aber *nicht die privilegierte Einsicht in die Weltordnung*.

Bei genauerer wissenschaftstheoretischer Betrachtung zeigt sich allerdings bereits in der *Physik*, dass beispielsweise eine Reduktion der Theorien der Festkörperphysik auf die Quantentheorie für unmöglich und auch nicht für sinnvoll gehalten wird (vgl. Schwegler 2001). Bereits die konsistente Reduktion der Thermodynamik auf singuläre molekulare Betrachtungen erscheint nicht möglich, insofern beispielsweise der auf Molekül-Kollektiven aufbauende Begriff „Temperatur" nicht auf ein einzelnes Molekül bezogen werden kann (Schwegler 2001).

In Folge dessen ist es derzeit – und auch bis auf Weiteres – sicher nicht der Fall, dass etwa die Elementarteilchen-Physik essenzielle und spezifische Fragen des Menschen und der Gesellschaft direkt beantworten kann, also etwa den Zusammenbruch des Kommunismus für 1989 rekonstruieren lässt.

Man muss realistischerweise vielmehr von einem *Schichtenaufbau der Welt* ausgehen, wobei jeder Ebene eine gewisse *funktionelle Autonomie* und qualitativ neue, d.h. *„emergente" Eigenschaften* zugeschrieben werden müssen (Riedl 1975, 1990). Zumindest kommen bei lebenden Systemen – und zwar schon auf molekularer Ebene – neue Vorgänge wie *Vermehrung, Fortpflanzung, Ordnungsbildung, Selbstregulation* und *Selbstorganisation* in hohem und typischen Maße dazu (s. Abb. 1.1). Über die genaue Gliederung der Welt wollen wir uns aber hier keine weiteren

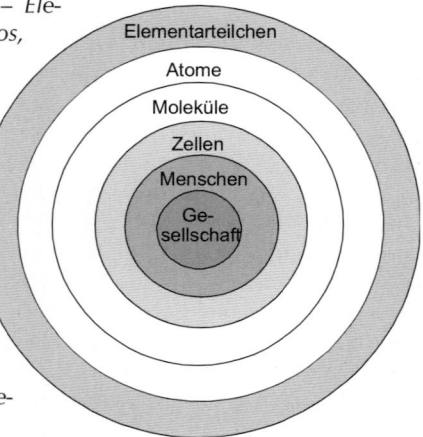

Abb. 1.1: *Reichweite der einzelnen Systeme – Elementarteilchen umfassen den gesamten Kosmos, Atome nur einen kleineren Bereich, die Moleküle ein kleineren Ausschnitt, Zellen einen noch kleineren Bereich, die Menschen sind ein noch kleinerer Teilbereich, die Gesellschaft ist das vielleicht komplexeste Gebilde, umfasst aber nicht einmal alle Menschen.*
Anmerkung: Gesellschaft ist im Wesentlichen nicht ein Ensemble von Menschen, sondern sie umfasst vor allem Sinnsysteme, ist also eine andere „Entität". Menschen sind wiederum mehr als ein Ensemble von Zellen, und Zellen sind mehr als ein Ensemble von Molekülen. Entscheidend ist der Grad der Ordnung.

Gedanken mehr machen (s. jedoch Riedl 1975, Miller 1978), sondern wir wollen weiter prinzipielle Probleme der Wissenschaft beleuchten und betonen, dass jede der Ebenen jeweils durch eine oder mehrere wissenschaftliche Disziplinen erforscht wird, die für ein geschlossenes Welt- und Menschenbild zu wenig anschlussfähig sind und außerdem erhebliche innere Inkonsistenzen aufweisen.

1.1.2 Die Bottom-up Erklärungen – vom Elementaren zur Vielfalt

Ein Grundproblem wissenschaftlicher Erkenntnis besteht darin, aus den Teilen, in die die Welt experimentell zerlegt wurde, wieder ein lückenloses Gesamtbild der Welt herzustellen (Abb. 1.2). Das ist sogar in der Physik noch nicht gelungen, insofern die Verbindung der Relativitätstheorie mit der Quantenphysik ebenfalls noch nicht befriedigend realisiert ist (Hawking 2001). Auch die Biologie verfügt über keine „geschlossene Theorie". Die Evolutionstheorie mit den Konstrukten „Mutation" und „Selektion" ist wissenschaftslogisch betrachtet keinesfalls unproblematisch (s. Kap.4).

Geht es um disziplinübergreifende Fragen, wie es das *Menschenbild* ist, dann sind bei diesem Vorhaben noch weitaus mehr *Erklärungslücken* zu vermuten. Bereits bei *Biosystemen*, wie es Zellen sind, stellt sich die Frage, ob die Physik und die Chemie ausreichen, lebende Prozesse zu beschreiben. Da die entsprechenden Forschungserkenntnisse zu Biosystemen mit unterschiedlichen Methoden – Anatomie, Physiologie, Histologie, Biochemie etc. – gewonnen wurden, besteht das *methodologische Problem* einer *umfassenden Theoriebildung* – beispielsweise für die Hirnforschung – darin, mit einen *methodologischen „Aspektpluralismus"* zurecht zu kommen, der immer nur bestimmte Merkmale, also etwa die Morphologie oder die Funktion einer Nervenzelle abbildet (Schwegler 2001).

Diese Methoden-Frage stellt sich angesichts des Menschen als Gegenstand wissenschaftlicher Betrachtungen in schärferer Weise und letztlich auch was die *Gesellschaft als System* von *Sinn-Kommunikationen* betrifft. Es ist deshalb auch keineswegs überzeugend, wenn derzeit versucht wird, den Menschen auf seine Gene oder sein Gehirn zu reduzieren: Was nützt das fähigste Gehirn, wenn es in einer Gesellschaft leben muss, die in bestimmten Bereichen an Bildung und Forschung wenig Interesse hat?

Es stellt sich also das zentrale Problem der *Bottom-up-Erklärung, aus den Teilen wieder „das Ganze" zu rekonstruieren.* Denkt man zum Beispiel an eine zerlegte Uhr, dann wird klar, dass sich *„das Ganze"* im wesentlichen aus den *Beziehungen der Teile zueinander* ergibt. Die Frage dabei ist, welche der möglichen konzeptuelltheoretischen Aggregationen der empirisch-experimentell identifizierten Teile ein Ganzes ergeben, das wiederum ein Teil eines noch größeren Ganzen ist usw. So ergibt sich die seit der Antike bestehende Frage nach der *geschichteten Ordnung der Welt*, wann Organisationsstufen überschritten werden und wann nicht.

Hier wird dieser Frage nach der „Ordnung der Welt" und ihrer Beschreibungsmöglichkeiten nicht weiter nachgegangen, wenngleich sich für das Verständnis des Menschen, der ja aus Zellen besteht, die Frage stellt, wie wichtig das detaillierte Verständnis der Gewebe, Organe und Organsysteme des Organismus und schließlich

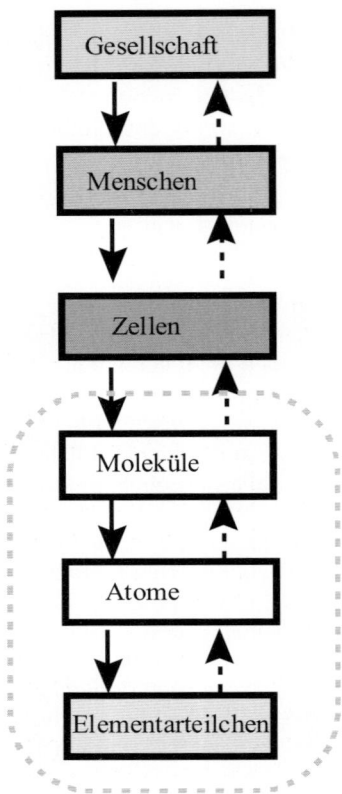

Abb. 1.2: Hierarchische Struktur des naturwissen-schaftlichen Weltbildes und die Richtung der Top-down-Analyse (durchgängige Pfeile) und die „Gegen-Richtung" (Bottom-up) der Rekonstruktion und Erklärung (gestrichelte Pfeile). → Welchen Nutzen hat die Elementarteilchenphysik zur Erklärung von typischen Prozessen von Zellen, Menschen oder Gesellschaften?

des „Psychischen" für ein Menschenbild sind. Um sich hier nicht in derartigen Differenzierungen zu verlieren, wird der Mensch hier zunächst als *psychophysische Einheit* verstanden, die in eine Gesellschaft *eingebettet* ist.

In Folgekapiteln, insbesondere Kapitel 4, werden diese Fragen präziser erörtert.

1.2 Theorie, Empirie und Praxis – nichts ist praktischer als eine gute Theorie

Ein wichtiger Aspekt bei der Betrachtung der Erklärungskraft von Wissenschaften ist das Verhältnis von *Theorie* und *Empirie* und die Bedeutung für die Praxis.

Theoretische Gesetze bzw. *Theorien* sind induktiv aus Daten-Zusammenhängen abgeleitet, sie bestehen teilweise aus Daten und teilweise aus Zusammenhangsaussagen. Sie werden nach Popper (1984a, 1984b) bei neuen Beobachtungen nach der Art hypothetischer Gesetze erneut bestätigt oder widerlegt. Dabei greifen aber Theorien mit ihren Aussagen über die empirische Datenlage hinaus. So beruhen viele „Naturgesetze" auf *Interpolationen* zwischen Messwerten, auf *Extrapolationen*, die über Messwerte hinausreichen und auf formalen *Approximationen* an Datenreihen – etwa als „line of best fit". So stimmt die Newton'sche Gravitationstheorie mit manchen Messungen von Planetenbewegungen nicht genau überein. Theoretische Ausführungen sind zwar im Idealfall *mathematisch ausformulierte Gleichungen*. In Form von theoretischen Gesetzen mit allgemeinem Gültigkeitsanspruch wie die bekannte Gleichung der Relativitätstheorie $E = m \cdot c^2$ stellen sie *Generalisierungen* dar, deren Datenbasis inkomplett ist und deren experimentelle Überprüfbarkeit u. U. technisch noch gar nicht möglich scheint.

Es ist auch zu beachten, dass der Bereich der *empirischen Forschung* nicht immer *quantitative Daten* zur Verfügung hat, sondern oft nur *qualitative Daten* generiert. Analog dazu weist der *Theoriebereich qualitative* oder auch *quantitative Aussagensysteme* auf. Dieser wissenschaftsgeschichtliche Aspekt wird in dem 3. Abschnitt zur Systemphilosophie noch etwas detaillierter erörtert.

Theorien sollen schließlich auch konsistente *Erklärungen* und *Prognosen* liefern, wobei die Reichweite von Theorien, also deren Gültigkeitsbereich, geklärt werden muss.

Zu diesen metatheoretischen Fragen bleibt für die *Hirnforschung* festzuhalten, dass der Theoriebereich gegenüber dem Datenbereich schwach ausgeprägt und weit von Formalisierungen entfernt ist, während in den mathematisch sehr ausgearbeiteten *Wirtschaftswissenschaften* der quantitativ-empirische Bereich noch überraschend unzulänglich scheint (Tretter 2005a, 2007). Beide Forschungsansätze gehen in ihren Ansprüchen, menschliches Verhalten zu erklären, weit über ihre Datenbasis hinaus. Von besonderer Bedeutung – insbesondere für die Medizin – ist noch die Relevanz der *Empirie* und der *Theorie* der betreffenden Wissenschaft für die Praxis. Der Umstand, dass es hier erhebliche Diskrepanzen gibt, hat schließlich den Konstanzer Wissenschafts-Philosophen Jürgen Mittelstrass dazu gebracht, die Notwendigkeit einer „Transdisziplinarität" zu betonen, bei der die Erfahrungen der Praxis zusätzlich als „Datenquelle" verwendet werden, um die einzelnen Problemlagen (z.B. Krankheiten, Umweltprobleme) zu definieren und geeignete Lösungsmuster zu finden (Mittelstrass 2003, 2004).

1.3 Gleiches und Ungleiches – Homogenität und Heterogenität

Bei wissenschaftlichen Analysen muss unterschieden werden, was zum Untersuchungsgegenstand gehört und was nicht. Nach Art der konstruktivistischen Erkenntnistheorie gefragt (s. Kapitel 3) ist aber zu klären – welcher Unterschied macht *den* Unterschied aus? So zeigt sich bei wissenschaftlichen Analysen, bei der Frage nach der Gliederung eines Systems (z.B. Nervensystem), dass sich das Gefüge der Einzelteile (Zellen) je nach Methode als *homogen* oder *heterogen* darstellt: Bestimmte Gewebsfärbetechniken lassen nicht zwischen erregend und hemmend wirksamen Nervenzellen unterscheiden und ergeben ein homogenes Bild.

Dieses Klassifikationsproblem bei Vorliegen von zwei (oder mehr) Datensätzen bzw. Objekten ist dem empirischen Forscher auch als statistisches Problem der Signifikanz-Prüfung bekannt, bei der entschieden werden soll, ob *kein oder doch ein*

Unterschied zwischen zwei als *möglicherweise heterogen* anzusehende *Datenmengen* vorliegt (H_0-Hypothese vs. H_1-Hypothese). Die Entscheidung hat ein gewisses Restrisiko – meist 1 bis 5 % –, dass sie falsch getroffen wurde (H_0 trifft zu, wird aber abgelehnt bzw. H_1 wird angenommen; alpha-Fehler). Es besteht also ein *Irrtumsrisiko*, unterschiedliche Objekte versehentlich der gleichen Objektklasse zuzuordnen. Was noch in der Physik und der Chemie im Labor unter experimentellen Bedingungen leicht entschieden werden kann, ist bereits in Anwendungsbereichen, etwa der *Geophysik* schwierig, wenn man beispielsweise an den Klimawandel denkt: ist das Klima „gleich" geblieben oder „anders" geworden? Besonders schwierig wird es aber für die „Naturwissenschaft", wenn es um die Biologie geht, also beispielsweise um die Frage, wie sich der Mensch von den Affen wegentwickelt hat, wie solche genetische Mutationen zustande kamen usw. (s. Kapitel 4).

Die Evolutionstheorie muss die Stufen des Weges vom „Urknall" über die „Ursuppe" und den „Ur-Biomolekülen" zur „Urzelle" bzw. „Urzell-Population", zum „Urorganismus" zum „Urtier" bzw. zum „Urmenschen" lückenlos beschreiben und erklären, was noch nicht möglich ist (Thoms 2005). Dieses Problem der Übergänge wird auch mit den Begriffen „Kontinuum" und „Diskontinuum" oder „*kontinuierlicher Prozess*" versus „*diskontinuierlicher* (bzw. *diskreter*) Prozess" umschrieben. Diese Unterscheidungen sind auch mit der Differenz von *Quantität* und *Qualität* begrifflich eng verwandt. Solche Kategorien haben vor allem im Bereich der mathematischen Modellierungen Konsequenzen, weil im ersteren Fall beispielsweise Differenzialgleichungen verwendet werden können, bei diskreten Ereignissen jedoch die Differenzialgleichungen oder die Wahrscheinlichkeitstheorie zur Anwendung kommt, etwa in Form von Übergangswahrscheinlichkeiten, wie sie häufig in Markov-Ketten abgebildet werden.

Dieser Entscheidungsaspekt ist hier bedeutsam, da er den Prozess der Wissenschaft dahingehend charakterisiert, dass es sich um *Wahrscheinlichkeitsaussagen*, also um Aussagen mit einer gewissen „Trefferrate" handelt und nicht um einfache „Naturgesetze", denen die Prozesse in der Natur „gehorchen". Das wird beispielsweise in der Diskussion der Bedeutung der Hirnforschung für das Menschenbild äußerst selten bedacht, wenn beansprucht wird, ein mit der theoretischen Biologie konkordantes Konzept vorzulegen(s. Abschnitt 4).

1.4 Identität, Äquivalenz, Ähnlichkeit und Invarianz – ist alles gleich?

Ein Problem, das mit dem Homogenitäts-Problem eng verwandt ist, betrifft die Identitätsbeziehung zwischen zwei Objekten oder Sachverhalten. Genau genommen ist die Identität nur in der Mathematik als Definitionsgleichung mit „ein-eindeutigen" Relationen möglich (Isomorphismus), also in speziell definierten Zeichen-, Bedeutungs- bzw. Sinnsystemen. In realen Systemen ist zumindest die Zeit zu berücksichtigen und so ist es nicht gut möglich, eine vollkommene Identität anzunehmen. Beispielsweise ist die Feststellung der Identität einer Person vom Zeitpunkt t1 bis zum Zeitpunkt t2 nur nach einem Merkmal möglich, das einem Beobachter *invariant* erscheint. Es ist somit eher nur die *Gleichheit* (Äquivalenz) etwa im Sinne einer „eindeutigen" Relation (Homomorphismus) und, wenn die Zeit explizit eine tragende Rolle spielt, die *Invarianz* zwischen zwei (oder mehr) Beobachtungen voraussetzbar. Auch hier stellt sich empirisch das erwähnte Statistik-Problem, ab welcher Differenz die Differenz als signifikant gewertet wird. In diesem Fall kann noch eine Form der *Ähnlichkeitsrelation* zwischen den Beobachtungen angenommen werden. Eine besondere Form der Ähnlichkeitsrelation ist die „Selbstähnlichkeit" im Rahmen der „fraktalen Geometrie", bei der Mikrostrukturen und Makrostrukturen identisch sind, aber durch einen Skalierungsfaktor differieren (s. Kapitel 2).

Bei dem Leib-Seele-Problem, das heute als Gehirn -Geist-Problem diskutiert wird, ist das Konzept, eine *Identität von Gehirn und Geist* anzunehmen, daher problematisch und nur deshalb attraktiv, weil – wie unter anderem Michael Pauen mehrfach aufgezeigt hat (Pauen 2001, 2006) – dieses Konzept des *materialistischen Monismus* eine höhere Konsistenz für weitere Aussagen zeigt, als eine dualistische Konzeption. Dieses Konzept stellt aber dann eine ontologische Grundannahme über das materielle „Wesen" von Gehirn und Geist dar. Hier sei auch angemerkt, dass durch die Differenzierung von Begriffen wie „Monismus" in Richtung ontologischer, methodologischer „Monismus" usw. die Diskussion facettenreicher wird und Differenzen zwischen Positionen verträglicher und logische Widersprüche abgeschwächt werden (s. Kapitel 4).

1.5 Kausalität: Konditionalität, Determinismus und Probabilismus – wie wirksam sind „Ursachen"?

Die Freiheit des Menschen
ist seine Einsicht
in die Möglichkeit anderen Verhaltens.

Die zentrale Frage der Wissenschaften ist die nach den *Bedingungen* von *Ereignissen* bzw. *Prozessen*, also des *Verhaltens*. Es geht um die Ursachen und ihre Wirkungen, um das Bedingungsgefüge (Konditionalität) eines Ereignisses. Diese Fragen nach der *Kausalität* interessieren in Hinblick auf den Menschen, wenn man beispielsweise die Gene als Grundlage des Verhaltens und Erlebens identifizieren will, also etwa Genforschung bei psychiatrischen Erkrankungen betreibt. Dabei ist es zunächst unerheblich, ob nur ein Faktor oder mehrere Faktoren kausal relevant sind.

Grundlegend werden *Behauptungen über Kausalitätszusammenhänge* mit bestimmten Kriterien begründet (Stegmüller 1974): Der Faktor a bedingt x kausal (ist Ursache von x), wenn

- a zeitlich früher als x auftritt, und
- wenn x nie (oder selten) auftritt, wenn a nicht auftritt und
- wenn x (fast) immer auftritt, wenn a auftritt usw.

Einfache Kausalitätsgesetze besagen demnach, dass *„wenn a, dann x"*, und „wenn b, dann y" bzw. a $\Rightarrow$ x. Bei Generalisierungen wird der logische All-Operator $\forall$ verwendet: $\forall x \, (a \Rightarrow x)$. Er besagt, dass für alle a gilt, dass sie x implizieren. In diesem Fall kann von einer Determinierung des Prozesses bzw. von einer deterministischen

Aussage die Rede sein. Tritt das Ereignis nicht immer ein, dann hätte man eine Wahrscheinlichkeitsaussage (probabilistisches Gesetz). Häufig wird das probabilistische Gesetz in den Determinismus eingeordnet. Tritt das Ereignis nur zu 50 % ein, dann müsste man zunächst von einem Zufallsprozess ausgehen (stochastisches Ereignis). Es gibt dann noch ein Problem: Die *deskriptive Wenn-dann-Formulierung* gibt eigentlich nur die Bedingungen (Konditionen) an, unter denen x auftritt. Das wäre eine Naturbetrachtung des Experimentators, die man als „Konditionalismus" bezeichnen könnte, wenn es nur um die *Beschreibung (Deskription)* ginge. Derartige *deskriptive Aussagen* werden aber häufig generalisierend in die *explanatorische Weil-Formulierung* zur *Kausalaussage* transformiert: „x tritt auf, *weil* a wirkt" oder: „weil a wirkt, tritt x auf". Das ist selbstverständlich wissenschaftlich sinnvoll, es müsste aber klargestellt sein, dass es sich dabei um eine *hypothetische Aussage* handelt. Bei guter Bestätigung dieser Kausalitäts-Hypothese – also im Idealfall, wenn bei „allen x, dann a" eintritt – handelt es sich in dieser Situation im Prinzip um ein „Naturgesetz". Das wäre dann im Extremfall eine Form eines „deterministischen" Gesetzes – x ist durch a determiniert, also zwangsweise bedingt.

1.6 Multikonditionalität – eine Ursache kommt selten allein

Ein weiters Problem wissenschaftlicher Analysen besteht darin, dass die interessierenden Phänomene häufig das unmittelbare Produkt von *mehreren anderen gleichzeitig vorhandenen Phänomenen* sind. Man spricht in diesem Zusammenhang statt von „monokausalen" von „multikausalen" Bedingungen eines Phänomens. So ist im Rahmen der Mechanik die kinetische Energie eines Objekts proportional dem Produkt von Masse mal Geschwindigkeit zum Quadrat ($E_{kin} = \frac{1}{2}*m*v^2$), und zwar ist dieses Produkt in quantitativer Weise bestimmbar: Je mehr Masse vorliegt und/oder je größer die Geschwindigkeit ist, desto höher ist die Energie. Viele Phänomene sind jedoch nicht nur „bifaktoriell", sondern „multifaktoriell" bedingt und zwar mit unterschiedlichen Gewichten der einzelnen Wirkgrössen. Analytisch wird dies beispielsweise mit der Bool'schen Algebra oder mit Hilfe der „multivariaten Statistik", etwa in Form der Faktorenanalyse ermittelt (Backhaus et al. 2006). Man müsste also einen unifaktoriellen und einen multifaktoriellen Determinismus unterscheiden, wobei der

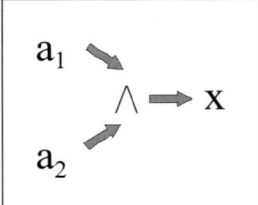 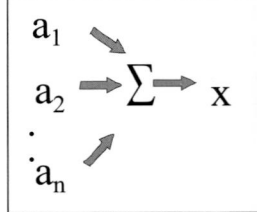

Abb. 1.3: *Einige Formen von Bedingungsgefügen: A: unifaktorielles Gefüge, B: logische Und-Verknüpfung von zwei Wirkgrößen, C: additives multifaktorielles Gefüge.*

starke Trend zur unifaktoriellen Erklärung – vor allem in der Medizin – manchmal so extrem ist, dass man, wie der bekannte Hirnforscher Ernst Pöppel oft in Diskussionen anmerkt, eine „Monokausalitis" vorzuliegen scheint.

1.7 Empirie impliziert Statistik – eine Schwalbe macht noch keinen Sommer

Man hat seit Galilei bereits erkannt, dass zur Beschreibung von Naturphänomenen *Messreihen* als Messwiederholungen erforderlich sind. Die Messungen zeigen nämlich bei genauer Betrachtung der Stellen hinter dem Komma Abweichungen der Messwerte untereinander. Somit sind empirische Zusammenhangsaussagen – etwa über Geschwindigkeit und Masse – *statistische Aussagen*, die durch Mittelungen der Messwerte ($\bar{x}$) als einfache Gesetze formuliert werden können. Es ist deshalb empirisch betrachtet keineswegs der Fall, dass bei jedem Auftreten der Bedingung a auch exakt x eintritt, sondern *Variationen* der Werte, die um den Mittelwert $\bar{x}$ streuen.

Es gilt also: $a \Rightarrow \bar{x} \pm e$ (Error, systematisch und zufällig).

Diese Formulierung entspricht der Gleichung der klassischen linearen Testtheorie der Statistik (Bortz 2004).

Genau genommen muss man wegen der Messreihen deshalb sagen: „Wenn a, dann mit *hoher Wahrscheinlichkeit* x und wenn b, dann mit *hoher Wahrscheinlichkeit* y". Diese wahrscheinlichkeitstheoretisch orientierte Modifikation des Determinismus – der *probabilistische Determinismus* – gilt also genau genommen bereits für die klassische Mechanik in der Physik.

Der Determinismus besteht – aus mathematischer Sicht – aus impliziten Vorannahmen, Interpolationen, Extrapolationen und Approximationen

Es ergibt sich also *empirisch-experimentell betrachtet* die Situation, dass der *vollkommene (starke) Determinismus nicht vorliegt*, sondern im wahrscheinlichkeitstheoretischen Kontext der empirischen Forschung nur ein *„schwacher Determinismus"* anzunehmen ist. Darüber hinaus sind empirisch gestützte Aussagen nur „gut bestätigt", aber nicht „bewiesen".

Die Aussage, dass die Welt determiniert sei, ist letztlich eine metaphysische Aussage und damit ein (wissenschaftliches) Glaubensbekenntnis.

1.8 Erklärung und Prognose – hinterher ist man immer klüger

Das Verhalten physikalisch oder chemisch determinierter Systeme lässt sich nicht nur gut „beschreiben", „erklären", sondern auch *voraussagen*. Und umgekehrt: Die Qualität von Erklärungen lässt sich auch an der Exaktheit und der Reichweite der darauf aufgebauten Prognosen überprüfen. Darauf haben Wissenschaftstheoretiker, wie beispielsweise Hempel und Oppenheim (1948), in heute immer noch gültiger Form hingewiesen (Hempel 1965).

Beste Voraussagen gelingen bei bestem Verständnis des jeweiligen Gegenstandes. In dieser Hinsicht hat der Wahrscheinlichkeitstheoretiker Pierre-Simon Laplace die Grundzüge eines effektiven Determinismus mit einem gedanklichen Konzept klargelegt.

1.8.1 Laplace'scher Dämon

Das Kernkonzept des Determinismus wird nach Laplace am besten mit einem fiktiven Akteur charakterisiert, der als „Laplace'scher Dämon" bekannt ist. Dieser Dämon kann die Welt vorausberechnen, wenn er nur die Anfangsbedingungen der Welt kennt. Diese Kompetenz beruht – hier pointiert gesagt – auf nur drei Voraussetzungen:

1. Der Dämon benötigt eine *komplette Datenbank*, die alle Ausgangszustände aller Orte dieser Welt (Anfangsbedingungen) umfasst.
2. Er kennt alle *Differenzialgleichungen*, die alle Prozesse dieser Welt beschreiben.
3. Er verfügt über einen *Supercomputer*, der alle Kalkulationen sofort durchführen kann.

Dieses plastische Beispiel zeigt, welche eigentlich unerfüllbaren Voraussetzungen der *totale Determinismus* (starker Determinismus) erfüllen muss. Es ist also kaum konsistent darstellbar, dass sich seit dem Urknall im Kosmos eine geradlinige, sich ständig verzweigende Kausalkette abwickelt, mit dem vorausbestimmten Ergebnis, dass gerade jetzt der Leser mit diesen Zeilen konfrontiert ist. Zufällige Einwirkungen und „spontane" Selbstorganisations-Prozesse, die sich auf diesen Pfaden ereignen, spielen für Verzweigungen der Prozesse offenbar eine große Rolle.

Der Leser muss davon ausgehen, dass der Autor größte Achtung vor den Naturwissenschaften und insbesondere vor den experimentellen Lebenswissenschaften hat, aber er soll zugleich an den Dämon von Laplace denken, wenn in einem späteren Abschnitt Autoren und Denkansätze von Hirnforschern zitiert werden, die etwa behaupten, das Gehirn funktioniere „deterministisch", ohne dass diese Behauptungen durch umfassende Datenbanken, Differenzialgleichungen der Gehirnprozesse und Berechnungen durch Supercomputer belegt sind, die dies wenigstens näherungsweise einsehbar machen.

Selbst wenn also das Gehirn den Menschen in seinen Verhaltensmöglichkeiten als Outputgröße im Sinne von konditionieren „determinieren", also bedingen mag, so ist nicht sicher, dass das Gehirn selbst deterministisch „prozessiert".

„Determinismus"-Behauptungen ohne Beweise sind metaphysische Dogmen.

1.8.2 Identische, äquivalente und ähnliche Anfangsbedingungen eines Prozesses – was kommt am Ende heraus?

Die Schwierigkeit, auch bei mechanischen Prozessen im Alltag zutreffende Prognosen zu machen, lässt sich bereits beim Billiardspiel verdeutlichen: Man kann bei einem einzelnen Stoß nicht genau voraussagen, wo eine Kugel landen wird. Dies liegt daran, dass bei einer kleinen Abweichung der Startbedingungen im Laufe der Kontakte mit anderen Kugeln oder der Bande ein ganz anderer Bahnverlauf auftritt (s. Abb. 1.3). Es ist also – wie es manche Autoren (Seifritz 1987) sagen – nicht die „schwache Kausalität" gegeben, die besagt, dass *kleine Ursachen kleine Effekte* erzeugen und *große Ursachen zu großen Effekten* führen (z.B. lineares Dosis-Wirkungsgesetz), sondern es ist davon auszugehen, dass auch *kleine Ursachen zu großen Effekten* führen können (starke Kausalität). Wenn jede der Komponenten eines Systems eine gewisse Variabilität zeigt, die beispielsweise zeitlich keinen exakten Rhythmus aufweist, dann sind die Ausgänge eines Prozesses – vor allem wenn er mehrstufig ist – nicht mehr eindeutig voraussagbar, sondern nur mehr im Nachhinein – allerdings exakt – *rekonstruierbar*. Dabei wird die Determination des Prozesses durch naturwissenschaftliche Gesetze mit guter Berechtigung unterstellt. Somit lässt sich auch der Verlauf der Billardkugel ohne Metaphysik rekonstruieren. Allerdings gibt es auch im Bereich der Physik der Lawinen oder der Sanddünen ungelöste Probleme, nämlich die Frage, ab wann sich ein Haufen mit Schnee oder Sand im Sinne des Wachstums noch „selbst organisiert", und ab wann Lawinenabgänge auftreten, bzw. ab wann der Sand abrutscht („Superkritikalität", auch „Hyperkritikalität", Richter u. Rost 2002).

Es ist allerdings nur ein idealtypisches Denkmodell, wenn gesagt wird, dass bei gleichen Bedingungen die Verläufe auch gleich sind. Obwohl diese Möglichkeit einer *„identischen Gleichheit" (Identität)* im Bereich der Mechanik gut vorstellbar ist, so ist im Bereich der Biologie nur die *„Gleichwertigkeit"* oder *„Gleichartigkeit" (Äquivalenz)* denkbar, denn Wiederholungen von Experimenten in der Biologie sind schwieriger – Hautzellen, die abgestorben sind, sind eben tot und es haben sich dort neue Zellen gebildet, die (ontologisch) andere Zellen sind, obwohl sie (phänomenal) gleich aussehen.

Genauer besehen lässt sich also bei biologischen Prozessen, bei realistischen Gedankenexperimenten zum Determinismus, nur die „Ähnlichkeit" postulieren, wobei dann die Schwierigkeit besteht, die Grenze von der „Gleichartigkeit" zur „Andersartigkeit" zu ziehen. Deshalb schon ist es nicht sehr sinnvoll, im biologischen Bereich vom starken Determinismus auszugehen. Dieses Problem durchzieht die Evolutionstheorie (Wuketits 2005). Die Irreversibilität der Evolution ist, nebenbei gesagt, besser belegt als deren Determination (s. Kapitel 4).

Schwieriger als im Bereich der Makrophysik der Mechanik werden die Verhältnisse bekanntlich auch in der Welt der Elementarteilchen, wo sich im Sinne der Heisenberg'schen Unschärferelation (genauer: Unbestimmtheitsrelation) ein grundlegender *Indeterminismus* abzeichnet, weil sich Ort und Impuls eines Teilchens nicht gleichzeitig hinreichend genau bestimmten lassen (Heisenberg 2003). Dieser Bereich wird hier aber nicht weiter berücksichtigt, weil wir davon ausgehen, dass die Beschaffenheit der Ultramikro-Ebene dieser Welt nicht die Makrophänomene determiniert, also

29

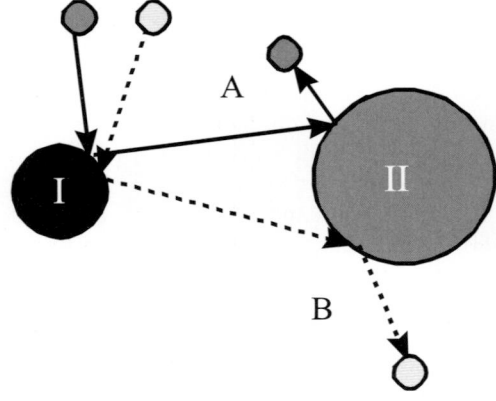

Abb. 1.3: *"Starke" Kausalität - kleine Ursachen können große Effekte haben. Eine kleine Abweichung des Startpunktes (helle kleine Kugel) führt zu unterschiedlichen Einfallswinkel auf das große runde Objekt I, mit der Folge unterschiedlicher Einfallswinkel auf dem Objekt II, mit der weiteren Folge, dass nun beinahe entgegengesetzt verlaufende Bahnverläufe A oder B auftreten (nach Basieux 1995, S. 81).*

auch nicht in dem Sinne, dass die Quantenstochastik die Bewegung von Körpern und ihre Beschreibbarkeit in der Alltagswelt wesentlich beeinflusst. Hier ist das Problem der *Determiniertheit von Makrophänomenen* durch *Mikrophänomene* tangiert, wobei sich in vielen Fällen die Makrophänomene (z. B. Temperatur eines Körpers) als statistische Werte der Mikrophänomene (z. B: Brown'sche Molekularbewegung) begreifen lassen. Ein Molekül alleine hat keine Temperatur, daher ist die Temperatur Effekt und Korrelat der Wechselwirkungen eines Ensembles von Molekülen. Dieses Beispiel zeigt auch, dass es in der Physik nicht reduzierbare Phänomene gibt, was Helmuth Schwegler griffig als "physikalischen Nichtreduktionismus" bezeichnet hat (Schwegler 2001). Darüber hinaus sind durch dieses Beispiel auch Hinweise für die Grenzen eines strengen Determinismus und die Notwendigkeit eines statistischen (probabilistischen) Weltbildes gegeben. Nicht nur die Frage nach der *Struktur* der *lokalen Ordnung*, sondern auch die Frage nach der *Struktur der Zeit* ist für den Determinismus relevant – die "teuflische" Frage an die Wissenschaft ist nach Augustinus die nach den ersten Anfängen unserer Welt – was war vor dem Urknall und was hat Gott, wenn er den Urknall erzeugt hat, vorher gemacht?

1.9 Der determinierte Mensch – vom Westen nichts Neues

Die Grenzen des Determinismus treffen in besonderem Maße bei der Betrachtung des Menschen zu. Das bezieht sich beispielsweise auf die Frage, ob ein interessierendes *menschliches Verhalten* – z.B. Willensentscheidungen – determiniert oder undeterminiert, also "frei" ist. Im Sinne des Dämons von Laplace fehlen uns die Daten, die Gleichungen und die Rechenmöglichkeiten, das Verhalten der Menschen voraus zu berechnen.

Die im Kapitel 4 detaillierter dargelegte, nicht ganz einfach zu begründende Antwort hier schon ein wenig vorwegnehmend, muss man zugeben, dass *menschliches Verhalten* zwar *in hohem Maße determiniert*, bzw. treffender gesagt: *"limitiert"* ist – *körperliche*, *psychische Grenzen* und vor allem auch *soziale Regeln* als Verhaltenserwartungen und als Erwartungserwartungen in der Interaktion (Luhmann 1984) selektieren aus dem Horizont möglichen Verhaltens nur wenige sozial verträgliche Verhaltensmuster. Auch gibt es Grenzen der kognitiven und körperlichen Fähigkeiten, insofern es bisher keinen Menschen gibt, der 200 Jahre alt wurde oder in 5 Sekunden 100 Meter weit laufen kann usw. Der Mensch ist daher *biopsychosozial determiniert, insofern er limitiert ist.* Es gibt für ihn *Grenzen, Einschränkungen, Limits* und in diesem Sinne *Determinanten.*

Dennoch gibt es in diesem Rahmen *Variationen des Verhaltens,* die von außen betrachtet sich nicht ohne weiteres vorhersehen und einordnen lassen. Aus der *Innenperspektive (Erste-Person-Perspektive)* erkennt der jeweilige Mensch in manchen Situationen, in denen er sich zu etwas gleichsam automatisch gedrängt fühlt, dass er auch anders handeln könnte. Der Mensch verfügt in der *reflexiven Stellungnahme zu sich selbst als Person,* die zusätzlich in einen *gesellschaftlichen Erwartungshorizont eingebettet* ist, somit über eine „Restfreiheit", sich auch anders verhalten zu können – Freiheit ist daher nicht im Sinne von Hegel die „Einsicht in die Notwendigkeit", sondern die „Einsicht in die Möglichkeit" (anderen Verhaltens).

Die empirisch-praktische Schwierigkeit, Verhaltensvorhersagen machen zu können, also etwa im sehr explizit geregelten Straßenverkehr voraussagen zu können, wie sich die einzelnen Teilnehmer verhalten werden, ob sie die Vorfahrt beachten oder nicht beachten, führt zur Berechtigung, von einem *„praktischen Indeterminismus"* auszugehen, bei dem zunächst alles möglich ist. Dabei wird dem *Zufall* eine höhere Bedeutung eingeräumt als den Naturgesetzen und den sozialen Gesetzen.

Solche Überlegungen beruhen zunächst auf einer *Außenperspektive,* die vom Untersuchungsgegenstand das Bild einer Black-Box hat, bei der das Innere, die funktionelle Struktur der Box, nicht bekannt ist, sondern nur die Input-Output-Beziehungen. Diese Außenperspektive wird in der Philosophie des Geistes als *Dritte-Person-Perspektive* bezeichnet.

„Freiheit" ist Variation innerhalb von Grenzen, Determination ist Eingrenzung von Variation.

Der Mensch ist multikausal, nämlich *biopsychosozial* determiniert.

1.10 Fazit – der Determinismus ist limitiert

Das erfolgreiche Erkenntnisprogramm von *Physik* und *Chemie* geht von einem Weltbild aus, das auf dem Prinzip des *Determinismus* aufbaut und den hierarchischen Aufbau der Welt unterstellt, der sich auf elementare Teilchen und Eigenschaften reduzieren lässt. Dieses Weltbild besagt also, dass die Phänomene der Welt auf Kernprozesse zurückgeführt werden können. Solche Naturbeschreibungen bauen auf den Kategorien „Energie", „Masse", „Geschwindigkeit" u. dgl. auf. Diese gut bestätigte, aber letztlich nicht endgültig beweisbare Annahme der Determiniertheit der Welt dient auch in den Humanwissenschaften als Leitkonzept. Es fragt sich, ob dieser methodologische „Wissenstransfer" dem „Gegenstand Mensch" gerecht wird.

Es gibt nämlich Brüche in dem naturwissenschaftlichen Weltbild, die mit dem Stand der Forschung zu tun haben könnten, aber auch prinzipieller Natur sein könnten. So lässt sich die Entwicklung der Welt nur bruchstückhaft als deterministischen Prozess begreifen oder eben als Gefüge von deterministischen Notwendigkeiten und von Zufällen beschreiben. Das prinzipiell zu klären liegt aber weitgehend im Bereich der *Naturphilosophie*. Die Datenlage, diese Frage zu entscheiden, ist zu wenig tragfähig und kann vielleicht gar nicht wesentlich gebessert werden. Deshalb sollten Begriffe wie „Determinierung", „determinieren" usw. eher im Sinne „Bedingung" bzw. „bedingen" verwendet werden.

Allerdings haben die Physik und die Chemie auch Konzepte entwickelt, die es erlauben, mit diesen Inkonsistenzen elegant umzugehen. Diese Ansätze lassen sich zur *systemischen Perspektive* zusammenfassen.

Empirische und theoretische Erklärungslücken: Anlässe für Forschung, Ansätze für den Glauben

2. Die systemische Perspektive – die Alternative zum Reduktionismus

Systemisches Denken
stellt sich
der Komplexität des Ganzen

Die Probleme des klassischen naturwissenschaftlichen Weltbildes liegen im kritiklosen, totalitären und *generalisierenden Determinismus*, im *monokausalen Reduktionismus* und der damit verbundenen Konzeptlosigkeit gegenüber dem *Komplexitätsproblem* und in der Schwierigkeit im Umgang mit der *Nichtlinearität* und *Dynamik* von *heterogenen Multi-Komponenten-Systemen*. All diese Problembereiche finden in den Diskursen der Systemtheorie bzw. Systemwissenschaft eine zutreffendere Behandlung, insofern diese Themen explizit im systemischen Denken berücksichtigt werden. Diese Probleme sollen hier behandelt werden.

2.1 Indeterminismus, Zufall und Chaos – „nix is g'wiss"!

Die mechanische Physik ging, wie bereits mehrfach angesprochen wurde, von dem deterministischen Konzept aus, das die Welt als Maschine, als Räderwerk auffasste. Nach dem Beispiel der mechanischen Physik wurden auch „lebende" und „soziale" Systeme als Maschine, etwa als Uhrwerk, betrachtet. Doch genauere Betrachtungen von diskontinuierlichen Prozessen, also von *Sprungphänomenen*, ergaben auch in der Physik Probleme, die quantitative Beschreibung der Ursachen zu leisten.

Die Welt als Prozess ist ein Gewebe von Notwendigkeiten und Zufällen

Bereits mit Blick auf die angewandte Geophysik erkennt man, dass die *Behauptung der Determiniertheit unserer Welt* nur ein *Postulat* und eine idealtypische Denkfigur ist – am Problem der Wetterprognosen und anderen Fragen in Anwendungsbereichen der Physik (z.B. Tsunami-Prognosen) zeigen sich die Schwierigkeiten, nur über mehrstündige oder mehrtägige Entwicklungen hinaus *sichere Prognosen* (Trefferrate: 95 – 99%) abgeben zu können. Das liegt vor allem daran, dass die vielfältigen *lokalen Rückkopplungen lokaler Komponenten,* etwa von Wettersystemen, eine *tendenziell eskalatorische (nichtlineare) Eigendynamik* aufweisen, was noch immer konzeptionelle und kalkulatorische Probleme mit sich bringt (z.B. Tornado- und Hurrikan-Prognosen). Diese Problematik ist typisch für die *Analyse komplexer nichtlinearer dynamischer Systeme (z.B. Chaostheorie),* bei denen kleine Zustandsänderungen auf *Mikroebene* nach einigen Zeitschritten große Zustandsveränderungen auf *Makroebene* ergeben. Plakativ gesagt: der Flügelschlag eines Schmetterlings kann weit davon entfernt einen Tornado auslösen.

33

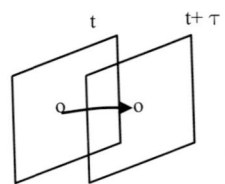 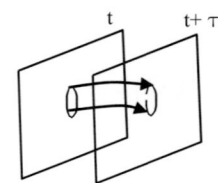 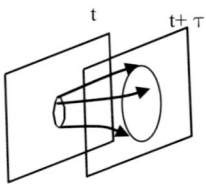

Lineare Systeme:
* gleiche Ursachen haben
gleiche Effekte
<u>Schwache Kausalität</u>

* ähnliche Ursachen
haben ähnliche
Wirkungen
<u>Starke Kausalität</u>

Nichtlineare Systeme:
* ähnliche Ursachen haben
unterschiedliche Wikungen
(Sensitivität gegenüber
Anfangsbedingungen)
<u>Chaotische Kausalität</u>

Abb. 2.1: *Ursache-Wirkungs-Relationen im Sinne der modernen Kausalitätstheorie (nach Seifritz 1987)*

Anders formuliert ist zu klären, ob das jeweilige System *deterministisches Verhalten, probabilistisches* Verhalten oder *indeterministisches* Verhalten zeigt. Deterministisches Verhalten bedeutet wie bereits ausgeführt, dass der Input den Output wesentlich bestimmt. Probabilistisches Verhalten räumt eine gewisse Rate an Non-response ein, d.h. dass der Input nicht in allen Fällen einen Output erzeugt. Das kann an messtechnischen Problemen liegen, aber auch am Prozess selbst. Bei indeterministischem Verhalten ist ein Zufallsprozess anzunehmen. Die zufälligen, d.h. anscheinend regellosen Reaktionsmuster eines Systems, können auch als chaotische Muster bezeichnet werden, wenn sie durch eine bestimmte mathematische Funktion, also beispielsweise durch nichtlineare gekoppelte Differenzialgleichungen beschrieben werden können (s.u.).

Wegen dieser eingeschränkten Prognosekompetenz der angewandten Physik ist für die *Praxis* ein wahrscheinlichkeitstheoretisch orientierter („probabilistischer") Denkansatz und stellenweise sogar ein „indeterministisches" (stochastisches oder chaostheoretisches) Bild von der Natur, das an Nichtlinearitäten, Zufallsprozessen (Stochastik) und der relativen Autonomie einzelner Prozesse orientiert ist, fruchtbarer als der homogene Determinismus (Seifritz 1987). Zwar kann prinzipiell an der theoretischen Möglichkeit des (starken) Determinismus festgehalten und der Probabilismus als Spezialfall des Determinismus vorgesehen werden – die Welt ist in diesem Sinn vorherbestimmt, aber nicht exakt vorausberechenbar. „Determinismus" ist dann aber – pointiert gesagt – auch zunächst nur ein *metaphysischer Glaube.*

Für das Verstehen von *Biosystemen* ist es daher aufgrund der Komplexität von Lebewesen auf empirischer Basis zweckmäßig, zunächst vom Probabilismus und vor allem in der klinischen Medizin und Psychiatrie, im Sinne von Rudolf Gross, sogar von einem *„praktischen Indeterminismus"* auszugehen (Gross u. Löffler 1997).

2.2 Zufall und Notwendigkeit – Determination mit Unbekannten?

Eine besondere Qualität weist der „Zufall" auf (Gigerenzer et al. 1988, Tarrassow 1998). Von Zufall spricht man, wenn keinerlei Regel des Auftretens eines Ereignisses erkennbar ist. Zufall ist aus der Sicht des Deterministen das Geschehen, das sich aktuell nicht erklären lässt. Das ist bei dem Ereignis nach dem Münzwurf oder nach dem Wurf eines Würfels der Fall – man kann nicht voraussagen, welche Seite dieser „Zufallsgeneratoren" nach oben liegt. Nur nach großen Ereignisreihen lässt sich eine empirische Wahrscheinlichkeit für eine bestimmte Realisation (z.B. Zahl bei Münze, die Sechs beim Würfel) angeben, die im Falle der Münze ½ (p = 0,5) beträgt und beim Würfel 1/6 (p = ca. 0,17). Zwar lässt sich das Ergebnis des Münzwurfes nicht im Einzelfall konkret vorhersagen, doch lässt sich prinzipiell davon ausgehen, dass das Ergebnis aus den physikalischen Gesetzen herleitbar ist.

Nicht nur für die Ereignisserie eines einzelnen Objekts, sondern auch für ein Kollektiv von Elementen, also Molekülen oder Personen, lässt sich die Auftrittswahrscheinlichkeit eines Zustands oder einer Situation (z.B. Position im Raum) unter Zufallsbedingungen angeben. Sie entspricht dann begrifflich der Entropie, das heißt der Gleichverteilung im Verteilungsraum. Anders formuliert: Es herrscht größte Unordnung (Mainzer 2007, S. 62).

Eine zentrale Rolle spielt das Konstrukt Zufall in der klassischen Evolutionstheorie: die Entstehung der Arten und ihr Überleben hängt von *zufälligen* genetischen „Mutationen" und deren „Fitness" bezogen auf eine bestimmte Umwelt ab. Klimawandel beispielsweise kann die Lebensbedingungen von Arten so verändern, dass eine Art überlebt, die andere ausstirbt. Das Prinzip Zufall kann aber nicht so ausgeprägt wirksam sein, sonst wäre die biologische Evolution nicht so weit gekommen, wie sie ist – es müssen zusätzliche Optimierungsfaktoren wirksam gewesen sein. Dies wird mit dem Prinzip der „Selbstorganisation" erklärt, dem auch das Konzept der Autokatalyse von Manfred Eigen zuzuordnen ist (Eigen 1987; siehe Kapitel 4).

Der Zufall spielt auch bei der Betrachtung der Begegnung von Menschen eine Rolle: Die Begegnung zweier Menschen A und B auf der Straße wird jeweils als ein „Zufall" erlebt, wenngleich A und B jeweils zielgerichtet, geplant und voraussehbar ihre Wege beschritten haben. Solche Zufälle können für Menschen schicksalhafte Bedeutung haben – als Glücksfälle des Lebens oder als Unglücksfälle. Aus einer übergeordneten Sicht, in einer „Vogelperspektive" oder Dritte-Person-Perspektive lässt sich daher der Zufall prinzipiell, und zwar am besten retrospektiv, erklären. Auch tritt die kalkulatorische *theoretische Häufigkeit* des Zufallsereignisses (z.B. Würfelzahl 6) im Rahmen großer Messreihen empirisch ein (1/6; Mainzer 2007). In der Zeit-Domäne manifestiert sich der Zufall als *regellose Fluktuation der Zustandsgrößen* eines Systems, was als Rauschen (Noise) bezeichnet wird. Überlagerungen von derartigen Fluktuationen mit einem zweiten stochastischen Prozess können zur Ausbildung von Ordnung führen. Solche Übergänge können in Computersimulationen demonstriert werden. Deren formale Basis sind Differenzialgleichungen mit einem Noise-Term (s. unten). Zufälle mit produktiven Effekten, wie etwa in der Evolution, können im Sinne von Mainzer als „kreativer Zufall" klassifiziert werden.

2.3 Komplexitäts-Problem von Multi-Komponenten-Systemen – wer hat den Überblick?

Ein besonders aktuelles Problem ist das Komplexitätsproblem, das die Grenzen der Berechenbarkeit „nach oben" zu limitieren scheint: Systeme mit Milliarden von Komponenten und mit Billionen von Verbindungen können nicht mehr hinreichend erfasst werden und ihre Ordnung nicht mehr zufrieden stellend beschrieben werden. Während in der Physik und Chemie die Statistik beansprucht wird, um kollektives Verhalten von Elementen (Moleküle) von Multi-Komponenten-Systemen (z.B. Gase, Wasser) zu beschreiben, ist dies bei lebenden Systemen schwerer möglich. Insbesondere das Gehirn bereitet derzeit Schwierigkeiten gegenüber der Erfassung durch mathematische Verfahren. Das wird noch detaillierter behandelt werden (Kapitel 4). Auch lässt sich komplexes, also vielgestaltiges und nicht in einfachen Regeln erfassbares Verhalten schwer formal erfassen.

Multikomponentensysteme können unvorhersehbares Verhalten zeigen, je nach Koppelungsparametern der Komponenten, wo sich auch stark differierende Zustände durch Fluktuationen ergeben können, die zu neuartigen Verhalten führen können.

2.3.1 Strukturelle Komplexität – unüberschaubar ?

Die Kategorie strukturelle „Komplexität" wurde bereits als Merkmal lebender Systeme dargestellt. Man betrachte nur das Bild der biochemischen Prozesse in der Zelle (vgl. Abb. 2.2). Es stellt sich nun bei dem Versuch, Systemverhalten zu erklären, die Frage, wie die „richtige" Auswahl der Faktoren aus der Vielzahl möglicher Faktoren zu treffen ist.

Die Strukturanalyse eines Systems bezieht sich vor allem auf die Anzahl der auf ein interessierendes Element eintreffenden Einwirkungen (Konvergenz) und die von einem Element ausgehenden Auswirkungen (Divergenz; s. Abb. 2.3). Sie ist die Basis der Input-Output-Analyse.

2.3.2 Prozess-Komplexität – Strukturelle Konvergenz und Divergenz von Wirkungen

Bei der Systemanalyse ist im Rahmen der Input-Output-Analyse und darüber hinausgreifend die funktionelle Relevanz der externen bzw. der internen Strukturen (Umwelt / Innenwelt) zu prüfen. Das System muss dazu analytisch aus dem Kontext isolierbar sein. Man nimmt dabei an, dass das System unter den gleichen Rahmenbedingungen existiert („ceteris paribus"-Annahme).

Die innere Struktur eines Systems, wie beispielsweise eines Betriebes, ist in der Black–Box-Perspektive *latent*. Ist die Struktur wie in einem biologischen System *manifest* vorhanden, dann ist zu prüfen, ob die jeweiligen Komponenten der Struktur funktionell relevant sind, oder ob die Betrachtung der Input-Output-Beziehungen

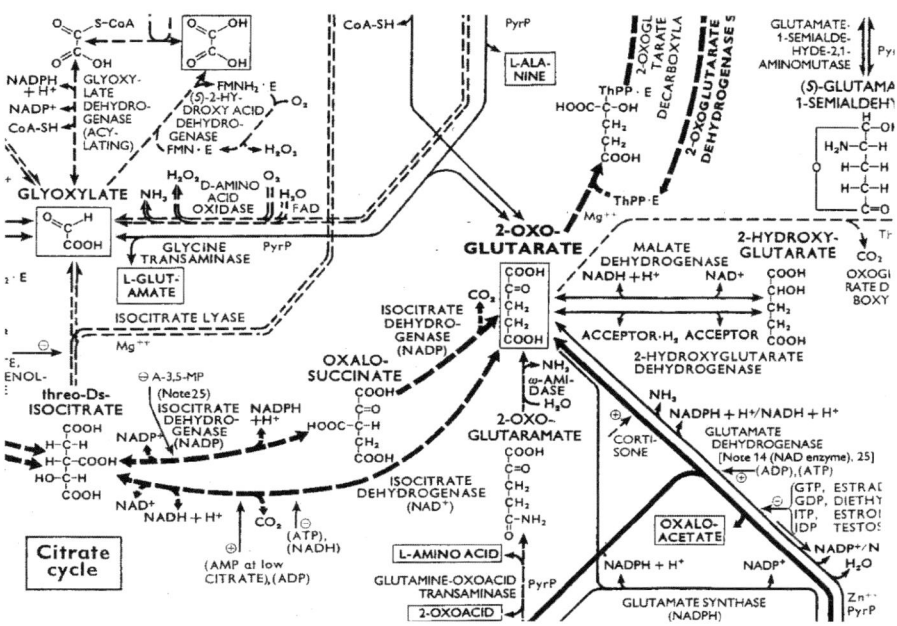

Abb. 2.2: *Ausschnitt mit Details aus dem oben dargestellten schematisierten Citratzyklus der Zelle mit Querverbindungen (Scan aus Poster „Biochemical Pathways", mit freundlicher Genehmigung von Boehringer Roche Applied Science, Boehringer-Mannheim, vgl. auch: Michal 1999, S. 44).*

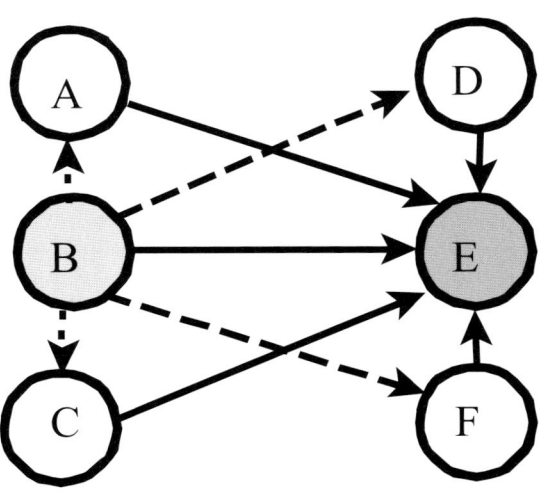

Abb. 2.3: *Netzwerk von Wirkungen (Wirkungsgefüge) mit Divergenz vom Element B (Gefüge der Auswirkungen; gestrichelte Pfeile) und mit Konvergenz und lateraler Aktion auf das Element E (Gefüge der Einwirkungen, Bedingungsgefüge; durchgezogene Pfeile).*

37

ausreichend ist. Bei solchen Betrachtungen der *Einwirkungen* (Input) auf ein interessierendes Element findet sich häufig das Phänomen der *„Konvergenz"*, d. h. das Zusammenlaufen von Wirkungspfaden bzw. Bedingungen. Die Auswirkungen eines Elements (Output) zeigen andererseits eine *„Divergenz"*, d.h. Streuungen der Effekte auf andere Elemente. Es gibt auch Seitenwirkungen („cross talks") und schließlich auch Konvergenzen auf den signifikanten *Effektor* des Netzwerkes. Die Reaktion des Elements E in der Abb. 2.3, das hier als abhängiges Element betrachtet wird, ist beispielsweise von der Aktivität von A, B und C abhängig. Bei einer logischen Verknüpfung kann E aktiv sein, wenn bei einer UND-Schaltung alle drei Elemente oder bei ODER-Schaltung nur eines der drei Elemente aktiv ist. Im mathematischen Modell kann eine Gleichung, evtl. auch eine Differenzialgleichung, das Verhalten von E beschreiben. Aus statistischer Sicht kann E als abhängige Variable einen Wert annehmen, der als die Summe der gewichteten Einzelwerte der Elemente A, B und C als unabhängige Variable ausmacht. Dieser Zusammenhang kann beispielsweise durch die *„Regressionsanalyse"* berechnet werden (Backhaus et al. 2006) (Abb. 2.3). Diese funktionelle Strukturanalyse ist beispielsweise ein zentrales Thema für das Verständnis von zellulären Prozessen bei molekularen Signalnetzwerken (Klipp et al. 2005). Die experimentelle Forschung muss ihren Gegenstand allerdings aus dem realen Kontext isolieren, um das Bedingungsgefüge der interessierenden Wirkungen überschaubar zu halten. Damit gehen diese Funktionszusammenhänge wieder verloren.

2.3.3   Berechnung der strukturellen Komplexität – Grenzen der Kombinatorik

Die einzige Methode, strukturelle Komplexität zu erfassen, scheint in der *Mathematik* zu bestehen. Es sind dies vor allem die *Kombinatorik* und die *Graphentheorie* (Hütt 2001). Die Anzahl (n) der möglichen, z.B. paarweisen (ungerichteten) Verbindungen (k) lässt sich einfach nach einer Formel für die Variation ohne Wiederholung mit $2^n - n$ berechnen. Bei vier Elementen lassen sich $2^4 - 4$, also 12 verschiedene Verbindungen identifizieren. Bei komplexen Systemen sind rasch Größenordnungen von 10^{30} erreicht. Dies führt in das Problem der praktischen Kalkulierbarkeit der einzelnen Konstellationen des Systems, denn auch mit schnellen Computern ist die Anzahl der möglichen Verbindungen von Elementen ab Zahlen über 10^{30} nicht mehr einzeln darstellbar, denn diese Anzahl ist bei weitem größer als das bereits gegebene Alter des Universums, das derzeit mit ca. 15 Milliarden ($15 * 10^9$) Jahren – in Nanosekunden ausgedrückt – nur etwa 10^{26} nsec ausmacht (s. Textbox). Ein Alphabet mit einem unbegrenzten Inventar von 10 verschiedenen Zeichen (z.B. Zahlen von 0 bis 9), die in ein Raster (Wort) mit Platz für 30 Buchstaben eingefügt werden können, ermöglicht bereits 10^{30} verschiedene Worte bzw. Muster (Variationen mit Wiederholung). Selbst ein Gigahertz-Rechner, der seit Beginn des Universums aktiv wäre, hätte die Darstellung der möglichen Buchstabenfolgen noch nicht fertig.

Zurück zum kalkulatorischen Problem: Grundlegend ist die Berechnung der Möglichkeiten von Konstellationen, etwa als Anzahl aller möglicher Kopplungen, eine wichtige Komponente der Systemanalyse. Sie hilft, die Komplexität abzuschätzen.

Kalkulation von Komplexität (vgl.Völz u. Ackermann 1996)
1. Alter des Universums:
   ca. 15 Mrd Jahre = ca. 10^{18} sec = ca. 10^{26} Nanosekunden
   (Genauer: 1 Jahr = ca. 30 Mio Sekunden = $3*10^7$ sec = $3*10^{16}$ nsec,
   daher: $3*10^7*1,5*10^{10}$ = $4,5*10^{17}$ sec = $4,5*10^{26}$ nsec
2. hypothetische Zeit für einen Rechenvorgang: 1 Nanosekunde
3. Aktivierung der Gene (on-/off-Zustandsfolge): 2^{32000} = 10^{9600} Möglichkeiten
4. Keine Möglichkeit der Darstellung aller möglicher Muster wenn Rechner seit Beginn des Universums liefe!

2.4 Komplexität des Genoms – wer kennt den Plan der Evolution?

Solche kombinatorischen Grundüberlegungen sind auch relevant, wenn man die Aufgabe der Genforschung betrachtet, zu untersuchen, welche möglichen Muster der Aktivierung der etwa 32.000 Gene des Menschen mit jeweils zwei Zuständen – Gen an, Gen aus – vorkommen können. Dies erscheint aussichtslos: Nimmt man nur an, dass jedes Gen sich im Zustand des Eingeschaltetseins oder des Ausgeschaltetseins befinden kann, so sind nach der Kombinatorik-Formel für „Variationen mit Widerholung" 2^{32000}, also 10^{9633} unterschiedliche Muster möglich. Man könnte nun die Genfolge von G-1 bis G-32000 in kursiven Buchstaben für aktivierte Gene und in Normalschrift für inaktive Gene darstellen und würde dabei für jede Variante etwa 16 DIN-A-4-Seiten benötigen (2000 Zeichen/S.). Würde man nun für die Darstellung einer der möglichen Varianten am Computer nur eine Nanosekunde Rechenzeit benötigen, dann wäre seit Beginn des Universums nur ein geringer Bruchteil der möglichen Varianten der Ein-Aus-Muster der menschlichen Gene berechnet bzw. dargestellt worden!

Das Gesamtverständnis eines derartigen Bereichs an Möglichkeiten ist daher nicht mehr möglich. Für das Verstehen der Genaktivität ist aus diesem Grund eine andere Strategie erforderlich, über deren Form allerdings noch kaum Einigkeit besteht und die im Rahmen der Bioinformatik unter dem Konzept der *evolutionären Algorithmen* erörtert wird. Dies wird uns im Detail hier nicht weiter interessieren. Wir gehen hier vielmehr davon aus, dass die Biomoleküle selbst *Optimierungsstrategien* verwendet haben, die als Anpassungsergebnis eine *Selektion* aus dem Spektrum der Möglichkeiten darstellen. Es ist Forschungsaufgabe, diesen „Selektor" zu identifizieren. Es wird deshalb neuerdings auch in der Molekularbiologie die „System-Biologie" (Systems Biology) propagiert, die versucht, ein funktionelles Zusammenhangsverständnis der molekularen Zellprozesse zu erlangen (Kitano 2002, s. Kapitel 4).

39

2.5 Komplexität des Gehirns – Basis des Bewusstseins ?

Auch das Gehirn ist, strukturell betrachtet, ein *komplexes System*. Die Komplexität beruht nicht nur auf der im Gehirn befindlichen enormen *Anzahl der Elemente* in Form von weit über 10 Milliarden Neuronen ($n = 10^{10}$), sondern vor allem auch auf der *Anzahl der Verbindungen ("Synapsen") pro Element (Konnektivität)*. Eine Zelle hat etwa zu 1000 bis 10.000 anderen Zellen Kontakt (z. B. $k = 10^4$). Damit gibt es mindestens 10^{14} Synapsen im Gehirn. Diese Kompelxität hat aber eine Substruktur: Wenn eine Nervenzelle von etwa 1000 bis 10.000 Zellen Input bekommt, und wenn von dieser Inputschicht jedes Neuron wiederum selbst von etwa 10.000 vorgeschalteten Neuronen Inputs empfängt, die wiederum aus einer dritten Verschaltungsebene jeweils von 10.000 Neuronen Inputs empfängt, dann sind – zumindest theoretisch – ca. 10^{12} Neurone, also weitaus mehr Neurone als es im Gehirn davon gibt, verbunden (Divergenzprinzip; Kontrollrechnung: z.B. $1*10^4*10^4 *10^4 = 10^{12}$ Zellen). Es treffen daher, vom Ausgangsneuron gerechnet, u. U. bereits nach ca. 2-4 Schaltstellen (Synapsen) wieder Rückkopplungen dieser Eingangsaktivität auf die betreffende Nervenzelle ein (vgl. Abb. 2.4). Das bedeutet, funktionell gedacht und unterstellend, dass ein synaptischer Prozess etwa 3 Millisekunden benötigt, dass nach 10 Millisekunden das gesamte Gehirn von der Aktivierung der ersten Zelle informiert sein kann. Andererseits kann ein Neuron nach zwei bis drei Verschaltungen vom gesamten Gehirn aktiviert werden (Konvergenz) und „weiß" somit vom gesamten Gehirn „Bescheid". Darüber hinaus ist die Konvergenz von aktivierenden und hemmenden Einwirkungen auf eine Nervenzelle auf ihren Gesamteffekt hin zu betrachten, wozu Computersimulationen erforderlich sind.

Diese hohe *„Konnektivität"* im Gehirn, die vor allem in Kortexgebieten, wie dem frontalen Kortex und dem parietalen Kortex (Scheitellappen) ausgeprägt ist, wird als Grundlage bewusster Prozesse angesehen (Edelmann und Tononi 2000, Roth 2003). Diese Konnektivität weist auch darauf hin, dass das Gehirn aus einer Vielzahl relativ kleiner autonomer, aber gekoppelter Schaltmodule besteht. „Aktivität" von Nervenzellen kann dabei bedeuten, dass in der Folge mehr *Hemmungen* oder eben mehr *Aktivierungen* auftreten, oder dass keine Netto-Aktivitätsänderung erfolgt. Solche Phänomene der raumzeitlichen dynamischen Aktivitätsmuster entziehen sich sowohl den heutigen bildgebenden Techniken der Gehirnforschung wie der rein gedanklichen Vorstellung. Daher ist die Technik der *computergestützten systemischen Modellbildung* für die vertiefte Analyse von solchen komplexen Strukturen, Funktionen und Prozesse unumgänglich (Bossel 1992, Mainzer 1996).

Modul-Struktur des Gehirns
Auch unter der Annahme von 100 Mrd Nervenzellen im Gehirn tritt wegen der Vielzahl ihrer Verbindungen (ca. 100 Billionen Synapsen) im Mittel bereits nach 3 Kopplungsstufen eine Rückkopplung auf.

Dieses Merkmal der Komplexität des Gehirns erklärt auch grundlegend, warum ein Eingriff in einem Teilsystem – etwa durch die Anwendung von Psychopharmaka bei psychischen Krankheiten – das Gesamtsystem in seinem Funktionieren verändern

40

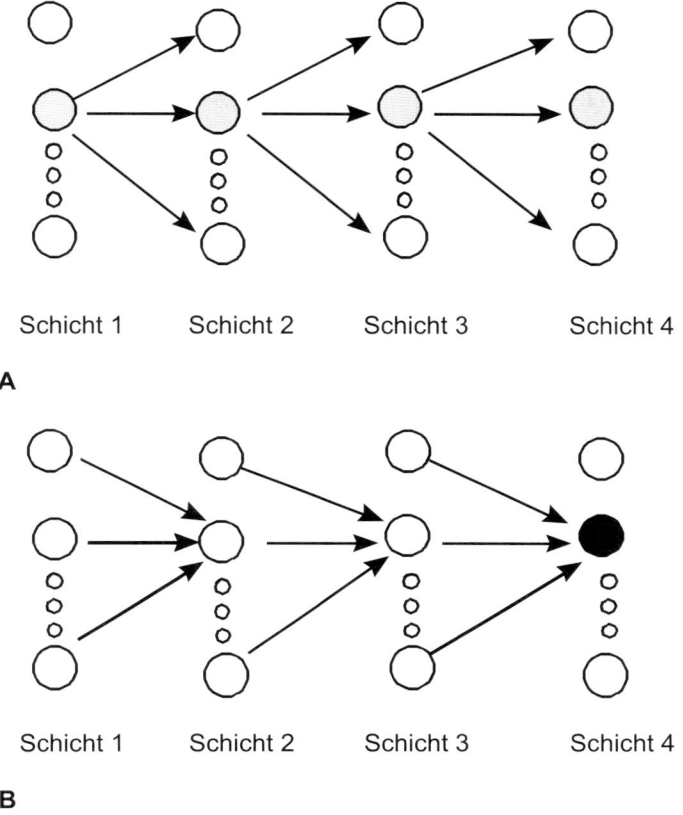

Abb. 2.4: *Komplexität des Gehirns (nach Tretter u. Albus 2004).*

A: Divergenz: Modell einer fiktiven Matrix von Neuronen mit 4 Schichten mit jeweils 10 Milliarden Neuronen ($4*10*10^9$). Wenn beispielsweise jedes einzelne der Neuronen aus Schicht 1 zunächst nur 1.000 Neurone der Schicht 2 aktiviert und von dort wieder jedes Neuron nur 1.000 Neurone der Schicht 3 und von dort wieder jedes Neuron nur 1.000 Neurone der Schicht 4 aktiviert, dann wären auf dieser Stufe bereits nahezu alle Neurone des Gehirns aktiviert ($n = 10*10^3 * 10^3 * 10^3 = 10*10^9$; durchgezogenen Pfeile; Divergenz). Eine weitere Verschaltung von Schicht 4 müsste auf bereits zugeschaltete Neurone zurückgreifen und würde damit Rückkopplungen erzeugen.

B: Konvergenz: In diesem Netzwerk „empfängt" ein Neuron in Schicht 4 (schwarzer Kreis) Inputs von 10.000 Neuronen, von denen wieder jedes einzelne Neuron von 10.000 vorgeschalteten Neuronen aktiviert wird usw. Bereits nach 3 Verschaltungen kann das betreffende Neuron von jeder einzelnen Zelle des gesamten Restgehirns mehrfach aktiviert sein (gestrichelte Pfeile, Konvergenz).

41

kann, allerdings nur *indirekt*. Dabei können jedoch wegen der relativen Unspezifität der Wirkungen auch unerwünschte Nebenwirkungen auftreten.

2.6 Komplexe Ordnung komplexer Strukturen – undurchschaubar?

Von erheblicher Bedeutung ist die Frage nach der *Ordnung* eines Beziehungsgefüges *(Struktur)*. Solche Fragen werden beispielsweise bei physischen Strukturen, wie sie bei lebenden Systemen vorkommen, gestellt. Nicht nur die *„Gestalt"* des Körpers einer Pflanze oder eines Tieres, sondern auch die *Muster* der Oberfläche, wie es etwa Farbstreifen von Tierfellen sind, sind solche Strukturen. Eine ähnliche räumliche Ausrichtung der Musterelemente stellen einen hohen Ordnungsgrad dar, eine völlig ungleich gerichtete Orientierung wird – wie vorher besprochen – als eine „chaotische" oder „zufällige" Ordnung klassifiziert, die allerdings vom Physikalischen her gesehen der wahrscheinlichste Zustand wäre (Entropie).

Der Begriff Ordnung kennzeichnet also eine Relation zwischen Elementen, die ihre Symmetrie im Muster, die Distanz voneinander, die Gleichheit bzw. die Ähnlichkeit ihrer Beschaffenheit charakterisieren. Allgemeine Ordnungen können nur durch mathematische Gleichungen dargestellt werden (siehe unten). Die Ordnung einer Systemstruktur wird demnach am besten durch eine Regel beschrieben, die es gestattet, die Struktur nicht nur zu beschreiben, sondern, u. U. auch maschinell herzustellen. Es geht um das formale Programm des „Muster-Generators", um seinen Algorith-

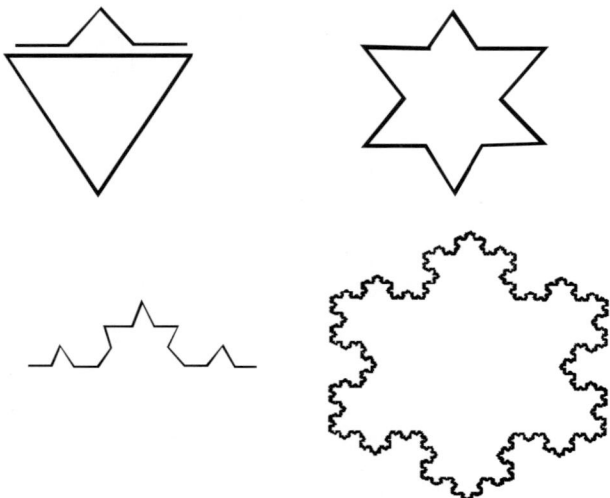

Abb. 2.5: *Fraktale Geometrie. Sogenannte von Koch-Kurve mit 3-Teilung der Grundlinie und Aufbau von einem gleichseitigem Dreieck jeweils über dem mittleren Drittel. Schließlich erfolgt die Erstellung der Koch-Schneeflocke (veränd. nach Schuster 1995, S. 294-297; generiert mit Mathematica®).*

mus. Die Frage nach der Ordnung wurde durch die Nutzung der Computer bzw. der Computersimulation in großem Umfang bearbeitet (Peitgen et al 1998). Als spezielles Beispiel dazu kann die „fraktale Geometrie" gelten, bei der die Aneinanderfügung von bestimmten Regeln die Produktion von faszinierenden Baum- oder Blattstrukturen ermöglicht (vgl. Zeitler u. Pagon 2000). Dieses Konzept kann man sich anschaulich so vorstellen, dass beispielsweise die auf der Landkarte „zerfranst" erscheinenden Grenzen eines Landes – etwa als Küstenlinie – die realen Verhältnisse nur verkürzt, aber doch ähnlich darstellen, da jede auf der Karte scheinbar gerade Strecke auch in der Realität, würde man die Grenze zu Fuß abgehen, im Zick-Zack-Kurs verlaufen würde („Selbstähnlichkeit"). Ein anderes Beispiel: Eine Schneeflocke kann man sich als vielfältige Zergliederung eines gleichseitigen Dreiecks vorstellen, bei dem jeweils am mittleren Drittel einer Seite ein kleines gleichseitiges Dreieck aufgesetzt wird (s. Abb. 2.5).

Besonders interessant für die „Lebenswissenschaften" sind Fragen nach der Strukturbildung von Proteinen – es geht vor allem um die Kombination von Peptiden, also gewissermaßen kleinen Proteinen, die sich zu komplexen Gebilden koppeln (posttranslationale Strukturbildung).

2.7   Komplexes Verhalten – Chaotische Verläufe

Komplexe Strukturen erzeugen komplexes Verhalten. Aber auch scheinbar einfach strukturierte Systeme können komplexes Verhalten zeigen.

2.7.1   Chaotische Pendel – Chaos in der Mechanik

Im Bereich der Mechanik und zwar in der Statik, bei der das Gleichgewicht der Kräfte relevant ist und in der „Dynamik", bei der beschleunigende und verzögernde Kräfte betrachtet werden, sind Beispiele gefunden worden, die die Grenzen der exakten *Beschreibung, Erklärung und Prognose* erkennen ließen.

Ein konkretes Beispiel für scheinbar regelloses Verhalten physikalischer Körper stammt aus der „Himmelsmechanik" der Astronomie und Astrophysik von Johannes Kepler oder Galileo Galilei. Bei der Aufgabe, die Planetenbahnen exakt zu beschreiben wurde das *Drei-Körper-Problem* erkannt, das zumindest zeigte, dass exakte Vorhersagen der bewegten Körper (Erde-Sonne-Mond) extrem schwer vorzunehmen sind, wenngleich die prinzipiellen Gesetze der Bewegung damals bereits bekannt waren (Poincare 1912, 2003). Diese Schwierigkeiten, das Verhalten eines Körpers im Wirkungsbereich von drei Kraftzentren zu beschreiben und vor allem die sich in diesem Kräftefeld ergebende Bewegung vorherzusagen hat der Chaosforscher Heinz Otto Peitgen in eindrucksvoller Weise an einem einfachen mechanischen Beispiel demonstriert (Peitgen et al. 1998): Ein Fadenpendel mit einer kleinen Eisenkugel schwingt über drei auf der Bodenplatte der Pendelvorrichtung befindlichen Magneten (Abb. 2.6). Je nach dem, von welchen nur geringfügig nebeneinander liegenden Punkten der Auslenkung aus das Pendel startet (Punkt A, B oder C s. Abb. 2.7), ergibt sich ein anderer Gleichgewichtspunkt, über dem das Pendel zur Ruhe kommt.

43

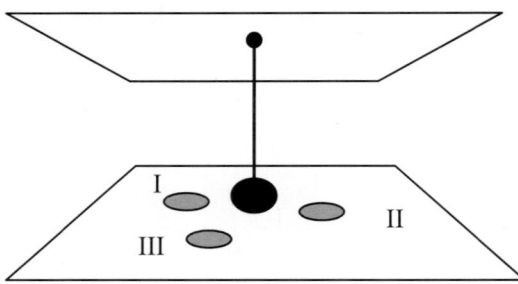

Abb. 2.6: Pendel mit Eisenkugel über drei Magneten (nach Peitgen et al. 1998, S. 335)

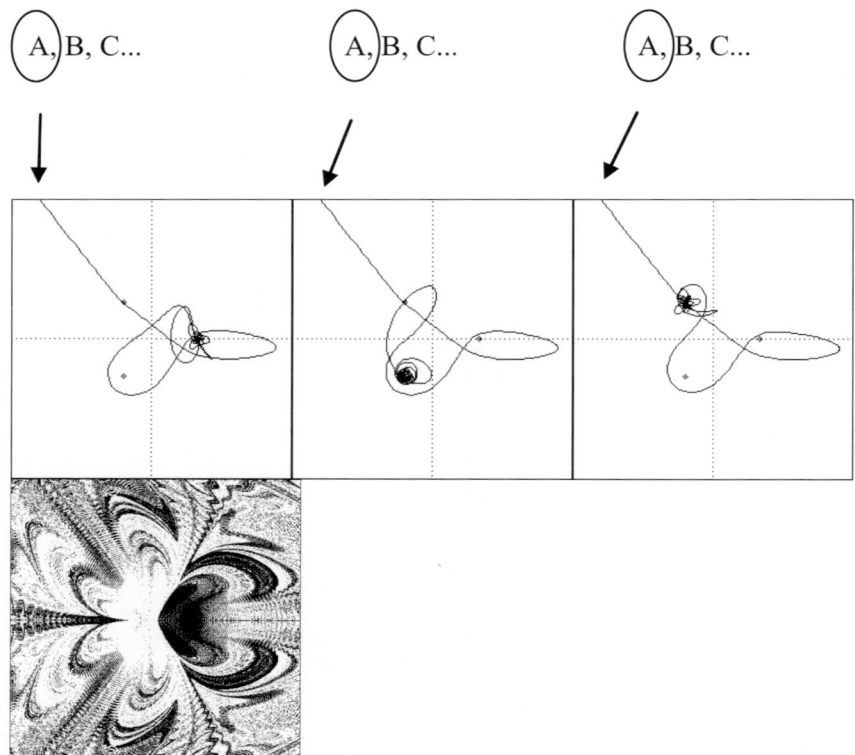

Abb. 2.7: Bahnverläufe des Pendels. Je nach Startpunkt (A,B,C...) landet das Pendel über einem anderen Magneten. Startet das Pendel bei A, dann landet es über den Magneten II , startet es nur 0,1 % weiter rechts bei B, dann landet es bei Magneten III und startet es nur weitere 0,1 % weiter rechts bei C, dann landet es über Magneten II.
Unteres Bild: Zusammenfassung der möglichen Bahnen (nach Peitgen et al. 1998, S. 335-337).

Es ist nicht möglich, genau vorher zu sagen, wo das Pendel sich einschwingen wird. Startet man in der Nähe der Magneten, ist dies noch trivial, denn das Pendel befindet sich dann im überwiegenden Einfluss eines der Magneten und verhält sich somit „deterministisch". Ist die Auslenkung des Pendels jedoch größer, dann ist die Vorhersage ungenau, das Pendel verhält sich scheinbar „chaotisch", wenngleich es nur durch die verschiedenen Kräftefelder und nicht durch metaphysische Kräfte beeinflusst ist (deterministisches Chaos).

2.7.2 Das Wetterchaos – das Problem der Prognosen

Ein anderes eindrucksvolles Beispiel mit bizarren Verhaltensverläufen stammt aus der Meteorologie. So hat der Meteorologe Edward Lorenz 1963 beim Berechnen von drei gekoppelten Differenzialgleichungen für die Wettervorhersage herausgefunden, dass – je nach den Ausgangswerten der Variablen der Gleichungen – völlig verschiedene Verläufe auftraten (Abb. 2.8). Die Muster waren dabei derartig unregelmäßig, so dass man für dieses mathematische Phänomen den Begriff des Chaos und damit Bausteine der „Chaostheorie" kreiert hatte (Peitgen et al 1998).
Dieser sogenannte Lorenz-Attraktor zeigt darüber hinaus für jede einzelne der drei Komponenten ein hochgradig komplexes und damit irreguläres Verhalten mit hochgradigen Fluktuationen der jeweiligen Zustände. Am ersten Blick sieht das Verlaufsmuster in der Zeit-Intensitäts-Darstellung zufällig aus (Abb. 2.9).

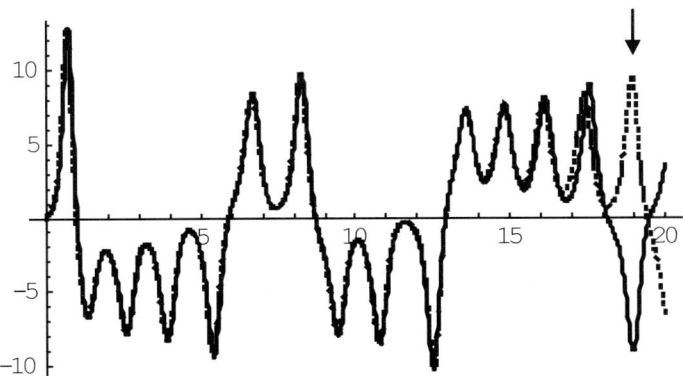

Abb. 2.8: *„Chaos": Berechnung mit – hier optisch nicht erkennbaren - nur geringfügig differenten Anfangswerten (s. Koordinatenursprung) bei mathematischer Modellierung von nichtlinearen Systemen mit Umkehrung des Vorzeichens (Pfeil) beim Abszissen-Wert 19 (Lorenz-Differenzialgleichungssystem, Kalkulation mit Mathematica®)*
Gleichungen (* = Multiplikationszeichen):
x'(t) = a*(y(t) −z(t))
y'(t) = b*x(t) − y(t) − x(t)*z(t)
z'(t) = x(t)*y(t) −c*z(t)

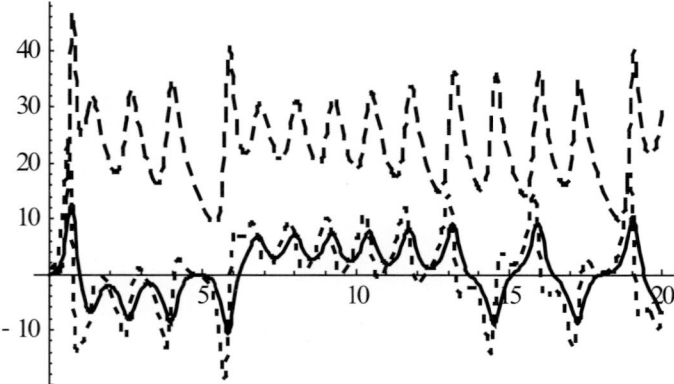

Abb. 2.9: *Dissoziiertes Verhalten der drei gekoppelten Komponenten des chaotischen Systems nach Lorenz (Kalkulation mit Mathematica®)*

Ein besonderes Problem der Kalkulation ist dabei verständlicherweise die Rechengenauigkeit der Computer: Da bei Differenzialrechnungen numerisch nicht sozusagen „punktgenau" die Werte berechnet werden können, sondern die Differenziale als Differenzenquotienten umgestaltet und beispielsweise über den Runge-Kutta-Algorithmus nur „approximativ" berechnet werden, ist bereits eine Fehlerfortpflanzung möglich. Dazu kommen Rundungsfehler. Dennoch sind auf systemstruktureller Ebene Rückkopplungen die entscheidenden Faktoren, die nichtlineares Verhalten erzeugen. Es zeigt sich bei genaueren mathematischen Analysen, dass diese Wege der Analyse komplexer Systeme helfen, solche Verhaltensweisen und die Struktur der „Generatoren" dieses Verhaltens besser zu verstehen (Peitgen et al. 1998).

2.7.3 Zeitliche Ordnungen – Synchronizität und Synergie

Eine besonders zentrale Frage und ein eigenes Forschungsgebiet bei der Analyse komplexer Systeme ist jene nach funktionellen *Ordnungen*.
Aus der Physik ist die *Entropie* als Ordnungsmaß bekannt, die von einer räumlichen Gleichverteilung bzw. Unordnung von Mikrozuständen der Elemente eines Systems ausgeht und generell annimmt, dass Systeme ihre Entropie maximieren. Lebende Systeme streben im Gegensatz dazu die minimale Entropie als Ordnung an. Ein eigenes Forschungsgebiet, das sich vor allem mit den *funktionellen Ordnungen* der Zustände, Prozesse, Aktivitäten und Funktionen komplexer Systeme befasst, ist die *Synergetik*. Genau genommen handelt es sich um die Erforschung von *kooperativen Phänomenen*. Die Synergetik hat sich beim Verständnis heterogener komplexer Systeme, also von Systemen, die Elemente mit unterschiedlichsten Merkmalen aufweisen, deren *Ordnungszustände* aber variieren, gut bewährt (Haken 1983, 1995). Als Paradebeispiel dafür gelten Magneten oder auch der Laser. Durch externe Einflüsse, wie beispielsweise ein externes Magnetfeld, können systeminterne Strukturen, also

die räumliche Ausrichtung von Elementarmagneten, in eine einfache Ordnung gebracht werden (s. Abb. 2.10).

Von besonderer Bedeutung sind bei Untersuchungen der Ordnung von Systemen die zeitlichen Strukturen, d. h. die Zustandsverläufe von Systemen über die Zeit hin betrachtet. Bei dem Beispiel des Lasers wird innerhalb des Lasergeräts eine energiereiche Strahlung mit einer bestimmten Frequenz (Punktstrahlung) auf den Rubinkristall gerichtet (Kontrollparameter), mit der Folge, dass die Elektronen der Kristallatome auf eine Elektronenbahn mit einem höheren energetischen Niveau springen und dann synchron wieder auf Bahnen mit niedrigerem energetischen Niveaus wechseln. Dabei werden hochenergetische Lichtstrahlen (Photonen) im gleichen Takt (kohärent) emittiert (Ordnungsparameter). Die Lichtstrahlen laufen zwischen zwei Spiegeln hin und her, wobei ein Spiegel teildurchlässig ist. Dort kann dann das Laserlicht austreten (Haken 1995).

Eine besondere Qualität bei der Produktion von Ordnungen hat – über Kollektive hinweg betrachtet – der *Zufall*. Ein System mit einer Vielzahl von gekoppelten Elementen mit zufälligen Zustandsschwankungen kann nämlich zu unvorhersehbaren, aber prinzipiell vorausdenkbaren und im Nachhinein rekonstruierbaren Zuständen gelangen, z.T. mit katastrophalen Aufschaukelungen. Sowohl physiologische Befunde wie auch mathematische Untersuchungen zeigen, dass anhaltende Zufalls-Fluk-

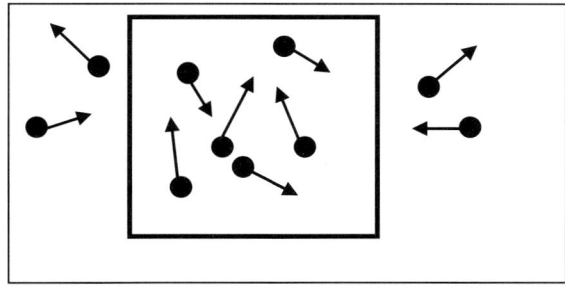

Kontrollparameter steuert Ordnung

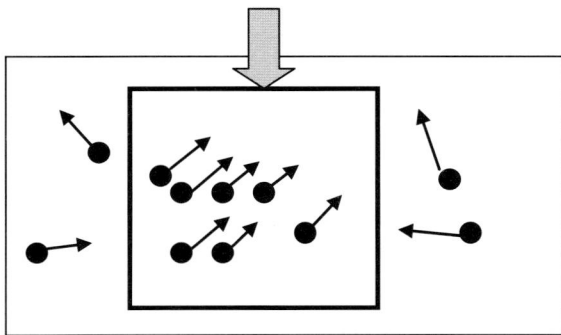

Abb. 2.10: *Synergetik. Ein Kontrollparameter kann die Ordnung variieren.*

tuationen von Variablen von vielfältig rückgekoppelten Systemen besonders polymorphe Zustandsverläufe, etwa in Form von temporären chaotischen Oszillationen, generieren können, die phasenweise in qualitativ andersartige Zustands- bzw. Prozessniveaus übergehen können (Braun et al. 2001). In Hinblick auf derartige Ergebnisse von Analysen komplexer dynamischer Systeme spricht der Chaos- und Fraktal-Forscher Otto Peitgen von den „Inseln der Ordnung im Meer des Chaos" (Vortrag im Auditorium maximum, Universität München, Sommersemester 2003).

2.8   Mathematik als Wissenschaft universeller Ordnung?

Mathematik stellt sich als Gebiet dar, das von Verkürzungen und Abstraktionen geprägt ist. In dieser Hinsicht ist es eine Sprache, ein Code. Es fragt sich: Was können wir durch Mathematik verstehen?
Mathematik als allgemeine Struktur- oder Beziehungswissenschaft kann „Ordnungen" oder Relationen, und zwar auch Relationen von Relationen usw. beschreiben und herleiten. Die Ordnungen können auf den Raum (Geometrie, Topologie) und/oder auf die Zeit (Zeitreihen, Differentialgleichungen) abgebildet werden. Damit wäre man beim Beispiel der *Biomathematik* in dem Gegenstandsbereich, der sich als (raumzeitliche) „Ordnung des Lebendigen" bezeichnen lässt.
Biologie wird allerdings zunehmend auf Molekularbiologie und Biochemie reduziert. Dass deshalb Biochemiker, die schon viel mit Formeln zu tun haben, nun im Rahmen der „Systembiologie" noch die Formalwissenschaft Mathematik beanspruchen, macht die neue theoretische Molekularbiologie besonders rätselhaft und wirft noch weitgehendere Fragen auf (s. Kapitel 4).
Der Begriff „Ordnung" von Biosystemen bezieht sich nicht nur auf strukturelle Merkmale der Morphologie oder der räumlichen Musterbildung, sondern auch auf Zeitmuster von Funktionen. Im Falle des Todes zerfällt beispielsweise die Ordnung und umgekehrt: zerfallende Ordnung kann auch den Tod, oder zumindest eine Krankheit (Störung) bedeuten (Herzrhythmus-Störungen). Mathematik zeigt uns die allgemeinsten Ordnungsprinzipien der Natur. Das ist gegenwärtig vor allem in der Biochemie und Molekularbiologie von größtem Interesse (s.Kapitel 4). Somit verschiebt sich die Frage nach den Möglichkeiten und Grenzen eines *molekularbiologischen Menschenbildes* auf die Frage nach den Grenzen eines *mathematischen Menschenbildes*. Jeder Anspruch auf ein naturwissenschaftliches Menschenbild müsste nämlich heute bereits die entsprechenden mathematischen Gleichungen angeben können.

2.9   Die Regulation von Prozessen und das „Geistige"

Die Beobachtung, dass vor allem lebende Systeme sich so verhalten, als würden sie einem inneren Ordnungsprinzip, einem *„Regulator"*, gehorchen, zeigt sich beim Anblick eines toten Menschen oder Tieres, bei dem dieses Prinzip offensichtlich nicht mehr wirksam ist. Solche Erfahrungen haben offensichtlich die philosophierenden Menschen seit jeher zum Konstrukt des „Geistigen" oder „Seelischen" geführt.

Die Ideengeschichte dieses Konzepts hat beispielsweise der Innsbrucker Psychiater Hans Hinterhuber ausführlich dargelegt (Hinterhuber 2000).

Von Aristoteles stammt bereits die besondere tiefsinnige Konstruktion des Seelischen als „Entelechie", also als Entität, der das eigene Ziel innewohnt. Damit ist einerseits das Immatrielle der Seele angesprochen, wie auch die aktivierend-regulativen Effekte. Allerdings ist diese Vorstellung mit der heutigen Naturwissenschaft nicht leicht vereinbar. Aus kybernetischer Sicht bedeutet das Regulationsprinzip letztlich folgendes: Wenn ein gegebener Wert (Istwert, I), wie beispielsweise der Sauerstoffgehalt im Blut, einem Sollwert S nicht entspricht, dann erfolgt eine Stelloperation (O), wie etwa die Atemaktivität, die die Diskrepanz von Istwert und Sollwert ($I < S$) mindert. Dieser Antrieb, diese Tätigkeit ist das „Prinzip Leben", insofern der Sollwert intrinsisch als „Entelechie" vorhanden bzw. vorprogramiert zu sein scheint. Das ist keinesfalls zwingend eine Mystifizierung, sondern eine mathematisch darstellbare Relation, die durchwegs ihre physikochemischen Korrelate haben könnte. Einen neuen Akzent der Konzeption des Seelischen hat die Theorie der *molekularen Selbstorganisation* gesetzt, die zeigt, dass neue Ordnungen von dem jeweiligen System selbst geschaffen werden können. Dies lässt sich bereits bei Molekülen feststellen, wie es Manfred Eigen mit dem Modell der Autokatalyse als Voraussetzung der Evolution gezeigt hat (Eigen 1987). Allerdings würde mit einem derartigen Konzept auch mehr oder weniger ein *Panpsychismus* formuliert werden, der aus naturwissenschaftlicher Sicht problematisch erscheint. Das wird noch mehrmals angesprochen werden (Kapitel 3).

2.10 Fazit – systemisches Denken ist der Umgang mit Komplexität

Die Annahme, der Determinismus würde es erlauben, alle Phänomeine dieser Welt zu erklären, ist zu einfach, da insbesondere Fragen nach den Prinzipien der *Musterbildung* und der *qualitativen Übergänge* der Zustands- und Organisationsformen der Natur nicht ohne weiteres schlüssig erklärt werden können. Erst in den letzten 50 Jahren haben sich in der *Physik* und der *Chemie* und vor allem natürlich in der *Mathematik* Ansätze entwickelt, die diese Fragen erfolgreich formal und inhaltlich zu beschreiben erlauben und somit zu erfolgreichen „Dynamisierungen" des naturwissenschaftlichen Weltbildes geführt haben. Nicht nur experimentell, sondern auch formal über die Mathematik wurden *neue Theorien* wie die *Katastrophentheorie* (Thom 1989), die *Chaostheorie* (Lorenz 1963), die *Komplexitätstheorie* (Wolfram 2002, Strogatz 2001) und die *Synergetik* (Haken 1983) begründet. Sie ergeben zusammenfassend betrachtet das Gebiet, das als *Systemwissenschaft* bezeichnet werden kann und zwar vor allem deswegen, weil diese Konzepte über verschiedenste Wissenschaften hinweg fruchtbar angewendet werden können.

Die hier vorgebrachte Kritik am reduktionistischen Erkenntnisprogramm der Naturwissenschaften legt nahe, die systemische Wissenschaftsperspektive als grundlegend „bessere" Perspektive darzulegen. „Besser" ist sie, weil sie die höhere Validität für die Lebens- und Humanwissenschaften zu haben scheint, insofern sie die Dialektik zwischen am Detail orientierter analytischer empirischer Forschung und an der Synthese orientierter theoretischer Forschung zu verbinden sucht. Ohne in die technischen Details zu gehen, sollen nur die philosophischen Grundlagen der Systemforschung als Systemphilosophie dargelegt werden. Sie dient als Referenz für die folgende Kritik der einzelwissenschaftlichen, reduktionistischen Menschenbilder und als Basis für einen theoretischen Rahmen einer Ökologie der Person.

Der Reduktionismus erscheint vor allem bei lebenden Systemen nicht adaeqaut. Für das Verständnis von Biosystemen sind vielmehr das kognitive Management von Komplexität, die formalisierte Beschreibung und die interdisziplinäre Veranschaulichung dieser Charakterisitika angezeigt. Das Verstehen komplexer dynamischer Ordnungen ist derzeit erst als wissenschaftliches Problem erkannt worden. Nach der Chaos-Forschung, die sich mit Ordnungsübergängen bei quasi-irregulären Zeitmustern befasst hat, hat nun die Komplexitätsforschung besondere Aufmerksamkeit erlangt. Sollte der vorherrschende wissenschaftliche Pragmatismus, der von einer Forschungsmode zur nächsten eilen lässt und offensichtlich mit einem Marketing-Interesse der Wissenschaft zusammenhängt, es erlauben, diese Ansätze systematisch auf einen Rahmen zu beziehen, dann wäre eine *allgemeine systemwissenschaftliche Plattform* denkbar, auf der diese Themen integriert und fächerübergreifend thematisiert werden könnten.

Derzeit sieht es eher so aus, dass die *Philosophie als akademische Heimat systemischen Denkens* diesen Forschungsbereich kultivieren könnte. Es soll daher nun die Perspektive einer *Systemphilosophie* erörtert werden.

3. Systemphilosophie

Systemisches Denken
ist analytisches Denken in Kontexten.

«Vernetztes Denken» oder «systemisches Denken»
....ist ein Bündel von Fähigkeiten,
und im Wesentlichen ist es die Fähigkeit,
sein ganz normales Denken,
seinen «gesunden Menschenverstand»
auf die Umstände der jeweiligen Situation einzustellen.
(Dörner 1989, S. 306f)

In den vorigen Abschnitten wurden die Schwächen des reduktionistischen und monofaktoriellen Ansatzes herausgearbeitet und einige Aspekte der systemtheoretischen Forschungsansätze gegenübergestellt. Systemisches Denken ist demnach das „Mitdenken" von Rückwirkungen, Vorwärtswirkungen und Nebenwirkungen beim Betrachten von Wirkungsketten. Die wissenschaftliche Fundierung dieses *systemischen Denkansatzes* kann zwar im Prinzip am besten mit Bezeichnungen wie „Allgemeine Systemwissenschaft" oder „Allgemeine Systemforschung" gekennzeichnet werden, doch gibt es weltweit kaum derartige Institutionalisierungen im akademischen Bereich.
Daher erscheint die Formulierung eines Rahmens einer Systemphilosophie ganz passend, da es um eine Institutionalisierung einer alten und immer wieder neuen Orientierung im Denken geht, bei dem das Ganze neben aller Analytik im Vordergrund steht. Dies kann am besten im Rahmen der Philosophie erfolgen, sodass eine „Systemphilosophie" ein Vorstadium der institutionalisierten Systemwissenschaft darstellt. Systemwissenschaft wäre so etwas wie eine interdisziplinäre Kompetenz des Managements vernetzter Probleme. Hier sollen einige Grundlagen angesprochen werden, die für das Ziel des Buches, eine Skizze einer *„ökologischen Anthropologie"* anzufertigen, zweckdienlich erscheinen.

3.1 Was ist ein System? – systemisch Wahrnehmen

Ein System ist eine *abgegrenzte reale oder ideelle Einheit*. Als „real" gilt hier im wesentlichen die aus der Alltagserfahrung ableitbare Erfahrung eines strukturierten physischen Objekts, wie es beispielsweise ein Auto ist. Tatsächlich erzeugt aber bereits unsere Wahrnehmung den Eindruck eines zusammenhängenden Ganzen, wenn wir auf vier Punkte schauen, die als quadratische Gestalt wahrgenommen werden (Abb. 3.1) oder wenn wir auf ein Ensemble von drei Kreissektoren blicken, die sich als Eckpunkte eines virtuellen Dreieckes darstellen (Abb. 3.2). Hier wirkt offen-

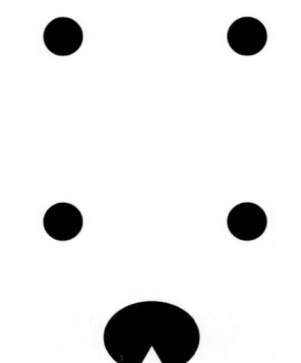

Abb. 3.1: Vier Elemente ergeben den unvermeidlichen Eindruck einer quadratischen Struktur (Faktor der Nähe).

Abb. 3.2: Drei Kreisektoren erzeugen durch „Scheinkonturen" den Eindruck eines „virtuellen" Dreiecks (aus Tretter 2005b).

sichtlich ein General-Faktor der Wahrnehumgsorganisation, der die *Geschlossenheit* der Konfiguration anstrebt, wobei die Nähe der Elemente entscheidend ist.
Die spontanen, unwillkürlichen visuellen Ordnungs- bzw. Gestaltbildungsprinzipien, die als Phänomen der Selbstorganisation verstanden werden können, umfassen auch den Faktor der Ähnlichkeit und der Kontinuität.

Faktor der Kontinuität

Faktor der Ähnlichkeit

Faktor der Geschlossenheit

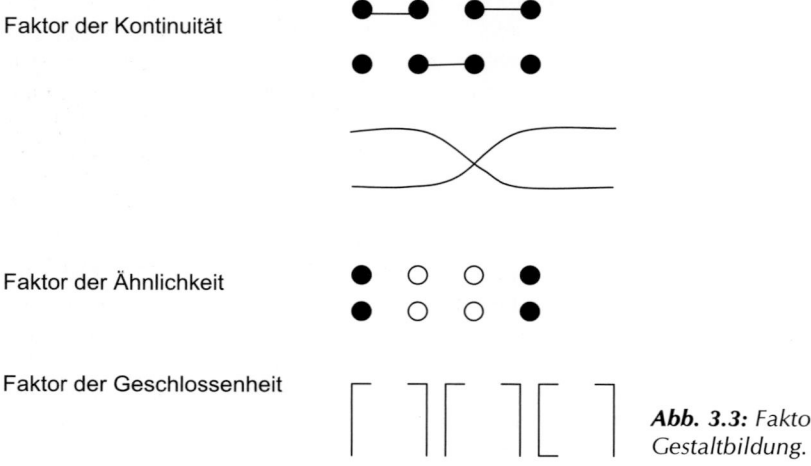

Abb. 3.3: Faktoren der Gestaltbildung.

Auch der Kontext beeinflusst die Gewichtigkeit eines Elements der Wahrnehmung: Ein großes Umfeld macht das wahrgenommene Zentrum klein, ein kleines Umfeld macht das Zentrum groß (Abb. 3.4).

Nicht nur die Gestaltbildung, sondern auch die Deutung (Interpretation) von Figuren wird – vor allem wenn sie nicht eindeutig einordenbar sind – „automatisch" variiert. Beispiele für derartige unbewusste sprunghafte Selbstorganisationsprozesse sind der Necker-Würfel und die ambiguen Figuren, bei denen zwei verschiedene Wahrnehmungseindrücke alternieren (Abb. 3.5 und 3.6).

Diese „Mechanismen" (Prozesse) sind in der Wahrnehmung schwer unterdrückbar, sie geschehen gewissermaßen autonom. Sie beruhen auf neuronalen Verschaltungen, die sich zum Teil als „Kontrastverstärkung" durch *laterale Inhibition* der Neuro-

 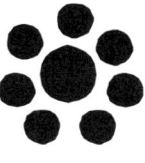

Abb. 3.4: *Der Kontext beeinflusst den „Text" - der in beiden Figuren gleich große innere Kreis erscheint im Kontext großer Kreise kleiner als im Kontext kleiner Kreise.*

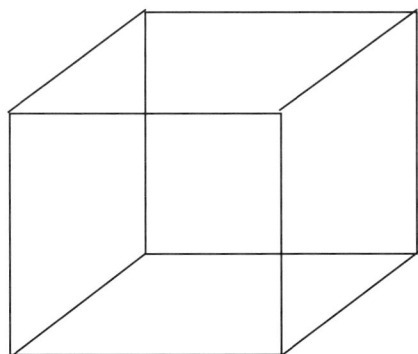 

Abb. 3.5: *Necker-Würfel mit bei längerer Betrachtung unvermeidlichem Sprung-Phänomen - Seheindruck mit Sicht des Würfels einmal von unten, einmal von oben.*

Abb. 3.6: *Zwiespältige („ambigue") Figur - eine weiße Vase oder zwei schwarze, einander zugewandte Gesichter im Profil. Beide Bedeutungen der Figur wechseln sich in rascher Folge ab.*

53

ne erklären lassen und die bereits in der Netzhaut nachweisbar sind. Wegen der Mitwirkung der Bedeutungserteilung (z.B. Würfel, Vase) sind offensichtlich kortikale Mechanismen involviert.

All diese vielfältigen und lange bekannten Befunde der Gestaltpsychologie sind belastbare Hinweise darauf, dass das *Gehirn* selbst die *Fähigkeit zur spontanen Systembildung* aufweist (Selbstorganisation). Außerdem treten spontane, wiederkehrende Umorganisationen der Wahrnehmungsinhalte auf. Es liegt daher eine für lebende Systeme typische „Eigendynamik" vor. Es ist aber keineswegs der Fall, dass das Wahrnehmungssystem des Gehirns ganz ohne sinnlich erfahrbares Reizmaterial seine Konstrukte („Perzepte") aufbaut, sondern es benötigt Anlässe, Auslöser oder Reize. Wer ohne Reize wahrnimmt, phantasiert oder – im krankhaften Fall oder unter Drogeneinfluss – halluziniert. Dieser Aspekt wird uns im nächsten Abschnitt zur Erkenntnistheorie noch genauer beschäftigen, da er bei detaillierter Betrachtung erhebliche erkenntnistheoretische und wissenschaftstheoretische Implikationen hat und bedeutet, dass die Annahme, die „Realität" sei so wie wir sie erleben, nur äußerst begrenzt zutrifft.

3.2 Systemisches Denken – der Fokus im Zusammenhang

Systemisches Denken ist
Denken in inneren und äußeren Zusammenhängen.

Der Reduktionismus der Naturwissenschaften ist Ausdruck einer unabweisbaren Strategie des Erkennens und des menschlichen Denkens überhaupt. Dieses Erkenntnisprogramm ist aber *dialektisch* zu sehen, nämlich als nur ein Pol menschlicher Neugierde, denn nachdem die Welt in ihre Teile zerlegt wurde, muss sie wieder zusammengebaut, also „rekonstruiert" werden. Aus systemischer Sicht lässt sich diese Aufgabe als bidirektionaler kognitiver Prozess begreifen: Es wird ein System in seine Einzelteile zerlegt und dann, auf der Kenntnis der Merkmale der einzelnen Komponenten, wieder zum Gesamtbild des Systems rekonstruiert. Einfach gesagt wird ein Objekt, das als System betrachtet wird, einerseits als Gefüge von Elementen und somit als Subsystem angesehen und andererseits als Element eines übergeordneten Systems begriffen (Abb. 3.7). Der analytische Weg der Wissenschaften sucht nach den kleinsten Teilchen, zerlegt also die Elemente eines Systems. Dabei wird aber typischerweise der Kontext des Systems aus den Augen verloren, der Wald wird vor lauter Bäumen nicht mehr erkannt. Systemisches Denken ist in dieser Hinsicht Baustein der Methodologie der Systemwissenschaft, von der noch die Rede sein wird.

Es ist hier auch zu erwähnen, dass das Denken der Menschen meist darauf ausgerichtet ist, geordnete bzw. konsistente Strukturen aufzubauen. Beispielsweise ist bekannt, dass Rauchen schädlich ist. Wenn eine Person raucht, wird von ihr dieser unangenehme Gedanke mit dem Gedanken „ich kann jederzeit aufhören" wieder balanciert (Abb. 3.8). Die *Theorie der kognitiven Dissonanzen* und entsprechende Weiterentwicklungen, die auf der Graphentheorie beruhen, haben hier Hinweise gebracht, wie sich konsistente kognitive Strukturen aufbauen; allerdings ist dieser

54

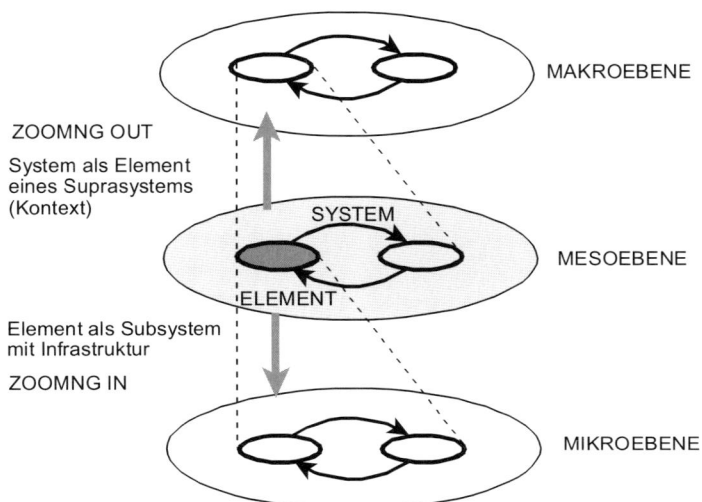

Abb. 3.7: Das „systemische Mehrebenen-Modell", das die integrierte „Multiperspektivität" erlaubt (verändert nach Mesarovic u. Pestel 1974). Ein Element eines Systems kann als Teilsystem betrachtet werden, das System selbst kann als Element eines übergeordneten Systems verstanden werden.

Bereich auch seit einigen Jahren universitär nicht mehr breit vertreten und findet sich eher in historischen Exkursen in Vorlesungen zur kognitiven Psychologie. Auch sind die Konstruktionsprinzipien der Graphen unterschiedlich gestaltet, um stabile Konstellationen leicht identifizieren zu können. Demnach hat sich keine einheitliche Darstellungsweise etabliert (Festinger 1957, Cartwright u. Harrary 1956).

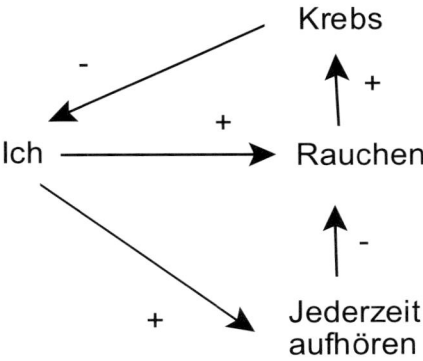

Abb. 3.8: Schema des Modells konsonanter kognitiver Strukturen mit dissonanten Komponenten. - zwei negative Komponenten in einem einbettenden geschlossenen Kreis (Ich-Jederzeit aufhören-Rauchen-Krebs-Ich) führen zu einer stabilen konsonanten Struktur.

55

Systemisches Denken:
– Ganzheitsorientierung auf der Basis des Wissens um die Elemente
– Dialektik zwischen Elementarismus und Holismus

Im nächsten Schritt sollen akademisch-ideengeschichtliche Hintergründe einer Systemphilosophie kurz angerissen werden.

3.3 Kybernetik – Erforschung und Gestaltung von Regelsystemen

Die Kybernetik hat sich im Wesentlichen als die *Wissenschaft von den Regelungsprozessen* etabliert (Wiener 1948, Klaus 1969, Kraus & Liebscher 1974, Ashby 1974). Ein besonders fruchtbares Modell der Kybernetik ist daher das Modell des *Regelkreises* (s. Abb. 3.9). Das technische Beispiel dafür ist die durch einen „Homöostaten" automatisch geregelte Zimmer-Heizung (vgl. Bischof 1998, S. 157): Ein *Sollwert* (gewünschte Zimmertemperatur von z. B. 20 Grad Celsius) wird eingestellt und der *Regler* vergleicht den aktuellen gemessenen *Istwert* mit dem vorgegebenen Sollwert. Dies ist technisch häufig durch einen Bimetallschalter realisiert, der sich bei Unterschreiten der Solltemperatur so verbiegt, dass ein elektrischer Schaltkreis geschlossen und auf diese Weise die Heizung (Stellwerk) eingeschaltet wird, wodurch Wärme (Stellgröße) erzeugt und damit die Temperatur (Regelgröße) des Zimmers (Regelstrecke) erhöht wird. Nach Erreichen des Sollwerts ist das Schaltelement wieder gerade ausgerichtet, so dass der elektrische Kontakt unterbrochen wird und die Heizung ausgeschaltet wird. Durch Eindringen von Kaltluft in das Zimmer (Störgröße) kann wieder ein Absinken der Zimmertemperatur erfolgen und der o. g. Vorgang wird erneut ausgelöst.

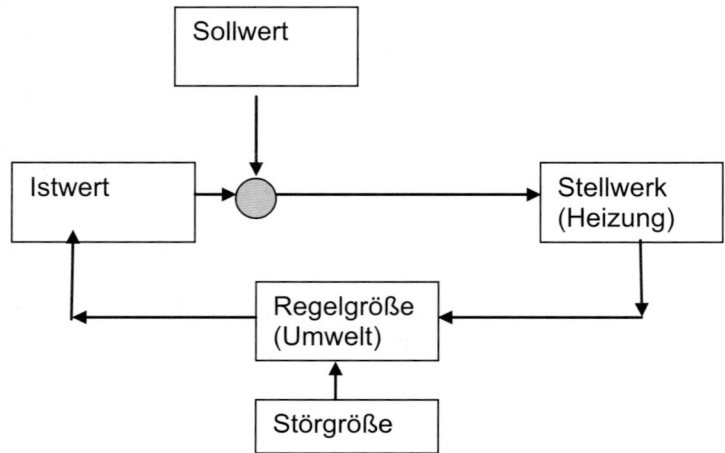

Abb. 3.9: *Regelkreis mit den wichtigsten Funktionselementen*

Das Regelkreis-Konzept hat sich in der Biologie, der Medizin, der Psychologie, der Soziologie und in den Wirtschaftswissenschaften zumindest als grobes Erklärungsschema gut durchgesetzt. Es hat allerdings häufig nur metaphorischen Charakter, da beispielsweise die „Sollwerte" oft nicht genau bestimmbar sind.

Auch bestehen Diskussionen, ob die Kybernetik ein Spezialfall der Systemtheorie ist, da es sich hier um geregelte Systeme handelt und da auch noch andere Systemtypen zu berücksichtigen sind. Diese Frage wird hier zu gunsten der Systemtheorie bzw. Systemwissenchaft entschieden.

3.4   Systemtheorie – Wissenschaft der Wirkungsgefüge

Alles ist im Fluss.
(nach Heraklit)

Die „Systemtheorie", wie sie heute in den Biowissenschaften verwendet wurde, beruht im Wesentlichen auf der „Allgemeinen Systemtheorie" von Ludwig von Bertalanffy (1968). Sie betont die Konstanz im Fluss mit dem Begriff des Fließgleichgewichts. Die Systemtheorie ist zwar auf mathematischen Grundlagen in Form von Differenzialgleichungen aufgebaut, sie war aber in der Biologie zunächst eher eine *Methode* des systemischen Konzeptualisierens des Gegenstandsbereichs, da es umfangreiche geeignete Daten zu Zeiten Ludwig von Bertalanffys noch nicht gab. Als eine universell anwendbare Theorie wurde sie von James Grier Miller (1978) in seinem Werk „Living systems" dahingehend verallgemeinert, dass alle lebenden Systeme ähnliche wesentliche Prozesse realisieren müssen. Im Mehr-Ebenen-Systemkonzept, das von der Zelle bis hin zur supranationalen Organisation reicht, werden diese wesentlichen Prozesse von Systemen anhand von *elementaren Funktionsbegriffen* klassifizierend beschrieben: Ingestor, Rezeptor, etc. (vgl. Tretter 1978). In den 1960er Jahren breitete sich das Gedankengut der Systemtheorie in den verschiedensten wissenschaftlichen Disziplinen aus. In den 1970er Jahren war die Umweltproblematik ein Bereich, der die Anwendung der Systemtheorie beförderte. Von besonderer Bedeutung waren dabei die *„Weltmodelle"*, die vom Club of Rome mit der Systemtechnik von Jay Forrester (1961) entwickelt worden waren und die die Entwicklung der Welt in Hinblick auf die Bevölkerungsexplosion und die damit verbundenen Ressourcen-Verbräuche und Umweltbelastungen untersuchen halfen (Meadows 1972). Diese systemisch orientierte Forschungsrichtung wurde als „System dynamics" bekannt, deren Ziel die Entwicklung von Modelliertechniken war und weiterhin ist (Sterman 2000). Eine weitere Welle des systemischen Denkens erfolgte in den 1980er Jahren unter dem Einfluss der Neurobiologen Humberto Maturana und Francisco Varela, die auf der Basis ihrer tierexperimentellen Befunde davon ausgingen, dass die Erfahrung der Lebewesen Konstruktionen ihres Gehirns sind. Diese Richtung wurde tragend für die Entwicklung des Konstruktivismus als Erkenntnistheorie und Metatheorie der Analyse von Sinnsystemen wie es soziale Systeme sind. Dadurch stimuliert und im Kontakt mit der *soziologischen Systemtheorie* von Niklas Luhmann (1984) und auch auf der Basis von Gedanken von Gregory Bateson (1981) entwickelte sich das *systemische Denken für klinische Fragen* in den 1980er Jahren in der *systemischen Familientherapie* (vgl. Simon 1988). Darauf wird später punktuell an verschiedenen Stellen eingegangen (Kapitel 4) (vgl. jedoch Simon & Stierlin 1984, Simon 1988, Reiter et al. 1988). Eine fundierte, kritische Auseinandersetzung mit den Grundpositionen der systemischen Familientherapie findet sich bereits bei Reiter et al. (1988) und zuletzt bei Kriz (1999).

In besonderem Ausmaß war der Begriff „Systemtheorie" bereits in der Soziologie in den 1970er Jahren Gegenstand der Theorie-Debatte: Systemtheorie diene nicht nur der Theoriebildung, sondern auch als Instrument der Systemstabilisierung (vgl. Habermas in: Habermas u. Luhmann 1971). Von grundlegender Bedeutung war die Systemtheorie von Talcott Parsons, der bereits in den 50er Jahren die wesentlichen Gedanken dazu ausformuliert hatte (Parsons 1951).

Die „allgemeine Systemtheorie" hat das kybernetische Prinzip, das sich im Wesentlichen auf das Konzept des Regelkreises stützt, verdrängt. Dies vor allem deswegen, weil in den verschiedenen Wissensgebieten bereits in den 1970er Jahren nicht mehr das vor allem an Prozessdämpfungen ausgerichtete *„Kontrollparadigma"*, sondern das an Aufbauprozessen orientierte *„Evolutionsparadigma"* interessierte. Letzteres betrifft insbesondere Prozesse im Bereich des „Nicht-Gleichgewichts", wo sich Strukturbildung u. dgl. nachweisen lässt. Es handelt sich im Einzelnen um die *Katastrophentheorie*, die *Theorie der dissipativen Prozesse*, das Konzept der *autokatalytischen Hyperzyklen* (Selbstorganisation von Biomolekülen) und um die *Chaostheorie*. Diese naturwissenschaftlichen Theorien wurden teilweise metaphorisch in wissenschaftlich „weiche" Disziplinen übernommen. Sie waren zwar gedanklich stimulierend, in ihren Ergebnissen jedoch eher enttäuschend. Auch dies ist durch zu geringes Methodenbewusstsein bedingt. Die Frage nach der Zuordnung verschiedener Theorien ist nicht unwichtig, denn ihre Nichtbeachtung hat zur Situation geführt, dass vor allem im klinisch-psychologischen Bereich die Systemtheorie ohne ausreichendes Methodenbewusstsein angewendet wird.

Die Systemtheorie dient heute bereits als disziplinübergreifendes, umfassendes Gebiet der Anwendung verschiedener analytischer Techniken, deren Ziel es ist, Systeme zu erkennen und zu charakterisieren. Darüber hinaus wird versucht, in Form von Modellen bzw. Theorien das reale System in seinem Verhalten abzubilden und in dieser Form auf seine Funktionsweise hin zu untersuchen. Diese Techniken, die sich interdisziplinär bewährt haben, können bereits als eigenes Gebiet der *Systemwissenschaft* bzw. *Systemforschung* zusammengefasst werden.

Ein Problem in der Diskussion um die „Systemtheorie" ist daher, dass sie nicht nur eine Theorie ist, sondern einen eigenständigen *Forschungsansatz* darstellt, mit *spezifischen Begriffen* (System, Element, Funktion usw.), *Methoden* (Systemanalyse, Computersimulation) und *theoretischen Modellen* (nichtlineare Differentialgleichungssysteme, Räuber-Beute-Modelle, gekoppelte mathematische Pendel usw.; vgl. Arbib & Robinson 1990, Mc Celland et al. 1986, Bossel 1992, Tretter 1989, 1993a). Somit ist eine eigenständige, aber als nicht offiziell konstituierte oder institutionalisierte *Systemwissenschaft* zu erkennen.

Aus diesen Gründen wird, wie bereits vorgeschlagen, auch hier von dem Konzept einer eigenständigen *„Systemwissenschaft"* ausgegangen. Metatheoretische Aspekte der Systemtheorie blieben aber bisher weitgehend unbeachtet. Beiträge dazu kommen von Lenk und Ropohl (1978) und auch von Konstruktivisten wie Maturana (1982) oder Watzlawik (1991), aber auch von kritischen Rationalisten wie Wohlgerannt (1969) oder vor allem von Stegmüller (1969, 1986).

Angesichts der mangelnden Institutionalisierung scheint es sinnvoll zu sein, den Bereich Systemphilosophie zu initiieren, in der Hoffnung, dass das extrem disziplinübergreifende Potenzial in philosophischen Fakultäten eine Heimat haben kann.

3.4.1 Begriffe der Systemwissenschaft bzw. Systemforschung

Die Begriffe System, Element, Struktur, Funktion, Gleichgewicht, Stabilität, Dynamik oder Komplexität sind von zentraler Bedeutung. Sie wurden bereits in den vorigen Abschnitten verwendet. Sie können genau definiert werden, so gibt es zum Begriff System ein Buch von dem Soziologen Dirk Baecker, (2002). Derart weit wollen wir aber hier nicht gehen, sondern nur bei einer relativ trivialen Begriffsumschreibung bleiben (s. Tab. 3.1).

Begriffe wie „System", „Struktur", „Element" usw. sind äußerst allgemeine Begriffe und erfordern nahezu mathematisch orientierte Definitionen. Andere Begriffe wie „Rezeptor", „Aktivator", „Inhibitor" sind ebenfalls von hoher Allgemeinheit und beruhen teilweise auf klassifikatorischen Analogiebildungen. Derartige *Analogbegriffe*, die Prozesstypiken in allgemeiner Form beschreiben, sind bei transdisziplinären Analysen sehr hilfreich.

Definitionen – systemische Terminologie

Hier einige Definitionen:

- Ein *System* ist ein geordnetes Gefüge von Elementen. Die Umwelt zeigt viele Systeme. Es ist aber in hohem Grade davon abhängig, was ein Beobachter, der Aussagen über die Umwelt machen will, als System begreift, d.h welche Elemente er zu einer Funktionseinheit zusammenfasst. Der Begriff *System* wird somit als Gefüge von *Elementen* und ihrer *Struktur* konzipiert.
- Die *Struktur* ist im Regelfall das Gefüge von interdependenten Aktivitäten. Die Interdependenz sind *Wirkungen*. Wirkungen werden auch als *Funktionen* bezeichnet.
- *Funktionen* werden oft als typische Aktivität verstanden (z.B. psychische Funktionen, körperliche Funktionen). Wichtig sind darüber hinaus auch die Begriffe „Gleichgewicht" und „Stabilität", die ähnliches bezeichnen.

Es handelt sich bei systemwissenschaftlichen Begriffen um theoretische Begriffe, die in bestimmten Wissenschaftsbereichen wie der Physik, der Elektrotechnik oder der Biochemie eine bestimmte Bedeutung haben und sich als universell anwendbar zeigen. Sie müssten in ihrer erkenntnistheoretischen Dimension noch genauer beleuchtet werden (Tretter 1978, 1982). Man kann einige dieser Begriffe zur *funktionellen Klassifikation* eines Elements oder eines Prozesses in einem Netzwerk nutzen. Dazu einige Beispiele:

- Ein *Aktivator* ist eine Einheit, deren Output bei einem anderen Element die Steigerung der Aktivität zur Folge hat. Er entspricht in der Pharmakologie der Kategorie „Agonist". Der entsprechende Prozess wäre die Aktivierung.
- Ein *Inhibitor* mindert die Aktivität eines anderen Elements („Antagonist"). Der Prozess wäre die Inhibition.
- *Fazilitator:* Dieses Element fördert die Aktivität eines nachgeschalteten Elements (Neurobiologie).
- *Katalysator:* Diese Einheit fördert ebenfalls die Aktivität des nachgeschalteten Elements (Biochemie, Chemie).
- *Repressor:* Elemente von diesem Typ hemmen die Aktivität des nachgeschalteten Elements. Beispielsweise wird das Ablesen eines Gens durch Moleküle dieses Typs verhindert (Molekularbiologie, Genetik).
- *Derepressor:* Diese Einheit inaktivert den Repressor und ermöglicht dadurch Ableseprozesse von dem betreffenden Gen (Molekularbiologie, Genetik).
- *Effektor:* Die empirische Forschung setzt häufig an der Einheit an, die den zu untersuchenden Zustand bzw. Prozess bewirkt (z. B. Nervenzellen, die Muskeln ansteuern).
- *Operator:* Die dem Effektor in Wirkungsrichtung nachgelagerten Einheiten werden häufig „Operator" genannt (z. B. Muskeln). Nicht selten werden die Begriffe Effektor und Operator gleichsinnig verwandt. Sie helfen aber bestehende Wirkungsketten und Wirkungsabläufe klassifizierend (qualitativ) zu beschreiben.

Mit diesen Kategorien können komplexere Funktionsgefüge charakterisiert und analysiert werden. Sie bilden Bausteine für qualitative Modelle. Die Verwendung derartiger Kategorien war beispielsweise in der Biochemie bzw. Genetik in dem Modell der Genregulation von Jacob und Monod erfolgreich (Silbernagel u. Despopoulos 2003, Jacob 2002). In dieser Form ergibt sich eine neue Art der Konstruktion von Ursachengefügen. In dieser Hinsicht ist auch unter philosophischen Gesichtspunkten die Betrachtung der *Ursachenlehre* von Aristoteles – Finalursache, Materialursache, Zweckursache, Wirkursache interessant. Vor allem letzteres ist bei der Systemanalyse relevant (vgl. Tretter 1978, 1982).

Auch Begriffe von Systemzuständen und Prozessen wie das Merkmal der *Spannung* oder *Intensität* und *Widerstand*, die etwa das Verhalten eines Stromkreises charakterisieren helfen ($U = R*I$), sind in ihrer tieferen Bedeutungsstruktur auch für die Psychologie von Freud relevant gewesen, um theoretische Vorstellungen von psychischen Zuständen und Prozessen zu indizieren. Eine Spannung ist dann ein *Verhältnis zwischen zwei Elementen*, das bei deren Verbindung zu einer gehemmten Aktivität und dann zu einem niedrigeren Aktivitätsniveau führt. Ein *Widerstand* ist ein Element, das diese Verbindung zunächst verhindert. Die *Spannung* steigt mit dem Widerstand und mit der Stromstärke. Die metaphorische Verwendung dieser Konzepte in der Psychologie hat einen gewissen heuristischen Wert.

Ein Begriff, der sehr allgemein gefasst zu sein scheint und weite Verbreitung findet, ist beispielsweise der Begriff „Funktion". In der Mathematik bedeutet er „Zuordnung", „Abbildung" u. dgl., in der Biologie, Psychologie und Soziologie jedoch „Aufgabe", „Tätigkeit". In den Humanwissenschaften hat er eine semantische Nähe zu den Begriffen „Beziehung" und „Aktivität", was auch Möglichkeiten zur Mathe-

Tab. 3.1: *Einige Begriffe der Systemwissenschaft (nach Böse u. Schiepek 1989, Tretter u. Küfner 1992, Tretter 2005b).*

„System"	= Die Menge seiner „Elemente" und der „Relationen" zwischen den Elementen. Ein System kann auch in Untersysteme gegliedert oder als Untersystem eines Obersystems konzeptualisiert werden.
„Element"	= Nicht weiter unterschiedene Teile des Systems, Elemente können aber wieder als Systeme begriffen werden, sie sind dann Untersysteme des interessierenden Systems. Elemente, typisiert nach ihrem Aktionsmodus wie „Rezeptor", „Sensor", „Prozessor", „Selektor", „Inhibitor", „Aktivator", „Effektor" erlauben qualitative Beschreibungen von komplexen Wirkungsgefügen.
„Struktur" (Relationen", „Beziehungen", „Kopplungen")	= Beziehungen zwischen den Elementen. Eine Unterteilung in aktivierende und in hemmende Kopplungen ist zur Analyse von Wirkungsgefügen relevant.
„Funktion"	= Form der spontanen Aktion oder Reaktion eines Elements oder Systems, ausgedrückt in Zustandsänderungen.
„Bifurkation"	= Verzweigung des Verlaufes einer Variablen
„Stabilität"	= Invarianz des Verlaufs einer Variablen
„Trajektorie"	= Verlaufskurve des Systemzustands
„Phasenraum"	= Abbildung des Systemzustandes in den jeweiligen Variablen als Koordinaten mit der Elimination der Zeit
„Fixpunkt"	= Gleichgewichtspunkt
„Zustand"	= Ausprägung eines Merkmals des Systems bzw. Elements

matisierung bietet, z.B. wenn Aktivität als Funktion der Zeit dargestellt wird. In lebenden und sozialen Systemen ist die Zeit die wichtigste unabhängige Variable und Referenzgröße für Prozesse.

3.4.2 System-Methodologe – Baupläne für Systemmodelle

Die Herangehensweise des Systemforschers an seinen Gegenstand ist bei der Systemanalyse typisch und zeigt gemeinsame Merkmale mit allen wissenschaftlichen Methoden. Dabei ist die Black-Box-Perspektive von besonderer Bedeutung, da sie in allen Wissenschaften, wie beispielsweise in der Psychologie, im Rahmen des Behaviorismus oder in den Wirtschaftswissenschaften verwendet wird.

Black-Box-Technik – Input-Output-Analyse

Das Charakteristische dieser grundlegenden Methode der „Systemanalyse" besteht darin, ein System als „schwarzen Kasten" (Black box) anzusehen, über dessen innere Struktur wenig bekannt ist. Nur durch die Variation des Inputs kann der Output bestimmt werden (Abb. 3.10).

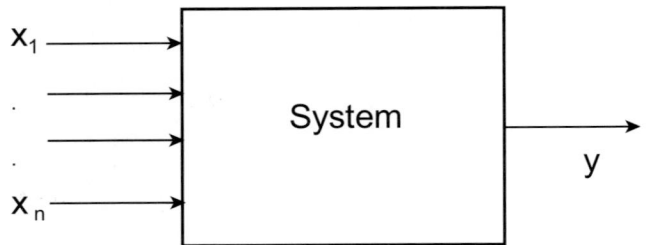

Abb. 3.10: *Systemanalyse – Variation der Bedingungsvariablen des Systems (Black Box) Effekte der Inputs von x1 bis xn auf den Output y*

Systemische Methodik – Analyse von Netzwerken

Entscheidend für das Merkmal „systemisch" ist also vor allem eine typische *Herangehensweise* (Methodik) an die Problemstellungen. Vester (1998, 2002) beschreibt das Grundlegende der systemischen Methodik auf folgende Weise:
– Die Betrachtung der *Wechselwirkungen zwischen Elementen* ist bedeutsamer als die isolierende Betrachtung.
– Die *Ganzheit* des Untersuchungsgegenstandes wird betont.
– *Gruppen von Variablen* werden *zugleich* betrachtet.
– Zeitverläufe werden in die Untersuchung einbezogen.
– *Zusammenhangswissen* ist wichtiger als Detailwissen

Systemisches Denken kann noch detaillierter, also mit beispielsweise nach sechs Schwerpunkten charakterisiert werden (Richmond 2001, zit. Z.T. nach Ossimitz 2000, vgl. auch Vester 1988, 1998, 2002):
1. *Dynamisches Denken:* Die Orientierung des Denkens an Abläufen und Mustern ist wichtiger als die Ausrichtung an einzelnen Ereignissen.
2. *Closed-loop-Denken:* Die Berücksichtigung der zirkulären Wirkungskette, also des Wirkungskreislaufes, steht im Vordergrund. Die Bedingungsfaktoren eines interessierenden Phänomens sind damit eher „systemintern" und weniger „systemextern".
3. *„Generisches" Denken:* Das Denken sollte eher auf die „erzeugenden" Strukturen des Systems als auf Details bzw. Elemente der Stufen von Prozesskaskaden ausgerichtet sein.
4. *Strukturelles Denken:* Nicht nur das allgemeine Denken in Beziehungen und Netzwerken, sondern vor allem das Umdenken in Messgrößen und Konstrukten,

die „*Bestände*" und „*Flüsse*" unterscheiden, ist bedeutsam. Zu beachten ist dabei für die Modellierpraxis, dass nur Flussvariablen so beeinflusst werden können, dass sich die Bestände ändern.

5. *Operationales Denken:* Hiermit ist das realitätsnahe Modellieren gemeint, das sich nicht nur in Formalismen abspielt. Richmond (2001) verweist in diesem Zusammenhang auf ökonomische Modelle der Milchproduktion, deren Defizite vor allem darin bestehen, dass sie in ihrem System von Differenzialgleichungen die eigentlichen Produzenten der Milch, nämlich die Kühe, nicht berücksichtigen.

6. *Denken in Kontinua:* Dieser Aspekt des systemischen Denkens berücksichtigt, dass es meist ein Kontinuum an Möglichkeiten und nicht polarisierte distinkte Festlegungen gibt.

Komplexe Systeme – Vernetzt Denken und Modellieren

Häufig ist dem Beobachter ein Gefüge von zusammenhängenden Elementen bekannt, das er als System zusammenfasst. Das System ist also in diesem Fall nicht eine Black Box ohne erkennbare Struktur, sondern ein „Netzwerk" von Elementen. Der Beobachter hat Kenntnisse vom Verhalten weiterer Elemente, aber nur grobe Vorstellungen über das Zusammenwirken der Elemente und kann vor allem nicht sagen, wie sich ein Element des Netzwerkes über die Zeit hin verhalten wird. Es müssen auch die relevanten Elemente *identifiziert* werden. Es findet daher eine Selektion aus der Menge aller Elemente statt. Das herauszufinden ist aber das Ziel des „systemischen Denkens" oder „vernetzt Denkens" bzw. der „Systemanalyse".

In der Praxis bedeutet vernetztes Denken nicht sehr viel mehr, als dass man noch andere Umgebungsaspekte zu dem zentral interessierenden Sachverhalt mit berücksichtigt (Kontextualisierung). Gelingt es in dieser Hinsicht zwar noch gut, mehrere hintereinander verkettete oder auf einen Effekt hin *konvergent verlaufende Kausalfaktoren* gedanklich „ablaufen" zu lassen, so ist das Denken in „zirkulären" bzw. „vernetzten Wirkungsketten" mit *Rückkopplungen* und *Querverbindungen* bereits sehr schwierig (s. Abb. 3.11). Es übersteigt normalerweise die mentale Vorstellungskraft, wenn nicht zumindest Bleistift und Papier als unterstützendes Instrument hinzugezogen werden. Am hilfreichsten sind in diesem Fall *Computersimulationen*.

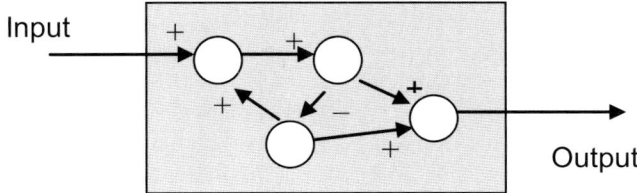

Abb. 3.11: *System als erkennbares Gefüge von gekoppelten Elementen. Die Schwierigkeit der Verhaltensprognose des Outputs als Folge des Inputs.*

63

Modellierung

Bei der Analyse eines jeden Netzwerks ist ein grundlegender Aspekt von zentraler Bedeutung: Aus den quantitativen Daten zu einer *(abhängigen)* Zustands- bzw. Prozessvariablen kann man feststellen, ob sie (a) zunimmt, (b) abnimmt oder (c) gleich bleibt. Diese Klassifikation wird mit Hilfe von statistisch-mathematischen Methoden getroffen. Bei der Theoriebildung kann dann die für diese Effekte zuständige *unabhängige Variable* im erstgenannten Fall als „Aktivator", im zweitgenannten Fall als „Inhibitor" klassifiziert werden. Solche und ähnliche Kategorien werden zur *semiquantitativen (qualitativen)* Analyse von Wirkungsgefügen universell genutzt, und zwar in der Genetik, der Biochemie, der Molekularbiologie, der Neurophysiologie usw. Wirkungs-Netzwerke sind in dieser Sicht Gefüge von Aktivatoren und Inhibitoren mit Vorwärts-, Rückwärts- und Seitenwirkungen unterschiedlicher Art, Intensität, und Zeitcharakteristik (Kinetik). *Selbstaktivierung* wie auch *Selbsthemmung*, aber auch die *Hemmung* bzw. die *Aktivierung* von *benachbarten Elementen* des jeweiligen Netzwerks kommen vor. Im Hinblick auf das Gehirn generieren sie, vor allem durch Selbstorganisationsprozesse, über größere *Nervennetze* hinweg betrachtet, die Gehirnaktivität in Form von elektrischen Strömen (z.B. Feldpotentiale) gewissermaßen als raumzeitlich variierendes Relief von *Erregungsgebirgen* als Potentialmaxima und *Hemmungstälern* als Potentialminima (Haken 1983). Die Dynamik derartiger Potenziallandschaften ist auch bei kleineren Netzwerken ohne Computerassistenz kaum mehr vorstellbar.

Sprache – Grafische Schaltpläne und Mathematik

Die *verbale Darstellung* von theoretischen Vermutungen über Systemzusammenhänge und –Wirkungsgefüge dominieren die Fachliteratur. Sie beruhen auf *Datenmengen*, die teilweise sehr heterogen sind. Von diesen Wortmodellen müssen *mathematische Modelle* gebildet werden. Eine Brückenfunktion zur mathematischen Modellierung bilden u. U. die *grafischen Wirkungsdiagramme*, die als Präzisierungen der verbalen Konzepte und als Vorstufen der formalisierten Systemtheorien gelten können. Sie sind Voraussetzung für *Computersimulationen*, die heute die Funktion von „Gedankenexperimenten" haben (s. Abb. 3.12).
In Hinblick auf diese Modellierstrategie bieten vor allem *schematische Darstellungen*, in Form von *Grafiken*, Möglichkeiten zu groben Orientierungen für die schnelle Rezeption des zu kommunizierenden Sachverhaltes. Dies ist im interdisziplinären Kontext von besonderer Wichtigkeit. Ein weiterer nicht zu vernachlässigender Aspekt, der für schematische Visualisierungen spricht, ist der Zwang zur Präzisierung der Begriffe und Zusammenhangsaussagen, die bei solchen Darstellungen notwendig ist.

Mathematik

Von besonderer Bedeutung für die Systemtheorie ist die *Mathematik*. Sie ist das sprachliche Medium der Wahl, aber auch der Grund, davor zurück zu schrecken. Es ist daher eine essentielle Aufgabe für die Zukunft, den Realwissenschaften anwendungsfreundlich die wesentlichen mathematischen Konstrukte zu vermitteln, um die

64

I

	A	B	C	D	SUM
A	\	1	-0,9	-0,9	-0,8
B	-0,7	\	1	-0,7	-0,4
C	-0,2	-2	\	1	-1,2
D	-0,9	-1	-0,4	\	-2,3
SUM	-1,8	-2	-0,3	-0,6	

II

„A aktiviert B und hemmt C und D,

B hemmt A und D und aktiviert C,

C hemmt A und B und aktiviert D,

D aktiviert A und hemmt B und C."

III

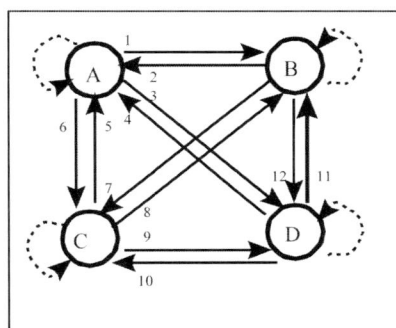

IV

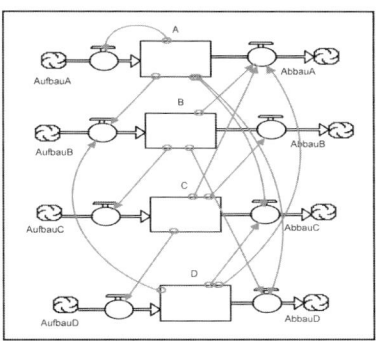

V

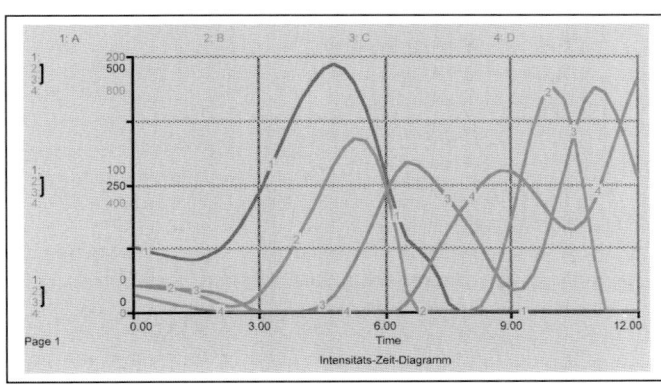

Abb. 3.12: *Zusammenfassung der Stufen der systemischen Modellierung (vgl. Tretter 2005b). Von der Datenmatix (I), über das Wortmodell (II), zum graphischen Wirkungsdiagramm (III), über das Computermodell (IV) zur Simulation (V).*

65

Theorieentwicklung zu fördern. Dies ist Aufgabe einer modernen Didaktik der Mathematik.

Das wichtigste mathematische Konzept der Systemtheorien ist das Differenzial, insofern es Dynamiken beschreibt. Es ist der Grenzwert der Veränderung einer Zustandsvariablen bezogen auf einen unendlich kleinen Zeitschritt, nämlich dx / dt. Ein weiteres Aufgabengebiet ist die Strukturbeschreibung komplexer Systeme. Hier wird am häufigsten die Graphentheorie herangezogen. Wegen der großen Mengen an Daten werden im nächsten Schritt in der Praxis der mathematischen Anwendungen Computerprogramme wie Matlab, Mapple, Mathematica usw. verwendet.

3.4.3 Elementare Modelle – Module zirkulärer Kausalität

Zirkuläre Kausalität ist ein Grundprinzip von *operationell geschlossenen* und damit von lebenden Systemen. Es bedeutet, dass jede Wirkung eine Rückwirkung aufweist. In diesem Sinne besteht das kleinste *operationell geschlossene System* aus zwei Komponenten (Elementen) und zwei Beziehungen. Geht man davon aus, dass die Wirkungen von Beziehungen grundsätzlich entweder als aktivierend oder als hemmend zu klassifizieren sind, dann gibt es drei Grundtypen von elementaren Systemen (Abb. 3.13):

I. Ein Systemtyp mit wechselseitigen Aktivierungen
II. Ein Systemtyp mit einer aktivierenden und einer hemmenden Beziehung
III. Ein Systemtyp mit wechselseitigen Hemmungen

Das Verhalten dieser drei Systemtypen ist höchst unterschiedlich:

I. Das System zeigt für beide Komponenten einen eskalatorischen Verlauf. Das System kann man als „Eskalator" ansehen.
II. Das System II zeigt über die Zeit oszillatorisches Verhalten und kann als „Oszillator" bezeichnet werden.
III. Das System III zeigt für A einen Anstieg der Aktivität, während die Komponente B einen Abfall der Aktivität zeigt. Das System verhält sich als „Polarisator".

Das Verhalten der Module ist rein gedanklich nicht mehr genau vorstellbar. Dazu sind Computersimulationen erforderlich. Diese Technik der computergestützten Modellierung ist das zentrale Merkmal der modernen Systemtheorie bzw.- Systemwissenschaft. Diese Technik wurde kürzlich vom Autor detaillierter und disziplinübergreifend für klinische Fragen dargestellt (Tretter 2005b).

3.4.4 Theorien – vom Regelkreis zur Komplexität

Die Systemwissenschaft ist durch ein großes Repertoire an Theorien gekennzeichnet, die in verschiedensten disziplinären Zusammenhängen entwickelt wurden: Kontrolltheorie, Automatentheorie, Informationstheorie, Katastrophentheorie, Chaostheorie und nun vor allem die in vorherigen Abschnitten erwähnte Komplexitätstheorie (s. Tab. 3.2). Dies sei hier nur erwähnt, bei speziellerem Interesse muss auf die einschlägige Literatur hingewiesen werden (vgl. auch Tretter 2005b).

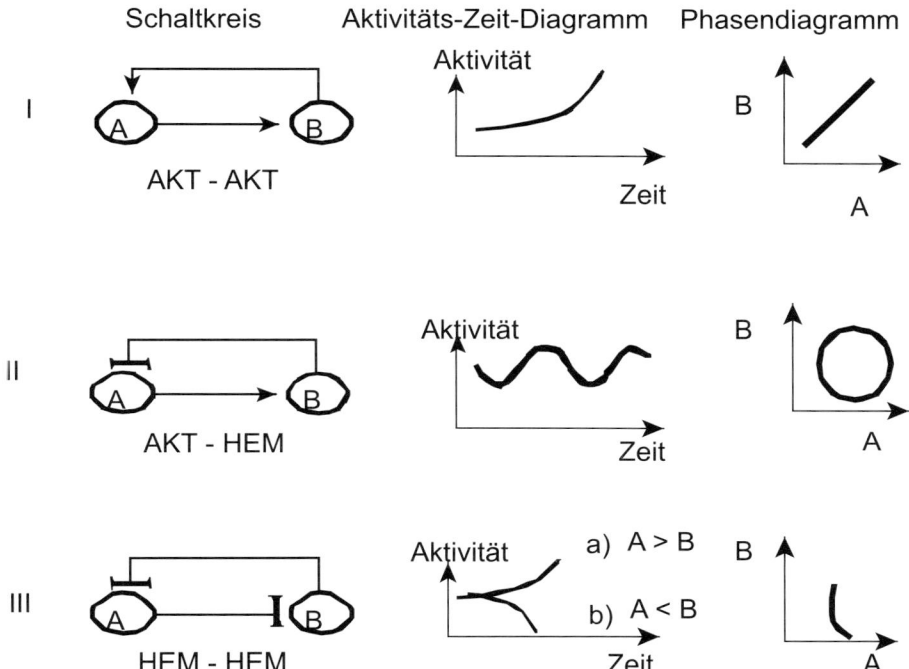

Abb. 3.13: *Ein „zwei-elementiger Schaltkreis" mit erregenden (AKT) bzw. hemmenden (HEM) Kopplungen. Die Aktivität eines Elements (Output) als Funktion der Zeit hängt von der Art der Kopplungen ab (Aktivtäts-Zeit-Diagramm). Die Ko-Variation der Zustandsvarablen der jeweiligen Elemente kann im Phasendiagamm dargestellt werden.*
I: *Wechselseitig erregende Kopplungen (AKT-AKT), vom Typ des sich aufschaukelnden Schaltkreises („Teufelskreis").*
II: *Erregende Kopplung und hemmende Kopplung (AKT-HEM), mit der Folge der Oszillation der Aktivität der einzelnen Elemente.*
III:*Wechselseitig hemmende Kopplungen (HEM-HEM), mit der Folge der gegenseitigen Herabdämpfung in Abhängigkeit vom Ausgangszustand. Der konkrete Verhaltensablauf im System hängt von den individuellen Voraussetzungen (Ausgangszustand) oder externen Zusatzkopplungen (externe Inputs) der jeweiligen Elemente ab. Das Gesamtsystem zeigt somit ein verzweigendes („divergentes") Verhalten, d.h. dass das System zwei qualitativ unterschiedliche Zustände einnehmen kann (A > B oder B > A).*

Tab. 3.2: *Systemwissenschaftliche Theorien (nach Tretter u. Küfner 1992, Tretter 2005b)*

„Regelungstheorie" (oft auch : Regeltheorie)	Mathematische Beschreibung von Regelungsprozessen.
„Informationstheorie"	Mathematische Theorie der Informationsübertragung.
„Spieltheorie"	Theorie der Entscheidungsstrategien in Gewinn- und Verlustsituationen.
„Bifurkationstheorie"	Beschreibung von Verzweigungen von Zustandsverläufen in „bimodale Bereiche" (z.B. „gesunde" oder „kranke" Bereiche) durch die geringfügige Verstellung von Parametern (vgl. das Konzept der „dynamischen Krankheiten" nach Mackey u. An der Heiden 1982).
„Katastrophentheorie"	Eine differentialtopologisch aufgebaute Theorie nichtlinearen und bifurkierenden (sich spaltenden) Systemverhaltens. Ein einfaches Modell der Katastrophentheorie ist das Kuspenmodell (formal: $f_{(a,b,x)} = x^4/4 + a*x^2/2 + bx$). Dabei kann man sich den Verhaltensraum anschaulich wie eine Falte eines Tischtuchs vorstellen. An der Kante dieser Falte „springt" dann der Verhaltenspfad des Systems hinauf oder hinunter (Nichtlinearität). In anderen Verhaltensbereichen jenseits der Falte gibt es aber glatte Verläufe (Linearität) (vgl. Jetschke 1989, Saunders 1986).
„Chaostheorie"	Fluktuationen von Verhaltensmustern werden als reguläre und irreguläre Muster in einem formalen Ansatz ($x_{t+1} = ax_t - ax_t^2$) beschrieben (vgl. Glass u. Mackey 1988, Schuster 1988).
„Populationsdynamische Gleichungen"	Differentialgleichungssysteme können die Oszillationen von Räuber-Beute-Systemen in Form von gekoppelten Schwankungen der Populationsgrößen beschreiben.
„Nichtgleichgewichtsdynamik"	Beschreibung von Ordnungsbildung in thermodynamischen Systemen (vgl. Prigogine 1985). Das Konstrukt der „dissipativen Strukturen" als fokale Unordnung, die neue Ordnung erzeugt, ist hierbei transdisziplinär relevant geworden.
„Synergetik"	Spezieller Ansatz zum Thema „Selbstorganisation" durch Kontroll- und Ordnungsparameter wie etwa beim Laser (Haken 1983).

3.5   Grundriss einer Systemphilosophie – ganzheitsorientierte Reflexion

Wenngleich es noch keine eigenständige „Systemwissenschaft" gibt, so zeichnet sich doch ein Repertoire von Begriffen, Methoden, Konzepten, Theorien, Modellen und Paradigmen ab, die sich interdisziplinär als Heuristiken gut bewährt haben. Dies wurde hier bereits kurz skizziert und wurde auch schon ausführlich vom Autor publiziert (Tretter 2005b). Für das Folgende reicht es, davon auszugehen, dass es eine Systemphilosophie geben kann, deren Betrachtungen, Begriffe und Denkweisen am systemischen Paradigma orientiert sind. Die einzelnen Bausteine können aus dem, was vorher unter der Rubrik „Systemwissenschaft" referiert wurde, übernommen werden.

Und auch umgekehrt: Wenn über die bisher dargestellten Bereiche der Systemtheorie gründlich nachgedacht werden soll, dann ist die *Philosophie* als Disziplin der Reflexion aufgerufen. Setzt man bei philosophischen Überlegungen den Begriff „System" im Sinne von „Wirkungsgefüge" sehr zentral, dann kann man aufgrund der bereits vorhandenen vielfältigen Ausführungen zum System-Thema vom Gebiet der *„Systemphilosophie"* sprechen (vgl. Laszlo 1972).

„Systemphilosophie" ist somit eine Philosophie mit einer „systemischen Perspektive", die davon ausgeht, dass jeder zu betrachtende Gegenstand als *System* und zwar als ein *Gefüge von Elementen* und ihren *Beziehungen* zu begreifen ist. Das gilt für materielle wie auch für ideelle Systeme. Wird ein System als Einheit betrachtet, dann ist die Einbettung in die *Umwelt* zu berücksichtigen. Das System ist dann ein Element und damit zunächst eine Black Box, die nur im Umweltverhältnis betrachtet wird (Kontextualisierung). Darüber hinaus ist innere Struktur des Systems für das Verständnis der Funktionsweise des Systems relevant. Systemphilosophie beschäftigt sich daher zentral mit dem *Verhältnis* von *Teil* und *Ganzes*, *Struktur* und *Funktion*, *Statik* und *Dynamik*, *Simplizität* und *Komplexität*. Der Schwerpunkt liegt in der *Ganzheitsorientierung*.

Grundlegend ist gleich zu betonen, dass „das Ganze" nicht gedacht werden kann – jedes gedanklich Abgegrenzte hat ein Umfeld außerhalb dieser Grenze, sodass es wieder als Teil eines Umfassenden gedacht werden muss usw. Daher kann man nur „ganzheitsorientiert" und nicht „ganzheitlich" denken, man muss die Kontextualisierung pragmatisch begrenzen.

Aus systematischer Sicht besteht Systemphilosophie oder die systemische Philosophie dann gemäß der klassischen Philosophie vor allem aus *Erkenntnistheorie, Wissenschaftstheorie, Ontologie, Ethik* und *Anthropologie*, und zwar immer unter der grundlegenden und ausdrücklichen Annahme, die Welt oder der interessierende Weltausschnitt sei ein System.

Das kann hier nicht detailliert ausgeführt werden, aber einige Hinweise mögen die Perspektive verdeutlichen.

3.6 Spezialisierungen der Systemphilosophie – eine Systematik

Gemäß der systemischen Perspektive können die klassischen philosophischen Spezialdisziplinen diskutiert werden:

(1) Systemische Erkenntnistheorie
Ein Ansatz zu einer *systemischen Erkenntnistheorie* stützt sich vor allem auf den „Konstruktivismus", der davon ausgeht, dass die Bilder, die wir uns von der Welt machen, Konstruktionen des Geistes bzw. Gehirns sind. Die Bilder von der Welt werden sukzessive optimiert und zwar mit dem Ziel der Minimierung von Falsifizierungen. Dieser Ansatz zeigt Ähnlichkeiten mit dem kritischen Rationalismus von Popper (1984a, 1984b).

Im Hinblick auf die Erkenntnistheorie ist beispielsweise die Problematik der Generalisierung von Einzelbeobachtungen besonderer Untersuchungsgegenstand. Weniger die Frage, ob die Wahrnehmungen von der Welt, Wahrnehmungen von Abbildern oder von Objekten sind, wie sie im platonschen Höhlengleichnis thematisiert wurden, sondern die Frage ist von Interesse, wie aus einzelnen Blicken auf diese Bilder ein Gesamtbild konstituiert wird. Schon ein einzelner Blick des Auges zeigt das Problem insofern, dass dann der blinde Fleck nicht wahrgenommen wird, sondern Extrapolationen stattfinden. Auch die Wahrnehmung der visuellen Umgebung, die durch mehrere Blicke abgetastet wird, stellt eine Konstruktion dar. Diese Feststellungen sind philosophiegeschichtlich in den Anfängen des Idealismus, den man bei Platon in der europäischen Geistesgeschichte verorten kann, bereits in Grundzügen thematisiert. Diese erkenntnistheoretischen Probleme wurden zuletzt vom Konstruktivismus, etwa durch die Arbeiten von v. Glasersfeld, v. Förster und von Maturana, mit großer Breitenwirkung und mit Rückgriff auf neurobiologische Erkenntnisse aus der Erforschung von Sinnes-Systemen, in die Philosophie eingebunden (Gumin u. Meier 1992).

(2) Systemische Ontologie
Eine systemische Ontologie sieht diese Welt als Gefüge von interdependenten Mehr-Ebenen-Teilsystemen an, die sowohl evolutionär, wie auch im Querschnitt betrachtet, eng miteinander verbunden sind. Weniger die traditionelle Wesensbestimmung der Systeme „an sich", als die Bestimmung der Differenz der Systeme und das Auftreten neuer Eigenschaften auf höheren Organisationsformen elementarer Systeme („Emergenz", „Supervenienz") interessieren dabei. Die „Emergenz" ist vor allem in philosophischen Überlegungen zur Biologie und Evolutionstheorie in Hinblick auf die Übergänge von unbelebten Systemen zu belebten Systemen diskutiert worden (Riedl 1981). Der ähnlich gestaltete Begriff „Supervenienz" soll eine Lösungsmöglichkeit bieten, die nicht den Weltgeist beschwört. Sie zeigt daher eine andere logische Begründungsstruktur (vgl. Kim 1998). Die Debatte zu diesen Begriffen ist aber noch in vollem Gange.

In dieser Hinsicht kann die *Ontologie* auch im Sinne einer Seins-Lehre verstanden werden. Traditionsgemäß wird die Frage zwischen Sein und Schein, vor allem aber auch nach dem Aufbau der Welt, nach Wesen und Erscheinung und ähnlichen polaren Kategorien untersucht. Die im deutschen Idealismus vor allem von Husserl z.B. stark entwickelte Richtung zu einer Wesensschau im ontologischen Sinne hat mit ihren weit ausgreifenden Entwicklungen von Konstrukten zu einer Entwertung dieses Bereichs philosophischer Untersuchungen geführt, so dass die Ontologie heutzutage eine Art „No-Go-Area" in der Philosophie geworden ist.

Ein wichtiger, allerdings vielseits kritisierter Ansatz ist die 3-Welten-Theorie von Popper, die von einer physisch-materiellen Welt, einer biologischen Welt psychischer Phänomene und einer Welt der sprachlichen und ideell-kulturellen Systeme ausgeht und deren Irreduzibilität auf die materielle Welt alleine betont (Popper u. Eccles 1982).

Hier ist auch darauf hinzuweisen, dass im Lichte der neueren Evolutionstheorie, wie sie etwa von Rupert Riedl in den 1980er Jahren skizziert wurde (Riedl 1981), aber wie sie auch von James G. Miller im Rahmen der Theorie der lebenden Systeme ausgearbeitet wurde (Miller 1976, 1978), ein hierarchisches Konzept von Systemen nahe legt, die sich zum Teil voneinander herleiten, zum Teil aber auch mit neuen Eigenschaften ausgestattet sind. Dieses Auftreten von neuen Eigenschaften, wie es sich z. B. im Vergleich zwischen den Nieren und dem Gehirn zeigen lässt, beruht auf noch nicht voll verstandenen, offensichtlich intrinsischen Eigenschaften von lebenden Zellen, die im Gewebe ganz allgemein, da ja von der Eizelle bzw. von Stammzellen ausgehend, die gewebsspezifischen Differenzierungen von Zellen bewirken. Nach gegenwärtiger Begriffsauffassung sind die Nierenzellen und sicher auch nicht die Leber bewusstseinsfähig. Nicht zuletzt deswegen zeigen Menschen, die krankheitsbedingt eine Niere verloren haben, keinen Bewusstseinsverlust oder eine Bewusstseinsbeeinträchtigung oder auch Menschen, die Nieren oder eine Leber transplantiert bekommen haben, sind nicht wegen diesen Organen, sondern wohl wegen dem erlebten Umstand der Transplantation, wenn überhaupt, psychisch verändert.

Sicher erscheint auf jeden Fall, dass eine zeitgemäße Ontologie sich im Wesentlichen mit der Evolutionstheorie, die bis in die Astronomie und Astrophysik reicht, auseinandersetzen und die unterschiedlichen Seinsstufen erörtern muss. Das bedeutet, dass realwissenschaftliche Erkenntnisse in diese Diskussion eingebaut werden müssen. Die Theoriebereiche mit ihren Bruchstellen sind ein besonderer Gegenstand einer entsprechenden philosophischen Analyse, die unter der speziellen Perspektive einer Systemphilosophie die Entstehung neuer Systemformationen, insbesondere im Bereich der Lebewesen, untersuchen müsste.

(3) Systemische Ethik

Unter konstruktivistischer Perspektive geht man davon aus, dass ethische Fragen eine kollektive Einbindung aufweisen und Schwierigkeiten bestehen, von einer voraussetzungsfreien Ethik ausgehen zu können. Schwerpunkt einer *systemischen Ethik* ist die „diskursive Ethik", wie sie etwa von Habermas (1981) formuliert wurde, wenngleich er diesen Ansatz nicht explizit als systemischen Ansatz gesehen hat. Wegen der Bedeutung der interpersonellen Kommunikation in diskursiven Systemen bestehen strukturelle Ähnlichkeiten mit der „systemischen Therapie" (v. Schlippe u. Schweitzer 1997), weswegen eine am Kommunikativen ausgerichtet systemische Ethik sinnvoll erscheint.

71

Im Hinblick auf eine systemische Ethik wäre außerdem grundsätzlich davon auszugehen, dass das *dialogische Prinzip* von Martin Buber (1965) eine wichtige Grundlage für die diskursive Ethik bietet, wie sie in Grundzügen natürlich in der griechischen, antiken Philosophie etwa bei Sokrates und Platon zu finden ist. Auch in diesem Gebiet ist der Einfluss einer konstruktivistischen Erkenntnistheorie unabweisbar, insofern die Abwägung von Nutzen und Schaden einer Handlung einer Person gegenüber einer anderen Person, wie es beispielsweise in medizinischen Handlungsfeldern relevant ist, nur im Sinne eines gemeinsamen Aushandelns gemeinsam getragener Handlungsziele vertretbar erscheint.

(4) Systemische Wissenschaftstheorie
Auch im Bereich der Wissenschaftstheorie erscheint eine systemische Perspektive sinnvoll: Während die analytische Wissenschaftstheorie auf die Zergliederung von wissenschaftlichen Aussagensystemen ausgerichtet ist, wäre eine systemische Perspektive ein besonderer Ansatz, der die Theoriendynamik im Rahmen der Wissenschaftsgeschichte untersucht.
Auch müssten soziologische Aspekte der Wissenschaft berücksichtigt, historische Kontexte einbezogen werden usw. Rein formal betrachtet würde eine systemische Wissenschaftstheorie wegen der Affinität zu Formalisierungen in enger Korrespondenz zur analytischen Wissenschaftstheorie stehen können. Ansätze in dieser Richtung sind bei Balzer zu erkennen (1997).

(5) Systemische Anthropologie
Letztlich, das ist hier der Schwerpunkt, stellt sich die Frage: „Was ist der Mensch?"
Die Antwort im Lichte der hochdifferenzierten Humanwissenschaften der Gegenwart, bei einer nahezu unübersehbaren Vereinzelung von Befunden aus den Spezialdisziplinen der empirischen Anthropologie, der Archäologie, der Ethnologie, der Soziologie, der Ökonomie, der Pädagogik, der Rechtswissenschaft usw. , kann kaum gegeben werden.
Eine *systemische Anthropologie* knüpft im Gegensatz dazu daran an, dass der Mensch ein Gefüge von Teilsystemen ist, die eine relative Autonomie aufweisen, aber interdependent sind. Der Mensch ist außerdem explizit eingebettet in Kontexte. Ansätze zu einer derartigen Anthropologie sind auch in der Ära der Diskussion der „systemischen Therapie" etwa bei dem Systemtherapeuten Gottlieb Guntern (1983) zu finden. Manche Autoren haben eine ähnlich ausgerichtete „kybernetische Anthropologie" formuliert (Steinbuch 1971). Andere Autoren fordern eine „ökologische Anthropologie" (Sachsse 1984).
Eine systemische Anthropologie wird versuchen, den Menschen in seiner Vielschichtigkeit und multiplen Interdependenz als Objekt und Subjekt von vernetzten Prozessen abzubilden. Wesentlich ist die integrative Berücksichtigung der biologischen, psychologischen und soziologischen Erkenntnisse der Humanwissenschaften. Die systemische Perspektive in der Anthropologie kann sich somit als generelle, aber auch als differenzierte Anthropologie entwickeln.
Insofern die systemische Perspektive eine formale Betrachtung anstrebt, die ökologische Perspektive aber eine inhaltliche Betrachtung bevorzugt, ergänzen sich beide Ansätze zu einer „ökosystemischen" Betrachtung.

In diesen Sinne ist der Mensch weder „Reaktor" auf die Umwelt hin, noch Akteur, der als „intentional Handelnder" alles gestalten kann, wenn er nur will, sondern er ist beides, Opfer und Täter seiner Umwelt. Damit sind theoretische Grundannahmen zur Selbststeuerung versus Fremdsteuerung des Verhaltens an den Untersuchungs- und Behandlungsgegenstand Mensch angelegt, die die Unvollständigkeit von „objektiven" Beobachtungen, Erklärungen und Prognosen implizieren. Systemtheoretisch gesprochen ist der Mensch mehr als eine stimulusdeterminierte Black-Box, denn er zeigt eine erhebliche Eigendynamik. Auf den klinischen Bereich bezogen kann der Therapeut auch nicht auf den Patienten direkt und spezifisch wie ein Medikament einwirken, sondern er kann nur *unspezifische Impulse* zur Veränderung geben. Experte des Lebens des Patienten ist der Patient selbst und nicht der Therapeut.

Diese Sichtweise hebt sich von der „Kybernetik erster Ordnung" der „trivialen" Maschinen ab, die inputdeterminiert sind und kein Innenleben zeigen (Black Box). Sie stützt sich vielmehr auf die „Kybernetik zweiter Ordnung" der nichttrivialen Maschinen mit Lernen, Zufallsfluktuationen des Zustands u. dgl. (v. Foerster 1985). Das impliziert das „Paradigma der Autonomie", welches das „Paradigma der Kontrolle" ablösen oder zumindest ergänzen soll.

Nach dieser Unterscheidung wird der (psychisch) *kranke Mensch* nicht als jemand verstanden, der seine *Kontrolle verloren* hat, sondern als jemand, bei dem sich neue, andersartige und gesamtheitlich-organismisch dysfunktionale *Autonomieprozesse* zeigen. Dies trifft auch auf das Selbstverständnis der (Psycho)therapeuten zu, die nicht die Kontrolle verstärken können oder sollen, sondern Autonomie anregen können, bzw. bei den Versuchen der Selbstregulation nur mitwirken (noch sanfter formuliert: „teilnehmen"). Nach konstruktivistischer Sicht kann der Psychotherapeut daher auch nur reflektieren bzw. kommentieren und nicht effektorientiert intervenieren. Der Therapeut ist nach Ansicht von Konstruktivisten nicht Experte, sondern bestenfalls Kommunikationsexperte, beispielsweise im Andersbeleuchten von Problemdarstellungen, derart, dass sich dann eine Lösung (konsistentere Sichtweise) ergibt (s.u.).

Es ist somit gewissermaßen ein megalomanes Projekt, eine Systemphilosophie in systematischer Weise zu konstituieren. Dies könnte nur im Rahmen eines umfangreichen Forschungsprogrammes erfolgen. Dafür sind bis auf absehbare Zeit nicht die nötigen finanziellen Mittel zu erwarten. Aus diesem Grund kann bis auf weiteres eine *Systemphilosophie* nur ein *methodischer Ansatz* sein, dessen besondere Merkmale darin bestehen, bewährte Begriffe, Konzepte, Methoden, Modelle und Theorien aus der ebenso nicht disziplinär und universitär etablierten und daher nur implizit existierenden *„Systemwissenschaft"* zu nutzen.

3.7 Systemische Erkenntnistheorie – Systeme erkennen Systeme

Wie wirklich
ist die Wirklichkeit?
(Paul Watzlawik 1995)

Die Epistemologie ist eine spezielle traditionsreiche Disziplin innerhalb der Philosophie, die sich mit Erkenntnisprozessen befasst und die Frage nach den Bedingungen von Wissen untersucht. Grundlage einer *systemischen Erkenntnistheorie* (systemische Epistemologie) ist die spontane Gestaltbildung, die sich bereits in den im Kapitel 2 erwähnten Wahrnehmungsuntersuchungen zeigt: Auch der Umstand, dass wir an der Stelle im Sehraum etwas wahr zu nehmen glauben, wo eigentlich der blinde Fleck ist, zeigt, dass es im Hinblick auf solche Konstruktionsleistungen unseres Wahrnehmungsapparates, mit der Objektivität nicht weit her ist. Da die meisten Menschen – mit leichten interkulturellen Variationen – solche optischen Täuschungsphänomene zeigen, kann man einerseits von der Universalität der Mechanismen im Sehsystem bzw. in der Wahrnehmung ausgehen, andererseits ist es offensichtlich so, dass vor allem höhere Wahrnehmungsakte *Konstruktionen* des Wahrnehmungsapparates sind. Dafür sprechen nicht nur grundlegende Konzepte wie die „angeborenen Ideen" der Philosophie, ausgehend von Platon über Kant, wie auch die neuere neurobiologische Grundlagenforschung, die „Detektoren" in den Gehirnregionen nachwies, die mit der aktiven und nicht nur passiven Extraktion und Kombination der optischen und akustischen Sinnesdaten befasst sind (Tretter 1974, Singer 1992).

Die Systemtheorie als Theorie von Kognitionen und Kommunikationen im Bereich der Soziologie (Luhmann 1984) und der Familientherapie (Simon 1988) hat den Aspekt der Konstruktion von Wahrnehmungen besonders stark hervorgehoben, wenngleich es sich philosophiegeschichtlich nicht um etwas grundsätzlich Neues handelt.

Mit diesen Hinweisen wird die Problematik der *Subjektgebundenheit der Welterfahrung* deutlich, die zum nächsten Problem der *intersubjektiven Aushandlung gemeinsamer Weltbilder* oder zumindest *anschlussfähiger Weltbilder* überleitet. Es besteht somit Grund für die Vermutung, dass generell die subjektive Erste-Person-Perspektive vorrangig gegenüber der objektiven Dritte-Person-Perspektive ist.

Damit ergibt sich das Problem der *Konstituierung von Intersubjektivität*, dessen Erörterung unter systemischer Perspektive interessante Bereicherungen erfahren kann. Solche Themen wurden Rahmen der *konstruktivistischen Erkenntnistheorie,* unter anderem durch v. Foerster und v. Glasersfeld diskutiert (v. Foerster 1985, v Glasersfeld 1992).

Allerdings ist zu erwähnen, dass nach wie vor überzeugende Ausarbeitungen von Verbindungen zwischen dem Konstruktivismus und dem kritischen Rationalismus, wie er von Popper vertreten wurde, noch fehlen (Popper 1984b).

Ein Grundproblem der Erkenntnistheorie ist es, herauszufinden, was die Bedingungen der Möglichkeit sind, zu überprüfen und zu begründen, warum ein Element x1 einem System zugerechnet wird, während dem ein Element x2 nicht diesem System zugeordnet wird. In klassischer konstruktivistischer Sprechweise ist also zu klären, „welcher Unterschied zwischen x1 und x2 den Unterschied ausmacht, dass diese beiden Elemente im Hinblick auf ihre Zugehörigkeit zum System S unterschieden werden." Dies wurde im Kapitel 1 als Problem bereits angesprochen.

Im Rahmen dieser Debatte ist von der „Beobachtertheorie" die Rede, die begrifflich ähnlich der „Erkenntnistheorie" (Epistemologie) ist, aber nicht explizit in Verbindung mit ihr steht. Es ist dabei grundlegend zu klären, ob man voraussetzt, dass es:

a) eine tatsächliche *Wahrheit* von Aussagen über die Beschaffenheit der „*Wirklichkeit*" belegbar ist, der sich beispielsweise die Wissenschaft approximativ nähert, oder dass

b) die „Wirklichkeit" nur in Form einer *Konstruktion* oder Idee des Menschen existiert und keine Entscheidbarkeit über die empirische Wahrheit einer Aussage bezüglich der Wirklichkeit besteht.

Diese polaren Positionen existieren im Prinzip seit der griechischen Antike: (a) die *Dogmatiker* gingen u.a. von der unmittelbaren Evidenz des *Empirischen* aus, (b) die *Skeptiker* sahen im Faktum der Sinnestäuschung Grund am Zweifel, ob es eine „Wirklichkeit" gibt und ließen bestenfalls das Subjektive als Faktum gelten.

Die Position (a) wird zunächst durch die Wissensgeschichte der Menschheit gestützt, die vom Glauben, dass die Erde eine Scheibe sei, zur heute durch Satellitenfotos alltäglichen, auch bei der Wetteransage im Fernsehen nachvollziehbaren Erkenntnis führte, dass die Erde sphärisch gewölbt ist und somit eine Kugel sein dürfte. Logisch überzeugend aber erscheint die Position (b), denn wie kann man durch welche Beobachtungen und/oder Basisüberlegungen wissen können, was die „wirkliche" Wirklichkeit ist?

Wenngleich für die Position der Skeptiker bzw. Konstruktivisten die Bedeutung von Theorien auch im Bereich des scheinbar „Empirischen" beinahe verabsolutiert wird, so müssen auch Vertreter der Dogmatiker bzw. des Empirismus zugeben, dass es Theoriebildungen gegeben hat, die bereits vor der historischen Möglichkeit, die Erde vom Weltraum aus empirisch als Kugel abzubilden, die Kugelgestalt „konstruierten". Ideengeschichtlich ist hinzuzufügen, dass der *Empirismus* zunächst im „*Positivismus*" seine Fortsetzung fand. Darauf kritisch aufbauend hat sich der aktuelle „*kritische Rationalismus*" entwickelt, der vor allem von Popper (1984a, 1984b) und von Lakatos (1970, 1974) herausgearbeitet wurde.

Konstruktivismus – die Welt als Erfindung

Der „*Konstruktivismus*" als Spielform des Skeptizismus und des *Idealismus* geht davon aus, dass es keine Wirklichkeit gibt und dass menschliche Erfahrung eine durch das Gehirn und durch kollektive Interaktionsprozesse produzierte Konstruktion ist (v. Glasersfeld 1992,vgl. Gumin u. Meier 1992). Dieser Ansatz hat in den 1980er Jahren vor allem in psychologisch-psychotherapeutischen Kreisen, aber auch in der Soziologie (Luhmann 1984) Kritik an einem einfachen Wirklichkeitsverständnis geübt (Maturana 1982, Maturana & Varela 1987).

In epistemologischer Hinsicht gehen Konstruktivisten also davon aus, dass wir nicht entscheiden können, ob das, was wir für die Welt halten, auch die Wirklichkeit ist, oder ob es eine dahinterliegende Wirklichkeit gibt usw. Dies ähnelt dem Höhlengleichnis Platons, bei dem Menschen in einer Höhle gefesselt nur Schatten sehen und nicht wissen können, dass dies bzw. ob dies Effekte einer Lichtquelle sind, die die Figuren beleuchten. Damit wird letztlich auch der Anspruch von Wissenschaft auf Wahrheitsfindung grundlegend in Frage gestellt.

Alle Relativierungen haben ihre lebenspraktischen Grenzen – um eine Tasse Kaffee im Zug sitzend erfolgreich zum Mund zu führen, sind nicht Berechnungen auf Basis der relativistischen Physik erforderlich.

Individuelle, subjektive Wirklichkeit – die Basis der Wissenschaft?

Die klinisch-psychologische Bedeutung der Negierung einer „wahren" Wirklichkeit durch den Konstruktivismus wurde grundlegend durch die Kommunikationspsychologie der Stanford-Schule durch Watzlawik und Mitarbeiter, (Watzlawik et al. 1971, Watzlawik 1991) herausgearbeitet. Klinische Beobachtungen von interpersonellen Konflikten, wie sie beispielsweise in der Paartherapie gemacht werden, legen im Einzelfall sogar nahe, das einfache *Kausalitätsprinzip* und das *Objektivitätsprinzip* aufzugeben: die Unmöglichkeit etwa, bei einem Alkoholiker sicher anzugeben, ob er ursächlich wegen seiner „bösen" Frau trinkt, oder ob die Frau nur so böse zu ihm ist, weil er trinkt. Es liege bestenfalls eine „zirkuläre Kausalität" vor. Diese deshalb gegebene Unentscheidbarkeit des „wahren" objektiven Grundes führt aus pragmatischer Sicht zu Beschränkungen der Aussagekraft und, vor allem darüber hinaus, auch der Erkenntniskraft und der prinzipiellen therapeutischen Handlungskompetenz der Experten. Es ist in diesem Fall also weder eine *Ursache vom beobachtenden Experten her sicher nachweisbar*, noch kann die *intersubjektive Gültigkeit*, also „Objektivität", *begründet beansprucht werden*. Diese epistemologischen Unsicherheiten machen deutlich, dass nicht nur Theorien und Modelle, sondern auch Alltagsbeobachtungen, aber auch experimentelle Messungen nur *Konstruktionen* sind. Beim Alkoholismus, so wissen wir allerdings mittlerweile, ist diese Krankheit meist das primäre Problem, auf das die Angehörigen verzweifelt reagieren.

Im Zusammenhang mit Erfahrungen aus der klinischen Praxis entwickelte sich der Konstruktivismus insbesondere durch Ernst von Glasersfeld, Heinz von Förster und Paul Watzlawik, als einer Gruppe von US-Österreichern (vgl. Gumin u. Meyer 1992). Eine der populären generellen Thesen der Konstruktivisten ist, dass, zumindest im Rahmen einer radikalen konstruktivistischen Position, eine Unterscheidung zwischen *Landschaft und Landkarte* nicht mehr getroffen werden kann, denn die kategoriale Unterscheidung zwischen Landkarte und Landschaft impliziert wieder eine Entscheidbarkeit über die Qualität der Landkarte, ob sie die Landschaft gut oder schlecht abbildet, was bereits wieder eine Eich-Landkarte voraussetzt und die Begründung der Entscheidung darüber, welche die bessere abbildende Landkarte ist. Eine praxisnahe, prinzipielle Klärung ist bei diesen Fragen nicht leicht möglich.

Pluralismus und Konsens – Objektivität durch Intersubjektivität?

Für die innerhalb eines kommunikativen Zusammenhangs mögliche Konsensbildung über das Gegebensein einer bestimmten Umwelt ist also ein interpersonelles Aushandeln der individuellen Wahrnehmungen bzw. *Bilder der Umwelt* möglich und auch erforderlich. Im Regelfall lassen sich immer wieder „Ankerreize" (Referenzreize) ausmachen, über die Einigkeit hergestellt werden kann und durch die eine Verständigung über die Außenwelt hinreichend möglich ist.

Die durch den Konstruktivismus hervorgehobene letztendliche Unentscheidbarkeit über die „Richtigkeit" von Konzepten führt somit zu einer *pluralistischen, subjektivistischen Erkenntnistheorie,* denn – so von Glasersfeld – *„...es kann (vom konstruktivistischen Standpunkt aus) auch nie ein bestimmter gangbarer Weg, eine bestimmte Lösung eines Problems oder eine bestimmte Vorstellung von einem Sachverhalt als die objektiv richtige oder wahre bezeichnet werden"* (v. Glasersfeld 1992, S.32). Die komplizierte Diskussion, ob es eine Wahrheit oder eine Wirklichkeit gibt, bzw. ob man die Existenz einer solchen Wirklichkeit postulieren muss, ist in spezifischen epistemologischen Diskussionen zu verfolgen (vgl. z.B. Popper 1984a,b, v. Glasersfeld 1992).

Ein zentraler Punkt des Konstruktivismus ist somit die Kritik an einer *abbildtheoretischen Erkenntnistheorie* – die Konzepte von der Welt werden nach Ansicht des Konstruktivisten durch interne (selbstbezügliche) Prozesse und nicht durch externe Bausteine konstituiert. Dennoch bleibt unklar, aus welchen Bausteinen diese Konstruktionen erfolgen. Man könnte psychologisch und neurobiologisch immerhin gut begründet annehmen, dass wir unsere visuelle Welt aus einer vektoriellen Topologie von Lichtpunkten konstruieren, teils unbewusst, wie dies die Gestaltpsychologie gezeigt hat, teils bewusst, indem interpretative Prozesse unter Einbezugnahme von gelernten Inhalten und gespeicherten Erfahrungen über die Welt genutzt werden (vgl. Gibson 1982).

Objektive versus subjektive Umwelt – unüberbrückbar Differenz ?

Die Subjektgebundenheit von Erkenntnis führt nun in der Folge im konstruktivistischen Konzept dazu, den zentralen Begriff „Umwelt" als Quelle bzw. Träger von Inputs in das System als nicht objektivierbare Kategorie einzuordnen. Das konstruktivistische Konzept von Umwelt als Konstrukt des jeweiligen Lebewesens zeigt damit starke Parallelen zu dem Umweltkonzept von Jakob von Uexküll (Uexküll u. Kriszat 1970), das die Vereinigungsmenge von „Merkwelt" (über die Sinnesorgane aufgebautes Bild der Außenwelt) und „Wirkwelt" (über die Motorik beeinflussbare Außenwelt) umfasst. Damit ist eigentlich nur ein *rein subjektivistischer Umweltbegriff* zulässig.

Dies ist im klinischen Bereich zu beachten, insofern dass der Nestor der deutschen Psychosomatik, Thure von Uexküll, unabhängig von der aktuellen Konstruktivismus-Debatte, bereits vor etwa zwei Jahrzehnten ein Konzept der Wirklichkeitskonstitution von Lebewesen im Sinn des erkenntnistheoretischen Konzepts („Umweltlehre") seines Vaters Jakob von Uexküll darstellte (vgl. Uexküll u. Wesiack 1988). Das für die Psychosomatik schwer integrierbare Faktum, dass auch Moleküle auf den Körper einwirken und Reaktionen erzeugen, und *nicht konstruiert* werden, führte die Gruppe um Uexküll zu einer Ausweitung dieses Konzepts zu einem *semiotischen Denkansatz*, der *Wirkung* auf *Information* und *Information* auf *Struktur* reduziert (v. Uexküll et al. 2002). Damit kann die Denkweise der molekularbiologischen Theorien, die von *molekularen Signalen* sprechen, besser integriert werden (vgl. Kapitel 4).

Die Einschränkung auf die subjektive Wirklichkeit ist jedoch auch im psychischen Bereich nicht ausreichend, da in der klinischen Praxis immer wieder festzustellen ist, dass Menschen auch unterschiedlicher Kulturen eine intra- und intersubjektiv teilweise ziemlich gleiche (aber sicher auch unterschiedliche) Welt wahrnehmen und ihr Verhalten danach ausrichten. Diese Einsicht ist alt, daher sei Platon zitiert: *„Wenn ich etwas wahrnehme, nehme ich Etwas wahr; es ist unmöglich, wahrzunehmen, ohne dass da etwas wäre, das wahrgenommen wird, der Gegenstand, sei er nun süss, bitter oder von anderer Eigenschaft, muss Beziehung haben zu einem Wahrnehmer..."* (Platon 1578; zit. nach v. Glasersfeld 1992; S. 12).

Die Voraussetzungen der praktischen Anwendung konstruktivistischer Konzepte müssen also in ihren Einschränkungen expliziert werden, sie sind nicht selbstverständlich, denn sonst müsste wenigstens ein Teil der Teilnehmer eines Kongresses über Konstruktivismus zur Mittagspause statt der Speise die Speisekarte essen.

Konstruktivismus und Rationalismus – des Kaisers neue Kleider?

Von manchen Autoren wird der *radikale Konstruktivismus* abgeschwächt, so dass Ähnlichkeiten mit dem *kritischen Rationalismus* hergestellt werden können. Als Beleg für diese These kann das Beispiel von v. Glasersfeld (1992, S. 19) gelten, der das Prinzip der konstruktivistischen Erkenntnistheorie an einem blinden Wanderer erläutert, der durch einen dichten Wald zu einem Bach kommen will: Der Wanderer erfährt den Wald nur dadurch, dass er beim Gehen mit Hindernissen kollidiert, indem er gegen die Bäume läuft, die er aber als solche nicht erkennen kann. Der Wald besteht für den Blinden nur aus der Menge der erfahrenen Hindernisse. Von Glasersfeld meint, dass auch hier Parallelen zum kritischen Rationalismus bestehen, insofern es sich um Falsifikationen seiner „Da-geht´s-lang"-Hypothesen handelt. Auch betont von Glasersfeld hiermit den Nützlichkeitsaspekt, den Konstruktionsaspekt und den Wirklichkeitsbezug von Erkenntnis durch Scheitern im Handeln. Von Glasersfeld (1992) schlägt in Hinblick auf den kritischen Rationalismus beispielsweise vermittelnd den Begriff der „Viabilität" von Konzepten vor, der im Sinne des kritischen Rationalismus sehr eng mit der Eigenschaft von Hypothesen zu tun hat, bei Falsifizierungsversuchen zu widerstehen. Es handelt sich gewissermaßen um die begriffliche Hervorkehrung der Idee, dass unsere mentalen Konstruktionen über die Wirklichkeit ein gewisses Überlebenspotential zeigen, also unterschiedliche Surviver-Qualitäten haben (v. Glasersfeld 1992, S. 29): *„...'viabel' aber nennen wir (...) in diesem Zusammenhang eine Handlungs- und Denkweise, die an allen Hindernissen vorbei (...) zum erwünschten Ziel führt."*

Diese Gedanken hat er weiter ausgebaut (v. Glasersfeld 1992, S. 34):

„Indem es den Fluss seines Erleben segmentiert und Teilstücke aufeinander bezieht und verkettet, schafft sich das Subjekt Modelle von den 'Dingen' und kategorisiert das Erlebensfeld, in dem sie isoliert wurden, als 'Umwelt'. Insofern diese Dinge sich

dann als mehr oder weniger dauerhaft erweisen und ihrerseits aufeinander bezogen und verkettet werden können, erwächst die Konstruktion einer kohärenten Wirklichkeit. Hand in Hand mit dieser Konstruktion schafft der Erlebende ein Modell von dem, was er oder sie 'sich selbst' nennt. Auch dieses Selbst wird aus dem Erleben abstrahiert und nach und nach schreibt das handelnde Subjekt ihm bestimmte Eigenschaften, Fähigkeiten und Funktionen zu. Ein Wissen, das es uns ermöglicht, in der Welt unseres Erlebens Ziele zu erreichen, die wir uns selber setzen, reicht vollauf aus, um Wissenschaft, Philosophie und Kunst zu rechtfertigen."

„Wirklichkeit" als Begriff ist daher als maximal gut bestätigte Referenz (Bezugsgröße) in spezifischen Handlungszusammenhängen konstruierbar. Darüber hinaus wird die zentrale Bedeutung von Modellen im Erkenntnisprozess deutlich.

3.7.1 Kritik am Konstruktivismus – die Grenzen der Welt als Konstruktion

Es gibt einen Unterschied
zwischen Landkarte und Landschaft.

Aus der Sicht der Psychologie ist der *Konstruktivismus* mit seinen Aussagen prinzipiell nicht neu. Er wurde in Form des „Kognitivismus" Mitte der 70er Jahre von Neisser (1967) bereits vorweggenommen. Auch die Theorie der *kognitiven Dissonanzen* von Festinger (1957) hat die Bedeutung mentaler Konstrukte, ihren systemischen Zusammenhang und ihre Dynamik überzeugend dargestellt, was viele Konstruktivisten, zumindest im klinischen Bereich, zu übersehen scheinen.

Es sollen daher an dieser Stelle weitere wichtige Einschränkungen des Geltungsbereiches einer radikal-konstruktivistischen Position, vor allem in klinischen Anwendungsfeldern wie der Psychotherapie und Psychiatrie vorgebracht werden:

Grenzen der Konstruierbarkeit – existenziell bedrohliche „Realität"

Die Kraft der *Imagination und Konstruktion* ist begrenzt. Das Schicksal der Obdachlosigkeit, der Verlust der Arbeit, der Verlust des Partners und dgl. ist eine Dimension *materieller, sozialer Realität,* die zwar in der *Verarbeitung dieser Ereignisse umgedeutet, jedoch nicht total negiert werden kann:* wer keine Arbeit hat, kann sich *keine Arbeit wirksam vorstellen* und auch nicht halluzinieren, wer keine Wohnung hat und im Obdachlosenheim wohnt oder unter einer Brücke schläft, kann sich kein Einzelzimmer mit Heizung und Dusche *wirksam vorstellen.* Generell kann man auch sagen, dass es einen *weiten transkulturellen Konsens* über Schadfaktoren (z.B. Feuer, Waffen, Raubtiere usw.) oder „Defizite" (Armut, Obdachlosigkeit usw.) gibt, der die Grenzen der Beliebigkeit des mentalen „Konstruierens" im Sinne von „Ach, das macht doch nichts.."verdeutlicht. *(Therapeutische) Umkonstruktionen* sind zwar strategisch nützlich, sie sind aber bisher in zu wenigen Bereichen auf ihre Wirksamkeit hin untersucht worden (vgl. Simon 1988, Retzer 2003,2004). Es besteht daher in klinischer Hinsicht auch die Frage nach den Grenzen der systemischen Therapie.

Offensichtlich sind im Bereich Therapie weiterhin *konkrete Hilfen* nötig, und sie müssen bei der Therapie mitbedacht werden, zumindest wenn sie der Patient implizit mitbedenkt. Aus klinischer Perspektive ist daher die Position *des radikalen Konstruktivismus* kaum generell praktikabel – die kognitive Umkonstruierbarkeit der Vorstellungen und der Verhaltensprogramme von Patienten ist begrenzt.

Landschaft und Landkarte – ein wichtiger Unterschied

Für die hier notwendigen *metatheoretischen Überlegungen* wird davon ausgegangen, dass die *Unterscheidung von Landschaft und Landkarte pragmatisch nützlich* ist. Ob die Landschaft wieder eine Konstruktion ist, also beispielsweise eine Konstruktion erster Ordnung, die durch die unmittelbare Anschauung gewonnen wird, ist hier nicht weiter bedeutsam. Manche Konstruktivisten sprechen auch von einer *Wirklichkeit der 1. Ordnung* und einer *Wirklichkeit der 2. Ordnung.*
Die konstruktivistische Perspektive ist nur in Form des philosophischen Theorems der prinzipiellen Konstruiertheit von „Weltbildern" praktisch relevant. Es muss in der Praxis der Alltagserfahrung und in Anwendungsbereichen der Wissenschaften, wie beispielsweise in der somatischen Medizin, von einer *Hierarchie „harter" (objektiv-kollektiver)* und *„weicher" (subjektiv-individueller) Konstruktionen* ausgegangen werden, die die physische Realität, den Menschen bzw. die soziale Realität betreffen.

Kulturinvarianz – transkulturelle Unviersalien der Wahrnehmung?

Zum Thema der „Wirklichkeit" gibt es, wie bereits erwartet, auch *kulturvergleichende Studien zur menschlichen Wahrnehmung,* die kurz zusammengefaßt zeigen, dass z.B. im Bereich „unbewußter" Wahrnehmungssteuerung (geometrisch-optische Täuschungen), eine recht geringe interkulturelle Variabilität festzustellen ist. Dies scheint dafür zu sprechen, dass voll funktionstüchtige Wahrnehmungssysteme kaum kulturspezifische Funktionsveränderungen aufweisen. Die sensorischen Mechanismen scheinen sich sehr ähnlich zu sein. Damit ist es neben *entwicklungspsychologischen Befunden* (z.B. Leehey et al. 1975) plausibel, dass es angeborene Mechanismen der Wahrnehmung gibt, wie sie auch für emotionale Ausdrucksmechanismen nachgewiesen sind.
Selbst wenn es also keine „Wirklichkeit" gibt, so scheinen Menschen und ihr Erkenntnisapparat relativ ähnlich gebaut zu sein und somit interindividuell ähnliche Bilder zu konstruieren, so dass die Menschen sich über lebenspraktisch Elementares recht erfolgreich verständigen können.

Innen-/Außen-Differenz – existenzielle Universalie?

Die Innen-/Außen-Differenz ist essentiell: Jeder Mensch hat nach der Geburt im Rahmen der Mutter-Kind-Interaktion die Erfahrung, dass es ein von einem Selbst abgrenzbares Etwas gibt, das allmählich als Mutter identifiziert wird. Damit ist in der Erfahrung die System/Umwelt-Differenz oder die Person/Umwelt-Differenz vorgegeben. Sie ist eine Konstruktion von höchster existenzieller Relevanz. Dass dieser Prozess, der zu einer zunehmend differenzierten, aber stabilen kognitiven Struktur führt, „innerhalb" der Person stattfindet, entbindet nicht vom weiterhin bestehenden funktionellen Wert der mentalen und permaneten Unterscheidungsleistung von Selbst und Nicht-Selbst. Wenn der Einfachheit halber auch in einer intendierten Kommunikationsgemeinschaft zwischen Therapeut und Patient die Begrifflichkeit „Innen" und „Außen" genutzt wird, dann in demselben genannten Verständnis, also mit der zusätzlichen Verallgemeinerung, dass die meisten Menschen solche Differenzierungsleistungen nutzen.

Neurobiologie der Wahrnehmung – unbewußte Generatoren der Erfahrung?

Der Konstruktivismus hat zu keinen Fortschritt in der Neurobiologie der Wahrnehmung geführt, was nicht verwundert, da er ja auf diesen Forschungsergebnissen aufbaut. Der Konstruktivismus stützt sich auf alte neurobiologische Befunde der so genannten „Fliegendetektoren" bei Fröschen, die die Arbeitsgruppe um Lettvin am MIT enteckt hat, die allerdings prinzipieller Natur sind. Maturana und Varela haben in dieser Gruppe mitgearbeitet (Tretter 1974). Nach der Entdeckung der homologen kortikalen Detektoren bei Säugetieren und ihrer hierarchischen Verschaltung (vgl. Hubel u. Wiesel 1963, 1988), über die die Merkmalsextraktion stattfindet, wurde eine begrenzt sinnvolle Beschreibung neuronaler Detektiermechanismen im Bereich der Wahrnehmung entwickelt. Es ist daher auch nicht klarer geworden, wie wir beispielsweise Wahrgenommenes auch unter anderen Umständen erkennen können (Invariantenbildung) usw.

Überspitzt erscheint deshalb die Aussage von v. Glasersfeld (v. Glasersfeld 1992, S. 21): „...unsere Sinnesorgane nehmen Unterschiede wahr, nicht aber Dinge, die als solches von anderen unterscheiden ließen". Tatsächlich zeigt die experimentelle Neurobiologie des Sehsystems nämlich beispielsweise, dass es bereits in der Netzhaut, im Thalamus und im Cortex Nervenzellen gibt, die selektiv auf nicht bewegte („stationäre") Lichtbalken oder Lichtpunkte *anhaltend elektrische Entladungen* zeigen (sustained response), während andere Nervenzellen tatsächlich nur auf Veränderungen reagieren, also auf Licht nur mit einer kurzen Entladungssalve reagieren und dann ruhig sind (transient response): Es wurden in Tierexperimenten also beispielsweise „Licht-an-Nervenzellen" identifiziert, die anhaltende (d.h. „tonische") Entladungsraten zeigen und damit sozusagen neuronale „Existenzindikatoren" sind, die sagen, dass da etwas ist und noch immer da ist, und andere Nervenzellen, die nur kurzzeitig, d.h. „phasisch" aktiv sind und somit eher als neuronale „Ereignisindikatoren" fungieren (z.B. da „war" etwas, da ist etwas neu aufgetreten). Es wäre sehr fruchtbar, wenn diese Erkenntnisse der Neurobiologie in der Konstruktivismus-Debatte stärker berücksichtigt und danach korrigiert würden (vgl. Tretter 1974, s. Kapitel 4). Allerdings zeigt sich auf einer rein formalen Betrachtungsebene, dass die Wahrnehmungen „errechnet" werden, was im Rahmen der „Computational Neuroscience" – als noch unübersetzter Bereich der theoretischen Neurowissnschaften (evtl: „Neuroinformatik") – gut verstehbar ist.

Auch die strukturell bedingte Konvergenz und die funktionell bestehende Synergie der einzelnen Sinnessysteme wurden in der erkenntnistheoretischen Debatte zu wenig bedacht: Mit zwei unterschiedlichen Erfahrensweisen – beispielsweise visuell und taktil – kann ein Objekt, wie beispielsweise eine Stechmücke, als „externe Realität" gut identifiziert und eventuell vernichtet werden. Tatsächlich konvergieren derzeit Diskussionsstränge des Konstruktivismus mit jenen der „kognitiven Neurowissenschaften".

Extrapolierte Konstruktion der Wirklichkeit – das Jenseits der Erfahrung

Hier wird von der gut bestätigten Annahme ausgegangen, dass es *eine Wirklichkeit* gibt, die *umfassender* ist *als unser jeweiliges aktuelles Bild von der Wirklichkeit*. Retrospektiv lässt sich im Vergleich zwischen der fiktiv-hypothetischen Wirklichkeit (als Konstruktion) und neuer empirischer Daten (oder auch von Sinnesdaten) das Erfordernis der Ausweitung der Konstruktionen belegen. Ob das wahre Wesen der Welt dabei gerade erkannt wird oder in Zukunft erkannt werden kann, ist zumindest hier nachgeordnet.

Auch die Kombination von sinnlicher Erfahrung mit instrumenteller Erfahrung – beispielsweise mit dem Fotoapparat – lässt eine immer exaktere Beschreibung der externen Umwelt (und auch der Person selbst) zu.

„Autopoiese": Inkonsistenzen und Zirkularität der Argumentation – logischer Fehler oder elegante Lösung?

Der philosophisch reflektierende Familientherapeut Ludwig Reiter weist in seiner umfassenden Kritik am Konstruktivismus grundlegend darauf hin, dass eine Widersprüchlichkeit gegeben ist, insofern Konstruktivisten empirische Argumente aufbringen, um zu zeigen, dass es keine Wirklichkeit gibt (Reiter 1992). Das bedeutet, dass man von einer „höheren Erkenntniswarte" aus betrachtet, sozusagen die Leiter, auf der man hinaufgestiegen ist, umwirft. Auch Niklas Luhman führte zu der Realismus-Antirealismus-Debatte, die von Konstruktivisten angestoßen wurde, aus: *„Was immer seine Anhänger sagen mögen: selbstverständlich ist der Konstruktivismus eine realistische Erkenntnistheorie, die empirische Argumente benutzt"* (Luhmann 1990, S. 15).

Reiter resümiert in heute noch weiterhin gültiger Weise: *„Die gegenwärtige Situation in der systemischen Therapie ist unbefriedigend. Es hat den Anschein, als hätte sich das systemische Feld mit dem Radikalen Konstruktivismus und der Autopoiese-Konzeption arrangiert, ohne ernsthaft Alternativen aus dem Bereich des Kritischen Rationalismus geprüft zu haben. Dies führt m.E. zur Abschottung gegenüber Kritik und in der Folge zur Ritualisierung und Dogmatisierung"* (Reiter 1992, S. 28-29).

Beim Konstruktivismus lässt sich daher viel Aufregung ohne fundierte Widerlegung des kritischen Rationalismus feststellen. In dieser Arbeit wird daher Popper, trotz bestehender Kritik am kritischen Rationalismus, weitgehend noch als wissenschaftstheoretische Basis angesehen.

3.8   Systemische Wissenschaftsphilosophie

*Wissenschaft ist
institutionalisierter Skeptizismus
(nach Merton 1973).*

Die systemische Perspektive in der Wissenschaftstheorie bedeutet die Betonung von Wissenschaft als Prozess von Entwicklung von Theorien und von Wissen. Es sind die Aspekte der Zirkularität von wissenschaftlichen Prozessen und die Selbstorganisation bzw. Selbstreferenz und die damit verbundenen Schwierigkeiten der Institutionalisierung des Interdisziplinären. Die systemische Perspektive kann an der Tradition der analytischen Wissenschaftstheorie gut anknüpfen.

3.8.1   Aktuelle Aspekte der Wissenschaftsphilosophie –
Pragmatismus ohne Selbstreflexion ?

*Konstruktivismus
als Finalisierung
des kritischen Rationalismus?*

Die systemische Perspektive in der Wissenschaftsphilosophie bedeutet die Betonung der Kontextbezogenheit von Wissenschaft in ihren Fragestellungen, Arbeitsweisen, Institutionalisierungen usw.
Auf das Gebiet der Wissenschaftstheorie bezogen bedeutet dies unter anderem die Frage nach dem *Verhältnis von Empirie und Theorie.* Die analytische Wissenschaftstheorie analysiert dabei die Aussagen, die in der Wissenschaft gemacht werden, und sie zeigt Unschärfen in der Argumentation auf, klärt den Grad der Rationalität von Aussagen, untersucht das Verhältnis von Beobachtung und Theorie und hilft Wissenschaft als Prozess zu verstehen (Balzer 1973). So interessiert sich die wissenschaftstheoretische Diskussion auch an der Polarität des naturwissenschaftlichen „Messens" und „Erklärens" und des geistes- und sozialwissenschaftlichen „Verstehens" (von Wright 2000). Einige zentrale Fragen der Wissenschaftstheorie bestehen darin, zu klären, wie wissenschaftliche Aussagen mit der Empirie gekoppelt werden können (Induktions-/ Deduktionsproblem), welche logischen Regeln bei wissenschaftlichen Aussagen befolgt werden müssen (z.B. Widerspruchsfreiheit) bzw. wie man aufgrund der prozeduralen Logik einer wissenschaftlichen Untersuchung (z.B. Untersuchungsdesign) bestimmte Aussagen machen kann. Manche Autoren sprechen statt von Wissenschaftstheorie von „Metatheorie" oder, wenn an der wissenschaftlichen Praxis orientierte Fragen gestellt werden, von „Methodologie".

3.8.2 Wissenschaft – ein zyklischer multiphasischer Prozess

Quantitative Forschung baut
auf qualitativer Forschung auf.

Der Entwicklungsprozess wissenschaftlicher Erkenntnis lässt sich so charakterisieren: Wissenschaftliche Erkenntnis ist ein Stufenprozess, der von der *direkten Beobachtung* ohne Instrumente bis zu hochkomplexen *technisch aufwendigen Untersuchungsvorrichtungen* reicht. Ab einem Stadium umfangreicher, *datengestützter Erkenntnisse* werden, in Form von neuen Denkansätzen, neue meist *qualitativ* gehaltene *Theorien* formuliert, die wiederum zu neuen empirischen Untersuchungsstrategien führen. Dann sind zunehmend *quantitativ gestaltete Theorien* möglich. Somit entsteht ein meist über Jahrzehnte verlaufender *„Erkenntniszyklus"* bzw. *„Forschungszyklus"* (Abb.3.14; Bunge 1998).

Bei detaillierterer Betrachtung lassen sich zwei Bereiche der Wissenschaft abgrenzen, die für den Erkenntnisfortschritt relevant sind: die *empirische Forschung* und die *theoretische Forschung*. In Hinblick darauf beruht wissenschaftliches Wissen im Bereich Empirie im wesentlichen *auf instrumenteller Beobachtung* (z.B. tierexperimentelle Forschung) und im Bereich Theorie auf begrifflich *präziser und formalisierter Sprache zur Beschreibung* (z.B. psychopharmakologische Dosis-Wirkungs-Relationen) und zur konsistenten *Erklärung* (z.B. Aussagenlogik, mathematische Theorien) der interessierenden Phänomene.

Zunächst ist also die *Beobachtung* ein auf intersubjektive *Überprüfbarkeit* ausgerichtetes („objektives") Verfahren zum Gewinn von reproduzierbarer (sicherer) Erfahrung (Empirie). Dabei werden theoretisch begründet *Methoden* in Form von verschiedenen Maßen, Messmethoden und Messtechniken an den Untersuchungsgegenstand angewandt. Die damit gewonnenen *Daten* sollen den Untersuchungsgegenstand repräsentativ beschreiben. Die Ergebnisse der anschließenden *Datenanalyse* sollen durch *Theorien* erklärt werden. Theorien sollen wiederum empirische Verhältnisse vorhersagen. *Der Gültigkeitsbereich* der theoretischen Aussagen muss dabei geklärt

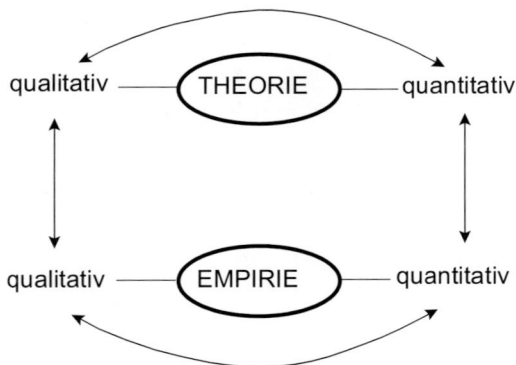

Abb. 3.14: *Integratives Schema zum Verhältnis von qualitativer und quantiativer Forschung im Bereich Empirie und Theorie.*

werden (Induktionsproblem, Generalisierbarkeit). Durch theoretisch gestützte Hypothesen werden auf diese Weise neue empirische Untersuchungen angeregt. In der Medizin und in der klinischen Psychologie, ebenso aber in den Wirtschaftswissenschaften, können auch Erfahrungen von *Praktikern* zu empirischen Forschungsvorhaben und zur Formulierung qualitativer theoretischer Erklärungsmodelle anregen (s. Abb. 3.15).

In Hinblick auf die *Abstufungen der Wissenschaftlichkeit von Aussagen* gilt im Rahmen des „kritischen Rationalismus" als Kriterium, dass sie prinzipiell empirisch überprüfbar (z.B. „falsifizierbar") sein müssen, sonst laufen sie Gefahr, gegen empirische Testung immun zu sein. Dem Falsifizierungs-Postulat folgt daher das vorher geschilderte experimentelle Paradigma, dem auch die „Wahrheitsfindung" gerecht werden muss. Ein Beispiel dafür ist die Forderung nach Evidenzbasierung der Effekte medikamentöser Therapien durch randomisierte, kontrollierte Studien. Bei vielen Krankheiten sind solche Studien aus mehreren Gründen schwer möglich. So werden auch für viele sicher wirksame Naturheilmittel und Homöopathika systematische Wirkungsnachweise gefordert. Dieses Gebiet wird kontrovers diskutiert, da damit die kassentechnische Abrechenbarkeit bei Verordnungen gekoppelt ist. Homöopathika dürften gar nicht wirken, weil sie dem naturwissenschaftlichen Dosis-Wirkungs-

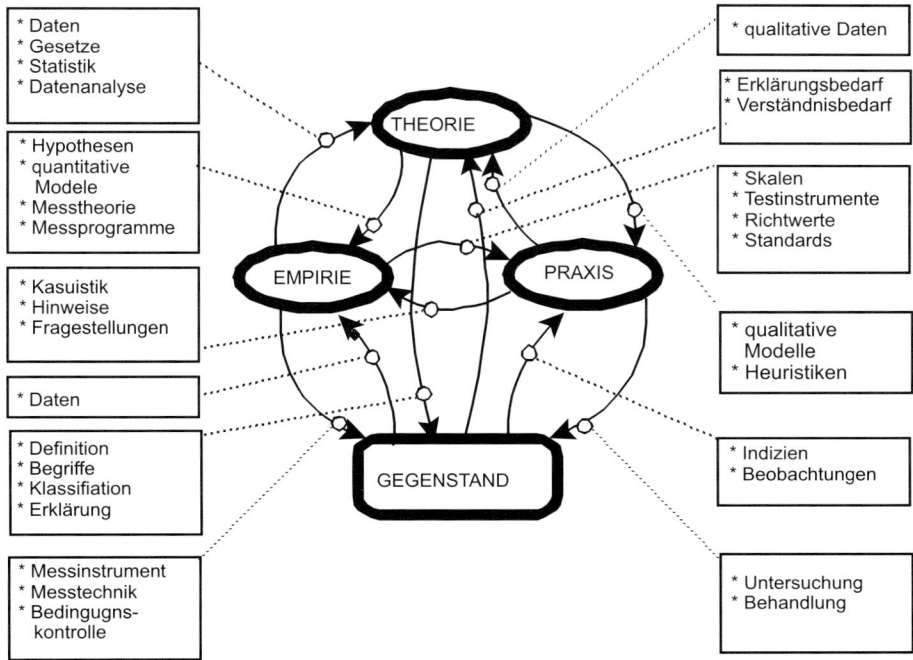

Abb. 3.15: *Die Struktur von Medizin oder Psychologie als Wissenschaft - das Verhältnis von Gegenstand (Krankheit), Theorie, Empirie (empirische Forschung) und Praxis. Leseweise in Pfeilrichtung: „A bietet x für B" (z.B. Empirie bietet Daten für die Theorie)*

Gesetz genau entgegenstehen („Nur niedrige Konzentrationen wirken"). Daher bekommt die Homöopathie aus der Sicht des kritischen Rationalismus den Charakter einer unwissenschaftlichen Lehre oder Theorie. Damit tut man ihr aber bei einem umfassenden Kausalverständnis möglicherweise auch Unrecht.

Kritik gegenüber solchen Kriterien exakter Wissenschaft wurde von Feyerabend (1976, 1979) entgegengebracht, der „Wider den Methodenzwang" argumentierte. Diese Kritik richtete sich unter anderem gegen einen methodischen Monismus, den man etwa mit der Übertonung der Erklärungskraft randomisiert-kontrollierter Studien im klinischen Bereich verdeutlichen kann.

Auch wurde von Kuhn gezeigt, dass Wissenschaft nicht nur ein Prozess linearer Kumulation von Wissen ist, sondern dass es „Erkenntnisrevolutionen" gibt, die teilweise nicht nach Gesetzen der Rationalität, sondern nach sozialen Opportunitäten verlaufen (Kuhn 1973).

Entscheidend ist, dass in praxisrelevanten Forschungsfeldern wie in der klinischen Psychologie, Psychiatrie und Medizin unterschiedliche und kaum verbundene Erkenntnisse vorliegen – Beobachtungen der Praxis und Daten der empirischen Forschung, „Theorien der Praxis" und statistisch-mathematische Modelle der Forschung sind deshalb stärker miteinander in Einklang zu bringen. Dies wurde an anderer Stelle bereits detaillierter erörtert (Tretter 2005b).

Es besteht daher Bedarf an Kommunikation, mit dem Ziel, den Untersuchungsgegenstand besser zu verstehen.

3.8.3 Bedeutung von systemischen Theorien und Modellen – ist etwas praktischer als eine gute Theorie ?

Zwischen den Begriffen „Theorie" und „Modelle" wird im vorliegenden Buch kein expliziter Unterschied getroffen. Sowohl eine Theorie wie ein Modell bilden den Gegenstandsbereich ab, die Modelle beruhen aber auf weniger Annahmen und gesetzartigen Aussagen als eine Theorie.

An den Ausführungen vieler sozial- und verhaltenswissenschaftlicher Systemtheoretiker ist allerdings kritikabel, dass sie in der Selbsteinstufung ihrer Arbeiten meist alle nicht als „Beobachtungssätze" ausgewiesenen Äußerungen als „Theorie" deklarieren. Dies führt beispielsweise dazu, dass der Ausdruck „Systemtheorie" in der sozialwissenschaftlichen Literatur verwendet wird, ohne dass geklärt wird, welche Annahmen, Hypothesen, Beobachtungen etc. für die Konstruktion der Theorie herangezogen werden. Auch in der Hirnforschung ist zweifelhaft, wann von einer Theorie zu sprechen ist. Die hier vorgeschlagene Einteilung in „qualitative" und „quantitative" Theorien bzw. Modelle erscheint sehr hilfreich. Da es beispielsweise noch wenige allgemein nützliche quantitativ-theoretische Modelle in der Hirnforschung gibt (wie das Modell der elektrischen Erregbarkeit der Nervenzellmembran), kann es nützlich sein, auch noch nicht mathematisierte und noch nicht biophysikalisch validierte Modelle in den Bereich von Gehirntheorien einzubeziehen.

Vor allem in der Biologie ist ein Nachholbedarf an Aufbau des theoretischen Bereichs erkennbar, der sich mit dem Theoriebereich der Physik vergleichen ließe. Derzeit erfolgt dies am ehesten im Bereich der Systembiologie (Kitano 2002).

Es wäre also genauer zu untersuchen, welche epistemische Bedeutung – in Hinblick auf Hypothesen-Generieren oder Hypothesen-Testen typische systemische Theorien und Modelle von biologischen Netzwerken haben.

Die einfache und klassische Vorstellung, dass eine Theorie oder ein Modell gegebene Daten „erklärt" und zukünftige Daten adäquat prognostiziert, wäre eine unproduktive Selbstbeschränkung. Die heuristisch-explorative Funktion von Modellen ist bei Netzwerkanalysen viel bedeutsamer.

Modellierungen sind Heuristiken, also erkenntnissteigernde Strategien.

3.8.4 Interdisziplinarität und Transdisziplinarität – wer zahlt hat recht?

Für die Systemtheorie ist Interdisziplinarität eine Selbstverständlichkeit. Gerade das macht sie auch suspekt in Richtung einer Besserwisserei. So scheinbar selbstverständlich auch die Zusammenarbeit verschiedener Disziplinen in der Forschungspraxis zu sein scheint, so gibt es dennoch strukturelle Probleme.

Die fachübergreifenden Perspektiven, die sich beispielsweise in der Hirnforschung ergeben, führen beispielsweise zu einem Verlust der disziplinären Identität, etwa in dem Feld der „Neurophilosophie": Biologen betrieben Philosophie, Philosophen führten Tierexperimente durch usw. Das Problem bei dieser pragmatisch begründeten Entwicklung ist, dass häufig das disziplinäre Grundlagenwissen abhanden kommt. Sehr oft ist auch der historische Bezug verloren gegangen. Vor allem amerikanische Autoren zeigen hier in letzter Zeit „völlig neue" Ansätze, deren Neuheit vor allem im Ignorieren der philosophischen und abendländischen wissenschaftlichen Ideengeschichte besteht.

Die Interdisziplinarität ist darüber hinaus zumindest latent hierarchisch. In der Hierarchie der Wissenschaften haben *Physik, Statistik* und *Mathematik* einen hohen Rang, *Soziologie* und die *Literaturwissenschaften* vergleichsweise einen niedrigen Rang. Der Trend, die Sachverhalte auf die „harten" Wissenschaften zu reduzieren besteht. Ein anderer struktureller Aspekt leitet sich aus dem Wissenschaftsmanagement her: Wer das Geld für die Forschung besorgt hat, instrumentalisiert die anderen Fächer, so können beispielsweise Physiker, Statistiker und Mathematiker unter der Regie von Medizinern stehen. Eine besonders problematische Situation ergibt sich dann, wenn die Biologie durch die Ingenieurwissenschaften bzw. die Physik ersetzt werden soll und die Geisteswissenschaften durch die Biologie usw.

Auch die Kybernetik hat sich in gewisser Hinsicht diesem Anspruch verschrieben, ohne dass allerdings wirklich überzeugende Durchbrüche gelungen sind. Ein Aspekt dabei ist die mangelnde begriffliche Durchdringung, welcher wissenschaftliche Bereich nun durch welche Disziplin substituiert werden kann: Das im Vergleich zur Psychologie „härtere" Fach Neurobiologie kann nicht unbedingt den „Sitz" einer psychischen Funktion einem durch die Neurologie als „aktive Struktur" im Gehirn identifizierten Ort zuschreiben. Es ergibt sich auch kein großer Erklärungsgewinn, beispielsweise den Begriff Lust durch die Transmittersubstanz Dopamin zu ersetzen.

Dieser Prozess des „eliminativen Materialismus", bei dem wie in diesem Beispiel geisteswissenschaftliche Begriffe durch neurobiologische Kategorien ersetzt werden, liefert keine echten Erklärungen und kein tieferes, klinisch relevantes Verständnis. Davon wird zum Leib-Seele-Problem in der Folge noch einiges klargestellt werden (Kapitel 4).

Hier interessiert das Problem, dass die Begrifflichkeiten der einzelnen Disziplinen zu wenig anschlussfähig sind. Allerdings lässt sich in vielen Disziplinen die Verwendung von Kategorien wie „Rezeptor", „Detektor", „Generator" usw. finden. Das sind Funktionskategorien, die die Position eines Elements in einem Funktionsgefüge charakterisieren und die mit der Kybernetik bzw. Systemtheorie eng verbunden sind. Dies wurde bereits in diesem Kapitel angesprochen.

Das Problem ist also, dass die Ergebnisse interdisziplinärer Forschung konzeptionell häufig nur *Korrelate* und damit nicht *reduktive Erklärungen* liefern, sondern häufig nur die Verwendung einer neuen Terminologie bedeuten. Durch die konsequente Anwendung des kybernetisch-systemtheoretischen Denkens kann jedoch ein Denken in *Wirkungsgefügen* erfolgen, das ein integratives und nicht nur ein additives Verständnis der untersuchten Phänomene erlaubt.

Will man die wesentlichen Spezifika der verschiedenen Wissenschaften hervorheben, dann ist die *methodenbezogene Unterscheidung*, die die interdisziplinäre Verständigung erschwert, zunächst die einfachste, sie betrifft vor allem die Unterscheidung von Sozialwissenschaften und Naturwissenschaften. Manchmal werden zusätzlich auch die Geisteswissenschaften als deutende Wissenschaft (Hermeneutik) unterschieden. Diese „Dreiteilung" der Forschungsgebiete in Sozial-, Geistes- und Naturwissenschaften entspricht auch grob dem Drei-Welten-Konzept von Popper (Popper u. Eccles 1982). Sie korrespondiert auch mit den speziellen Dispziplinen der Philosophie, die traditionell als „Sozialphilosophie", „Philosophie des Geistes" und der „Naturphilosophie" bezeichnet wird. Auch dazu könnte man jeweils eine systemische Perspektive konstruieren. Beispielsweise lässt sich zur *Sozialphilosophie* bemerken, dass sie – zumindest wissenschaftsgeschichtlich – eng mit der „theoretischen Soziologie" verbunden ist. Die theoretische Soziologie ist – im Sinne des vorher dargestellten „Forschungszyklus" – erst ansatzweise in dem Stadium der quantitaiven Theoriebildung (rational choice-Ansatz). Die derzeit dominierende soziologische Systemtheorie stammt vom bereits verstorbenen Niklas Luhmann (1984). In seinem Werk lässt sich nur verhältnismäßig selten ein Bezug zu konkreten empirischen Anwendungsbeispielen finden. Die hochgradig interdisziplinären Interessen von Niklas Luhmann lassen Ansätze zu einer allgemeinen Evolutionstheorie erkennen, deren weitere Ausarbeitungen jedoch derzeit nicht zu erkennen sind. Erwähnenswert an dieser Stelle erscheinen die Versuche von dem ebenfalls bereits verstorbenen Walter Bühl, eine Theorie der Entwicklung sozialer Systeme zu erstellen, indem er versuchte, die soziologische Systemtheorie mit der Umweltproblematik zu verknüpfen, indem er soziale Systeme als ökologische Systeme konzipierte. Darüber hinaus verwendete er Konzepte der naturwissenschaftlichen Systemtheorie, die im Wesentlichen auf mathematischen Konzepten der Theorie der nicht linearen Systeme beruht. Demgemäß sind Systemwandel und Fluktuation, Selbststeuerung, Komplexität, strukturelle Stabilität und ähnliche Begriffe wesentlich (Bühl 1990).

Bedauerlicherweise finden diese Ansätze derzeit keine Vertiefungen, womit sich zeigt, dass Krankheit oder Tod der Autoren, gemeinsam mit dem bei Theoretikern notwendigen Tendenzen zum Autismus dazu führen können, dass wichtige Ansätze und Ergebnisse mühevoller Gedankengänge und Untersuchungen im Getümmel der akademischen Ideenschwemme untergehen und zu versacken drohen.

Die Situation der *Philosophie des Geistes* ist gegenwärtig durch die Angriffe der Neurobiologie und der „Neurophilosophie" problematisch geworden. Sie wird verschärft durch die Situation in der Psychologie, die auch zu wenig in der Philosophie des Geistes reflektiert wird. Das wird ausführlich im Kapitel 4 diskutiert.

Interessant ist das Gebiet der Naturphilosophie, das in Form der Philosophie der Biologie eine enorme Schubkraft bekommen dürfte (Krohs u. Töpfer 2005).

Letztlich ist die Bedeutung der „Transdisziplinarität" für die Systemphilosophie anzusprechen: Begreift man als einen der Kernpunkte der von Jürgen Mittelstrass (2003, 2004) herausgearbeiteten Transdisziplinarität die Wechselbeziehungen zwischen Forschung und Praxis, dann ist im Bereich der Managementwissenschaften ebenso wie in der Medizin diese Brücke zu beachten: Sowohl die Problemdefinition, die häufig von der Praxis ausgeht, wie auch die Validierung der Forschungserkenntnisse, die sich in der Praxis zeigt, stellen die Verankerung der Forschung in der gesellschaftlichen und menschlichen „Realität" dar, an der sich ihr Problemlösepotenzial und ihre Qualität bemessen lassen. Das gilt auch für die Systemphilosophie bzw. Systemforschung.

3.9 Fazit zur Systemphilosophie – eine Vielfalt an neuen Perspektiven

Für fundierte, disziplinenübergreifende und praxisnahe systemtheoretische Forschungsarbeiten im klinischen Bereich sind einige philosophische Fragen grundlegend zu beachten, die bereits ansatzweise in dem sich abzeichnenden Gebiet der „*Systemphilosophie*" behandelt werden. Was die *Erkenntnistheorie* betrifft, ist die konstruktivistische Perspektive in diesem Zusammenhang ein fruchtbarer, von manchen Autoren bisweilen aber überzogen präsentierter Ansatz. Dies wurde ausführlich erörtert. Für die Methodologie der Systemwissenschaft ist aber zu betonen, dass wissenschaftliche Erkenntnisse über Dekaden betrachtet zyklisch zwischen *Stadien qualitativer und quantitativer Beobachtungen* bzw. *Theorien* oszillieren. Besonders bedeutsam ist der Punkt, dass die Systemforschung bei der Analyse lebender Systeme bestimmte Grundannahmen ihren Untersuchungen voranstellt, nämlich vor allem die *Vernetztheit* und die Bedeutung der Systemkomplexität, die *Dynamik* und die Einflüsse des *Kontextes*. Systemphilosophische Überlegungen zu biologischen Systemen, die Kritik an der gegenwärtigen reduktionistischen Debatte des Leib-Seele-Problems, die Schwierigkeiten in der Analyse sozialer Systeme und die Probleme der Inter- und Transdisziplinarität sind Aufgaben und Optionen der Systemphilosophie, die im übrigen Wissenschaftsbetrieb zu wenig bedacht werden. Letztlich zeichnet sich die Aufgabe ab, vor allem die methodologischen Grundlagen der Systemforschung expliziter auszuführen. So fehlt eine explizite Methodologie für interdisziplinäre Studien.

89

4. Reduktionismus und Eindimensionalität wissenschaftlicher Menschenbilder – Defizite der „praktischen Anthropologie"

Wider den grenzenlosen Reduktionismus

„Menschenbilder" sind nützliche *kognitive Schemata* in *praktischen Handlungsfeldern* verschiedener *Humanwissenschaften*, wie es für die *Pädagogik* der Kindergarten und die Schule, für die *Rechtswissenschaften* die Rechtspraxis, für die *Psychologie* und *Sozialpädagogik* das Beratungswesen und für die *Medizin* der Behandlungsbereich darstellen. Sie helfen dem im *Praxisfeld Handelnden*, die Menschen, wie sie ihm eben im Moment als *Kind, Schüler, Mitarbeiter, Kunden* oder *Kranke* begegnen, zu „verstehen". Menschenbilder, die das Typische eines konkreten Menschen oder „des Menschen an sich" erfassen sollen, sind im Umgang mit Menschen als *Leitkonzepte* oft nötig, wenngleich sie die *Gefahr der Schematisierung*, der *Vorurteilsbildung*, der *Diskriminierung* und der *Vereinfachung* mit sich bringen. Selbst wenn man von einem scheinbar alles zulassenden und nichts vorwegnehmenden Gesetz ausgeht – „Alle Menschen sind individuell, keiner ist wie der andere" – dann benutzt man bereits ein Menschenbild, das seine Begründung benötigt.

Man würde zunächst erwarten, dass in den genannten Praxisbereichen eine gewisse Vereinbarkeit der Menschenbilder existiert, aber offenbar ist das – wie noch vereinzelt gezeigt werden wird – nicht der Fall. Tatsächlich haben sogar Schlüsseldisziplinen der Humanwissenschaften, wie die *Psychologie* und die *Medizin*, in den letzten Jahren eine Abwendung von geisteswissenschaftlichen Konzepten und eine Zuwendung zu naturwissenschaftlichen Konzepten gezeigt, und zwar in einem Maße, das besorgniserregend ist.

Die gegenwärtige *Dominanz der Naturwissenschaften* im universitären Kanon der Wissenschaften, wie auch in den öffentlichen Diskursen, erstreckt sich folglich auch auf *Menschenbilder*. Dabei ist in den *Humanwissenschaften* dieser Trend zu der im Eingangskapitel (Kap. 1) erwähnten *physiko-chemischen Reduktion* zu beobachten. Er zeigt sich darüber hinaus in der *Reduktion* und sogar teilweise in der tendenziellen Elimination der *Geistes-, Sozial- und Kulturwissenschaften* im universitären Bereich und in der Forschungsförderung.

Ursache ist der bereits erwähnte, immer weiter um sich greifende maßlose *Reduktionismus* in den Wissenschaften, der einseitig die reduzierenden physikalisch-chemischen Beschreibungen anstrebt, wobei auch im Rahmen der *modernen Biologie* davon ausgegangen wird, dass der *Mensch als molekulare Maschine* interpretiert werden muss und nicht als *geistiges* und *soziales Wesen*. Geistiges und Soziales sei nur ein Ausdruck der Biomoleküle. Hinzu kommt der *ökonomische Reduktionismus*, der den Menschen als (monetären) Nutzenmaximierer ansieht.

Diese Menschenbilder, vor allem der *Homo biologicus* und der *Homo oeconomicus* d·ohen sich nun zunehmend in das Alltagsbewußtsein der Menschen einzuschleichen. Beide Menschenbilder sind deterministisch und reduzierend. Sie gehen mit dem bereits eingangs erörterten, allgemein in den Wissenschaften sich einbürgernden Trend einher, *komplexe Phänomene auf einen Faktor zurückzuführen*. Sie nutzen sich sogar gegenseitig, indem etwa wirtschaftswissenschaftliche Konstrukte in der Verhaltensbiologie und Konzepte der Evolutionstheorie und Verhaltensbiologie in der Wirtschaftstheorie genutzt werden. Das wird im Einzelnen im Buch noch ausführlicher dargelegt und kritisiert. Hauptanliegen des Textes ist es allerdings, an möglichst vielen Stellen auch die Inkonsistenzen, Lücken und Bruchstellen dieser Konzepte darzulegen. Diese Kritik ist Grundlage für ein im nächsten Kapitel dargelegtes *mehrdimensionales Menschbild*.

Darüber hinaus wird immer wieder darauf hingewiesen, inwiefern eine *systemische Perspektive* die damit gegebene Komplexität zu erfassen erlaubt.

Es ist aber bereits hier anzumerken, dass auch die *Systemtheorie* und die *Komplexitätstheorie*, wie sie in den Naturwissenschaften Physik und Chemie entwickelt worden sind, zur Frage des Menschenbildes Anwendung finden können, was hier grundlegend und punktuell im Detail als Kritik zu den einzelnen Ansätzen und als Komponente einer neuen Perspektive dargelegt wird.

4.1 Menschenbilder und Anthropologie – Bezug zur Lebenswelt?

Alles ist im Fluss:
Mensch sein heißt Mensch-werden.
Andere Menschen zu „erklären"
dient der eigenen Selbstwert-Homöostase.

Die akademische Disziplin, die sich mit dem Menschen beschäftigen soll, ist die Anthropologie. Sie wäre für die Entwicklung von Menschenbildern zuständig, leistet jedoch in diesem Bereich offensichtlich aktuell zu wenige Beiträge.

Deshalb sind die meisten „*Menschenbilder*", die gegenwärtig diskutiert werden, überwiegend *nicht* von der akademischen *Anthropologie* generiert worden. Die öffentliche Wirkungslosigkeit der Anthropologie hat dazu geführt, dass verschiedene andere erfolgreiche Wissenschaften – gewissermaßen als Nebenprodukt – „Menschenbilder" konstruiert haben und in das intellektuelle Vakuum der nicht präsenten Anthropologie in unsere gesellschaftlichen Diskurse eingebracht haben. Hinzu kommen alltagsweltliche „Lebensweisheiten", die Menschenbilder beinhalten.

Gegenwärtig sind es vor allem Menschenbilder aus den „exakten Wissenschaften", wie insbesondere der *Biologie* und der *Ökonomik*, die den gesellschaftlichen Diskurs prägen. Das entscheidende Problem an diesem Prozess liegt nun darin, dass diese Menschenbilder wissenschaftlich angeblich eindeutig begründet sind, und dass es irrational sei, das nicht anzuerkennen usw. Vor allem Ökonomen werden dabei nicht müde zu betonen, dass ihr *„Homo oeconomicus"* nicht beansprucht, das Wesen der Menschen zu erklären, sondern dass es sich um „als-ob"-Bilder handelt, die Menschen in ihrem Verhalten gut charakterisieren, so als wären sie gnadenlose Nutzenmaximierer. Das mag zwar eine lobenswerte methodologische Beschränkung sein, es ändert aber nichts an der breiten expliziten, und vor allem impliziten Rezeption dieser Menschenbilder in der Gesellschaft. Diese letztlich imperative Präsentation der Menschenbilder führt nämlich im nächsten Schritt dazu, dass aus der *Beschreibung* vor allem aufgrund der Autorität der Wissenschaft eine Art *Vorschrift* wird, wie man sich zu verhalten hat – die *Deskription* wird so zur *Präskription*.

Universitäre Anthropologie – wenig Relevanz?

Es ist nun kurz zu charakterisieren, womit sich die universitäre Anthropologie – zumindest in Deutschland – befasst. Damit ist sowohl die philosophische wie die emprisch-wissenschaftliche Anthropologie gemeint. Hier soll allerdings kein detaillierter Rückblick und Überblick dazu gegeben werden, bei dem das für die ökologische Perspektive Brauchbare von dem weniger Brauchbaren abgegrenzt werden kann. Es soll hier vielmehr zunächst auf das kompakte Büchlein von Christian Thies (2004) hingewiesen werden, das eine sehr aktuelle Einführung in die Probleme der (philosophischen) Anthropologie gibt.

Grundlegend ist die Anthropologie von einer Vielzahl gravierender Probleme belastet (s. Tab. 4.1), die sich vor allem im methodologischen Bereich finden, die ihre Anwendbarkeit im Bereich Ethik betreffen und die letztlich ihre gesellschaftspolitische Problematik in Form ihrer Ideologieanfälligkeit birgt. Darauf kann hier nur hingewiesen werden (s. Thies 2004).

Methodisch betracht ist Anthropologie heute im wesentlichen die *philosophische Anthropologie*, wie sie auch im universitären Bereich in Deutschland einigermaßen flächendeckend vertreten ist.

Die *historischen Wurzeln* der Anthropologie sind bereits implizit in jenen Dokumenten der Menschheitsgeschichte zu finden, wo sich Menschen selbst, etwa in Höhlenmalereien, abbildeten, und wo sie sich mit ihrem „Wesen", also der „Grundcharakteristik" des Menschen, auseinandersetzen. Häufig sind dabei auch heute noch aktuelle Vergleiche mit Tieren vorgenommen worden. Wie immer ist aber vor allem die *griechische Philosophie der Antike* als Ausgangspunkt intellektueller Analysen des Menschen zu sehen und somit sind auch die Wurzeln der Anthropologie als Disziplin der Philosophie dort zu finden. Bereits Sokrates und Platon, vor allem aber Aristoteles haben sich in ihren überlieferten Überlegungen mit der Wesenbestimmung des Menschen auseinander gesetzt. Platon hat eher die subjektive, auf der Introspektion aufbauende Anthropologie im Blick gehabt, während Aristoteles eher die naturwissenschaftliche Position bezog. Auch gab es damals Positionen wie jene des Protagoras, von dem der Ausspruch stammen soll, dass der *Mensch das Maß aller Dinge* sei. In der europäischen Geistesgeschichte in Folge räumten vor allem Hume (1739,1740;1989) und Feuerbach (1843;1979) der Anthropologie eine zentrale Rolle in der Philosophie ein (vgl. Thies 2005). Das gegenwärtige Denken der philosophischen Anthropologie stützt sich vor allem auf Scheler (1928, 1929, 1994), Gehlen (1940; 1962) und Plessner (1928, 1975, 2003), die der Anthropologie in der

Tab.4.1: *Probleme der Anthropologie (vgl. Thies 2004)*

Methodologische Probleme
– phänomenologische Methode
  - erfasst den Menschen als Subjekt im „Kern", jedoch sind die Befunde nicht gut intersubjektiv absicherbar (z.B. das Ich, das Selbst)
  - Ethnozentrismus: Menschenbilder sind nicht hinreichend interkulturell abgesichert
– empirische Methode
  - Vielzahl von Befunden, unübersehbar
  - Methodenpluralismus: Schwierigkeit der Integration
  - Generalisierungsanspruch: „der" Mensch / „alle" Menschen
  - Reduktionismus

Logisch-klassifikatorische Probleme
– „der" Mensch / die Menschen als Typus mit oder ohne Graduierungen? („Grade" des Menschseins haben Implikationen für die Ethik)
– Problem der Verallgemeinerung: Es gibt nur Individuen und nicht den Menschen oder das Menschliche?
– Klärung des signifikanten Unterschieds zwischen Mensch / „Nicht-Mensch"?
– Gott-Tier-Achse und der konkrete individuelle Mensch und die Politik („Über-/Unter-Mensch")

Pragmatische Aspekte
– Ideologieanfälligkeit
– Irritation des Selbstverständnisses der Menschen
– Frage nach der Kompatibilität mit der Ethik

Philosophie einen zentralen Stellenwert einräumten. Kant hingegen sah für die Anthropologie nur in pragmatischer Hinsicht, gewissermaßen als Anhang zu seiner Ethik, eine Aufgabe (Kant 1798, 1990). Auch bedeutende Gegenwartsphilosophen und Ethiker wie Höffe (1992) und Hösle (1997) räumen der Anthropologie nur eine nachrangige Bedeutung ein (Thies 2004). Dabei wird aber vernachlässigt, dass Ethik eine Anthropologie voraussetzt, und dass auch Menschenbilder, wie der homo neurobiologicus, ethische Implikationen haben.

Als *empirische Wissenschaft* zeigt sich die Anthropologie in Form der *biologischen Anthropologie, Sozialanthropologie, Kulturanthropologie, psychologischen Anthropologie, medizinischen Anthropologie* usw. Diese Spezialisierungen führen auch zu Einseitigkeiten und Verabsolutierungen wie beispielsweise eine sozialwissenschaftliche Anthropologie, deren Ursprünge man bereits bei Aristoteles in seinem Begriff des „Zoon politikon" sehen kann, insofern dass er den Menschen als gesellschaftliches Wesen erkannte. Aristoteles sah aber auch zugleich das Animalische und darüber hinaus das Potential der Vernunft im Menschen, seine Anthropologie war gewissermaßpen bereits „biopsychosozial" ausgerichtet.

93

Einen letzten wirksamen Versuch einer empirisch fundierten *„integralen Anthropologie"* gab es durch die Initiative von Hans-Georg Gadamer und Paul Vogler in Heidelberg (1972-1975). Es ist dazu zu bemerken, dass vor allem Heidelberg die geographische Heimat der neueren, vor allem klinisch orientierten Anthropologie ist, was noch deutlicher wird, wenn man die medizinische Anthropologie betrachtet, die von Viktor von Weizsäcker (1948) fundiert wurde und die Arbeiten von Karl Jaspers (1932) berücksichtigt. Für nahezu alle anthropologischen Ansätze gilt aber, dass die Philosophie des Tübinger Martin Heidegger (1927, 2006) die existenzphilosophische Wesensbetrachtung und das Nachdenken in Hinblick auf den Menschen im 20. Jahrhundert besonders stark geprägt hat.

Anzumerken ist hier zu einem groben Rückblick des 20.Jahhunderts auch, dass die Schriften Freuds (1941,1999) grundlegend als anthropologische Texte *(psychologische Anthropologie)* zu werten sind, ohne dass dies meist explizit reklamiert wird. Für die hier im Besonderen interessierende Medizin und Psychiatrie sind Autoren wie Binswanger (1962), Blankenburg (1983), Bochnik et al. (1991), Bock et al. (2004), Dörner (2001), Emrich (1990), Hartmann (1973) oder Zutt (1963) zu erwähnen, ohne hier einen Überblick geben zu können (vgl. Dörner et al. 1999).

All diese Ansätze und Ausarbeitungen sind auch in Zukunft für weitere Entwicklungen eines anthropologisch und nicht einzelwissenschaftlich begründeten Menschenbildes zu berücksichtigen.

Allerdings ist auch festzuhalten, dass die Anthropologie in den 1930er Jahren eine Kontamination durch den Nationalsozialismus erfahren hat, der ideale Menschenbilder postulierte und sie zum Sollwert deklarierte und davon abweichende Menschen als abartig bis nicht „lebenswert" einstufte, mit den bekannten katastrophalen Konsequenzen. Davon hat sich die Anthropologie bisher nicht erholt. Anthropologie gilt vor allem deshalb generell als ideologieanfällig und wurde insbesondere in den 1960er Jahren von Intellektuellen, wie beispielsweise von den Soziologen und Philosophen Jürgen Habermas (1958), direkt und vor allem indirekt, fundamental kritisiert. Im Gegensatz dazu wurde die Bedeutung der Sozialwissenschaften für das Verständnis der Menschen hervorgehoben, was voll in den Zeitgeist jener Jahre passte (Habermas 1968). In besonderem Maße war das Entfremdungs-Theorem von Karl Marx (1867, 2004) einer jener Leitgedanken, die die Gesellschaftskritik untermauerten und die beispielsweise in meiner Studentenzeit in den 1960er und 1970er Jahren von Seiten der höhersemestrigen Soziologie-Studenten und –studentinnen jede Idee einer Anthropologie als „reaktionär" und „kontrarevolutionär" einstufen ließen. Implizite Beiträge zu einer modernen Anthropologie sind aber auch die Schriften jener Zeit, die von dem Philosophen und Heidegger-Schüler Herbert Marcuse stammen (z.B. „Der eindimensionale Mensch", 1967) oder die von Psychoanalytikern wie Erich Fromm („Haben oder Sein", 1976) verfasst wurden. Sie wirkten aber mehr als gesellschaftskritische Schriften, sodass deren anthropologischer Tiefgang damals und bis heute übersehen wurde. Diese Epoche der Gesellschaftskritik hat also den *Menschen als Produkt seines sozialen Seins* interpretiert. Heute wird der Mensch wieder – ähnlich wie in den 1920er bis 1930er Jahren – als *Produkt seiner biologischen Bedingungen* angesehen. Darüber hinaus bekommt die ökonomische Einordnung der Menschen eine zunehmende Bedeutung, die ebenfalls beunruhigend an jene dunkle Zeit erinnert.

Typische Menschenbilder – universell oder nur situativ gültig?

Menschenbilder der Anthropologie, insbesondere der biologischen Anthropologie, aber auch Menschenbilder aus der philosophischen Antrhopologie beruhen auf vergleichenden Analysen zwischen Menschen, zwischen Epochen, zwischen Kulturen und zwischen Mensch und Tier usw. (vgl. Heberer et al. 1970). Die zentralen Fragen der philosophischen Anthropologie sind: „Was ist der Mensch?", „Woher kommen wir?", „Wohin gehen wir?", „Was unterscheidet den Menschen vom Tier?", „Ist der Mensch gut oder böse?", usw.

Die Tatsache, dass jeder Mensch ein historisch einmaliges Wesen, ein *Individuum* ist, scheint die Frage nach dem *Wesen des Menschen* als letztlich nicht beantwortbar erscheinen. Dennoch sind die Ähnlichkeiten der Menschen wiederum Anlass, trotzdem über Gemeinsamkeiten und damit über Typisches nachzudenken – die Aussage: „Alle Menschen sind sterblich" gilt bis heute bis auf den Umstand, dass derzeit (Ende 2007) fast 7 Milliarden Menschen auf der Erde leben, die theoretisch – durch ein (technologisches) „Wunder" – alle von heute an (oder ab einen späteren Zeitpunkt) ewig leben könnten. Pragmatisch betrachtet besteht eine raum-zeitliche *Individualität* bereits dadurch, dass der Geburtsort und –zeitpunkt, genau genommen nicht einmal bei siamesischen Zwillingen, zwischen zwei (oder mehr) Menschen nicht identisch sind. Menschen haben aber auch individuelle Eigenschaften (Augenfarbe, Haarfarbe, Blutgruppe, usw.), die sie mit anderen Menschen und sogar mit anderen Lebewesen teilen und manche Eigenschaften, die sie sogar mit der unbelebten Welt teilen (Natrium, Chlor, Magnesium, Kohlenstoff, usw.). Menschen werden im Besonderen, aber auch im Allgemeinen als großartig oder minderwertig, als stark oder schwach, als schön oder hässlich, als gut oder böse, als arm oder reich, als gesund oder krank usw. charakterisiert. In diesem Sinne typische Charakterisierungen des Menschen als Gattungswesen können gelten (Thies 2004).

Der Mensch ist:
- ein Abbild Gottes (Bibel)
- das vernunftbegabte Tier (Aristoteles, Plessner)
- ein soziales Wesen (Zoon politikon; Aristoteles)
- ein Mängelwesen (Platon, Scheler, Gehlen)
- ein umweltoffenes Wesen (Gehlen)
- des Menschen Feind (Protagoras, Humes)
- ein Nutzenmaximierer (Smith)
- ein Lustmaximierer (Bentham)

Das Bild vom Göttlichen oder Gottähnlichen im Menschen – und damit das Geistige – ist eine Verklärung der nötigen Distanzierung des Menschen von den animalischen Anteilen. Andererseits ist das für den Menschen Typische, dass er auch nach dem Höheren strebt und sich letztlich Gott anthropomorph als das Absolute denkt, das eigentlich nicht ausdenkbar ist.

95

Negativistisches Menschenbild im Wiener Volksmund, angesichts abscheulicher Taten, besungen von der Austropop-Gruppe „Worried Men Skiffle Group": *„Der Mensch is a Sau..."*

Ein Grundproblem der *sozial-* und *kulturwissenschaftlichen Menschenbilder* – vor allem der 1970er Jahre -, die auf die Umweltbedingtheit menschlicher Merkmale fokussierte, besteht darin, dass sie die biologischen Rahmenbedingungen vernachlässigen, während die gegenwärtig dominierenden Menschenbilder den Menschen gewissermaßen im luftleeren Raum konzipieren, als gäbe es keine (soziokulturelle) Umwelt und vor allem – als sei er von der Umwelt nicht abhängig. Der Mensch von heute stellt sich im Bild der Einzelwissenschaften als ein *endogen gesteuerter Automat* dar, dessen Gehirn wie ein *biomolekularer Nutzenmaximierer* funktioniert, wodurch das *Verhalten determiniert* sei. Gab es vor 35 Jahren noch einen ausgiebigen und auch teilweise ausufernden Diskurs über die *gesellschaftliche Bedingtheit des Menschen*, so ist dieser Bereich aktuell völlig an den Rand der öffentlichen Diskussion über das Wesen des Menschen geraten.

Eines der zentralen Probleme der klassischen Anthropologie in Hinblick auf ein Menschenbild besteht also darin, dass der Mensch als *isoliertes und autonomes Wesen* konzipiert wird. Tatsächlich sind die Geburt und der Tod der Daseins- Übergang, der allein vollzogen werden muss, aber meistens im Kontext anderer Menschen erfolgt. Zwischenzeitlich strebt der Mensch Gemeinschaft mit anderen Menschen an, in der Regel in Form der Paarbildung und ihren Erweiterungen, mit den Herkunftsfamilien, den Kindern, der Verwandtschaft, den Mitbewohnern des Hauses, des Quartiers, der Ortschaft, der Nation usw. Es sind Formationen, die oft nur temporär beschränkt bleiben. Hier setzen die Sozialanthropologie und die Sozialwissenschaft mit ihren Menschenbildern an. Mit dem erwähnten Niedergang der Bedeutung der Sozialwissenschaften stoßen die Naturwissenschaften mit ihren Menschenbildern in eine Lücke.

Im Folgenden soll versucht werden, die Kritik an den aktuellen *eindimensionalen Menschenbildern* in den Einzelwissenschaften zu untermauern und die *Bedeutung der Umwelt* und der *Umweltbeziehungen* für das Verständnis des Erlebens und Verhaltens des Menschen herauszuarbeiten. Dies wären die Grundbausteine einer noch zu schaffenden *„ökologischen Anthropologie"* oder *„Beziehungsanthropologie"*, von der im nächsten Kapitel eine Skizze vorgelegt werden soll (vgl. Hardesty 1977, Kapitel 5). Allerdings ist eine Ablösung der philosophischen Anthropologie durch die empirischen Humanwissenschaften nicht sinnvoll. Es muss die Integration empirischer Befunde mit philosophischen Konzepten erfolgen, was allerdings nur im Rahmen interdisziplinärer Arbeitsgruppen erfolgreich erscheint.

4.2 Homo biologicus – die „naturwissenschaftliche" Sicht vom Menschen

Die aktuellen Ansprüche der *Biologie, Leitwissenschaft für die Humanwissenschaften* zu sein, ist aus *wissenschaftstheoretischer Sicht* kritisch zu beleuchten. Es sind vor allem die nicht-empirischen, und damit – radikal gesagt – nicht nur theoretischen, sondern „metaphysischen" Begründungen der universellen Erklärungsansprüche der Biologie aufzudecken, die unverhältnismäßig positiv in der Öffentlichkeit kommuniziert werden: Vom „egoistischen" Gen ist die Rede (Dawkins 1978), und der „Darwinismus bei Nervenzellen" wird in der Neurobiologie beansprucht (Edelman u. Tononi 2000, Edelman 2007). Und so werden biologische Befunde und daraus abgeleitete Prinzipien auf jeden Bereich des menschlichen Daseins ausgedehnt, und zwar mit der Folge eines deterministischen und damit auch fatalistischen Menschen- und Weltbildes. Die Aufgaben der Biologie sind dabei allerdings schwierig gestaltet, da sie sich als Naturwissenschaft im Sinne der Physik vom *Vitalismus* wie er beispielsweise vom Biologen und Philosophen Hans Driesch (1909, 1921, 1923, 1935a, 1935b) vertreten wurde und der dem *Entelechie-Konzept* des Aristoteles (1997) ähnelt, befreien möchte. Andererseits will die theoretische Biophysik bzw. die theoretische Biologie aber auch nicht unbedingt ein mechanistisches Bild vom Leben entwerfen (Driesch 1945, Schrödinger 1989). Diesbezüglich zeichnen sich allmählich hoch interessante systematische wissenschaftstheoretische Diskurse als „Philosophie der Biologie" ab (Krohns u. Toepfer 2005).

Die erwähnte derzeitige Betonung der Biowissenschaften in akademisch-intellektuellen Diskursen kommt neuerdings auch durch die Sympathie-heischende Bezeichnung *„Lebenswissenschaften"* (Life Sciences) zum Ausdruck, wenngleich der Hauptteil der konkreten Forschungsarbeit dieser Disziplinen darin besteht, Leben, also beispielsweise Zellen, zu stören oder zu zerstören, damit sie der Analyse zugänglich sind. Bei genauerer Betrachtung von universitären Curricula und Institutsprofilen zeigen die Lebenswissenschaften eine Ausrichtung auf die *Molekularbiologie* und *Biochemie*. Das kann man auch an der exzessiven öffentlichen Förderung von „Biozentren" als Forschungsprogramme und in Form von neuen Universitätsinstituten und Forschungseinrichtungen erkennen. Damit sind die Biowissenschaften derzeit von einem besonders starken Trend zu den klassischen Naturwissenschaften in Form von Chemie und Physik gekennzeichnet. Die Naturwissenschaften der unbelebten Natur sind *akademisch-intellektuelles Vorbild* ebenso wie *Instrument* bei der Untersuchung biologischer Prozesse. Vor allem die Anwendungen der Nanotechnologie haben in der Molekularbiologie wichtige Fortschritte in der Erkenntnis von Strukturen erbracht.

Es wird auch versucht, durch die zweifelsohne sehr interessanten und anregenden Disziplinen „Verhaltensbiologie" (Kappeler 2006) und „Soziobiologie" (Wilson 1978) die Psychologie und die Soziologie auf die Biologie zu reduzieren (z.B. Ameisenstaat). Dadurch kann – wieder historisch bedenklich – die missbräuchliche Legitimation von bestehenden Herrschaftsstrukturen durch biologisch vorfindbare Strukturen erfolgen.

Zunächst ist aber die große Rahmentheorie der Biologie, nämlich die *Evolutionstheorie*, zu beleuchten.

4.2.1 Grundfragen der Biologie

Die Biologie gewinnt zunehmendes Intreresse im akademischen und auch im außerakademischen Bereich: Nachdem die *Ökologie* seit den 1970er Jahren eine gewisse öffentliche Bedeutung erlangt hat, ist die *Genetik* in der Kriminalistik und in der Ernährungtechnologie Alltag geworden, wie überhaupt die „Chemie des Lebens" in Form von *Biochemie* und *Molekularbiologie* die Menschen fasziniert. Die *Verhaltensbiologie* und *Soziobiologie* mit ihren Mensch-Tier-Vergleichen hat als Thema schon immer die Menschen begeistert. Es liegt daher nahe, diese Disziplinen für ein biologisches Menschenbild heran zu ziehen. Das ist allerdings mit einer Menge von Problemen belastet, die meist übersehen werden. Die Hauptfrage ist die nach den molekularen Mechanismen des Menschseins. Sie steht im Zentrum der folgenden Betrachtungen.

Evolutionstheorie – Theorie mit Bruchstellen

Die Evolutionstheorie soll hier kurz beleuchtet werden, da ein *geschlossenes naturwissenschaftliches Menschenbild* ein *deterministisches Konzept* der *Entstehung des Menschen* benötigt (Mayr 1979, 2003, Kutschera 2001, Wuketits 2005). In dieser Hinsicht stellt die Theorie der Entstehung der Arten, wie sie von Darwin (1859) entwickelt wurde (Evolutionstheorie), heute eine fundamentale Theorie der Biologie dar. Die Evolutionstheorie hat als *Abstammungslehre* die Entwicklung und damit eine dynamische Perspektive in die Biologie eingeführt. Demnach haben die heute lebenden Arten einen gemeinsamen Ursprung und sie sind demgemäß Ergebnis einer Entwicklung mit *Differenzierung* – und nicht einer *einmaligen* und *simultanen* (göttlichen) Neuschöpfung. Sie sind auch das Resultat eines Prozesses des Aussterbens von verschiedenen Entwicklungslinien. Das Auftreten der Verzweigungen des phylogenetischen Stammbaums kann durch die Evolutionstheorie allerdings nicht detailliert erklärt werden (s. Abb.4.1). Das ist nur ein Hinweis darauf, dass die *Evolutionstheorie* eben *hypothetischen Charakter* hat, es ist aber keinesfalls ein Grund, die Position der „Kreationisten" zu beziehen, die die Evolutionstheorie mit religiös-ideologischen Motiven bekämpfen und die Erklärungslücken als Gottesbeweis nutzen.
Die wesentliche Aussage der Evolutionstheorie besagt, dass sich durch die *Mutation* (bzw. Variation) des genetischen Materials unterschiedliche *Arten* bzw. *Phänotypen* entwickelt haben, die mehr oder weniger geeignet waren, sich in der jeweiligen *Umwelt* durchzusetzen und zu überleben *(Selektion)*. Die Mutation ist nach Ansicht der Evolutionstheorie zwar durch physiko-chemische Reize auslösbar, sie beruht aber eher auf *Zufällen*. Man geht allerdings davon aus, dass Mutationen häufig eher zum Absterben führen (deletäre Mutationen), als zu evolutionären Vorteilen. Manche Organismen sind als *Generalisten* in nahezu allen Lebensräumen der Erde auffindbar, andere Organismen sind als *Spezialisten* auf ganz bestimmte Merkmale der

Lebensräume als „ökologische Nische" angewiesen. Darüber hinaus erlaubt die Sexualität durch die Kombination des Erbmaterials zweier Individuen die schnelle *Produktion von Varianten* innerhalb einer Art zu realisieren, die von der vorhandenen Umwelt „getestet" bzw. *selektioniert* werden. Fortpflanzung (Reproduktion) mit der Arterhaltung ist somit das oberste „Ziel", das man in anthropomorpher Metaphorik der Evolution zuschreiben könnte, wenngleich die Evolution als Prozess natürlich kein Ziel haben dürfte. Die sexuelle Fortpflanzung, mit der partiellen Bestanderhaltung des Genpools, erfolgt am besten durch Männchen, die durch physische Merkmale die meisten Weibchen anlocken. Sie sind „erfolgreicher" als Männchen, die sonst gute Überlebensqualitäten aufweisen, aber bei den Weibchen nicht „ankommen".

Dennoch: Der Zufall bräuchte zu viel Zeit oder es müsste sehr viele Zufälle gegeben haben, um das heutige Evolutionsergebnis vollständig verstehen zu können (Hoyle 1984). Die Alternative, dass ein Trend besteht, der die Evolution nach einem Ziel ausrichtet, führt wieder zur problematischen *Teleologie*. Das „Ziel" der Evolution als Trend der Entwicklung oder als impliziter „Sollwert" könnte nur sein, neues Leben zu generieren, wobei konkreter besehen, komplexere Ordnungen angesagt sind oder Steigerungen von Optionen (Illies 2006). Die biologische Evolution ließe sich als „Gegenbewegung" der *belebten Materie* zur Entropie-Tendenz der *unbelebten Materie* mit dem Streben nach möglichst niedrigen Ordnungsgraden begreifen.

Die Bruchstellen der Evolutionstheorie sind allerdings vielfältig (Wuketits 2005): So wird die Frage nach dem Modus der Differenzierung der Arten (Makroevolution) im Lauf der Zeit kontrovers diskutiert – fand dies langsam „gradualistisch" oder rasch

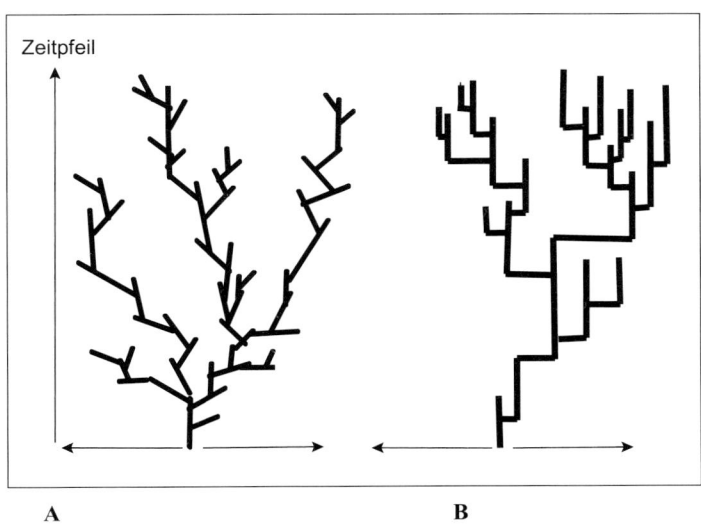

Abb. 4.1: *Schema des evolutionstheoretischen Konzepts zur Erklärung der Entstehung von Arten nach dem „Gradualismus" mit langsamen und anhaltenden Veränderungen und dem „Punktualismus" mit nur zeitweisen und dann raschen Veränderungen (nach Wuketits 2005).*

99

„saltatorisch" und „punktualistisch" statt (Abb.4.1)? Auch fehlt beispielsweise eine konkrete Erklärung des morphologisch-funktionellen Übergangs von Amphibien zu Landtieren oder vom vierbeinigen Landtier zum Wal usw. Veränderungen innerhalb einer Art (Mikroevolution) sind ebenfalls noch ungeklärt. Methodisch einschränkend besteht für die Evolutionstheoretiker das Problem, dass sie ähnlich wie Kriminalisten nur *retrospektiv* das Auftreten und das Sterben von Arten klären können und nur Indizienbeweise vorliegen haben.

Das Erklärungspotenzial der Evolutionstheorie ist darüber hinaus auch auf das Formale bezogen nicht so überragend: Wenn von „Anpassung" die Rede ist, weil aus der Entwicklung Übriggebliebene, nicht Verstorbene besser angepasst sein sollen, stellt dies logisch betrachtet eine Tautologie oder einen Zirkelschluss und empirisch eine Trivialität dar: „Was überlebt, ist ‚fit'." Und: „Fit ist etwas genau dann, wenn es überlebt." Weiters: „Was nicht überlebt hat, war nicht fit." Da manche Arten – wie die Dinosaurier – nach der weithin akzeptierten Hypothese vermutlich durch *zufällige Ereignisse* (lokaler Klimawandel durch Meteoriteneinschlag) ausgelöscht wurden, andere Arten aber zu der Zeit nicht an diesem Ort waren, konnten sie durch diesen „Zufall" überleben und nicht wegen der „besseren Fitness". Solche „Erklärungen" des Aussterbens der Arten sind wissenschaftstheoretisch betrachtet keine Säule der Evolutionstheorie, die nicht nur die Entstehung, sondern auch das Vergehen der Arten erklären müsste.

Die Grundhypothese, dass die *„Fitness"* des Lebewesens, die *optimale Lebewesen-Umwelt-Passung*, das Überleben bestimmt, ist eine sinnvolle Annahme. Dabei sind auch die Räuber-Beute-Relationen (Füchse-Hasen, Schneeeulen-Lemminge, usw.) Faktoren, die das Überleben des Individuums und der Arten bestimmen (Murray 2003,2004): Die Räuber können ihre Beute nicht völlig ausrotten, denn dann sterben sie selber. Das können sie allerdings nicht „einsehen", sondern es passiert eben. Nur der Mensch kann über die Wissenschaft im Grunde „erkennen", dass seine Lebensgrundlagen gefährdet sind. Das Räuber-Beute-Verhältnis wird in den Kategorien *Konkurrenz* aber auch mit dem Konzept der *Ko-Evolution* beschreibbar. Hierbei handelt es sich bereits um Grundgedanken der *Ökologie*, der biologischen Integrativ-Disziplin, die den *Haushalt der Natur* im Gesamten, in Form von Lebewesen-Umwelt-Beziehungen, untersucht. Die Evolutionstheorie – und heute die Evolutionsbiologie – fokussieren auf die Lebewesen alleine, während die *Ökologie* auf die *Lebewesen-Umwelt-Interaktion* und – im evolutionären Sinne – auf die *Lebewesen-Umwelt-Passung* fokussiert und daher vor allem die Analyse der Umwelt differenziert betreibt (Remmert 1978). Die Ökologie wird gleich etwas detaillierter erörtert und später in einem Kapitel zur einer „ökologischen Anthropologie" erneut diskutiert. (s.u.).

Evolutuionstheorie und die Kunst:
„Wer früher stirbt, ist länger tot"
(Filmtitel von Marcus H. Rosenmüller, 2006)

Die Notwendigkeit, die Evolutionstheorie durch *empirische Daten* zu untermauern, führte zu der Integration der Entwicklungsbiologie, mit dem Leitgedanken von Ernst Haeckel, dass in der – vor allem embryonalen – *Ontogenese die Phylogenese* rekapituliert wird (Haeckel 1866). Dieser Kombinationsansatz von Evolutionsbiologie und Entwicklungsbiologie (developmental biology) wird von Biologen auch kurz „Evo-Devo" genannt (Laubichler 2005). In diesem Zusammenhang liefert auch die *Molekularbiologie* durch die vergleichende Genanalyse mit dem Befund der „konservierten" Gene verschiedener Organismen Evidenzen für die Präzisierung der Konzepte zur Entstehung der Arten.

Hierbei tut sich aber das Problem auf, dass der Genpool von Bakterien, Würmern, Insekten, Pflanzen, Mäusen, Affen und Menschen viele Gemeinsamkeiten haben, und dass somit eine einfache „Erklärung" des Phänotyps durch den Genotyp nicht möglich erscheint. Das Geheimnis der Artenvielfalt ist vermutlich vielmehr in der Variation der *Regulation* der *Genexpression* zu sehen – durch positive Feedback-Loops, so die Systemtheorie, können kleine Veränderungen zu großen Abweichungen führen. Das wird hier noch weiter untersucht werden.

Evolution – Probieren geht über Studieren?
⇒ Sequenz „kreativer Zufälle"?

Ein streng determinstisches Modell der Evolution müsste also auf dem Prinzip der „Notwendigkeit" aufbauen. Wegen der erwähnten evolutionären Sprünge muss aber dieses Prinzip durch das Prinzip „Zufall" ergänzt werden. Dieses Thema hat auch die großen Molekularbiologen Jacques Monod und Francois Jacob beschäftigt: Monod kommt zu dem Schluss, dass der Zufall eine große Rolle spielt und dass wir Menschen als „Zigeuner am Rande des Weltalls" einzustufen sind (Monod 1971). Demgegenüber hat Jacob das Prinzip der *Selbstoptimierung* der Biosysteme hervorgehoben (Jacob 1993,2002), das mit dem Konzept der *Selbstorganisation*, wie es von Manfred Eigen mit der Theorie der „autokatalytischen Hyperzyklen" für Biomoleküle formuliert wurde (Eigen 1987), gut zusammenpasst. Selbstoptimierung als intrinsische Selektion von Variationen macht die relativ rasche Entwicklung der Artenvielfalt plausibler als das Prinzip Zufall alleine. Dies umso mehr, wenn berückssichtigt wird, dass Organismen komplexe Gefüge mit Teilsystemen sind, von denen jedes die *Selbstoptimierung* verfolgt. Fraglich ist nur, welche Variablen (Energieaufwand) und welche Zeitfenster die Optimierung in der Evolution charakterisieren. Darüber hinaus öffnen solche Prinzipien wieder die Tür zum Vitalismus und der Teleologie. Ungeklärt ist vor allem die Entwicklung von Zellmembranen in einer Eisen- Schwefel-Welt (Thoms 2005). Offensichtlich gab es auch eine *Koevolution* von Nukleinsäuren und Proteinen bzw. Aminosäuren. Die Aggregation dieser Komponenten zu Zellen ist weiterhin ungeklärt. Vermutlich gab es mehrere Varianten der Ur-Zellen, wobei Zelleinschlüsse, z.B. etwa von Mitochondrien und anderen Organellen, vermutet werden (Thoms 2005). Als nächster Schritt ist die Entwicklung der Mehrzeller, bzw. von Organismen und ähnlicher Formationen, die über Aggregation von Einzellern, etwa in Form der Schleimpilze, möglich wäre, noch ungeklärt.

Zusammenfassend betrachtet gibt es für die gegenwärtige molekularbiologische Evolutionstheorie einige signifikante Erklärungslücken auf theoretischer wie auch auf experimenteller Ebene. Es ist nicht ausgeschlossen, dass diese Lücken einmal überzeugend überbrückt werden können. Dennoch kann man derzeit vor allem in Hinblick auf die Evolutionstheorie nicht so tun, als wäre bereits ein geschlossenes deterministisches Weltbild gegeben.

Zu bedenken ist allerdings, dass sich *Zufall* und *Notwendigkeit* nicht ausschließen, sondern – im Gegenteil – sie können in ihrem Zusammenwirken die Evolution mit ihren qualitativen Sprüngen und Anpassungsprozessen besser verstehen lassen als ein Prinzip alleine. Dies führt zu einem Weltbild eines „deterministischen Probabilismus" (bzw. einer „deterministischen Stochastik") oder eines „probabilistischen Determinismus" (bzw. „stochastischen Determinismus"), je nach dem, auf welches Prinzip man den Schwerpunkt setzt – Stochastik steht für Zufall, Probabilismus für Wahrscheinlichkeiten als Wirkgrößen, die die Determiniertheit abschwächen.

Derartige „hybrid" konstruierte Konzepte sind allerdings nur intellektuell beruhigend, indem kognitive Dissonanzen der betreffenden Protagonisten reduziert werden, aber erkenntniskritisch-wissenschaftlich stellen sie nicht zufrieden, da sie, wie in Kapitel 1 und 2 gezeigt wurde, nicht hinreichend konsistent sind. In dieser Hinsicht bietet die Theorie der nichtlinearen Systeme interessante Ansatzpunkte (siehe Kapitel 2)

Die systemische Evolutionsperspektive – der Blick auf das Ganze

Die Befunde der neueren molekularbiologischen Genetik zeigen bereits seit den 1960er Jahren, dass das *Genom als Struktur* in ein äußerst *kompliziertes Prozessgefüge* eingebettet ist (s.u.). Dies hat den Biologen Rupert Riedl zur Konzeptualisierung des Begriffs des *„epigenetischen Systems"* veranlasst. Die zusätzliche Berücksichtigung weiterer komplexer innerorganismischer Wirkungsgefüge führte zur Entwicklung der *Systemtheorie der Evolution* (Riedl, 1975, 1990). Auf der Ebene der *molekularbiologischen systemischen Evolutionstheorie* sind deshalb Konstrukte wie die „Modularität" wichtige Verständnishilfen für verschiedene Phänomene der Evolution: Womit die *funktionelle Segmentierung* und *Kompartmentierung* (z.B. Bildung des Zellkerns, Auftreten von Zellorganellen) gemeint ist, weiters die Entwicklung von Strukturen als *funktionelle Homologien* (Flossen/ Beine), der *Aufbau redundanter Strukturen* mit der Folge der *Robustheit* und *Stabilität* usw.

Die darüber hinaus gehende Einbezugnahme der chaostheoretischen Erkenntnisse mit zeitweise nichtlinearen Zustandsübergängen führte letztlich zur *Synergetischen Evolutionstheorie* (Lorenzen, 1988). Beide Theorieansätze können als Weiterentwicklungen der „Synthetischen Theorie" der Evolution angesehen werden. Sie erweitern das klassische Anpassungsparadigma sowie die in ihm herrschenden linearen Wirkungsmodelle.

Allerdings sind auch systemische Ansätze ohne explizite Berücksichtigung von Erkenntnissen über die jeweiligen *geophysikalischen Umweltbedingungen* unzufriedenstellend. Diese umfassende Aufgabe hat sich die Ökologie gestellt. Somit ist die Evolutionstheorie auch als molekulare und vergleichende Evolutionsbiologie ohne Ökologie unvollständig.

Frage an das *Prognosepotential* der Evolutionstheorie:
Wann wird wieder eine neue Art der Hominiden auftreten, die dem Homo sapiens überlegen ist? „Warum" wird sie entstehen? Etwa durch gentechnologische Eingriffe?

Ökologie – die Wissenschaft vom Haushalt der Natur

Für viele evolutionstheoretische Fragen ist die detaillierte Explikation des Begriffs Umwelt erforderlich. Die Umwelt *selektiert* die „fitten" Varianten. In einer ersten Stufe ist die Konzeption von „Umwelt" im Haeckel'schen Sinne der „umgebenden Außenwelt" zweckmäßig (Haeckel 1866). Das betrifft beispielsweise Fragen zu den Merkmalen des Klimas zu einer bestimmten Periode und die dadurch auftretenden evolutionären Effekte. Die wissenschaftliche Analyse der Umwelt als *Lebensraum* von Lebewesen ist die Aufgabe der Ökologie. Sie geht genau genommen über eine reine Lebensraumbeschreibung hinaus, insofern sie das *Beziehungsgefüge* zwischen *Lebewesen* und *Umwelt* und seine Funktionalität, also den *„Haushalt der Natur,"* in Form der Austauschbeziehungen zwischen Lebewesen und ihrer Umwelt, also die Stoff-, Energie und Informationsflüsse, untersucht. Somit ist die Ökologie die nächste konzeptuelle Erweiterung der Evolutionstheorie. Ernst Haeckel, der Begründer der Ökologie, hat sich mit den Arbeiten von Darwin befasst und hat versucht, die Wechselwirkungen zwischen Lebewesen und Umwelt genauer zu bestimmen. Dabei ging es sowohl um die Existenz von *Populationen (Populationsökologie)* wie auch um Lebensbedingungen *individueller Pflanzen oder Tiere (Autökologie)* und vor allem auch um räumlich definierte *Ökoysteme* mit mehreren Spezies (Synökologie; Odum, 1999). Die eher holistisch-systemische Orientierung des ökologischen Ansatzes hat in den 1970er Jahren eine gewisse Akzeptanz im universitären Bereich bekommen. Verstärkt wurde diese Entwicklung durch die Umweltprobleme jener Jahre. Nach einer Zeit der Stagnation und des teilweisen Niedergangs in den 1990er Jahren bekommt die Ökologie eben wieder einen gewissen Anschub, indem der Klimawandel und die Folgen für die terrestrischen und aquarischen Ökosysteme diskutiert werden müssen und politische Konsequenzen zu ziehen sind.

Im Zusammenhang mit den Umweltwissenschaften und der Ökologie muss auch Jakob von Uexküll erwähnt werden, der die verhaltensbiologisch orientierte „Umweltlehre" kreiert hat (Uexküll u. Kriszat 1970). Er stützt sich auf die gesamtorganismische Funktionssicherung durch die Sinnesorgane und die Motorik, die in ihrer Koordination und Komplementarität die Umwelt zum Wohle des Organismus nutzen. Dieser Wirkungskreislauf wird als *„Funktionskreis"* bezeichnet. Dieses Konzept wird im Kapitel 5 nochmals zum Thema Umwelt erörtert, Seine theoretisch-epistemologische Bedeutung liegt in der *Subjektbezogenheit* der biologischen Konstruktion des *Umweltbegriffs*.

Verhaltensbiologie, Verhaltensökologie und Soziobiologie – zur biologischen Ökonomie des Verhaltens

Es ist allseits anerkannt, dass für das Verständnis des Menschen und sein Verhalten die *Verhaltensbiologie* eine wichtige Bezugsdisziplin ist (Tinbergen 1953, Lorenz 1965, 1992, Gill u. Wolf 1975). Sie weist zwei zusätzliche interdisziplinäre Schwerpunke auf, die hier interessieren, nämlich die bereits populäre *Verhaltensökologie* und die Soziobiologie (s. Abb. 4.2).

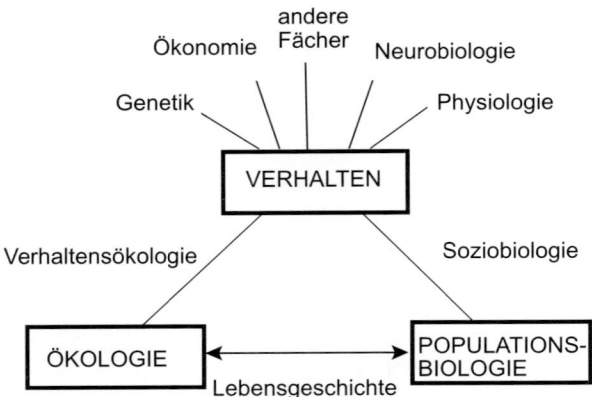

Abb. 4.2: *Verhaltensbiologie mit dem assoziierten Fächerbündel und Ökologie und Populationsbiologie (Kappeler 2006, S.14).*

• Die *Verhaltensbiologie* erforscht u.a. die Verhaltensweisen von Tieren in Hinblick auf menschliches Verhalten, was Intelligenz, Werkzeuggebrauch usw. betrifft (Kappeler 2005).
• Die *Soziobiologie* untersucht neben staatenbildenden Insekten auch Tiere wie beispielsweise Affen, die aus der Sicht des Menschen in Hinblick darauf interessieren, wie ihr soziales Leben, die soziale Ordnung, die Partnerwahl, die Fortpflanzung und die Betreuung des Nachwuchses gestaltet sind (Wilson 1978). Für die Anthropologie ist, was die Evolution betrifft, nur interessant, dass es auch bei Tieren nicht nur Konkurrenz und Kampf, sondern auch *kooperatives Verhalten* innerhalb der Art gibt, indem Artgenossen vor Feinden gewarnt werden, gemeinsames Beutejagen usw. beobachtbar ist. Das macht bei einer Individuen-zentrierten Betrachtung bei Tieren keinen großartigen Sinn, außer dass man den Tieren unterstellt, dass sie bei Nachbarschaft oder in der vertauten Gruppe in der jeweiligen Population zwischen kurzfristigen Zielen und langfristigen Zielen unterscheiden und in Situationen des Überflusses auf eigenen Nutzen verzichten können („intertemporale Optimierung"). Dies geschähe unter der impliziten „Hochrechnung", dann ebenfalls Returns zu erhalten, wenn es dem Tier schlecht geht usw. (Kappeler 2006). Dass dies „kontiert", „abgezinst" und „gegengerechnet" werden kann, ist eher unwahrscheinlich (ökonomische Perspektive der Verhaltensforschung). Es ist eher zu vermuten, dass bei Sättigung die Kampfantriebe reduziert sind und deshalb „Toleranz" auftritt.
• Die *Verhaltensökologie* interessiert sich vor allem an der Dimension „Raum" als Territorium, etwa in Hinblick auf die Revierbesetzung, aber auch was die Reviernutzung für die Ernährung betrifft. Die Nähe der *Ökologie* als „Haushaltswissenschaft der Natur" zur Ökonomik als Humanwissenschaft vom *effizienten Umgang mit den Ressourcen* hat auch dazu geführt, dass im Bereich der Untersuchung des Verhaltens der Tiere ökonomische Konzepte, wie die *Kosten–Nutzen-Relation*, angewendet werden, um das Verhalten von Tieren zu erklären. Dies ist übrigens ein erster Hinweis für den Universalitätsanspruch der Ökonomik als *supradisziplinäre Verhaltens-*

wissenschaft. Tatsächlich weist dieses Konzept, das zu sogenannten „Optimalitäts-modellen" geführt hat (Kappeler 2006), eine augenscheinliche Plausibilität und Validität auf: Es stellt sich nämlich die Frage, welche Territorialitätsgröße für ein Tier oder eine Gruppe oder für eine Art den größten Nutzen erbringt. Das muss mit den Kosten des „Managements" des Territoriums (z.B. Revierschutz) in Verbindung gesetzt werden. Eine territoriale Ausweitung bei einer sehr großen Territoriumsgröße bringt nur einen *geringen Zuwachs an Nutzen*, wohingegen die Kosten stetig steigen – die *Differenz* zwischen *Nutzen* (Nahrung, Schutz) und *Kosten* (Überwachung, Verteidigung, Sicherstellung) ergibt dann die Kurve der optimalen Territoriumsgröße (Abb. 4.3).

Da hier im Folgenden auch der Homo oeconomicus diskutiert wird, ist es bemerkenswert, dass auch in der Biologie ökonomische Konzepte verwendet werden, die somit als „soziale Naturgesetze" bzw. als „Naturgesetze des Sozialen" anmuten. Dieser Aspekt kann aber auch so interpretiert werden, dass die *Mathematik der Optimierung* von Inputs und Outputs als gemeinsame disziplinübergreifende Wissenschaft die *Grundprinzipien* des *Lebens* aufdecken kann.

Diese Verschränkung von Biologie und Ökonomie kann aber auch bereits als Hinweis gelten, dass ein materialistisches Menschenbild eine starke Fundierung und Plausibilität aufweist.

• Die *Populationsbiologie* ist als dritte Disziplin im Bunde der Verhaltensbiologie zu erwähnen, die unter anderem die raumzeitliche Dynamik von Räuber und Beute-Populationen analysiert.

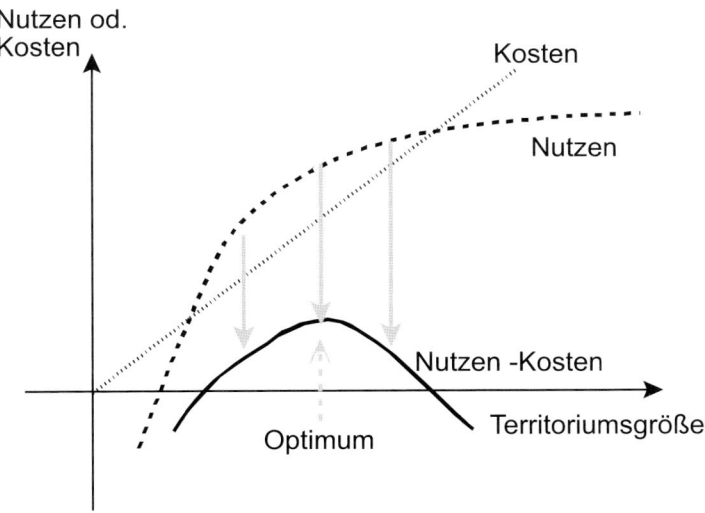

Abb. 4.3: *Der Kosten-Nutzen-Ansatz in der Verhaltensökologie. Der Nutzen eines großen Territoriums steigt nur bis zu einer gewissen Größe stark an, während die Kosten beispielsweise linear wachsen. Die optimale Territoriumsgröße liegt dann im Bereich der mittleren Größe (nach Kapeller 2006).*

4.2.2 Der genetisch determinierte Organismus – die Mikroperspektive der Molekularbiologie

Der bedeutendste Bereich neuerer naturphilosophischer Erörterungen, ebenfalls meist unter evolutionstheoretischer Perspektive, ist – wie bereits erwähnt – die Welt der Molekularbiologie und der Genetik (z. B. Monod 1991, Jacob 2002, Krohns u. Toepfer 2005). Vor allem im Bereich der für das Menschenbild interessierenden Erforschung des Menschen und seiner Gesundheitsstörungen hat sich das Interesse in den letzten Jahren zunehmend auf die *Zellbiologie* und damit auf die *Molekularbiologie* und *Genbiologie* konzentriert. Schlüsselbegriffe sind das „Genom", der „Genotyp" und der daraus resultierende „Phänotyp", die „Gen-Umwelt-Interaktion". Diese Bereiche werden heute chemisch untersucht, und zwar durch Biochemie und Molekularbiologie.

Die *Chemie* als direkte Basiswissenschaft der Biologie hat ein solides empirisch-experimentelles Fundament: Die Experimente der 1950er Jahre von Stanley Miller haben gezeigt, dass ein erhitztes Gemisch von Wasser, Methan, Wasserstoff und Ammoniak unter elektrischen Entladungen Vorläufer von Biomolekülen entstehen lässt (Thoms 2005). Der Theoretiker Manfred Eigen hat darüber hinaus mathematisch gezeigt, dass Biomoleküle sich durch das Prinzip der Selbstorganisation und Selbstreproduktion (Autokatalyse) vermehren können (Thoms 2005, Eigen 1987). Diese Befunde haben klar gestellt, dass sich Leben prinzipiell auf Eigenschaften von Biomolekülen zurückführen lässt, und zwar nicht nur die *Strukturen* betreffend, sondern auch was *Funktionen* anbelangt, wie Bewegung und Fortpflanzung (Replikation). Durch diese materialistischen Befunde ist das Konzept der „Entelechie" und des „Vitalismus", wie es beispielsweise noch von Hans Driesch propagiert wurde, zumindest vordergründig widerlegt (Driesch 1909, 1935a, 1935b, 1945). Dennoch ist zu berücksichtigen, dass es sich weder bei Aristoteles oder bei Driesch, noch bei anderen Autoren bei diesen „Kräften" um „Substanzen" handelt, sondern um „Prinzipien". Dabei geht es im Wesentlichen um *regulative Prinzipien*, nämlich etwa Stabilität sicherzustellen, Bewegung zu ermöglichen usw. Da es sich hierbei um *Strukturen von Prozessen* handelt, ist die Mathematik als Wissenschaft der „Relationen" zuständig. Damit sind solche Aspekte im Lichte der zunehmenden Bedeutung der Biomathematik eine interessante Interpretation des sogenannten „Geistigen", wie sie bei Platon und bei Kant im Hinblick auf die Mathematik (z.B. Geometrie) zu finden sind.

Determinismus der Gene – was genau ist vorbestimmt?

Die Genetik ist der Bereich, der zu reduktionistischen Menschenbildern geradezu einlädt und den Menschen als speziell strukturierten Molekülhaufen ansehen lässt, der sich – etwas eleganter ausgedrückt – im Lichte der Molekularbiologie als *Gefüge elektrochemischer Elemente* begreifen läßt. Der Mensch ist in diesem Sinne ein Ensemble von Billionen von Zellen, die sich ihrerseits als ein Gefüge von Biomolekülen und damit gewissermaßen wie ein *komplexer wabbernder Flüssigkeitskristall* darstellen. Die „Master-Moleküle", die diesen Molekülhaufen steuern, sollen die Gene sein.

In der allgemeinen öffentlichen Diskussion hat die Genetik mit ihren impliziten deterministischen Konzepten in der Alltagswelt bereits eine große Bedeutung und Akzeptanz erreicht (Dawkins 1978). Eines der populärwissenschaftlichen Werke, das den Genen eine dominante Rolle beim Zustandekommen menschlicher Eigenschaften einräumt, ist das Buch vom „egoistischen Gen" (Dawkins 1978) .Darin wird gewissermaßen die Tendenz „der Natur", Nutzen zu maximieren, auch dem Menschen zugesprochen und auf molekulare Mechanismen zurückgeführt. Allerdings, das muss man einräumen, erfolgt dies nicht in einer radikal-reduktionistischen Konzeption, die vorgibt, schon alles erklären zu können.

Die grundlegend auch heute noch richtige, einfache und verbreitete Vorstellung der Gen-Wirkung beruht nämlich darauf, dass es von den Genen (DNA) ausgehend eine *unidirektionale Wirkung* gibt (zentrales Dogma der Molekularbiologie), die sich über die mRNA und die im nächsten Schritt produzierten Proteine fortsetzt und schließlich den spezifischen Effekt im Zielbereich – z.B. Aktivierung von Ionenkanälen – ergibt (Abb. 4.4). Die *„Wirkung"* besteht in der Produktion der jeweiligen Moleküle, und zwar nach der „Information" bzw. gemäß der „Struktur", wie sie in der DNA vorliegt. Etwas irritiernd ist allerdings, dass der Ausdruck „Gene" genau genommen eine funktionelle Kategorie darstellt, die letztlich die Kodierung eines Proteins bedeutet und die sich nicht auf einen DNA-Abschnitt lokalisieren lässt, sondern meist mehrere DNA-Loci umfasst. Auch gibt es 100.000 Proteine, was bei etwa 30.000 Genen bedeutet, dass mehrere Gene ein Protein kodieren. Eine „strenge" deterministische 1:1-Wirkung, also das Ein-Gen-ein-Protein-Konzept, ist bereits auf dieser einfachen Stufe der Betrachtung unrealistisch. Die Gen-Funktionen und -Effekte sind offensichtlich komplizierter.

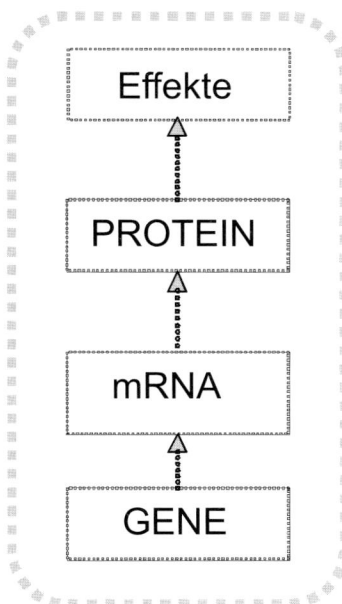

Abb. 4.4: Das zentrale Dogma der Genetik (Molekularbiologie) – unidirektionaler Informations- bzw. Wirkungsfluss der Biomoleküle in der Zelle (Genexpression): das Phänomen auf der Ebene der Effekte wird durch die Struktur der Gene (DNA) „determiniert".

107

Neben diesen Einschräkungen ist die Genexpression nicht nur ein Zwei-Stufen-Prozess – Transskription und Translation – sondern sie zeigt eine wesentlich komplexere Ablaufstruktur. Folgende 10 Stufen können heute bei der Genexpression bei Eukaryonten, also bei Zellen mit Zellkern, unterschieden werden (Alberts et al. 2004, Karp 2005):

1. Initiation der Transkription durch RNA-Polymerase (z.B. Induktion, Derepression von Regulatorgenen)
2. Elongation mit Synthese der RNA
3. Termination der Transkription (z.B. durch Produkthemmung auf Regulationsgene)
4. Capping (Versetzen der mRNA mit einer 7-Methylguanin-Kappe am 5'Ende)
5. Polyadenylierung am 3'-Ende der RNA mit einer Kette von Adenin-Nukleotiden (Poly-A-Schwanz)
6. Spleißen (codierte inaktive Genabschnitte – „Introns" – werden aus der mRNA herausgeschnitten)
7. Transport durch die Kernmembran in das Zytoplasma
8. mRNA Abbau
9. Initiation der Translation
10. posttranslationale Modifikation der synthetisierten Proteine

Es wird deutlich, dass derartige viele Prozessstufen eine „unsichtbare Hand" als Kontrolle benötigen, zumal viele Fehlermöglichkeiten gegeben sind. Es ist beeindruckend, wie das *Genom*, als System aller Gene mit den Histonen verpackt als Chromosomen, diese Prozesse selbst regelt. Es verwundert bereits, dass lebende Systeme so gut funktionieren und nicht noch mehr Störungen aufweisen. Man bezeichnet dies in den Systemwissenschaften als „Robustheit". Sie beruht offensichtlich auf einer puffernden modulären Funktionsstruktur, bei der jedes *Modul* eine *relative funktionelle Autonomie* aufweist. Das spricht darüber hinaus auch für Reparatur-Mechanismen, die es in der Tat auch gibt. Das bedeutet aber theoretisch wieder, dass „irgendwer" „irgendwie" den „Bauplan" des Organismus „weiss". Man nimmt daher heute im Rahmen des deterministischen Paradigmas weiterhin an, dass es „intrinsische" Strukturen gibt, die die Ausbildung von größeren Strukturen durch ihre Strukturmerkmale festlegen: so kann z.B. der Ladungszustand von molekularen Substrukturen der Proteine (Domänen) deren Interaktionen mit anderen Proteinen determinieren.

Bedenkt man zusätzlich die hohe Eigendynamik der RNA (z.B. Spleissen, Abbau), dann wird deutlich, dass die Produktion von Proteinen nur durch Produkt-Feedback auf die DNA gesteuert werden kann. Die zentrale Rolle der RNA spiegelt sich auch in der molekularbiologischen Evolutionstheorie, da auch RNA gefunden wurde, die enzymähnliche Eigenschaften aufweist (Rybozym, Thoms 2005). Außerdem ist insbesondere in Viren auch die Informationsübertragung von RNA auf DNA beobachtet worden (Retroviren). Dies lockert das zentrale Dogma der Molekularbiologie auf, und zwar insbeondere in Hinblick auf die molekularbiologische Evolutionstheorie, die der RNA zunehmend eine zentrale Rolle bei der Evolution der Biomoleküle einräumt (Thoms 2005).

Unabhängig von dieser komplexen Funktionsstruktur der Gene sprechen auch auf makroskopischer Ebene viele experimentelle und klinische Befunde zunächst für die „Macht" der Gene: Die Zwillingsforschung zeigt die Optionen der Umwelt bei gleichem genetischen Material, ebenso wie die Adoptionsforschung, die die Penetranz der Gene bei unterschiedlichen Umwelten demonstriert.

„Molare" Genforschung – eineiige Zwillinge und ihre Differenzen

Der klassische genetische Ansatz, den Menschen in seiner biologischen Formation, aber auch in seinen psychischen Eigenschaften zu erklären, kann vor allem auf die Evolutionstheorie von Charles Darwin (1859) und auf die Genetik von Mendel (1866, 1983) zurückgeführt werden: Darwin hat die Bedeutung der *Variation des Erbgutes* und die *Selektion der Umwelt* betont, Mendel hat den *chromosomalen Erbgang* von Merkmalen aufgezeigt.

Zwillingstudien – die Bedeutung der Umwelt

In der Medizin, der Psychologie und auch in der Psychiatrie wurden zur Bedeutung der Wirkung der Umwelt auf die Gene vor allem *Zwillingsstudien* mit der Frage nach dem gemeinsamen Auftreten *(Konkordanz)* der jeweiligen Merkmalsausprägung bei *eineiigen Zwillingen* im Vergleich zu *zweieigen Zwillingen* vorgenommen. Demgemäß wurden beispielsweise Krankheiten gefunden, die einen hohen Grad genetischer Determiniertheit aufweisen, andere Krankheiten zeigen einen geringeren Einfluss der Gene. Man müsste an dieser Stelle umfangreiche Inventarisierungen von Erbgängen usw. anführen und diskutieren, hier geht es aber nur um das Prinzipielle – ab wann spricht man davon, dass das Merkmal oder die Krankheit x von dem Gen a „determiniert" ist – bei mehr als 50 % Konkordanz oder bei 90 oder 95 oder 100 % Konkordanz? Die Antwort auf diese Frage muss auch den Stichprobenumfang berücksichtigen. Wenn es beispielsweise 100 oder 200 Probanden einer Stichprobe betrifft, dann ist das bezugnehmend auf ca. 7 Milliarden auf der Erde lebende Menschen zu wenig, um Generalisierungen zuzulassen. Die Problematik zu geringer Stichproben zeigt sich auch regelmäßig bei der Anwendung neuer Pharmaka – manche Mittel mussten wegen ihres letalen Risikos bei einer im Vorhinein nicht genau identifizierbaren Subgruppe der Bevölkerung vom Markt genommen werden Zwillingsstudien zeigen für unterschiedliche Merkmale, wie beispielsweise für die Schizophrenie und für Suchterkrankungen, jeweils eine Konkordanz von etwa 50 % und mehr, das heißt, dass bei mehr als der Hälfte der Fälle beide Zwillinge das Merkmal Schizophrenie bzw. Sucht aufweisen. Manche Autoren sehen die Konkordanz in etwa 70 % der Fälle. Auch für andere Krankheiten gibt es entsprechende Konkordanzraten, wie beispielsweise bei Alkoholismus mit etwa 60 %, bei der Depression sind es etwa 50% (z.B. Maier u. Schwab 1999). Autismus tritt in der menschlichen Entwicklung früh auf und wird deshalb als bis zu 70 oder 80% genetisch bedingt angesehen (Hallmayer 2000), ebenso ist das Aufmerksamkeits-Defizit-Hyperaktivitäts-Syndrom (ADHS) bereits im frühkindlichen Alter manifest und spricht für eine genetisch determinierte Erkrankung (vgl. Krause 2006).

Dass diese Störungen nicht zu 100% gemeinsam bei eineiigen Zwillingen auftreten, spricht bereits gegen einen totalen genetischen Determinismus. Darüber hinaus ist es nicht korrekt, die Gene im Zellkern für die Merkmale der Person verantwortlich zu machen, da Gene ohne Zelle kein „Leben" zeigen – die durch das Spermium aktivierte Eizelle trägt noch mehr „Informationen" im Zytoplasma und den Zellorganellen, wie beispielsweise in den Mitochondrien, die ebenfalls eine eigene DNA aufweisen (maternale Vererbung).

Das zeigen auch entwicklungsbiologische Studien, die auf eine bestimmte minimale Kern-Plasma-Relation hinweisen, die erforderlich ist, damit die Eizelle sich entwickeln kann.

Adoptionsstudien – die Penetranz der Gene

Adoptionsstudien, bei denen Kinder mit kranken Eltern aus ihrer biologischen Herkunftsfamilie in gesunde Familien wegadoptiert wurden, zeigen die *Penetranz der Genexpression*, die trotz günstiger Umweltbedingungen zur Ausbildung der Krankheit führen. Die Kinder zeigen bei genetisch determinierten Erkrankungen meist mindestens die doppelte Rate der jeweiligen Erkrankung wie die Durchschnittsbevölkerung.

Auch kann bei eineiigen Zwillingen, die getrennt aufgezogen wurden, an Hand der Konkordanzrate überprüft werden, in wie weit unterschiedliche Umweltverhältnisse die Penetranz der Gene modulieren.

Es ist keineswegs zu beobachten, dass beispielsweise psychische Krankheiten in allen Fällen „penetrieren". Man müsste daher wegen solcher Befundkonstellationen einschränkend statt von einer „Determination" von einer probabilistischen Bedingtheit der jeweiligen Merkmale durch Gene sprechen, bei der Möglichkeit einer Erkrankung wird man dann von „Risiko" sprechen.

Es gibt eine Vielzahl an erbitterten Diskussionen darüber, welche Forschungsmethode welche Aspekte – die Gene oder die Umwelt – unterschätzt. Darauf wird hier nicht weiter eingegangen. Es sei aber angemerkt, dass in den 1970er und 1980er Jahren der Umwelt-Hypothese (soziale Umwelt) vor allem bezüglich der Verursachung von Verhaltensstörungen und von psychischen Erkrankungen der Vorrang gegeben wurde (Bronfenbrenner 1981). Nun, seit den 1990er Jahren, ist der Trend zur Genetik-Hypothese dominant.

Gene als „Master Moleküle" oder selbstreferenzielles Molekülsystem?

Bereits die Betrachtung der Ontogenese des Organismus zeigt die *relative Autonomie der Entwicklung* und spricht für die „Macht der Gene", vor allem in ihrer Fähigkeit zur *stabilen („robusten") Selbstregulation* der Zelle. Bei den Entwicklungsprozessen bei Säugern scheint das externe Milieu im Uterus bis auf die Zufuhr von Giften wie Alkohol und Nikotin keine wesentlichen modifizierenden Effekte zu haben. Dies hat eine Vielzahl von Studien, die in verschiedenen Entwicklungsstufen des Embryos Einflüsse der Umwelt und darauf hin auftretende Reaktionen des Embryos untersucht haben, belegt. Es sind zwar bestimmte Voraussetzungen der Temperatur, der Nährstoffhaltigkeit usw. erforderlich, damit diese Entwicklungsprozesse ablaufen, aber aus einem menschlichen Embryo wird unter keinen uns derzeit bekannten Umständen ein Krokodil, ein Hund oder eine Katze. Der einfache Ansatz aber, dass die *Anzahl der Gene* die Qualität des Organismus ausmacht, also dass der „Genotypus" den „Phänotypus" „determiniert", ist offensichtlich in dieser Formulierung unzulänglich. Auch eine einfache *unidirektionale Konzeption von deterministisch wirksamen Genen* ist, wie bereits angesprochen wurde, derzeit unrealistisch und nur fiktional, denn Gene ohne Zelle, selbst im Fall von DNA-Viren, sind wirkungslos. Spätestens seit dem Ende des „Human Genome Project" um 2000 ist nun auch klar, dass der Mensch nur 30.000 und nicht beispielsweise 100.000 Gene hat. Wir wissen zwar nach Ansicht einiger Forscher auch heute (2007) noch immer nicht genau, ob der Mensch 20.000, 30.000 oder 50.0000 Gene hat (Fischer 2002). Die betreffende Zahl hängt aber von der Methode der Sequenzanalysen ab. Andere Schätzungen gehen von ca. 10.000 Genen aus. Immerhin sind dies Größenordnungen, die auch für einige Pflanzen, die 25.000 Gene haben, relevant sind, ganz zu schweigen von der Maus, die 24.000 Gene hat. Auch ist hochgradig irritierend, dass der Schimpanse nach gegenwärtigen Erkenntnissen zu 98 % die Gene mit dem Menschen teilt. Dies hat zu einer gewissen Verunsicherung bei Genetikern und Molekularbiologen geführt: Wie „wissen" beispielsweise die Gene bzw. das Genom, dass sie einen Menschen und nicht einen Affen zu „bauen" haben? Es sind offensichtlich die „Transskriptionsfaktoren", die dies „wissen". Sie aber werden von den Genen produziert. Hier liegt also ein Verständnis- und Erklärungsproblem vor, das mit dem Problem der „zirkulären Kausalität" bzw. mit dem Prinzip „Selbstorganisation" verbunden ist (siehe Kapitel 3).

Es sind darüber hinaus nur wenige Prozent der Gene kodierend, sodass es sich vielleicht um einige hundert Kandidatengene handeln könnte. Das wäre ein weiterer Hinweis auf die Bedeutung von *Prozessen* – etwa der Kombination von Aktivierungen – im Vergleich zu *Strukturen* der beteiligten Substanzen. Auch die Molekularpathologie ist diesbezüglich unbefriedigend. Wenngleich Kandidatengene für manche Erkrankungen gefunden worden sind, so fehlt für die meisten Erkrankungen eine klare und vor allem wünschenswert einfache genetische Begründung bzw. „Erklärung" im Sinne einer ein-Gen-eine-Krankheit-Relation.

Das kann sich und wird sich natürlich noch ändern, allerdings vermutlich in Form eines *multifaktoriellen Kausalmodells* (Polygenie). Letztlich ist der Befund, dass die etwa 30.000 Gene, auf die man sich heute beim Menschen in etwa einigt, etwa 100.000 Proteine kodieren, irritierend und verletzt, wie bereits erwähnt, das 1-Gen:1 Protein-Konzept. Welches Prinzip „herrscht" hier also?

Bevor diese Fragen vertieft werden, soll hier klar gestellt werden, dass Behauptungen, die besagen, dass ein bestimmtes Merkmal des Menschen das Produkt der Gene oder einer Gen-Umwelt-Interaktion sei, nur von äußerst geringem Erklärungswert ist. Man kennt weder die *Gene* noch die *Umwelt*, geschweige denn die *Interaktion* genau genug! Es ist, so hofft der Autor, bereits deutlich geworden, dass der Schlüssel weniger im *Strukturverständnis* sondern im *Prozessverständnis* der *Genregulation* liegt. Demnach sind die popularisierten Erklärungsansprüche der molekularbiologischen Genetik derzeit noch *Hypothesen, Visionen, Fiktionen* und letztlich, um es pointiert zu sagen, *metaphysische Aussagen*. Es ist wichtig, diese *Metaphysik der Grundlagenforschung*, die immer wieder beteuert, mit ihren Forschungen den Kranken in *Zukunft* helfen zu können, transparent zu machen. Es entsteht der schwer zu widerlegende Eindruck, dass generell die Grundlagenforschung mit ihrer scheinbar hohen Expertise und Akademizität weiß, „wie und wo es lang gehen muss". Es ist nicht zu bestreiten, dass es derartige akademische Praecox-Gefühle geben kann, die sich später doch als valide erweisen, aber die Psychologie und Soziologie der Wissenschaften lehrt, dass andere, eher eigennützige bzw. „selbstreferentielle" Motive, die der Legitimation einer organisatorisch immer stärker industrialisierten Forschung dienen, dominieren (Luhmann 1992). Im Sinne einer „Ökonomie der Wissenschaft" wären derartige Aspekte übigens einmal genauer zu betrachten.

Die systemische Perspektive der Genetik – das Genom als „autopoetisches" System

Die genannten offenen Fragen sind natürlich Anregungen für weitere Forschungen. Sie bekommen nun offensichtlich eine andere Richtung, indem im Bereich der Molekularbiologie immer klarer erkannt wird, dass ein umfassender *Theoriebereich* entwickelt werden sollte, der sehr stark von der Mathematik, und zwar in Hinblick auf formale Analysen von *raumzeitlichen Wechselwirkungen* im Genom, geprägt sein muss: Die zentrale Frage ist trotz umfassender Einzelerkenntnisse, wer die Gene wann, in welchem Umfang aktiviert. Es geht gewissermaßen um die Frage nach dem Programm der Expression des Genoms, das offensichtlich wie ein Instrument mit wenigen Saiten in der Lage ist, eine Vielzahl von Melodien zu spielen – es geht um die Partitur und um den oder die Dirigenten des Genoms. Ob das Instrument nun 6 oder 12 Saiten hat, scheint nicht so wichtig zu sein. Diese Metapher passt übrigens sogar ganz gut zu dem Bild der Zelle als Gefüge multipler oszillierender Biomoleküle.

Die aktuellen Vorstellungen von der *Funktionsstrukur des Genoms*, oder genauer: der *Prozessstruktur des Genoms*, sind bereits äußerst kompliziert geworden. Das war aber bereits seit etwa 45 Jahren absehbar: Der statischen Konzeption der auf mystische Weise unidirektional „deterministisch wirksamen Gene" wird bereits seit dem grundlegenden Gen-Regulations-Modell von Jacob und Monod aus den 1960er Jahren widersprochen (Abb. 4.5). Die *Genexpression* kann nämlich durch die Genprodukte selbstständig per (negative) *Feedback Loops* (Produktinhibition) *reguliert* werden (Abb. 4.6). Durch die Endproduktkontrolle sind die Gene damit in der Lage, auch Fehler der *Transskription* der DNA-Infomation in mRNA und der *Translation* von mRNA in Proteine zu „kompensieren", indem so lange produziert wird, bis genug vom korrekten Produkt vorhanden ist. Somit kann beispielsweise ein besonders rascher Abbau der mRNA kompensiert werden. Auch positive Feedback Loops können die Transskription ansteuern.

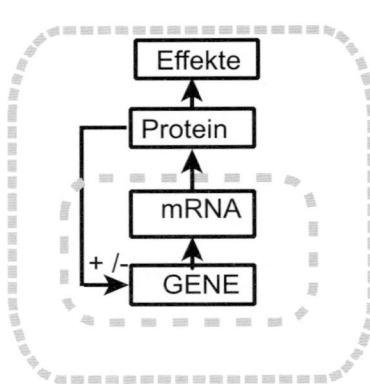

Abb. 4.5: *Feedback-Loops als fördernde (oder hemmende) Rückwirkung der Produkte auf die Gen-Expression*

112

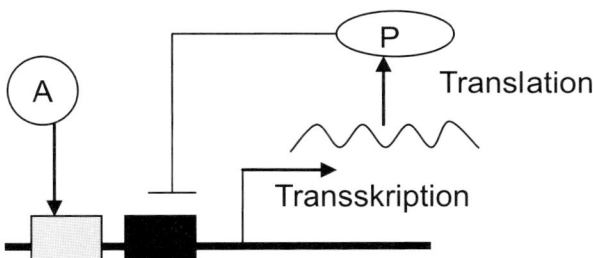

Abb. 4.6: *Regulation der Genexpression (Genregulation) durch Produktinhibition: Beispiel der negativen Feedback-Kontrolle der Genexpression - von der Transkription in mRNA-Moleküle, mit der Folge der Translation in ein Protein (P), erfolgt die Rückwirkung in Form der Repression der Expression, die grundlegend von einem Aktivator (A) angesteuert wird (nach Alon 2007).*

Somit ist bereits seit längerem bekannt, dass das Genom im Prinzip ein sich *selbstregulierendes dynamisches System* ist, doch ist bisher in der Genforschung das Interesse am Funktionsverständnis jenem des Strukturwissens nachgeordnet gewesen. Diese Metapher passt übrigens sogar ganz gut zu dem Bild von der Zelle als Gefüge multipler oszillierender Biomoleküle.

Die Feedback-Loops betreffen aber nicht nur die Genregulation, sondern auch die metabolischen Wirkungspfade (s. Abb. 4.7). Die experimentellen Belege für diese Wirkungskreisläufe sind schon lange bekannt. Der Regulationsaspekt wird aber auch in der Medizin zu wenig kommuniziert.

Die Feedback-Loops von den über die mRNA (und letztlich über die tRNA) hergestellten Proteine, die wieder auf die Gene als Regulatoren zurückwirken, sind aller-

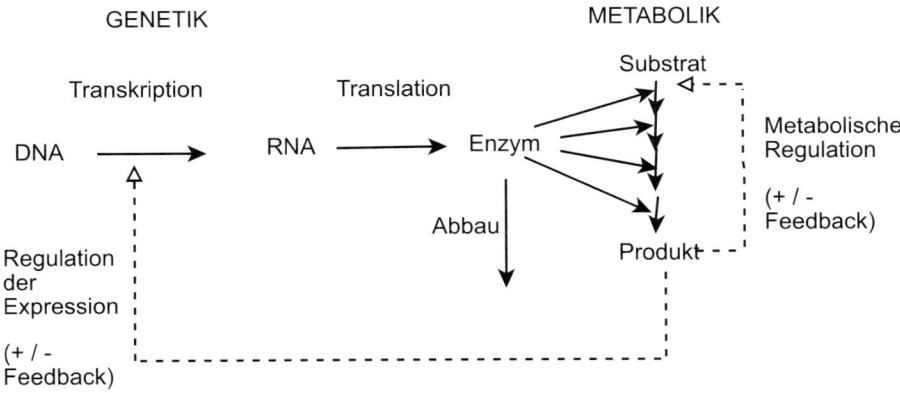

Abb. 4.7: *Schema der vier wichtigsten Basis-Feedback-Loops des Genoms aus systemischer Perspektive: Positiver und negativer Feedback Loop der vom Produkt gesteuerten Genexpression und positiver und negativer Feedback Loop der metabolischen Regulation (nach Palsson 2006).*

113

dings in ihrer Dynamik noch nicht ausreichend beschrieben. Es ist vor allem wenig über die *Kinetik mehrerer solcher Loops* bekannt, die ja auch *miteinander wechselwirken*. Somit wird hier deutlich, dass man über die *Dynamik des Genoms*, und letztlich der Zelle, soviel noch nicht verstanden hat, wie es nach außen hin vermittelt wird.

Man kann nun leicht erkennen, dass die Prozesse der Steuerung der Genexpression ein *systemisches Netzwerk* darstellen, und dass bereits in dieser Hinsicht *Erklärungsmodelle* ohne Hilfe einer mathematisch gestützten Modellierung unzulänglich sind. Dies mahnt zur Bescheidenheit bei deterministischen molekularbiologischen Erklärungsansprüchen, vor allem gegenüber dem ganzen Menschen.

Eben erst ist man mit dem Projekt der (molekularen) *„Systembiologie"* dabei, die Genregulation besser zu verstehen (Klipp et al. 2005).

4.2.3 Die Zelle – ein operationell geschlosssenes System?

Mit dem Bild des Genoms als Gefüge von multiplen rückgekoppelten und auch vorwärtsgekoppelten Wirkungskreisläufen kommt die Vermutung auf, dass die *raumzeitlichen Genexpressionsmuster* die entscheidende Wirkgröße sind, und dass damit das Genom ein gehöriges *Potential der Selbstorganisation seiner Funktionen* hat. Dabei ist aber daran zu denken, dass das Kernplasma und das Zellplasma mit den Organellen für das Genom von eukaryonten Zellen ein entscheidendes „epigenetisches" Umfeld ausmacht. Auch ist zunächst davon abzusehen, dass *umgebende andere Zellen* und das *extrazelluläre Milieu*, aber auch die „äußere Umwelt", weitere relevante Wirkgrößen sind.

Diese Komplexitäts-Probleme, die sich für eine reduktionistische Erklärung des Phänotypus durch den Genotypus zeigen, weisen also zwei Schwerpunkte auf:

1. Die *strukturellen Merkmale* des Genoms lassen sich nur durch die *raumzeitlichen Aktivierungs- und Inaktivierungsmuster des Genoms* zu einem funktionellen Verständnis aufbauen – weniger die *Struktur der Substanz* als die *Struktur der Prozesse* muss interessieren.

2. Die *funktionelle Analyse* der Genaktivität erfordert die spezifische Berücksichtigung der *Translatomik* und *Proteomik* als Gebiet empirischer Analyse der Translation und der posttranslationalen Prozesse im Protein-Pool der Zelle. Dieses Gebiet wird auch verschiedentlich als „Translatomik" und sogar als „Interaktomik" bezeichnet. Der geeignete Bezugsrahmen ist daher die Zelle als System.

Die Analyse des Prozessaspekts dieser beiden Fragestellungen führt zu dem Postulat, auf formaler Ebene die *dynamische Komplexitätsanalyse*, nicht nur des Genoms, sondern auch des Translatoms (mRNA), des Proteoms usw., also der *gesamten Zelle als Netzwerk* voranzutreiben (Abb.4.8).

Das bedeutet auch, dass die Zelle weiterhin als kleinste lebende Einheit und somit als Atom des Lebens angesehen werden muss, und dass bereits die Einengung der Sicht auf einen Subtyp von Molekülen, wie es die DNA als Trägersubstanz der Erbinformation ist, einen wichtigen, aber alleine nicht ausreichenden, problematischen Reduktionismus darstellt. Dies ist vor allem bereits deswegen problematisch, weil

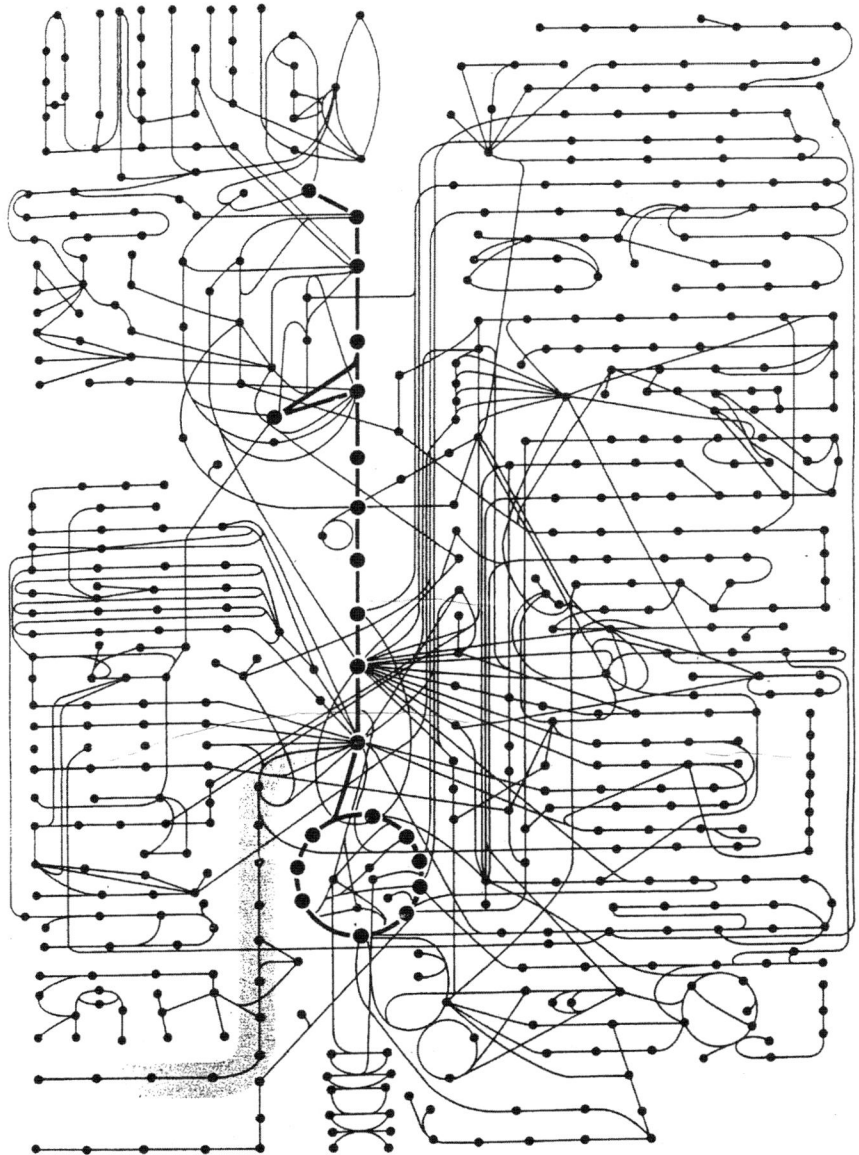

Abb. 4.8: *Die Zelle als System von Wirkungen (Wirkungsgefüge oder Netzwerk). Schema eines Teils der Stoffwechselprozesse einer Leberzelle. Jeder Punkt stellt ein Zwischenprodukt (Metabolit) in einem Stoffwechselpfad (durchgezogene Linien) dar. Fett hervorgehoben ist der Zitratzyklus und davon abzweigend der Syntheseweg für Cholesterin über AcetylCo (grau unterlegt; aus Gerok et al. 1990, S.21, Abdruck mit freundlicher Genehmigung von Wissenschaftliche Buchgesellschaft, Darmstadt).*

sogar die virale DNA nicht ohne eine biomolekulare Umwelt in Form von Membranen und dem davon eingeschlossenen Zytoplasma mit Glucose, Fetten und Proteinen lebens- bzw. fortpflanzungsfähig ist. Außerdem ist bei höheren Lebewesen die extranukleäre mitochrondriale DNA zu berücksichtigen. Auch die Existenz von Ionen, wie vor allem Natrium, Chlorid, Kalium und Calcium, ist für das Funktionieren der Zellen exssenziell. Nicht nur der Blick auf das Zentrum der Zelle, nämlich auf den Zellkern mit den Genen ist zu einfach, sondern auch der in der Medizin vorherrschende singuläre Blick auf die Peripherie der Zelle, nämlich auf die *Rezeptoren* der Membran, ist unzulänglich für das Verstehen des Lebendigen. Diese Sichtweise prägt die gegenwärtige Medizin, deren Forschungsinstitute weltweit nahezu wöchentlich mit Nachrichten über molekularbiologische Befunde von *„Durchbrüchen im Verständnis der Krankheit x oder y usw."* berichten, was weder empirisch noch theoretisch bzw. metatheoretisch vertretbar erscheint und auch aus klinischer Sicht nicht leicht nachvollziehbar ist.

Zur Bearbeitung dieser theorieorientierten Aufgaben eignet sich daher die *systemische Perspektive* als implizite, noch nicht kodifzierte und institutionalisierte Systemwissenschaft. Sie wird derzeit in Form der *„molekularen Systembiologie"* bzw. der *„Systemzellbiologie"* weltweit mit großem Elan in Angriff genommen, wobei auch nur die Anwendung mathematischer Methoden in Form der „Computational Biology" gegenwärtig auf großes Interesse stößt (Klipp et al. 2005). Die Molekularbiologie ist nämlich grundlegend gegenwärtig in einer Situation, dass sie mehr Daten produziert als verstanden werden können, man sieht also den Wald vor lauter Bäumen nicht mehr. Die Einzelbefunde können also noch nicht in ein sinnvolles Gesamtbild über die Funktionsweise der Zelle eingebunden werden. Wie erwähnt, hat auch das „Human Genome Project" gezeigt, dass der Mensch nicht einen enormen Pool von Genen aufweist, sondern eben nur 26.000 bis 30.000 Gene. Damit wird deutlich, dass *einfache Erklärungen* molekularbiologischer Mechanismen nicht zu erwarten sind. Es zeigt sich vielmehr, dass die Kombinatorik und andere mathematische Denkansätze für das Verständnis der molekularen Komplexitäten und deren Dynamiken erforderlich sind.

Systemische Molekularbiologie als „Molekulare Systembiologie" der Zelle

Ein Ansatz, der ein *umfassendes naturwissenschaftliches Verständnis* lebender Systeme verspricht, ist die *Systembiologie*, deren Aufgabenstellung vor allem der japanische Physiker und Biologe Hirokashi Kitano im Jahr 2002 besonders wirkungsvoll durch Publikationen in „Nature" und in „Science" charakterisiert hat. In diesem Ansatz wird versucht, anhand der experimentellen molekularbiologischen Erkenntnisse die Zellfunktionen auf quantitativer Ebene zu rekonstruieren. Es werden Stoffwechselwege, Signalübertragungswege, die Regulation der Zellteilung, die erwähnte Genregulation usw. aus *dynamischer Perspektive*, das heißt, unter Betonung des Prozesshaften, und unter Berücksichtigung der *Komplexität* untersucht. Dazu dienen mathematische Modelle, die die Wirkungspfade in *Gleichungen* abbilden. Die Komplexität dieser Modelle ist allerdings wegen des nicht-linearen Charakters der Differenzialgleichungen so hoch, dass keine analytischen Lösungen, also rein mathematische Analysen möglich sind, sondern dass *numerische Explorationen* erforderlich werden, das heißt, dass Daten und valide Parameterschätzungen in die Gleichungen eingegeben werden müssen, um dann die mit Computer-Unterstützung kalkulierten Prozesse als Szenarien in Form von Kurvenverläufen darzustellen. Diese Kurven dienen der Diskussion der experimentellen Realität, wodurch neue Experimente iniziiert werden, so dass die Modelle verbessert werden können usw. (epistemischer Zyklus, Kapitel 3). Es ist allerdings fraglich und bisher im Boom der Systembiologie nicht hinterfragt, ob dieser Weg alleine tatsächlich zu einem neuen Grundverständnis der Funktionen der Zellen dienen kann. Es obliegt nämlich weiterhin der Zellbiologie, die *„Funktionen"* der Zelle in Form von Wachstum, Differenzierung, Zellteilung, Zelltod, Reizbarkeit, Tropismen, Energieaufnahme, Stoffwechsel, Motilität und ähnlichen Phänomenen zu identifizieren. Die Systembiologie kann die Regulation dieser Prozesse im Einzelnen und im Gesamten beschreiben, stabile Verläufe, Reaktionen auf Destabilisierung (Perturbationen) usw. untersuchen und erfassen. Komplexe mathematische Modelle, die computerisiert werden können, erlauben es dann, experimentelle „in-silico"-Untersuchungen am Computer vorzunehmen (Klipp et al. 2005).

Der systemische Blick vom Genom auf die Zelle muss allerdings ausgeweitet werden, und zwar auf die Zellennetzwerke in komplexen Organismen, also beispielsweise auf das Immunsystem oder auf das Nervensystem. Der gegenwärtige molekularbiologische Reduktionismus im Bereich der Immunsystemforschung bzw. der Hirnforschung, ohne die molekulare Systembiologie zu nutzen, führt nur zu einem inhaltsleeren Faktensammeln ohne adaequates Funktionsverständnis.

4.2.4 Das „Epigenetische" im weiteren Sinne – die systemische Mehrebenen-Perspektive des Organismus

Die den Genen übergeordneten „innerzellulären" Ebenen – die Transskriptionsfaktoren, das Kernplasma, die Kernmembran, das Zytoplasma, die Zellorganellen, die Zellmembran mit ihren Rezeptoren usw. – müssen nun noch ergänzt werden durch weitere Organisationsebenen des Organismus, nämlich die *Gewebe* und die *Organe* und die *Organsysteme* (vgl. Abb.4.9). Auch auf diesen Ebenen finden vielfältige, und zwar nicht nur chemisch, sondern auch physikalisch zu verstehende Prozesse statt, die in sich rückgekoppelt und miteinander gekoppelt sind.

Dieses Prozessnetzwerk auf mollekularer Ebene zu verstehen, ist ein ehrgeiziges Ziel der gegenwärtigen Biologie. Es ist aber nicht zu vermuten, dass die vollständige Inventarisierung der Kreisläufe ein grundlegend besseres Funktionsverständnis von Biosystemen ermöglichen wird.

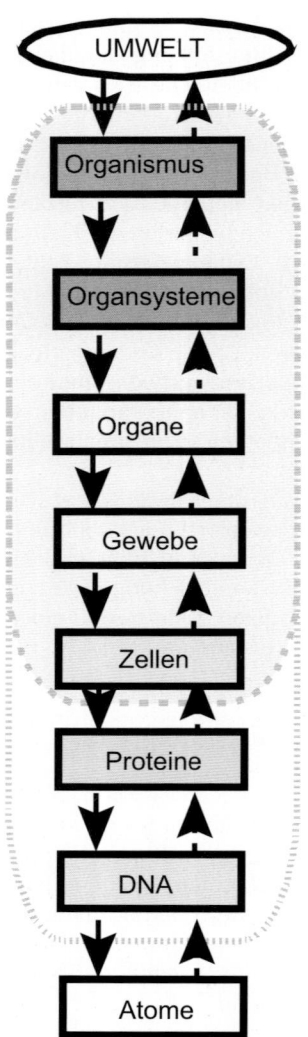

Abb.4.9: *Systemische Mehr-Ebenen-Pespektive bei der Betrachtung eines Organismus: Viele Strukturen und Regelkreise bauen einen Organismus auf, der sich auch mit seiner Umwelt austauschen muss.*

4.2.5 Die „Umwelt" als „externer" Modulator der Genexpression – ohne Umwelt kein Leben!

Im Kontext der Diskussionen um den Einfluss der Gene und der molekularen Welt auf den Menschen werden die bereits erwähnten Kernbegriffe und Basiskonstrukte wie *Genotyp", „Phänotyp", „Gen-Umwelt-Interaktion" usw. verwendet. Diese Begriffe sind teilweise nicht weiter interpretiert und stellen somit komplementäre *Residualkategorien* dar – wenn die Welt aus Genen und „Nicht-Genen" besteht, dann sind die „Nicht-Gene" die Umwelt. Die *Welt* ist also die *Summe* bestehend aus den *Genen* und dem *Rest der Welt*. Da zwischen Genen und Umwelt zwar eine abstrakte Beziehung besteht, ist das Bild geschlossen, es sagt aber nicht Konkretes zu den Wechselwirkungen aus.

Besonders irritierend an der molekularen Genetik ist also die unbiologische Vernachlässigung des Faktors „Umwelt". Auch Viren können ohne spezifische Umweltbedingungen, wie z.B. Temperatur, nicht überleben und sie benötigen eine bestimmte Umwelt um zu leben, zumindest um sich fortzupflanzen. Bakterien benötigen Luft, Wasser und Nährstoffe usw. Das alles stellt sich zwar selbstverständlich als ein Bündel von notwendigen Bedingungen des Lebens dar, es wird aber zu wenig beachtet.

Das Bild der *Selbstorganisation* und *Selbstregulation der Gene* muss deshalb ganz grundlegend ergänzt werden, durch die Befunde zu den *Einwirkungen der Umwelt* auf die Gene, insofern die Genexpression wieder unter der Einwirkung mehrerer *Kontrollfaktoren* steht, die zell-extern und zell-intern zu lokalisieren sind.

Beispielsweise verlaufen die Umweltbeziehungen des Genoms im Falle einer *Stress-Situation* für den Organismus über das Gehirn auf den Gesamtkörper mit entsprechenden molekularen Anpassungsreaktionen in einzelnen Organen: Im Einzelnen wird ein *Alarmsignal* aus der Umwelt durch die neuronale bzw. psychische Informationsverarbeitung des betreffenden Lebewesens zunächst als Stressor identifziert. In der Folge wird vom Hypothalamus das *Corticotropin-Releasing-Hormon* (CRH) ausgeschüttet, das in der Hypophyse zur Ausschüttung von *adrenocorticotropen Hormon* (ACTH) in die Blutbahn führt. In der Nebennierenrinde eintreffendes ACTH bewirkt dort, dass *Cortisol* in die Blutbahn ausgeschüttet wird. An den verschiedenen Organen kommt nun Cortisol in die Zellen, wo sich im Zytoplasma empfangsbereite Cortisol-Rezeptoren befinden. Der *Cortisol-Rezeptor-Komplex* gelangt durch die Kernmembran zum Genom und wirkt dort als *Transkriptionsfaktor* und bewirkt eine veränderte Transskription genetischer Information (Abb. 4.10). In *Leberzellen* wird auf diese Weise die Neusynthese von Glucose (Gluconeogenese) stimuliert und in Zellen des *Immunsystems* wird die Synthese von immunkompetenten Proteinen gehemmt usw. (Löffler 2005, S. 470). So können also Umweltstimuli binnen weniger Sekunden und Minuten Effekte auf die Genexpression haben.

Das also von der Umwelt über diese Prozessstufen vermittelte Signal, das über Psyche/Nervensystem, endokrines System, Blutbahn, periphere Organe und ihre Zellen und dort schließlich an die Gene vermittelt wird, muss über mehrere *Transformations-Ebenen* der intraorganismischen Signalverarbeitung laufen. Demnach kann auf jeder dieser Stufen eine *Modulation* des Prozesses bzw. der Information erfolgen, da auf jeder Ebene Selbstregulationsprozesse auftreten. Die Details können in jedem Physiologie-Lehrbuch nachvollzogen werden (Silbernagel u. Despopoulos 2003). Da die reale *Umwelt* nicht über Einzelreize, sondern als *Gefüge von Stimuli* auf die Zelle einwirkt, können verschiedene Gene über Transkriptionsfaktoren aktiviert werden. Somit ergibt sich ein noch komplizierteres Bild vom Zellgeschehen (Abb. 4.11).

Es ist daher ersichtlich, dass konzeptionelle Verkürzungen von solchen kausal relevanten, *komplexen Prozess-Kaskaden*, wie sie mit einer einfachen Gene-Umwelt-Dichotomie vorgenommen werden, wissenschaftlich sehr problematisch sind. Auf diese Weise werden reale Komplexitäten verschleiert und implizit ein Determinis-

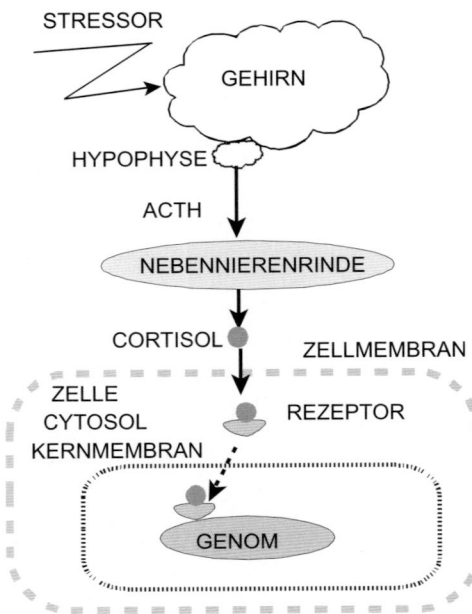

Abb. 4.10: *Prozess-Struktur der Umwelt-Gen-Einwirkung. Signalkaskade vom Umweltstimulus als Stressor ausgehend, über die cerebral und hypophysär vermittelte humorale Reaktion, die durch adrenocorticotropes Hormon (ACTH) in der Nebennierenrinde die Cortisol-Freisetzung in die Blutbahn bewirkt. Das Cortisol wird dann von Zielzellen in das Cytosol verschiedener Organe (z.B. Leber) aufgenommen, wo sich Cortisol-Rezeptoren befinden, die die Genom-Aktivität über Transskriptionsfaktoren modulieren können (nach Löffler 2005, S. 470).*

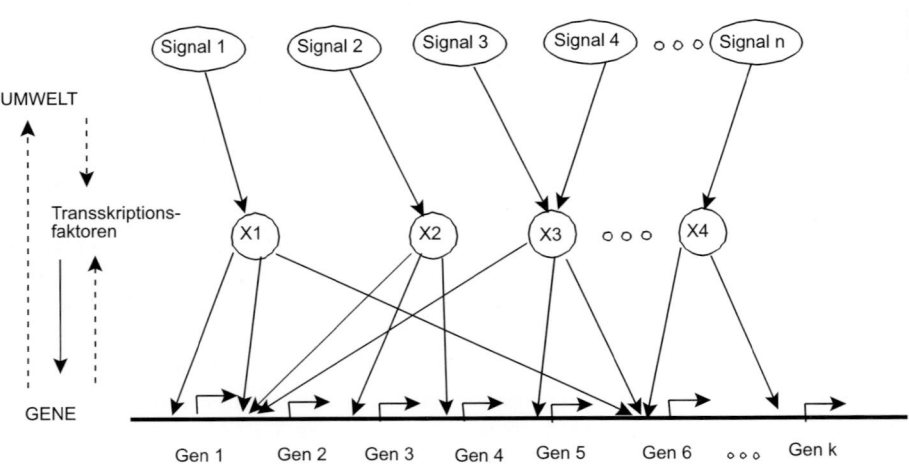

Abb. 4.11: *Multikonditionale und divergente Signalkette der Genexpressionskontrolle. Die über das Netzwerk von umweltgetriggerten Signaltransduktionsbahnen angesteuerte Expression verschiedener Gene mit Divergenz und partieller Konvergenz der Signalkette (nach Alon 2007).*

mus – oder auch ein trivialer Gene-Umwelt-Interaktionismus – proklamiert, der so keinen relevanten Erklärungswert hat. Daher sollte an dieser Stelle die Ökologie eingesetzt werden.

Im Gegensatz zur Molekularbiologie, die sich auf das Zellinnere konzentriert, ist die Ökologie die Disziplin, die sich auf die realen Lebensbedingungen von Lebewesen konzentriert. Das wird im Kapitel 5 genauer erläutert.

4.2.6   Fazit für ein molekularbiologisches Menschenbild

Vereinfacht gesagt ist der Mensch in der Sicht der Molekularbiologie und Genetik ein *biomolekularer Automat*. Er hat keine Selbstbestimmung, sondern ist in seiner Erscheinungsweise und in seinem Verhalten durch die molekularen Aktionen und Interaktionen determiniert. Es sind zunächst die Gene, die den Menschen in seiner Struktur und in seiner Funktion determinieren. Dem kann man aus dem bisher Dargestellten nur begrenzt zustimmen, wenngleich die Bedeutung der Gene für die Struktur und Funktion einer Zelle, eines Organs und eines Organismus unbestritten ist.

Das heute vorhandene genetische *Strukturwissen* ist aber noch unzulänglich für das *Funktionsverständnis*. Es ist somit heute noch nicht die Situation gegeben, dass die einzelnen molekularen Wirkungsschritte und regulativen Netzwerke ausreichend verstanden sind. Es ist eher davon auszugehen, dass es eine *funktionelle Modularität* gibt, die Puffer-Effekte auf Störungen hin erlaubt und dass somit nur eine „weiche" Kopplung der realtiv autonomen, aber kohärent operierenden Module besteht. Daher ist der Anspruch, den Menschen, insbesondere im psychischen Bereich, von seinen Genen her zu verstehen, überzogen. Andererseits bleibt es für einige Merkmale des Menschen durchwegs zu erwarten, dass genetische Bedingungsfaktoren genauer identifiziert werden. Dies wird durch verstärkten Einsatz datenintensiver Labortechniken und durch mathematische Analyseverfahren zu erwarten sein. Aber die Einflüsse der Umwelt – also auch von Ernährung – werden weiterhin als relevante „Varianzerzeuger" menschlichen Lebens und menschlicher Gesundheit zu sehen sein. Eine molekularbilogische Betrachtung des gesamten Menschen erscheint darüber hinaus wegen der damit verbundenen Komplexität weder möglich noch sinnvoll (s. Abb. 4.12). Ein *Mehr-Ebenen-System-Konzept* wird hier vermutlich passender sein. Wie vorher gezeigt wurde, ist eine molekularbiologische Systembiologie, die sich auf das Verständnis einer einzelnen Zelle konzentriert, bis auf weiters schon anspruchsvoll genug.

Zweifelsohne zeigt also der Mensch sogar ein angeborenes Verhaltensrepertoire, das aggressive Verhaltensmuster, Angstzustände und Vermeidungsverhalten, aber auch Bereitschaften zur Hilfe und Kooperation umfasst, was schon bei kleinen Kindern im Alltag beobachtbar ist. Auch bei Tieren finden sich derartige Verhaltensweisen. In der psychosozialen Entwicklung des Menschen wird aber kulturabhängig und situationsangepasst diese Vielfalt an Verhaltensweisen *moduliert* und neue komplexe Verhaltensmuster werden soziokulturell *modelliert*. Geht man im Gegensatz dazu davon aus, dass dieses Verhalten *angeboren* ist, dann werden als Verhaltensursache *die Gene* und vor allem die das Gehirn gestaltenden Gene angesehen. Die Gene

121

bedingen zwar offensichtlich das *Potenzial, bei der Geburt zu überleben*, aber es ist von der ersten Lebensminute an erforderlich, dass eine *stützende und schützende Umwelt* wirksam wird, die Wärme, Nahrungsmittel und Fürsorge bietet. Geht man davon aus, dass das führende Merkmal von Leben die Fähigkeit zur Fortpflanzung (Reproduktion) ist, dann sind Viren die umweltresistentsten Lebewesen. Für den Menschen ist seine *Biologie* zwar eine *notwendige*, aber *keine hinreichende* Bedingung für sein Dasein und sein Sosein, er hängt in besonderem Maße von der Umwelt ab, kann sich aber mit Hilfe der *Technik* seine Umwelt maximal lebensfreundlich gestalten. Selbst am Mond kann der Mensch mit seiner eigenen kleinen Umwelt, nämlich im Inneren seines Raumanzugs, überleben.

Es kommt bei diesen Überlegungen somit bereits der Verdacht auf, dass nicht ein einfaches, homogenes und *monofaktorielles Erklärungsschema*, das auf den Genen aufbaut, den Menschen in seinem Wesen, Werden und Vergehen zutreffend beschreibt, sondern dass dies nur in einem *Gene-Umwelt-Interaktions-Schema* mög-

lich ist. Dieses Erfordernis, den Organismus auf eine Umwelt zu beziehen, ist bereits ein erster Hinweis auf die Berechtigung eines *ökologisch-systemischen Rahmenkonzepts*. Der Mensch ist auch nicht ohne weiteres auf physikochemische Prozesse alleine reduzierbar, zumindest weil physikochemische Beschreibungen von *psychosozialen Kommunikationen* absurd umständlich werden. Letztlich bleibt für den Menschen sein *Selbstverständnis*, sein *Selbsterleben* zentral. Ein weiterer biologischer Reduktions-Ansatz zeigt sich deshalb in Form der Hirnforschung mit ihrem Menschenbild, das diese „geistige" Ebene ebenfalls versucht, über Gehirnfunktionen aufzulösen.

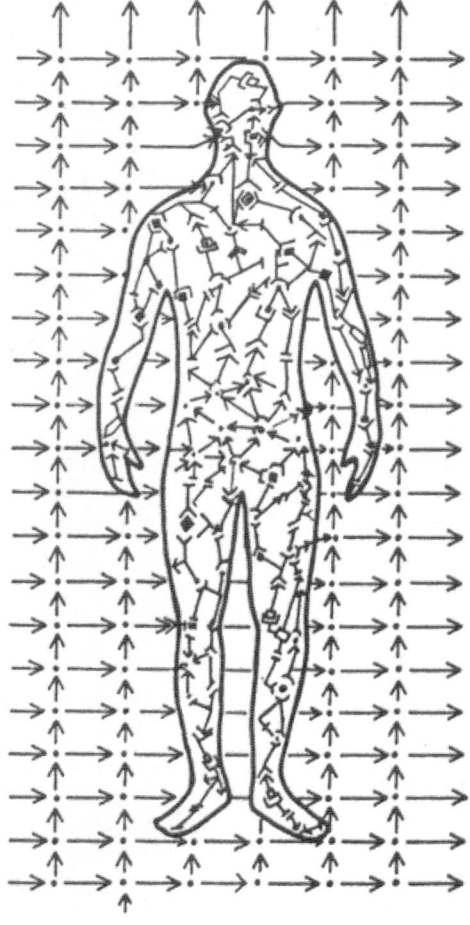

Abb. 4.12: *Der Mensch als Wirkungsgefüge, das in das Wirkungsgefüge der Umwelt eingebettet ist (von Rothschuh 1956)*

4.3   Homo neurobiologicus

*Ist der Geist mehr
als die Summe
der Neuronen des Gehirns
oder ist er die Summe der
Interaktionen?*

Ein Ziel der Neurobiologie ist es, die grundlegenden Kategorien „Bewusstsein, Ich, Selbst, Person, Persönlichkeit" nur auf neurobiologische Kategorien zu beziehen und damit kategorial zu reduzieren. Hier soll zunächst auf die grundlegenden Probleme dieses Projektes hingewiesen werden und dann die phänomenologischen Kategorien mit ihrem philosophisch-psychologischen Hintergrund diskutiert werden. Gegenwärtig hat die Hirnforschung die Genetik an öffentlicher Brisanz verdrängt. Vom Gehirn ausgehend, das von Neurobiologen als Organ des Psychischen angesehen wird, werden Schaltkreise und lokale Nervennetze identifiziert, die für bestimmte psychische Funktionen und Störungen zuständig sein sollen. Dabei wird auf die Schaltstellen zwischen den Nervenzellen bzw. zwischen den in Form von Gruppen von Nervenzellen identifizierten „Kernen" des Gehirns besondere Aufmerksamkeit gelegt, da sich hier chemische Prozesse finden lassen, die therapeutisch genutzt werden können. Es handelt sich bei den Umschaltstellen zwischen Nervenzellen um *Synapsen*, an denen die eintreffende elektrische Information der Nervenzellen in chemische Signale übersetzt und dann wieder in elektrische Signale der nachgeschalteten Zelle umgewandelt wird. Die chemische Manipulation der Substrukturen der Synapsen wird therapeutisch genutzt. In den letzten Jahren hat man sich auch auf die Erforschung der genetischen Mechanismen der Gehirnzellen konzentriert.
Es soll mit diesen experimentellen Befunden menschliches Erleben und Verhalten auf das Gehirn und im nächsten Schritt auf das Genom reduziert werden. Auch das Forschungsprogramm der Neurobiologie sucht das „Master-Molekül", das die neuronalen Vorgänge regelt. Somit ist auch die Hirnforschung ein Forschungsprojekt des „Reduktionismus". Es führt den Menschen auf einen speziell strukturierten Zellhaufen, als das sich auch das Gehirn begreifen lässt, zurück, mit dem Problem der Rekonstruktion des „Ganzen" (s. Abb. 4.13). Das bedeutet für eine detaillierte und umfassende Gehirntheorie, dass sie von der molekularbiologischen Ebene der Ionen, Ionenanäle, Gene und Proteine über Zellkompartimente, Zellen und über lokale Nervennetze, über regionale neuronale Schaltkreise das Nervennetzwerk von Schaltkreisen des gesamten Gehins „verstehbar" machen müsste. Dieses Projekt ist noch in keiner Weise breit entwickelt.

4.3.1   Gehirn-Geist-Debatte – der Mensch als geistiges Wesen durch das Gehirn

Das zentrale Merkmal, das den Menschen charakterisiert, sind seine besonderen geistigen Fähigkeiten wie *Denken, Erinnern* oder *Fühlen*. Geistige Fähigkeiten werden hier im weiteren Sinne als die mit dem Bewusstsein verbundenen Fähigkeiten

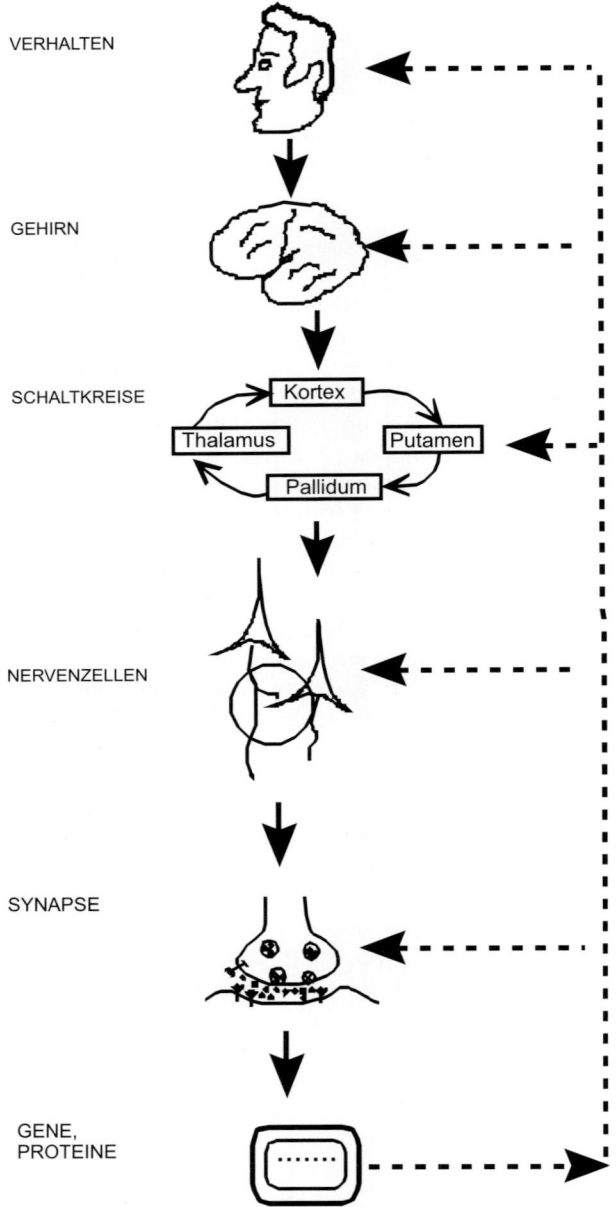

VERHALTEN

GEHIRN

SCHALTKREISE

Kortex

Thalamus   Putamen

Pallidum

NERVENZELLEN

SYNAPSE

GENE,
PROTEINE

Abb. 4.13: Das „reduktionistische" Forschungsprogramm der biologischen Psychiatrie bzw. Hirnforschung auf dem Weg zum Master-Gen (durchgezogene Pfeile, Top-down-Pfad), das alles Psychische erklärt (gestrichelte Pfeile, Bottom-up-Pfad), im Lichte der systemischen Mehr-Ebenen-Perspektive (Tretter 2005b, veränd. nach Churchland u. Sejnowski 1994).

angesehen. Geist, Seele und Psyche werden im folgenden Text als Synonyme verwendet. Differenzierungen finden sich bei Hinterhuber (2001). Von besonderer Bedeutung ist das Selbsterleben, wovon in einem späteren Abschnitt ausführlicher die Rede sein wird. Nachdem die Medizin den Beginn und vor allem das Ende des Menschen auf seine geistige Aktivität in Form der Gehirnaktivität ausrichtet, ist die Debatte der Gehirn-Geist-Problematik von besonderer klinischer Bedeutung.

Die Serie an Büchern und Aufsätzen zum Gehirn-Geist-Problem reißt nicht ab. Die Publikationen der Neurobiologen Gerhard Roth (1994,2003,2004) und Wolf Singer (2002, 2006a), bei denen die Neurophilosophie mit popularisierten und zum Teil provokanten Thesen präsentiert wird, hat eine Welle von Diskussionen ausgelöst, die vor allem auf das klassisch-philosophische *Leib-Seele-Problem* und insbesondere auf die *Freiheit des Willens des Menschen* fokussiert. Die genannten und andere Neurobiologen sehen das Gehirn als den Generator des Seelischen und sehen menschliches Verhalten als „unfrei", also als von Gehirnstrukturen *determiniert* an. Das Geistige sei nachrangig für das Verhalten, es sei eine Illusion, die das Gehirn suggeriert usw.

Das damit angesprochene und seit der Antike in der Philosophie diskutierte „Leib-Seele-Problem" bzw. „Gehirn-Geist-Problem" ist ein Sonderproblem, traditionell zwischen der *Naturphilosophie* und der *Philosophie des Geistes* angesiedelt. Es werden im Folgenden beide Bezeichnungen ohne besondere Unterscheidung verwendet, denn *ein Gehirn ohne Sinnesorgane, ohne Körper,* ohne Blut, ohne Sauerstoff und ohne Zucker ist als eigenständiges Lebewesen offensichtlich derzeit empirisch (noch) nicht nachweisbar. Diesen Umstand, dass das Gehirn in einen Körper eingebettet sein muss, hat Thomas Fuchs (2005) sehr treffend mit der „Ökologie des Gehirns" umschrieben. Vor allen Damasio (2000) hat diesen Aspekt sogar als konstitutiv für das Bewusstsein und für die Konstituierung des Selbst als somatische Komponente der Identität der Person hervorgehoben.

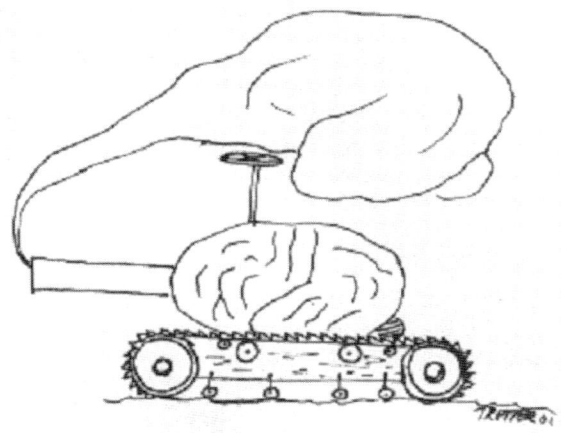

Abb. 4.14: *Das Gehirn und der Geist als seine Ausgasungen - wer ist der Lenker? (Tretter 2000)*

Monismus oder Dualismus? – das Grundproblem!

Beim traditionellen Leib-Seele-Problem können zur Wesenfrage von Geist und Leib bzw. Gehirn, je nach Klassifikationskriterien, auf einen Bereich alleine wenigstens zwei (z. B. Monismus oder Dualismus) bzw. drei (oder mehr) grundsätzliche philosophische Positionen unterschieden werden, die auch im ontologischen Sinne „monistisch" ausgerichtet sind, nämlich der *Materialismus* (z.B. seelische Prozesse als Produkt der Gehirntätigkeit), der *Idealismus* (z.B. Seele als Aktivator des Gehirns) und der dualistisch ausgerichtete *Parallelismus* (Gehirn und Seele als zwei unterschiedliche Entitäten; vgl. Irrgang 1996).

In den letzten Jahren ist der Jahrhunderte lang respektierte pragmatische Dualismus von mehreren Neurobiologen als „irrational" erklärt worden – es gäbe nur ein Gehirn und keinen Geist, und daher sei der Monismus die richtige Auffassung zu diesem Thema. Angloamerikanische Neurophilosophen haben in den letzten Jahren Beiträge zu diesem Themenkreis geboten, wie Dennett als erklärter Atheist, Monist und Determinist (1991, 2005), der die Frage nach den „Qualia" als Sinnesmodalitäten wie die Farbe rot nur als sinnlos einstuft und das Selbst als „narrative Gravitation" klassifiziert. Im Gegensatz zu Dennett erachtet Searle (1997, 2004), der teilweise als Skeptiker gegenüber dem Monismus auftritt, die Frage nach den Qualia und auch die Intentionalität bei Willenshandlungen als wichtig.

Grundsätzlich ist zu betonen, dass es verschiedene mögliche Positionen in der Debatte gibt, wie beispielsweise den *identitätstheoretischen Monismus* oder den *Parallelismus*. Beide Positionen zeigen Probleme: Der *Monismus* muss beispielsweise davon ausgehen, dass Bewusstsein auf Gehirnprozessen beruht bzw. mit ihnen gleichzusetzen ist: Diese *„Identität"* bedeutet aber, dass Unterschiedliches wie A (Gehirn) und B (Geist) nicht identisch sein können, sondern bestenfalls A und A'. Man kann die Kategorie Geist allerdings definitorisch eliminieren. Formal-logisch ist dieses Problem allerdings nicht zu lösen und so hat es Wittgenstein auf den Punkt gebracht: „Von zwei Dingen zu sagen, sie seien identisch ist ein Unsinn und von Einem zu sagen es sei identisch mit sich selbst sagt gar nichts" (Wittgenstein 1963). Der Ausdruck „Identität" kann also nur die *Äquivalenz* als Beziehung bedeuten, insofern das Gehirn dem Geist entspricht und der Geist dem Gehirn. Auch diese Relation ist genau genommen nicht haltbar, denn es ist der Unterschied zwischen „bewussten" und „unbewussten" operierenden Nervennetzen zu klären, was bis heute weder theoretisch noch empirisch gelungen ist. Häufig wird, so auch von Roth (2003), auf eine hohe „Konnektivität" der Netzwerke als Voraussetzung von Bewusstsein hingewiesen. Manche Protagonisten der Identitätstheorie definieren eine „schwache" und „starke" Identität (Walter 1999), die aber trotzdem nur „Äquivalenz-Relationen" darstellen. Auch durch Einführung von Hilfskonstrukten wie dem „Epiphänomen" oder der „Emergenz" können dann Inkonsistenzen der Konstruktionen nur abgeschwächt werden. Darüber hinaus führt die *Dichotomie der Begriffe* „bewusst"/"unbewusst" etc. bei real vorliegenden graduierten Übergängen zu schwer lösbaren Problemen, wenn am Prinzipiellen festgehalten wird.

Es ist wohl nur eine *Korrelation* als *raumzeitliche Kontingenz* geistiger und neuronaler Phänomene nachweisbar (siehe Abb. 4.13).

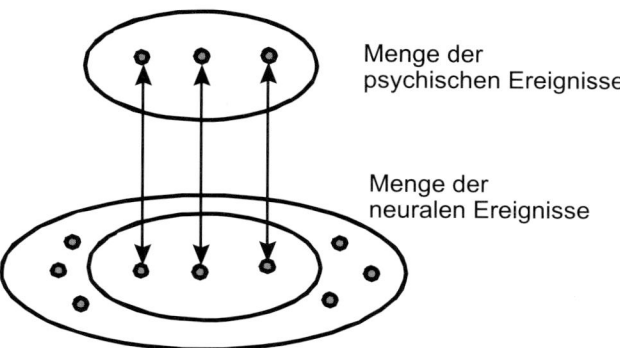

Abb. 4.15: *Identitätsthese – Ist die Menge der neuralen Ereignisse größer, kleiner oder gleich den mentalen Ereignissen ? Äquivalenz statt Identität.*

Besipielsweise statt von Lust nur von einer Aktivierung des Nucleus accumbens und statt von Angst von einer Aktivierung der Amygdala zu sprechen, beruht auf einer rein definitorischen Äquivalenzrelation (siehe Abb. 4.14). Bei dieser Substitution psychologischer Begriffe durch neurobiologische Kategorien handelt es sich um einen „eliminativen Materialismus".

Auch gibt es prinzipell den *Monismus* als „idealistischen" Monismus etwa im Sinne des Weltgeists von Hegel und als den heute dominierenden „materialistischen" Monismus.

Es ist vor allem für die klinische Arbeit sehr sinnvoll, was das Gehirn-Geist-Problem betrifft, pragmatisch den *(methodologischen) Parallelismus* vorzuziehen, der davon ausgeht, dass psychische Prozesse und Gehirnprozesse zumindest eine von der *Betrachterperspektive abhängige* „parallele" Dualität zeigen („Aspektdualismus", „epistemologischer bzw. methodologischer Dualismus"). So ist aus klinischer Sicht der Neuropsychiatrie auch zu betonen, dass ein *hohes psychisches Funktionsniveau* mit *relativ wenig Gehirnsubstanz* möglich ist, aber auch *schwerste psychische Beeinträchtigungen* bei *kleinsten Hirnläsionen*, wie zum Beispiel im Hirnstammbereich, oder nach dem Konsum von 100 μg LSD vorkommen können.

Es lässt sich mit extrem wenig Gehirn ein normales Leben führen und:
Ungewöhnliche intellektuelle Leistungen gehen nicht mit einem ungewöhnlich großen Gehirn einher – der Gehirn-Geist-Zusammenhang ist nicht einfach zu konstruieren

Diskutanten in der Neurophilosophie behaupten heute fast durchgängig, dass ein Gehirn-Geist-Dualismus naturwissenschaftlich nicht zulässig sei. Damit kann aber nur ein „ontologischer Dualismus" gemeint sein. Ein Blick auf die Physik um 1920, als die *Dualität* von Licht als *Korpuskelphänomen* und als *Welle* das physikalische Weltbild erschütterte, ergibt, dass sich in diesem Fach ein „methodologischer Dualismus" etabliert hat, weil das Licht je nach Untersuchungsmethode den einen oder den anderen Aspekt zeigt (Heisenberg 2003, Neusser u. Neusser von Oettingen

1996, Schrödinger 1935). In Anbetracht der geistigen Anstrengungen jener auch erkenntnistheoretisch vertieften Diskussion der Physik ist auch für die „Psycho-Fächer" ein *methodologischer (bzw. epistemologische) Dualismus* vertretbar, der *je nach Methode* subjektive phänomenale Bewusstseinsbeschreibungen ebenso akzeptiert wie objektive neurobiologische Befunde dazu (Fuchs 2005).

Die Gehirn-Geist-Debatte umfasst somit verschiedene Problembereiche wie die Erörterung der Differenz der Innen-Außenperspetive, der disziplinären Zuständigkeit, der geeigneten Sprache, der Struktur-Funktions-Zuordnung, des Verhältnisses von Korrelation und Kausalität, die Frage nach der Determiniertheit neuronaler Prozesse, die Methodenpluralität, die besonderen methodisch-technischen Probleme von Gehirntheorien usw. (s. Tab. 4.1).

Einige dieser Punkte werden nun im Einzelnen detaillierter diskutiert, und zwar nach metatheoretisch-wissenchaftsphilosophischen Aspekten.

4.3.2 Wissenschaftsphilosophische Aspekte – Bezüge zur Metatheorie der Physik

Die einzelnen Problempunkte der Gehirn-Geist-Debatte sollen hier detailliert diskutiert werden.

(1) Grundproblem „Beobachterperspektive" – Innen oder Außen?

Der großartige Gehirnforscher Wolf Singer charakterisiert die Besonderheiten der modernen Gehirnforschung in metaphorischer Weise so: *„Bei der Erforschung des Gehirns betrachtet sich ein kognitives System im Spiegel seiner selbst"* (Singer 2006b). Dieser einfache Satz ist tiefsinnig: Ist das Gehirn ein Spiegel, der das Selbst und/oder ein kognitives System spiegelt? Was ist das Substrat und das Charakteristikum eines kognitiven Systems? Ist Kognition ein anderes Wort für Geist? Versucht man diese Aussage zu verstehen, dann kann gemeint sein, dass die Methoden der Hirnforschung ein Bild vom Gehirn als Datengefüge generieren, das ein Datengefüge widergibt, das in einer Beziehung zum Gehirn des Untersuchers steht. Allerdings stellt diese Beziehung eine Transformation mit ungewissen Graden der Reduktion dar. Die Beziehung kann nicht identisch und auch keine Spiegelung sein, denn sonst müsste der Untersucher schon tot sein, um sein Gehirn von außen betrachten zu können. Diese sensationelle Formulierung von Wolf Singer spricht also das Innen-Außen-Problem der Beobachterperspektive geschickt an, und sie indiziert das Geheimnisvolle der Gehirnforschung, sie ist aber empirisch offensichtlich schwer nachvollziehbar.

Ein Beobachter A, der das Erleben einer anderen Person B von außen – etwa im Rahmen einer EEG-Ableitung oder einem funktionellen Kernspintomogramm – beobachtet und versucht, deren subjektiv berichtete Erfahrungen zu ergründen, hat auch bei Gleichzeitigkeit der „Signale" eine Differenz zu bewältigen, die sich vermutlich nicht auflösen lässt. Es ist eine Art Inkommensurabilität der „objektiven" Dritte-Person-Perspektive mit der „subjektiven" Erste-Person-Perspektive zu vermuten (Pauen 2001).

Tab.4.1: Problemübersicht zum Gehirn-Geist-Diskurs.

1. **Innensicht / Außensicht** (Erste Person-Perspektive / Dritte Person-Perspektive)
   - es ist keine vollständige Substitution der Innensicht möglich (innen ist nicht außen), die Innensicht ist sogar Voraussetzung für das Thema und das Problem
   - die Priorisierung der wissenschaftlichen Außensicht ist nur bei Elimination des Subjektiven möglich und führt zum monistischen Materialismus

2. **Repräsentanz der fachlichen Kompetenz im Diskurs – Empirie, Theorie und Metatheorie**
   - Psychologie als Wissenschaft des Erlebens und Verhaltens ist kaum an dem Diskurs beteiligt, es ist nicht sehr überzeugend, wenn beispielsweise Philosophen Selbsttheorien ohne Psychologie entwickeln
   - die Hirnforschung hat noch kaum systematisierte Theorien, stellt eher ein Ensemble von Theoremen (Theoriebausteinen) dar
   - es besteht ein Mangel an Mitwirkung von Theorie-kompetenten Disziplinen wie theoretischer Physik, Mathematik und vor allem Systemtheorie

3. **Sprachprobleme –Fachsprache versus Alltagssprache**
   - die zum Zwecke der interdisziplinären Kommunikation verwendete Alltagssprache bringt die sprachanalytisch bekannten Probleme der Missverständnisse wegen ungenau formulierter Begriffe mit sich
   - die Aussagenstruktur zeigt wenig Systematisierung und damit Mängel an logischer Stringenz
   - dichotome nominale Kategorienpaare („Determinismus/ Indeterminismus") können durch „Skalierung" in „stark","mittel" und „schwach" zu moderateren und damit adäquater anmutenden Aussagen führen

4. **„neuropsychologische Unschärferelation"**
   - je genauer der neurobiologische Ort im Gehirn bestimmt wird, desto ungenauer wird die dortige psychologische Funktion bestimmbar (Multifunktionalität von Gehirnorten, Unspezifität von Ionenkanälen)
   - je genauer die Funktion bestimmt wird, desto ungenauer wird die Ortsbestimmung (Multilokalität von Funktionen)

5. **Korrelation und Kausalität**
   - methodologisch sind nur Korrelationen zwischen biologischen und psychologischen Variablen möglich
   - Aussagen zu Kausalitätszusammenhängen sind (theoretische) Hypothesen

6. **Stochastik und Determinismus**
   - es gibt noch keine deterministische Theorie der Gehirn-Funktionen, daher ist die Aussage über die Determiniertheit von Gehirnprozessen eine Hypothese

7. **Neurobiologische Methodenpluralität und Generalisierungen**
   - es gibt unterschiedliche Bilder vom Gehirn durch Neurophysiologie, Histologie, Radiologie usw.; dies ist ein Problem für explizite Generalisierungen der Befunde

8. **Defizite einer Theorie des Gehirns**
   - es gibt nur wenige umfassende Theorien zu Gehirnfunktionen
   - Konzepten von Gehirntheorien mangelt es an systemwissenschaftlicher Formulierung

9. **Philosophische Grundprobleme**
   - Vernachlässigung traditioneller Diskurse zum Monismus / Dualismus etc.

Abb. 4.16: *Hirnforscher - ein Gehirn erforscht sich „selbst"?*

Diese Beobachtergebundenheit ist ein allgemeines Grundproblem wissenschaftlicher Aussagen über einen Gegenstandsbereich, insbesondere zu den Leib-Seele-Beziehungen. Diesem Problem entspricht das Mühlen-Gleichnis von Gottfried Leibniz, der die Außensicht der Mühle und die Innensicht der Mühle mit ihrem Räderwerk als unvereinbar ansah (Leibniz 1714, 1998). Auch die für Autofahrer leicht nachvollziehbare Differenz der Erfahrung, beim Einparken eines Autos zuzusehen, oder eben selbst einparken zu müssen, lässt dieses Problem gut nachvollziehen – die Außensicht ist nicht die Innensicht.

Ein zentrales Problem der Neuropsychologie bzw. Neurophilosophie ist die *Objektivierung* der *subjektiv-phänomenalen Kategorien*, wie Ich, Selbst, Person, Bewusstsein usw., die aus der Ersten-Person-Perspektive heraus bestimmt werden. Menschen, die beispielsweise Unterscheidungen zwischen den Begriffen „Ich" und „Selbst" nicht nachvollziehen können, zweifeln an ihrem Erleben. Andererseits können „Negativisten" gegenüber der Phänomenologie diese Begriffe als völlig sinnlos abtun, da sie nicht empirisch bestimmbar sind. Tatsächlich ist die Differenzierung von Ich und Selbst in der gesamten Begriffsgeschichte sehr unklar und hochgradig kulturabhängig. Das Gehirn-Geist-Problem ist daher eine Art des „Den-Pudding-an-die-Wand-Nagelns".

Die differenzierten Ausführungen von Thomas Nagel (1974) zur Frage, wie es ist, eine Fledermaus zu sein, ist weiterhin Kern des Problems der Nichtsubstituierbarkeit verschiedener Perspektiven. Sie können sich nur ergänzen und durch Plausisbilitätsüberlegungen aneinander angeglichen werden – d.h. dass objektive Messmethoden nur Korrelationen zu subjektiven Erfahrungen herstellen lassen.

Genau besehen sind daher die beiden Positionen der Innen- und der Außenperspektive nicht *identifizierbar*, sondern nur *relationierbar*, denn ich kann mich nicht zugleich von innen und von außen betrachten. Außerdem ist in allen Fällen sowohl die Innensicht, was das Außen betrifft, inkomplett, wie auch die Außensicht, was das

Innere betrifft, inkomplett ist. Letztlich ist sogar bei jeder Beobachtung der blinde Fleck zu beachten, der zeigt, dass Beobachtungen Hochrechnungen, also im Sinne des Konstruktivismus Konstruktionen sind (s. Kapitel 3).

Diese Überlegungen begründen bereits eine Grundskepsis gegenüber der Hirnforschung mit ihrem totalitären Erklärungsanspruch.

Anzumerken ist hier auch das wissenschaftsgeschichtlich beachtliche Scheitern der Bemühungen des „Wiener Kreises" des logischen Empirismus und der analytischen Philosophie um 1920, vor allem von Rudolf Carnap geprägt (Carnap 1928, 1998). Man wollte die Physik auf ein System völlig beobachterfreie Konstrukte zurückführen und eine allgemeine Objektivität begründen Man hat sich daher letztlich auf die „Intersubjektivität" anstelle der „Objektivität" geeinigt.

(2) Die beteiligten Disziplinen – Neurobiologie als „Master Science"?

Die Einzelfakten, über die die *Neurobiologie* verfügt, haben bereits ein derartiges Ausmaß erreicht, dass selbst Neurobiologen oder gar spezialisierte *Philosophen* dieses Gebiet kaum hinreichend überblicken können. Dies beruht vor allem darauf, dass auf der *schwer abschätzbaren Validität* der jeweiligen experimentellen Methoden Daten produziert werden, die nur bei entsprechender fachlich-technischer Kenntnis sachgerecht interpretiert bzw. bewertet werden können. Neurobiologen reden allerdings häufig so, als würden sie bereits alles Notwendige wissen und würden sich nur schwer tun, dies den Außenstehenden verständlich zu machen.

Besonders viel Aufmerksamkeit hat die in 2004 von Neurobiologen veröffentlichte Denkschrift mit dem Titel „Manifest" erregt (Elger et al. 2004). Die Autoren stellen darin fest, dass das neurobiologische Wissen über Gehirnfunktionen auf *makroskopischer Ebene* (Makro-Ebene) bereits umfassend ist und auch dass auf der *molekularen Mikro-Ebene* fundierte Funktionskenntnisse vorliegen. Es sei im wesentlichen noch auf der mittleren *Meso-Ebene lokaler neuronaler Netzwerke* ein intensiver Forschungseinsatz erforderlich, um verhaltensrelevante Gehirnfunktionen zu verstehen (Elger et al. 2004, S.3). Zwar lassen die Autoren Kritik an der Aussagekraft der neurobiologischen Messmethoden erkennen, sie beziehen sich aber nicht auf das Prinzipielle, sondern beschränken sich nur auf das Technisch-apparative (Elger et al. 2004, S. 2).

Die Hirnforscher räumen darüber hinaus der *Systemforschung* mit ihren Optionen der Computersimulation von Schaltkreisen eine wichtige Rolle für das Verständnis des Gehirns ein (Elger et al. 2004, S.3). Im Manifest wird auch die für die Psychiatrie schwer nachvollziehbare Vision geäußert, dass wir bald das Gehirn so gut verstehen werden, dass u. a. eine bessere medikamentöse Therapie psychischer Krankheiten möglich sein wird. Eine „neue Generation" von Psychopharmaka würde entwickelt werden, die „selektiv und damit hocheffektiv sowie nebenwirkungsarm in bestimmten Hirnregionen an definierten Nervenzellrezeptoren angreift" (Elger et al. 2004,S.4). Die Psychiater Maier, Helmchen und Sass haben diese Prognose in Hinblick auf ihre Bedeutung für die Psychiatrie kritisiert, unter anderem mit dem Hinweis, dass Antipsychotika mit Affinität zu mehreren Rezeptortypen ein günstigeres Wirkungs-/Nebenwirkungsprofil aufweisen als jene mit hoher Rezeptorspezifität (Maier et al., S. 544).

131

Die Antwort der „Psycho-Experten", also Psychologen (Dörner 2005, Goschke 2006), Psychotherapeuten (Schüssler 2004), Psychosomatikern (Henningsen et al. 2006) und Psychiatern (Newen u. Vogeley 2000) in Form eines Manifests steht noch aus, was unter anderem daran liegt, dass diese Fächergruppe in der Geist-Debatte immer noch unterrepräsentiert ist (vgl. jed. Geyer 2004).

Die große Wirksamkeit der Neurobiologie mit ihrem allumfassenden Anspruch, menschliches Verhalten und Erleben erklären zu können, lässt sich damit begreifen, dass die Neurobiologie bei der Gehirn-Geist-Debatte einerseits in das fachtypische *Empirie-Defizit* der Philosophie stößt, die ja auf das Prinzipielle abhebt und daher Gedankenexperimente und Extremfälle erörtert. Andererseits besteht in der Gehirn-Geist-Debatte ein erhebliches *Theorie-Defizit* in den *„Psychowissenschaften"*, wie man *Psychologie, Psychotherapie, Psychosomatik* und *Psychiatrie* zusammenfassend bezeichnen könnte. In diesem Fächerkreis mangelt es an geschlossenen, systematisierten Konzepten zu psychischen Prozessen und Zuständen im Sinne einer funktionellen Architektur des Psychischen. Erst in den letzten Jahren sind solche Ansätze, und zwar vor allem im Sinne einer „systemischen" Theorie psychischer Funktionen, vorgelegt worden, wie sie in der Psychologie etwa Dietrich Dörner entwickelt hat (2005). Auch der Psychotherapie-Forscher Klaus Grawe hat einen systemtheoretisch orientierten Entwurf psychischer Prozesse, die in der Psychotherapie relevant sind, entwickelt (Grawe 2000, 2004). In der Psychiatrie hat sich vor allem Hans D. Brenner und Wolfgang Böker bereits in den 1980er Jahren um eine systemische Konzeption psychischer Prozesse bei der Schizophrenie bemüht (Böker u. Brenner 1998). Zu betonen ist hier das Besondere, dass systemische Ansätze keine neurobiologische Begründung benötigen, wenngleich sie gute Korrespondenzen dazu zeigen.

In die Psychologie-Lücke stößt auch der Philosoph Thomas Metzinger (2004, 2005), der ein umfangreiches, sicher bemerkenswertes konzeptuelles System über die Konstrukte *Selbst* und *Selbstkonzept* konstruiert, das allerdings kaum auf die Psychologie des Selbst Bezug nimmt, weder im Sinne der empirischen Selbstkonzept-Forschung von Sigrun Filip (1993) noch im Sinne der *Selbstpsychologie* von Kohut (Kutter 1999) oder des Konzeptes *Selbstrepräsentanz* im Rahmen der Objekt-Beziehungstheorie von Kernberg (1994). Bemerkenswert zur Psychologie ist der *Psychologe* Wolfgang Prinz, der die höchst interessante Forschungsrichtung der *Willenspsychologie* und *Psychologie der Handlungsorganisation* im Sinne von Heckhausen weiterführte, sich zu Beginn der Debatte offensichtlich überzeugt auf der Seite der Hirnforscher befand (Prinz 2003). Erst in den letzten Jahren haben sich weitere Psychologen wie Thomas Goschke in Dresden oder Christoph Hermann in Magdeburg, die sich als kognitive Neurowissenschaftler begreifen, mit differenzierten Relativierungen in die Debatte eingeschaltet. *Psychiater* mit Philosophie-Qualifikation wie Georg Northoff (1997), Walter Henrik (1999) oder Kai Vogeley (1995) sind zwar ebenfalls früh auf die Gehirn-Geist-Debatte eingegangen und haben sogar die „Neurophilosophie" proklamiert (z.B. Walter 1999), doch findet dies noch wenig methodischen Niederschlag in der polarisierten Diskussion (Krüger 2007a, 2007b).

Bei diesen Theorie-Defiziten können daher Neurobiologen leicht behaupten, dass sie prinzipiell jede Aussage der Psychologie – und damit sinngemäß der Psychiatrie – durch eine Aussage der (Bio-)physik ersetzen können. Sie argumentieren wie Vertreter des erwähnten „Wiener Kreises" um 1920. Dieses Forschungsprogramm des

„Physikalismus" wird, wie erwähnt, in der Wissenschaftstheorie der Gegenwart skeptisch betrachtet (Balzer 1997). Doch wird das im Kreise der Neurobiologen selten und wenig berücksichtigt. Allerdings stellt sogar Roth fest (2004, S. 67): „Die Hirnforschung hat, anders als die Physik und Chemie, für sich bisher keine grundlegende Methoden- und Begriffskritik durchgeführt".

Bemerkenswert ist auch, dass erstaunlich wenige *Physiker*, wie beispielsweise Helmut Schwegler (2001), Alfred Gierer (2005) und *Mathematiker* wie beispielsweise Franz Olivier (2007), die vom Fachlichen her als *Experten für Theoriebildung* gelten müssen, in diese Debatte einbezogen sind. Dies lässt Skepsis dahin gehend aufkommen, ob die „Naturwissenschaftlichkeit", die von den Hirnforschern so gerne in Anspruch genommen wird, tatsächlich in diesem Umfang und mit der beanspruchten Qualität erfüllt ist.

(3) Sprachprobleme – die „ordinary language" ist zu ungenau

Die im Gehirn-Geist-Diskurs meist gewählte Sprache ist, wohl vor allem wegen ihres interdisziplinären Charakters, die *gehobene Alltagssprache* (Tretter 2007). Das gilt nicht nur für populärwissenschaftliche, an das gebildete und interessierte Laienpublikum gerichtete Publikationen, sondern auch für Fachpublikationen (Krüger 2007). Der dabei vorherrschende assoziativ-narrative Stil mag die Leser zwar intellektuell anregen, er geht jedoch mit begrifflichen Unschärfen einher, die Zweifel an der logischen Konsistenz der Aussagen aufkommen lassen. Es ist beispielsweise in vielen Texten ungewiss, was mit dem Begriff „Information" „Funktion" oder „emotionaler Reiz" gemeint ist, wenn nicht klargestellt wurde, wie die Nervenzellen das errechnen.

Es wäre wünschenswert und machbar, wenn im Gegensatz dazu interdisziplinär gut verständliche, aber axiomatisch orientierte Hirntheorien gebildet würden, die, wenngleich verbal formuliert, an einem mathematisch-logisch orientierten Argumentationsstil orientiert sind (Balzer 1997, Bunge 1998). In diese Richtung weisen die zumindest systematisch gehaltenen, sprachlich klaren und erkenntniskritischen Arbeiten von Searle (1997, 2004). Um es pointiert zu sagen: Ein axiomatisch gestalteter „tractus logico neurobiologicus", etwa mit der mathematisch-logischen Orientierung des frühen Wittgenstein (1963), wäre heute dringend erforderlich („Das Gehirn ist alles, was der Fall ist...").

So hat Ulrich kürzlich eine auf diese Sprachproblematik ausgerichtete Kritik vorgelegt (Ulrich 2006). Besonders eindrucksvoll inhaltsleere Aussagen sind Bezeichnungen und Sätze, wie sie sich im Kontext von *neurobiologischen Emotionstheorien*, vor allem von LeDoux (2004), finden: „Emotionaler Reiz" oder „emotionale Bewertung" oder „..*Emotionen als Reaktionen auf einen emotionsauslösenden Stimulus."* oder *„Angst als Reaktion auf bedrohliche Situationen"* (LeDoux 2004) sind Formulierungen, die zeigen, dass der beabsichtigte Reduktionismus nicht gelungen ist, insofern dass einige phänomenologisch-psychologische Begriffe wie „Emotion" offensichtlich nicht so ohne weiteres substituiert und dann eliminiert werden können. Dieser Aspekt soll hier noch vertieft werden.

Ein weiteres Beispiel für die Notwendigkeit einer Begriffs- und Sprachhygiene der Neurobiologie kann auch der häufig verwandte und elegante Begriff – *„die funktionelle Architektur des Gehirns"* – bieten.

133

Diese Bezeichnung, die seit den 1960er Jahren von Neurobiologen aus den USA fachintern verwendet wird, spielt offensichtlich auf das Konzept der kortikalen „Säulen", beispielsweise im visuellen Kortex an, die aus hochgradig reizselektiven Neuronen bestehen (Hubel u. Wiesel 1963, Tretter 1974, Singer 1992). In kortikalen Verarbeitungsstufen des Sehsystems gibt es nämlich Neurone, die auf Lichtbalken mit bestimmter räumlicher Lokalisation im Sehfeld mit bestimmter Orientierung und mit Bewegungs- und Bewegungsrichtungsselektivität und Bewegungsgeschwindigkeit selektiv reagieren. Die neuronalen Signale kodieren also gewissermaßen das „hier" und „dort", „oben", „unten", „herüber", „hinüber", „hinauf", „hinunter" usw. Die Neurone sind hierarchisch verschaltet, geben aber auch parallele Leitungsbahnen an benachbarte Neurone und an andere Gehirnzentren weiter (Abb. 4.17A). In „höheren" nachgeschalteten Verarbeitungsstufen werden die rezeptiven Feldeigenschaften der Neurone „komplexer". Die innere Verschaltung der Säulen ist noch nicht voll aufgeklärt, unter anderem weil die Rolle der *hemmenden Neurone in ihrem zeitlichen Zusammenspiel* nicht voll verstanden ist (Abb. 4.17B). Darüber hinaus hemmen sich Zellen, die auf unterschiedliche Reizmerkmale reagieren, gegenseitig (Abb. 4.17C). Kernfrage ist, wie sich die Konstanz der rezeptiven Feldeigenschaften der Neurone auf dem Hintergrund der vielfältigen Fluktuationen der morphologischen und chemischen Bedingungen im Kortex gewissermaßen als „Invarianz" verstehen lässt. Das Gesamtbild des Kortex zeigt daher eine äußerst komplexe funktionelle Struktur, die in Dynamik und Statik auch nicht durch computerisierte Modellierungen zulänglich verstanden ist, wenn man im physiologischen Sinn nach der Funktion fragt (Abb. 4.17D).

Der Begriff „funktionelle Architektur" kann aber auch so verstanden werden, dass die Verschaltungsstruktur der Neurone die „Architektur" darstellt und die Reizselektivität der Neurone die „Funktion" bedeutet. Der Begriff Funktion heißt ja allgemein „Aktivität" und auch „Wirkung" – psychologisch betrachtet bedeutet „Sehfunktion" dann zunächst Erkennen von Formen, Farben, Ort, Orientierung und Bewegung des Reizes. Das heißt erneut und nun abstrakter formuliert, dass das Sehsystem die *Wirkung* hat, aus optischen Reizen Reizkomponenten zu extrahieren und andere auszufiltern und dann wieder den integrierten phänomenalen Seheindruck zustande zu bringen (Gray et al. 1989, Singer 1999).

Somit ist also die *Relation von Struktur und Funktion* ein tieferes *philosophisches Problem*, das bestenfalls in der mathematischen Systemtheorie seine Auflösung findet – welche Funktion benötigt welche Struktur, welche Struktur generiert welche Funktion, was ist „Struktur", was bedeutet „Funktion"(s,. Kapitel 3; vgl. Tretter 1982, 2005, 2007).

Ähnlich problematisch ist die neurobiologische Interpretation der in der psychologischen Suchttheorie und -therapie häufig verwandten Begriffe wie „Spannung" als Ursache und „Entspannung" als Ziel des Drogenkonsums. *Neurochemisch interpretiert* käme eine *Überfunktion eines erregenden neurochemischen Signalsystems*, wie es das Glutamatsystem ist, in Frage. Kann man aber hiermit tatsächlich etwas erklären, ist nicht die *Mitberücksichtigung einer starken Hemmung* für die funktionelle Struktur einer „Spannung" erforderlich? Physikalisch betrachtet ist „Spannung" als *Zustandsgröße* das Resultat bzw. das Äquivalent von „Widerstand" mal „Intensität" eines Stromes als *Flussgröße*. Auch der Begriff des *Kontrollverlustes* oder der *Sucht-*

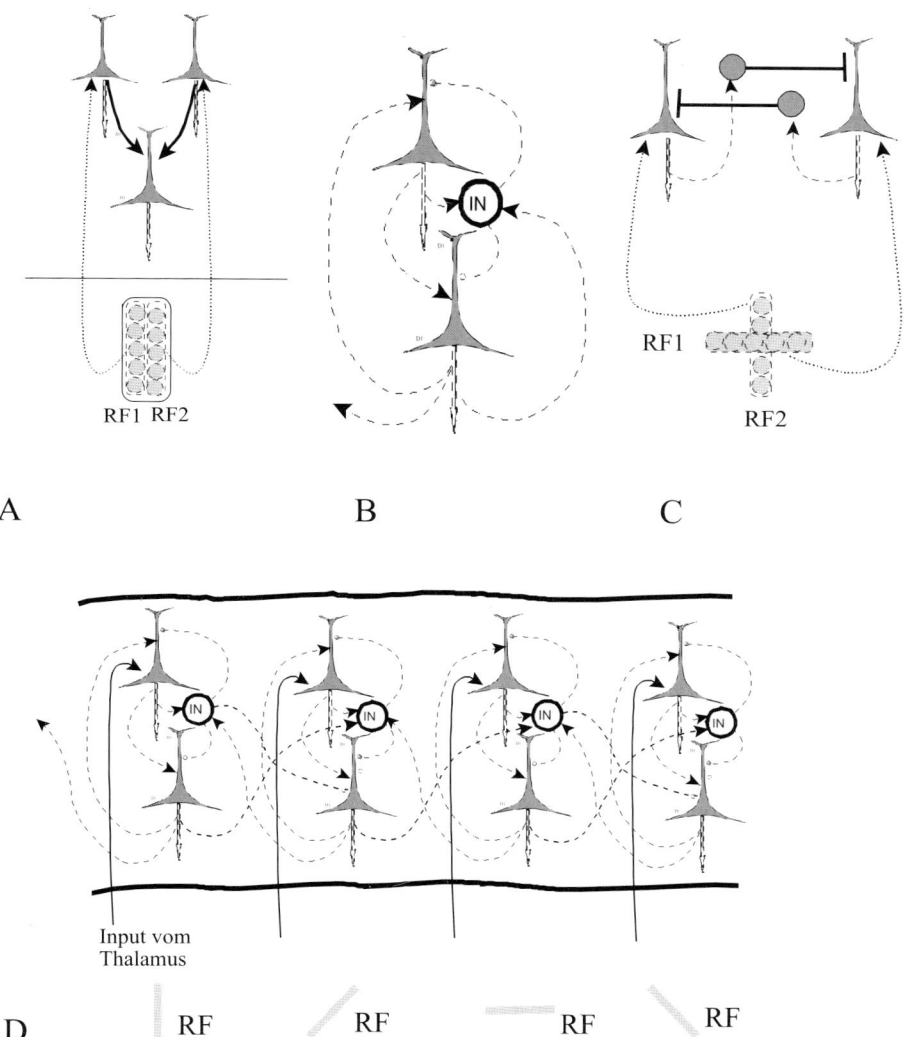

Abb. 4.17: „Funktionelle Architektur" des visuellen Kortex. A: Konvergenz von Neuronen mit „simplen" rezeptiven Feldern (RF) auf ein Neuron mit der Folge der „komplexen" rezeptiven Feldeigenschaften. B: Schema einer kortikalen Kolumne mit einer Orientierungspräferenz für elongierte Lichtreize (IN = inhibitorisches Neuron). C: Laterale Hemmung zwischen Neuronen mit unterschiedlichen rezeptiven Feldeigenschaften (orthogonale Reizpräferenz). D: Schematisiertes Gesamtbild der „funktionellen Architektur" des visuellen Kortex.

druck, der *Rückfall* und der *Rausch* sind in neurochemischen Termini derzeit nur unzulänglich abbildbar.

Diese Fragestellungen zeigen die Schwierigkeiten, die entstehen, wenn versucht wird, eine Reduktion des phänomenalen Erlebnisgefüges auf neurochemische Prozesse vorzunehmen. Hier bietet sich ein supradisziplinäres systemisches Denken an: Der Spannungsbegriff impliziert nämlich in der Denkweise der Systemtheorie ein noch grundlegenderes Konzept, das ein aktivierendes Element und ein hemmendes Element vorsieht, das auf einen Effektor geschaltet ist und zwar derart, dass durch die Hemmung ein Widerstand besteht, die Aktivierung im Effektor umzusetzen – Gas und Bremse sind zugleich aktiv. Wird die Bremse losgelassen, so schießt das Auto los. Bei struktureller Äquivalenz des psychischen Wirkungsgefüges und des neuronalen Wirkungsgefüges kann dann nicht ein neurochemisches Teilsystem zur Erklärung beansprucht werden, sondern wenigstens zwei Teilsysteme (und ein Effektor).

(4) Die neuropsychologische „Unschärferelation" bei der Lokalisation von Funktionen

Das neurobiologische Bemühen, eine psychische *Funktion* bzw. ein Verhalten einer neuralen *Struktur* ein-eindeutig zuzuordnen, passt grundlegend zum naturwissenschaftlichen Erkenntnisprogramm und bringt das wissenschaftstheoretische Problem der „Struktur-Funktions"-Zuordnung mit sich (s. Tab. 4.2). Darüber hinaus verbirgt sich das „Mikro-Makro-Problem", bei dem Eigenschaften eines Teilchens Eigenschaf-

Tab. 4.2: *Eine Auswahl an Struktur-Funktions-Zuordnungen im Gehirn (vgl. Roth 1996,2003, Hartje u. Poeck 2002)*

A) Gehirnorte

Präfrontaler Cortex: Arbeitsgedächtnis, Aufmerksamkeit

Parietaler Cortex: Assoziationsgebiet, multimodale Intergration

Temporaler Cortex: Erkennen komplexer Reize, Gedanken

Striatum: Automatisierte Bewegungen, Bewegungsgedächtnis

Amygdala: Angst, Bewertung intensiver Reize

Nucleus accumbens: Lustzustände, Belohnung

Hippocampus: Gedächtnis

Foramtio reticularis: Bewusstsein (i.S. von Wachheit), Schlaf, Aufmerksamkeit

Septum: Aufmerksamkeit

B) Funktionen

Bewusstsein (Wachheit): Formatio reticularis, retikuläre Thamalus-Kerne

Aufmerksamkeit: Präfrontaler Cortex, okzipitaler Cortex. temporaler Cortex, Hirnstamm

Visuelle Wahnehmung: Visueller Cortex, parietaler Cortex, präfrontaler Cortex, temporaler Cortex

Gedächtnis: Präfrontaler Cortex, Hippokampus, temporaler Cortex

Denken: parietaler Cortex

Emotionen: anteriores Cingulum, Amygdala, Nucleus accumbens

Verhaltenspläne: Striatum

---

ten des Systems erklären sollen. Die Suche nach den kleinsten Elementarteilchen der Physik entspricht der Suche nach pathogenen Genen oder Proteinen, die die molekularbiologische Neurowissenschaft anstellt. Die zunehmend genauere Untersuchung der molekularen Ebene der Nervenzellen ist zwar pharmakotherapeutisch relevant. Für das Funktionsverständnis des Gehirns scheint aber ähnlich der Mikrophysik eine Art „Unschärferelation" bei der Bestimmung von *Ort und Impuls (Funktion)* zu bestehen (Tretter 2000, Olivier 2007; s.Tab. 4.2): *Je kleiner der Messort im Gehirn ist* (Mikroebene), desto ungenauer ist die *molare Verhaltensfunktion* (Makroebene) bestimmbar (z.B. psychopathologische Multifunktionalität des Putamens). Andererseits: Je genauer die Verhaltensfunktion beschrieben werden soll, desto weniger genau lässt sich dafür ein einziger „Gehirnort" ausmachen (z.B. „Arbeitsgedächtnis": u.a. prefrontaler Cortex, parietaler Cortex, Cerebellum; „Sehfunktionen": über 30 kortikale Areale). Ob mit der Fokussierung auf die Meso-Ebene mit lokalen Schaltkreisen der Durchbruch im Verstehen des Gehirns gelingen wird, erscheint zweifelhaft (Tretter u. Müller 2007).

(5) Von der Korrelation zur Kausalität

Grundlegend erlaubt, wie bereits ausgeführt wurde, aus methodologischen Gründen, jede neurospychologische Untersuchung nur *korrelative Aussagen* zum Gehirn-Geist-Verhältnis. Von *kausalen „Erklärungen"* zu sprechen ist daher bereits ein weiterer Schritt, der hypothetisch gerechtfertigt ist, aber dessen Richtigkeit schwerlich beweisbar erscheint. Selbstverständlich muss man die Hypothese, dass das Gehirn besipielsweise Bewusstsein – vor allem im Sinne von Wachheit – generiert, aufgrund der vielen alltagsweltlichen, klinischen und experimentellen Beobachtungen dazu als Faktum akzeptieren. Problematisch wird aber diese Kausalinterpretation, wenn bereits im klinischen Bereich den Patienten – beispielsweise Suchtkranken – vermittelt wird, ihre Krankheit hätte die Ursache in einer Funktionsstörung einer bestimmten Gehirnstruktur, wie beispielsweise in einer Überaktivität des Nucleus accumbens. Derartige Krankheitsinformationen sind zwar nicht falsch, aber in dieser radikalen Reduktion nicht richtig (s.o.). Sie sind sogar therapeutisch kontraproduktiv, wenn nicht betont wird, dass der Patient sein Abstinenzverhalten lernen muss und das Konsumverhalten im lerntheoretischen Sinne „löschen" muss. Einige gebildete, suchtkranke Patienten entschuldigen ihr süchtiges Verhalten rationalisierend bereits mit der gestörten Neurobiologie ihres Gehirns und trinken fatalistisch oder provokativ weiter, statt sich aktiv am therapeutischen Umlernprozess zu beteiligen.

Abb. 4.18: *Das Gehirn als Verhaltengenerator in klinischer Sicht – der Betroffene übernimmt nicht mehr Verantwortung über sich selbst und wartet auf die therapeutische Intervention der molekularbiologischen Gehirnchirurugie zum „Sankt Nimmerleinstag".*

(6) Probabilismus und Determinismus

Es ist nachvollziehbar: Es gibt kein Bewusstsein ohne Gehirn, kein Gehirn ohne Sauerstoff und ohne Glukose, keinen Sauerstoff und keine Glukose ohne Blut. Auch ist evident, dass der Konsum von einem Liter Bier eine Bewusstseinsveränderung erzeugt, sodass einsehbar ist, dass der „Geist" von der „Chemie" beeinflusst werden kann. Das ist aber nur eine notwendige und keine hinreichende Bedingung von Bewusstsein. Häufig beziehen aber neurobiologische Texte zur Frage der Gehirnabhängigkeit die Position des „starken" (reduktionistischen) Determinismus. Die Grenzen und die semantischen Probleme des „Determinismus" wurden bereits im Kapitel 1 behandelt. Hier ist nur darauf hinzuweisen, dass schon das empirisch gestützte Gegenargument, dass bei grob intaktem Gehirn ein Wachkoma auftreten kann, den Gehirn-Geist-Determinismus abschwächt. Darüber hinaus wird der nur hypothetische Charakter des Neuro-Determinismus unter Bezug auf das idealtypische Konzept des Dämons von Laplace deutlich: Kein Hirnforscher besitzt (a) alle Differenzialgleichungen zur Beschreibung des Gehirns, (b) alle Daten über den aktuellen Zustand des Gehirns und (c) eine unbegrenzte Rechenfähigkeit, die Gleichungen anhand der Daten zu lösen. Die Physik ist, was den Determinismus betrifft, seit der Entwicklung der Quantenphysik vorsichtiger geworden, insbesondere wegen des statistischen Charakters der Quantenwelt. Neurobiologen wie Roth meinen allerdings, dass die Quantenphysik in der Neurobiologie irrelevant sei, daher könne man wohl vom deterministischen Modell ausgehen (Roth 2003 S.339). Diese Ansicht bietet weitere Diskussionsanlässe: Wie kann etwas determiniert sein, wenn es im Grunde indeterminiert ist? Eine Antwort ist nur durch ein gestuftes Determinismuskonzept möglich, das eine starke Determination, etwa im makrophysikalischen Bereich, vorsieht und einen schwachen (probabilistischen) Determinismus im (ultra-) Mikrobereich annimmt.

(7) Methodenvielfalt, technische Grenzen und Datenmosaik

In der klinischen und (tier)experimentellen Neurobiologie werden unterschiedliche Methoden angewandt: Elektrophysiologie, Bildgebung, Biochemie, Verhaltensexperimente u. dgl. (Bierbaumer u. Schmidt 2006). Es ergeben sich somit Daten, die nur grob aufeinander beziehbar sind und nur „weiche" Korrelationen darstelllen. Bereits die zeitliche Auflösung der Kernspintomographie ist geringer als jene der Elektrophysiologie. Auch bestehen noch grundlegende Probleme in Hinblick auf die neuronale Informationsverarbeitung, konzeptuelle Verbindungen zwischen Elektrophysiologie und Biochemie herzustellen. Beispielsweise weiß man viel über die Dopamin-Transmission bei Schizophrenie, man kann sich aber noch kein realitätsnahes umfassendes Bild über die dabei auftretenden elektrophysiologischen Besonderheiten machen: Ist die Transmission bei einer erhöhte synaptische Dopamin-Ausschüttung über phasische oder über tonische Entladungsaktivitäten der Neurone relevanter, und ist die Transmission über die D1-oder über die D2-Rezeptoren-Familie stärker verändert, sind Dopamin-Rezeptor-Aktivierungen bei Interneuronen oder bei „kanonischen" Neuronen, wie sie die Pyramidenzellen für den Kortex sind (Shepherd 2004), pathogenetisch relevanter usw. (Tretter et al. 2006, Tretter u. Müller 2007).

Generalisierende Aussagen über „das Gehirn" beruhen daher nur teilweise auf methodisch-faktisch soliden Grundlagen. Wir verfügen deshalb auch nur über ein fragmentiertes Bild von der Struktur und der Funktion des Gehirns, das bei allgemeinen Aussagen über die vorhandenen Daten hinausgehende *Extrapolationen* voraussetzt. Es wird zu wenig bedacht, dass Tierexperimente aus theoretischen Gründen unter Anaesthesie durchgeführt werden müssen, dass isolierte Gehirnschnitte (Slices) eben vom Restgehirn isoliert sind, dass es speziesspezifische Befunde gibt, und dass die wenigsten Befunde beim Affen gewonnen wurden.

Auch dieser Aspekt gebietet mehr Bescheidenheit beim neurobiologischen Angriff auf ein geisteswissenschaftlich oder sozialwissenschaftlich begründetes Menschenbild.

(8) Probleme einer Gehirntheorie

Ein Grundproblem der Gehirn-Geist-Debatte besteht im Mangel einer ausgearbeiteten und zugleich interdisziplinär verständlichen, aber differenzierten Gehirnfunktionstheorie. Eine der am meisten überzeugenden Theorien stammt von Edelmann und Tononi (2002), die sich über die Hirnmechanismen Gedanken gemacht haben, die *Bewusstsein* erzeugen sollen. Der Begriff wie „neuronale Cluster" und „Re-entry" der neuronalen Aktivität in zirkulären Verschaltungen sind wesentliche Grundkonzepte, die sowohl empirisch fundiert sind, wie auch theoretisch dem Gehirn als komplexem Netzwerk gut entsprechen – ein hoher Grad der Vernetzung gilt als strukturelle Voraussetzung der Bewusstseinsprozesse. Re-entry-Mechanismen der Erregung in neuronalen Clustern im Frontal-, Parietal- und Temporalkortex sollen erklären, wie bewusstseinsfähige Informationen im Gehirn zustande kommt. Dieser Ansatz wird hier aber nicht weiter erörtert. Auch die gehirntheoretische Erklärung anderer psychischer Funktionen wie die *Wahrnehmung* sind nicht umfassend ausgearbeitet. Es bestehen außerdem empirische und theoretische Defizite in der neurobiologischen Bewusstseinstheorie, der Gefühlstheorie und beim Qualia-Problem der Erlebnisqualität. Derartige Defizite der Gehirntheorien sind durch Neuro-Philosophie nicht ersetzbar.

Es ist hier zu erwähnen, dass derartige Hirntheorien, wie im Kapitel 3 ausgeführt wurde, systemtheoretisch orientiert sein müssen, um die komplexe nichtlineare Dynamik von Gehirnporozessen abbilden zu können (Haken 2002). Dabei sind mathematische Formulierungen der Theorien unumgänglich. Sie entziehen sich somit dem Alltagsverständnis und sind interdisziplinär schwer zu kommunizieren.

(9) Philosophie-immante Probleme

Grundlegend überlagern polarisierte tradtionsreiche philosophische Grundthemen die Gehirn-Geist-Diskussion. Das sind Themen wie: Monismus versus Dualismus, Materialismus versus Idealismus, Objektivismus versus Subjektivismus, Empirismus versus Konstruktivismus, Determinismus versus Indeterminismus, Korrelation versus Kausalität, Lokalismus versus Holismus usw.

Diese Diskussionen werden verhältnismäßig selten beachtet. Überlegungen von Klassikern wie Platon oder Kant werden selten aufgegriffen. Das liegt zum Teil an der Dominanz angloamerikanischer Autoren in der Neurophilosophie, die oft ideengeschichtliches Wissen nicht berücksichtigen.

4.3.2 Die systemtheoretische Perspektive – das Gehirn als komplexes dynamisches Nervennetz

Ein Grundproblem bei der Debatte um das Gehirn besteht also darin, dass es noch zu wenige fundierte und ausgebaute Theorien über die Gehirnfunktionen gibt. Theorien beruhen auf Daten und Daten beruhen auf Experimenten. Die Experimente müssen so gestaltet sein, dass möglichst nur die *unabhängige Variable* die *abhängige Variable* beeinflusst. Diese Isolation des zu untersuchenden Prozesses isoliert ihn aber auch aus dem Gesamtgeschehen, denn „Cross talks", „Feedbacks" und „Feedforwards" in Wirkungsgefügen und damit die Komplexität der Prozessstrukturen werden dadurch ignoriert (Mainzer 1996). Systemische Theorien und reduktionistische Experimente sind daher schwer vereinbar (s. Kapitel 3). Das ist bei der Gehirnforschung grundlegend problematisch, da das Gehirn ein Netzwerk ist und man bei der Isolation der Einzelteile eine Menge von Feedback-Schleifen auskoppelt. Damit wird vielleicht das Gehirn seiner Grundcharakteristika beraubt. Es müssen also mehr Experimente mit einer systemischen Grundorientierung durchgeführt werden.

Gegenwärtig werden theoretischen Vorstellungen über Gehirnprozesse bei psychischen Vorgängen häufig in Form von anatomischen Schaltkreisen grafisch dargestellt. Sie sollen die Funktionszusammenhänge zusammenfassend abbilden. Es sind Rekonstruktionen des Ganzen aus den empirischen Teilbefunden. Diese Diagramme können, metatheoretisch betrachtet, als visualisierte Modelle bzw. Theorien verstanden werden. Im Vergleich zu verbal dargelegten Zusammenhangsaussagen sind sie meist genauer. Die Prozessabläufe, die in solchen Schaltkreisen stattfinden, kann man sich rein gedanklich allerdings nur grob vorstellen, Computersimulationen sind dazu erforderlich (Tretter et al. 2006). Computersimulationen werden deshalb auch in der Gehirn-Geist-Debatte immer wichtiger werden.

Daher ist die Beachtung dessen, was in der theoretischen Hirnforschung abläuft, bedeutsam. Dieser Bereich, der als „Computational Neuroscience" bezeichnet wird, existiert in Grundformen der Neurokybernetik seit den 1940er Jahren bzw. als *Neuroinformatik* seit den 1970er Jahren (Dayan u. Abbott 2005). Es ist aber noch kein theoretischer Durchbruch zu erkennen. Außerdem ist weder in der Neuropsychologie noch in der Neuropsychiatrie dieser Ausdruck konstitutiv integriert (vgl. Tretter et al. 2006).

Die Methodik der systemischen Modellbildung ist auch für die theoretischen Bereiche der Psychowissenschaften eine große Chance, im Hinblick auf die Neurobiologie sowohl eigenständige Konzepte wie auch korrespondierende Konzepte zu entwickeln. Auf diese Weise ließe sich die Gehirn-Geist-Debatte präzisieren.

4.3.3 Das „Bewusstsein", das „Ich" , das „Selbst", das „Selbstkonzept" und die Neurobiologie – das Problem

Neurophilosophie ist ein Projekt
des „Den-Pudding-an-die Wand-Nagelns".

In der Gehirn-Geist-Debatte werden häufig Befunde über die *neuronale Organisation* von *psychischen Funktionen* wie Wahrnehmung, Denken, Aufmerksamkeit, Gedächtnis und manchen Emotionen angeführt. Diese Funktionen haben aber gewissermaßen nur „Werkzeugcharakter" in Hinblick auf die psychischen Entitäten, die den semantisch „harten" Begriffen der Phänomenologie, Psychologie und Psychopathologie zugeordnet werden: Es sind Begriffe wie das „Bewusstsein", das „Ich", das „Selbst", das „Selbstbild"/"Selbstkonzept/"Selbstbild", die „Person", die Persönlichkeit" etc (s. Tab. 4.3). Ihre operationale Definition ist die Grundvoraussetzung für eine ertragreiche Gehirn-Geist-Debatte und auch für ein neuropsychologisches Grundverständnis.

Es ist das Privileg der *phänomenologischen Methode*, die sich auf die *Introspektion* stützt, die Erlebnisinhalte und die Erlebnisinstanzen, die die inneren Zustände und Prozesse gestalten und steuern, zu identifizieren, zu benennen und zu charakterisieren. Die Begriffsbestimmung fällt bei der Kategorie „Erleben" noch nicht so schwer, aber bei Begriffen wie „Ich", Selbst", „Selbstkonzept" usw. wird die Situation sehr unübersichtlich. Vor allem hat die Psychopathologie hier Differenzierungen vorgeschlagen, die insbesondere im angloamerikanischen Sprachraum in den Psychofächern zunehmende Ablehnung erfahren haben, weil sie so schlecht operationalisierbar sind.

Die Bedeutungsklärung und Erklärung dieser Begriffe zieht sich über Jahrhunderte (vgl. Prechtl u. Burkard 1999). Sie ist nicht trennscharf möglich, da die Begriffe auf Introspektion beruhen, auch wenn sie intersubjektiv abgeglichen werden. Objektive und subjektive Perspektiven werden dabei vermengt. Der kulturspezifische Sprachgebrauch steigert die Unschärfen.

Ein Blick auf die Tabelle 4.3 macht sofort verständlich, dass es erhebliche Inkonsistenzen der verschiedenen Begriffssystematiken gibt, für die auch in diesem Text keine Klärung erfolgen kann, da wichtige Fragen hier nur exemplarisch erläutert werden können (Abb. 4.19).

Bewusstsein

Ein besonderes Problem der Leib-Seele-Debatte stellt das Phänomen bzw. die Kategorie *Bewusstsein* dar. Der Neurophilosoph Michael Pauen betont einige besonders wichtige Bedeutungsvarianten des Bewusstseinbegriffs (Pauen, 2001, S. 29):

– als *Wachheit*
– als *intentionales kognitives Bewusstsein*
– als *reflexives Bewusstsein* des eigenen mentalen Zustands
– als *phänomenales Bewusstsein* im Sinne der sinnlichen Erfahrung
– als *Selbstbewusstsein*

141

Tab. **4.3:** *Phänomenologisch-psychologische Schlüssel-Begriffe (nach Hinterhuber 2001, Scharfetter 1999, 2002, Jaspers 1973, Herrmann et al. 1977)*

Bewusstsein (i.S. von Wachheit)
- kann einigen Tieren zugesprochen werden
- elektrophysiologische Korrelate im EEG und in evozierten Potenzialen
- Ermöglichungsgrund, dass etwas erlebt werden kann

Bewusstsein (i. S. von Wissen)
- Wissen um die Struktur der Situation (Psychopathologie: Orientierung)
- autobiographische Wissen
- Selbstbewusstsein
- Erfahrungswissen

Ich
- erlebter innerer Agent
- Instanz, die zwischen Es, äußerer Realität und Überich vermittelt (Freud)
- Ich vermittelt zwischen „Unterpersönlichkeiten" wie Selbst, Persona, Anima, Animus (Jung)
- Selbstgefühl

Ich-Bewusstsein
- Gespräch der Seele mit sich selbst (Ich-Vitalität, Ich-Aktivität, Ich-Konsistenz, Ich-Demarkation, Ich-Identität; vgl. Identitäts-Bewusstein nach Jaspers)

Selbst
- als Erfahrung
- als Gedachtes
- als Resultat von Interaktion
- als Nährboden des Ich
- als übergeordnete Instanz des Ichs (Nietzsche, Jung)
- als Instanz geprägt von Früherfahrungen (Kohut)
- als Introjektion der primären Objekte
- wahres / falsches Selbst im Rahmen der Narzissmus-Theorie (Winnicott)
- Gesamtheit des Psychischen mit bewussten u. unbewussten Anteilen (Jung)
- Teil des Ich (Kernberg)
- zentrale Repräsentanz des Menschen (Kohut)

Selbstkonzept
- das Bild vom Selbst
- Selbstkonstrukt
- Selbstmodell
- Selbstrepräsentanz (Kernberg)

Person
- Einheit aller Eigenschaften des Menschen, seine Einmaligkeit betreffend
- ist das, was seine Einmaligkeit ausmacht
- verantwortliches Individuum (Jurisprudenz)

Persönlichkeit
- Summe der Eigenschaften des Menschen, die seine Individualität ausmachen

142

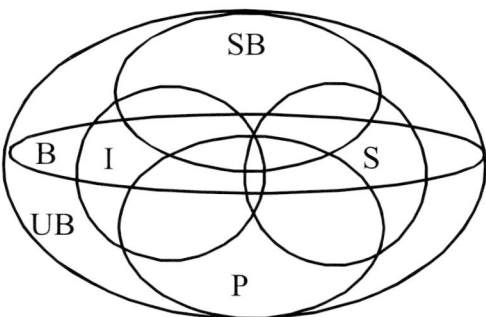

Abb. 4.19: *Einige häufige Begriffsüberschneidungen von Selbst (S), Selbstbild (SB), Bewusstsein (B), Unbewusstes (UB), Ich (I) und Person (P).*

Hier interessieren vor allem zwei Aspekte – (1) das Wachsein und (2) das Wissen. Dazu nur kurz einige Erläuterungen aus der Alltagserfahrung:

(1) Die *Erfahrung*, schlafend oder wach sein zu können ist eine elementare Erfahrung jedes *Menschen* bzw. jeder *individuellen Person*, die auf diese Weise die Kategorie „Bewusstsein" als Wachheit phänomenal im Erleben nachvollziehen kann. Es ist Gegenstand der subjektiven Alltagserfahrung, dass morgens beim Wachwerden das „Bewusstsein" im Sinne der *Wachheit* erst allmählich voll umfänglich aufgebaut ist. Die „Meinigkeit" des Erlebens, der Bezug der Person auf eigene Wahrnehmungen, Gedanken, Gefühle, Antriebszustände und Handlungen, als Ich- und Selbstbezug, ergibt das *Ich- und Selbst-Erleben*. Die Erfahrung der Leiblichkeit ist mit dem Ich-Erleben eng verknüpft, und vor allem das Handeln und Wahrnehmen macht die Bedeutung der Kategorie „Ich" verstehbar (Fuchs 2000, 2005). Einige Autoren sehen aber gerade in der Verwurzelung im Leiblichen den Selbst-Aspekt des Ichs (Damasio 1995, 2000). Während das Ich als operative Instanz relativ klar erlebt wird, ist das Selbst im Erleben ein tieferer „Seinsgrund", das eher im Abgrenzungserleben des Ich und Nicht-Ich erfahrbar ist und vor allem durch die Befindlichkeiten und Strebungen charakterisiert ist. Das entspricht dem Konstrukt von C.G. Jung (Jacobi 1977), aber auch bei Damasio (1995, 2000) finden sich derartige Konzeptualisierungen.

Aus der *Außenperspektive* lässt sich über elektrophysiologische Methoden, wie das Elektroenzephalogramm (EEG) und das Elektrookulogramm (EOG) der Schlafzustand und der Wachzustand abgrenzen und als Korrelat identifizieren. Es sind im EEG langsame hochamplitudige Delta-Wellen mit etwa 3 Hz, die den Tiefschlaf charakterisieren, weniger tiefe Schlafstadien zeigen Theta-Wellen mit etwa 5-7 Hz. Die Traumphasen, die im sehr oberflächlichen Schlaf vorkommen, sind durch rasche Augenbewegungen gekennzeichnet. In entspannter Wachheit treten Alpha-Wellen mit etwa 10 Hz auf, während angestrengtes Nachdenken mit Beta-Wellen mit bis zu 30 Hz einher geht. Erkennungsleistungen sind mit hochfrequenten Potenzialen verbunden, die mit etwa 40-70 Hz auftreten.

Bewusstsein als Wachheit ist daher ein fluktuierender Prozess und Zustand. Die dabei beteiligten Gehirnregionen sind, was das Wachbewusstsein betrifft, der Kortex, der Thalamus, die Formatio reticularis.

(2) Nach dem Wachwerden versuchen wir uns, vor allem auf Reisen, bewusst zu machen, wo wir gerade sind, wir orientieren uns räumlich und zeitlich und situativ, was uns in der Regel in wenigen Sekunden gelingt. Das ist der zweite Bedeutungsaspekt in Form des Bewusstseins als *Wissen*.

Diese Fähigkeit, die sich beim Menschen vor allem am Morgen beim Wachwerden zeigt, entspricht in der Computerwelt des MS-DOS dem config.sys-Kommando des sich hochbootenden Computers, der dabei seine Konfiguration überprüft und dann in den Arbeitsspeicher einbindet. In diesem Sinne ist die Selbsterfahrung und das Ich-Erleben mit dem Wachsein eng verknüpft.

Das neurobiologische Korrelat des „Wissens", wie die inhaltlichen Bewusstseinsprozesse umschrieben werden können, umfassen neben den sensorischen Kortizes, vor allem den prefrontalen Kortex und den parietalen Kortex, dabei ist aber auch das Funktionieren des Hippokampus für Gedächtnisfunktionen, die für die Etablierung und die Aufrechterhaltung von Wissen nötig sind, erforderlich. Außerdem scheinen auch die Mamillarkörper eine Gedächtnisfunktion zu haben.

In Zusammenhang mit der Kategorie Bewusstsein ist auch das Unbewusste als Prozessbereich im Gehirn zu erwähnen, der das Erleben und Verhalten beeinflusst und für das es ebenfalls neuronale Korrelate gibt, wie die neuropsychologische Erforschung von Willenshandlungen zeigt. Dies führt zur *„Neuropsychoanalyse"* (Ansemet u. Magistretti 2005).

Ich und Selbst

Der phänomenale Bereich, der mit „Ich" bzw. mit „Selbst" bezeichnet wird, wurde, historisch betrachtet, seit dem 17. Jh. in der Philosophie intensiv erörtert. Insbesondere lassen sich bekanntlich derartige Ausführungen bei Descartes finden, als er besonders einflussreich von einer denkenden Substanz oder von Kognitionen im Sinne der res cogitans sprach (Descartes 1644, 2005). Auch Philosophen wie Leibniz, Comte, Locke und Berkeley befassten sich mit einer Konzeption des Selbst, wobei Kant beispielsweise von der transzendentalen Existenz des Selbst ausging und Kierkegaard in höchst abstrakter Weise das Selbst als „das Verhältnis, das sich zu sich selber verhält" kennzeichnete (Prechtl u. Burkard 1999). Einer der Begründer der akademischen Psychologie, William James (1890), konzipierte schließlich in seinen „Principles of psychology" die heutige Begriffsstruktur vom Selbst. Dabei zählt James auch den Körper, die Kleidung, das Haus, die Familie, die Arbeit, die Freizeit und weitere Lebensbereiche der Person zum Selbst. Er konzipiert den Begriff multiaxial mit verschiedenen Aspekten wie den biographischen Bezügen, den Umfeldbezügen usw. Nach James gibt es auch das *materielle Selbst* und das *spirituelle Selbst*. Letzteres ist ein reflexiver Prozess, bei dem die Sicht nach Außen aufgegeben ist und die Fähigkeit gemeint ist, über die Subjektivität als solche nachzudenken, also über sich selbst als Denker nachzudenken.

Phänomenologisch ist das Selbst am besten als das erlebte „personale Selbst" zu verstehen. Es ist ja auch das personale, individuelle Ich, das von der Krankheit, dem

Schicksalsschlag betroffen ist, es ist somit auch die das Körperliche umfassende Erfahrung der Individualität im Sinne der Trennung von der Umwelt. Das Ich als erlebte transsituative Identität ist hingegen eher dem Selbst zu zuordnen.

Selbst-Erfahrung und Selbst-Konzept – das Wissen um sich selbst

Das Selbst-Konzept oder das personale Selbst umfasst folgende Aspekte:
– das Wesen, das jetzt erlebt, bin ich (Meinigkeit)
– das Handeln und die damit verbundenen Erfahrungen stammen von mir (Urheberschaft)

Das Selbstkonzept ist ein Selbstmodell, das als eine kohärente Repräsentation verstanden werden kann, die sich ein Organismus von sich selbst macht. Aus der ersten-Person-Perspektive erfahren wir nur die Inhalte des Selbstkonzepts.
Bei der Reflexion über mich, vor allem bei der Rekonstruktion der eigenen Biographie, erfahre ich das „Selbst" als Aspekt des Ichs mit bisher teilweise auch latenten Empfindungen, Erinnerungen, Antrieben und Gefühlen. Das Selbst wiederum ist in diesem Sinne der Kernbereich der Person, der eher dem Außenstehenden als dem Subjekt zugänglich ist.
Über derartige Prozesse bilde ich mir ein *Bild über mich selbst*, mit Schwächen und Stärken, Verbindungen zur Umwelt und Abgrenzungen von ihr und so ergibt sich das „Selbstbild" oder „Selbstkonzept". Das „Selbstkonzept" besteht aus vielen impliziten und expliziten Komponenten und blinden Flecken und dem Bestandteil, der das ausmacht, was andere Menschen einem über sich gesagt haben, also die Außenwirkung als Person betreffend (Fremdbild). Diese integrale bildhafte Selbstinterpetation ist die Instanz, die bei relevanten Willensentscheidungen mitwirkt und den Verlauf der Entscheidung, das Abwägen des Dafür und Dagegen wesentlich beeinflusst. Der eben genannte Begriff „Person" wird häufig dazu verwendet, die individuelle Konstellation des konkreten einzelnen *Menschen* als „Individuum" zu kennzeichnen. Die „Person" lässt sich als Akteur mit individueller biographischer Charakteristik begreifen. Diese Kategorie hat im rechtlichen Bereich eine grundlegende Bedeutung.
Letztlich haben die Psychoanalyse und die akademische Psychologie gezeigt, dass jedes Selbst-Konzept mit einem „Umwelt-Konzept" verbunden ist – die Psychoanalyse unterscheidet die *Selbstrepräsentanz* und die *Umweltrepräsentanz*, letztere in Form der „Objektrepräsentanz" (Kernberg 1994).

Neurobiologie

Gerade bei den Schwierigkeiten, diese grundlegenden psychologischen Begriffe zu definieren und zu operationalisieren, zeigt sich die Grenze der neurobiologischen Reduzierbarkeit – wenn nicht geklärt ist, was der Unterschied von Person, Ich, Selbst und Selbstkonzept ist, dann ist die Suche nach dem neuronalen Korrelat ziemlich sinnlos. Operationalisierte Experimente zu diesen Begriffen treffen den phänomenal erfahrenen Bereich nur näherungsweise, gewissermaßen nur an der Peripherie. Der Bezug zu Befunden beim Affen, dass es „Spiegel-Neurone" gibt, die bei Handlungen, die bei anderen Affen beobachtet werden, aktiv sind, erscheint hier nicht sehr weiterführend zu sein (Rizzolatti u. Craighero 2003). Diese Neurone können auch die Grundlage für die „Theory of mind" bilden, ein Konstrukt, das die Fähigkeit kennzeichnet, sich in das Erleben von Figuren in erzählten und gezeigten Geschichten hineinversetzten zu können. Für diese Funktionen sollen auf makroanatomischer Ebene der mediale frontale Kortex, der linke superiore temporale Sulcus und der linke inferiore Parietallappen zuständig sein (Frith u. Frith 2003). Es fragt sich, welche Funktion im Detail in diesen Gehirngebieten repräsentiert ist.

Das Selbstkonzept muss wohl eher als multilokal repräsentiertes neuronales Aktivitätsmuster realisiert sein.

4.3.4 Fazit – der Homo neurobiologicus ist eine Fiktion

Die experimentelle Hirnforschung beschreibt also letztlich den Menschen als eine determinierte biomolekulare Maschine (homo neurobiologicus, Roth 2003, S. 560). Die gegenwärtige interdisziplinäre Gehirn-Geist-Debatte zeigt von Seiten der Neurobiologie Defizite an Methodenkritik und Mängel an sprachlicher und argumentativer Präzision. Vereinfachende Lokalisationen von psychischen Funktionen, unzulänglich tragfähige Erklärungen und Überinterpretationen im Sinne des physikalischen Determinismus sind die Folge. Für die „Psychowissenschaften" wie die Psychologie, die Psychiatrie oder die Psychosomatik, scheint daher neben ihrer neurobiologischen Ausrichtung auch ein eigenständiger Weg der Theoriebildung sinnvoll zu sein, der die neuere theoretische Psychologie und die Systemwissenschaft berücksichtigt. Gerade die naturwissenschaftliche Systemforschung ermöglicht einen neuen Brückenschlag zwischen den an der Gehirn-Geist-Debatte beteiligten Disziplinen.

Das Bild des Homo neurobiologicus steht im Gegensatz zu dem integralen und doch mehrdimensional-vielschichtigen „bio-psycho-sozialen" Menschenbild, das die Psychiatrie präferiert. Seit den grundlegenden Konzepten von Gehlen, Gadamer und Vogler und den psychiatrischen Arbeiten von Schipperges, Kisker, Lauter, Bochnik oder Emrich zeigen sich in der Medizin bzw. Psychiatrie im Bereich der Philosophie und Anthropologie allerdings nur wenige Weiterentwicklungen (vgl. Blankenburg 1983, Schmidt-Degenhard 2003). Es ist daher an der Zeit, dass die Psychiatrie wieder intensiv darstellt, dass das (auch leibliche) personale Selbst den individuellen Menschen ausmacht (Fuchs 2000), dass „Menschen nicht Gehirne ohne Körper" (Fuchs 2003) und dass sie in eine Umwelt eingebettet sind („Ökologie des Gehirns", Fuchs 2003).

Nachdem nun grundlegende methodologische Probleme der Gehirn-Geist-Debatte und entsprechender Reduktions- und Substitutionsprojekte erörtert worden sind, und darüber hinaus die Definitionsprobleme von Schlüsselbegriffen der Philosophie des Geistes und der phänomenologischen Psychologie herausgearbeitet worden sind, steht die Debatte des freie Willens an. Aufgrund der obigen Erörterungen ist es aber sinnvoll, dies nicht unter der Rubrik der Gehirn-Geist-Debatte zu diskutieren, sondern dies erst nach Darstellung der Situation in der Psychologie vorzunehmen. Die

Kritik muss sich nämlich stärker auf psychologische Kategorien stützen, als auf prinzipielle philosophische Argumente.

4.4 Psychologie – die Wissenschaft vom Erleben und Verhalten

Auch die Psychologie zeigte in den letzten Jahrzehnten problematische Generalisierungstendenzen ihrer Ansätze und Befunde in Richtung Menschenbild, sodass auch dieses Thema zunächst diskutiert werden muss.

Aktuell strebt die Psychologie nach Begründungen durch die Neurobiologie und reduziert ihre Forschungsfragen auf kognitive Prozesse, sodass immer häufiger statt von Psychologie von „kognitiver Neurowissenschaft" die Rede ist. Im Gegensatz dazu soll hier der Nutzen eines klassischen Ansatzes in der Psychologie erörtert und die systemische Perspekitve skizziert werden.

Zur Vereinfachung werden im Folgenden die Bezeichnungen „Psyche" und „Seele" als gleichbedeutend verwendet. Nach Lersch kann die Psyche bzw. Seele folgend charakterisiert werden (Lersch 1954): „Das Seelische ist das zur Wachheit des Erlebens gelangte Leben". Hubert Rohracher sah in der Psyche „...die bewussten Vorgänge und Zustände ..." (Rohracher 1971). Die Psyche ist somit jene Entität, die als Fähigkeit, wach zu sein und Information aufzunehmen, zu verarbeiten und abzugeben charakterisierbar ist. Spezifische Bestandteile dieser Reaktionsbereitschaft in ihrer indivduellen Konstellation werden als *Persönlichkeit* bezeichnet.

Damit ist der Begriff (bewussten) „Erlebens" ganz zentral und es hat sich die Definition von Psychologie als die *Wissenschaft des Erlebens und Verhaltens* eingebürgert (Dörner u. Selg 1996).

Das grundlegende Problem der Psychologie ist, im Gegensatz zur Hirnforschung, dass diese Disziplin ihren Gegenstand – die Psyche – nicht sieht und nicht sichtbar machen kann. Es erscheint daher zunächst konsequent, davon auszugehen, dass die Erfahrungen des erlebenden Subjekts nicht Gegenstand der wissenschaftlichen Psychologie sein können, da empirsche Forschung auf die Außenperspektive angewiesen ist. Wie bereits erwähnt fällt es ideengeschichtlich betrachtet ja schwer, bei phänomenologischen Betrachtungen die Begriffe Empfindung, Anschauung, Wahrnehmung, Gefühl, usw. kategorial eindeutig zu unterscheiden, so dass intersubjektiv nachvollziehbare Konstruktionen vorgelegt werden können. Der naturwissenschaftliche Ansatz von Wilhelm Wundt als Begründer der experimentellen Psychologie war daher historisch folgerichtig. Die prospektive Bedeutung der Hirnforschung für das Verständnis psychischer Prozesse war allerdings ebenfalls im 19. Jahrhundert bereits klar und wurde auch von Sigmund Freud betont, der neurowissenschaftliche Arbeiten angefertigt und bis zum Ende seines Lebens gehofft hatte, dass die Neurowissenschaften seine tiefenpsychologischen Konstrukte und Konzepte belegen würden (Guttmann u. Scholz-Strasser 1998).

Allerdings wurde die Psychoanalyse in den 1970er bis 1990er Jahren als hermeneutisch-deutende Disziplin überstrapaziert, was zu einem Psychologismus führte, in dem jedes Verhalten, ohne „wenn" und „aber", auf eine Beziehungsstörung in der Kindheit zurückgeführt wurde. Mittlerweile ist die allgemeine, universitäre Psychologie so „wissenschaftlich" geworden, dass die „Seele" oder „Psyche" für sie kein relevantes Thema mehr ist. Bemerkenswert ist allerdings, wie die neuere Neuropsychologie wieder zeigt, dass es „unbewusste" cerebrale Vorgänge gibt, die sich in bildgebenden Verfahren und elektrophysiologischen Techniken nachweisen lassen. Dies mag ein Anreiz dafür sein, das Kategorien-Gerüst der Psychologie wieder zu erneuern. Diese Aspekte sollen hier vertieft werden.

4.4.1 Psychologie ohne Seele – die behavioristische „Black-Box-Perspektive"

Die erwähnte Problematik der scheinbar uneingrenzbaren Vielfalt von möglichen inneren psychischen Zuständen, wie sie etwa im Rahmen der Philosophie des deutschen Idealismus diskutiert wurde, hat dazu geführt, dass in der Psychologie ein breiter Boden für eine minimalistische Beschreibung des Verhaltens bereitet wurde. Es ist dies vor allem die *Black-Box-Perspektive* des Behaviorismus, die davon ausgeht, dass innenweltliche Zustände und Prozesse real sind, aber nicht Gegenstand wissenschaftlicher Untersuchungen sein können. Zulässig seien hingegen Beschreibungen und Analysen von *Reiz-Reaktions-Zusammenhängen*.

Es entspricht auch der Alltagserfahrung, dass wir nichts von dem Innenleben einer anderen Person wissen, es sei denn sie berichtet davon. Diese puristische Perspektive ist für Forschungsanliegen durchwegs eine wichtige Ausgangsposition, die auch in manchen klinischen Situationen, also vor allem bei den ersten Begegnungen mit dem kranken Menschen hilfreich ist, um eventuelle eigene Vorurteile zu minimieren. Darüber hinaus erlaubt es auch – und das ist das unbestreitbare Verdienst dieses Ansatzes – tierexperimentelle Modelle für das menschliche Verhalten zu entwickeln. Vom behavioristischen Standpunkt aus kann die jeweilige Verhaltensweise, die es zu betrachten gibt, aus den lerntheoretisch begründeten Verstärkermechanismen her abgeleitet werden. Hier genügt es dazu festzustellen, dass die *Effekte des Verhaltens* eine *Disposition* für das *Wiederauftreten* des *Verhaltens fördern* oder *hemmen* oder eben *wirkungslos* sind. Dies entspricht dem Prinzip des *Lernens am Erfolg*.

In diesem Sinne hat sich allerdings auch in der Psychologie ein reduktionistisches Menschenbild etabliert. Es ist vor allem durch die Arbeiten des Behavioristen Frederik Skinner geprägt. Sein Buch „Beyond Freedom and Dignity" (Skinner 1982) und die entsprechenden Aufsätze gehen aufgrund von Tierexperimenten davon aus, dass der Mensch durch *Belohnungserfahrungen* in seinem *Verhalten determiniert* ist und dass Verhaltensstörungen fehlgelerntes Verhalten sind, das therapeutisch umgelernt werden kann. Viele eindrucksvolle Tierexperimente des operanten Konditionierens (Lernen am Erfolg), wie „tanzende Tauben", die bei „Tanzschritten" zur Verstärkung Futterpillen bekamen, stützen diese These. Dennoch stellt sich die naheliegende Frage, ab welcher Menge und Art an Misserfolgserfahrung ein Mensch sein Bemühen um ein Ziel einstellt. Gerade Versagenserfahrungen können bei einer Vielzahl von Menschen stimulierend wirken, dennoch einen Weg zu finden, um ihr Ziel zu erreichen.

Für die Therapie ist auch das „Umlernen" ein wichtiges Leitprinzip. Dabei bleiben die „inneren Faktoren", die das Verhalten steuern, im Prinzip explizit unberührt. Nur wenn der Patient es wünscht, können innenweltliche Faktoren, also etwa traumatisierende Erfahrungen, thematisiert und in die Therapie eingebracht werden.

4.4.2 Kognitions- und Emotionspsychologie

Der Behaviorismus versuchte seine Psychologie nur durch Reiz-Reaktions-Beziehungen aufzubauen. In vielen Bereichen der angewandten Psychologie, insbesondere im Gebiet der klinischen Psychologie musste jedoch bereits in den 1970er Jahren eingeräumt werden, dass der Bereich der kognitiven Prozesse von großer Wichtigkeit ist (Neisser 1967). Diese „kognitive Wende" der Psychologie hält bis heute an. In den letzten Jahren wurde die Bedeutung von *Emotionen* wieder stärker in den Vordergrund gerückt. Aktuell hat paradoxerweise die Neuropsychologie durch die bildgebenden Verfahren gezeigt, dass die Black-Box nicht leer ist und dass viele Konstrukte der phänomenologischen Psychologie, wie das Selbst, durchwegs hirnorganische Korrelate aufweisen. Sogar die Existenz „unbewusster Erlebnisverarbeitung"

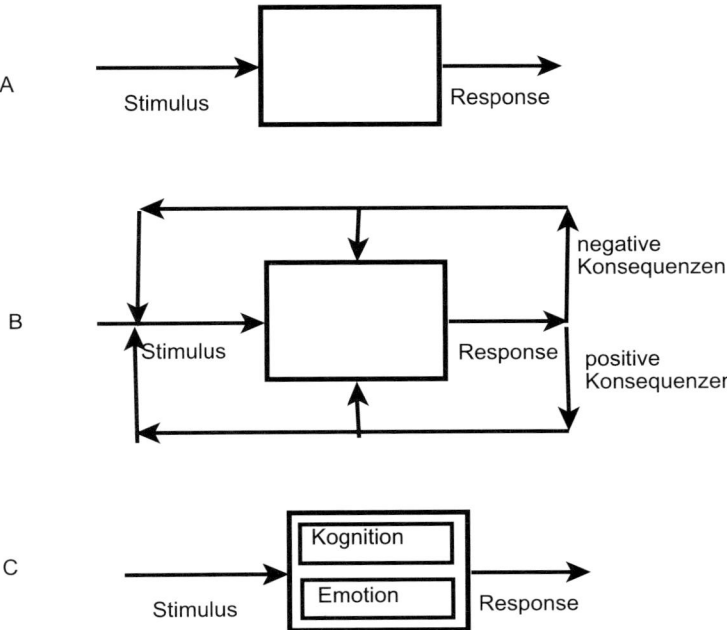

Abb. 4.20: *Differenzierung der Innenwelt der Psyche als „Black Box" und das äußere Bedingungsgefüge des Befindens bzw. der Verhaltensdispositionen. (A) Aus der Sicht des Reiz-Reaktions-Konzepts, (B) im Rahmen des Konzepts des operanten Konditionierens (Lernen am Erfolg), (C) mit weiteren Differenzierungen der Black Box in Prozesse und Zustände der Kognition und Emotion.*

bzw. die „unbewusste Informationsverarbeitung" ist neurobiologisch belegt (Foerstl et al. 2005). Vor allem Damasio hat die Bedeutung der emotionalen Ebene im Erleben und im Gehirn eindrücklich dargestellt (Damasio 1994, 2000). Das bedeutet, dass eine Revision der simplifizierten Psychologie in Richtung einer kategorial differenzierteren Systematik ansteht. Es geht um nichts geringeres als um eine integrative „allgemeine Psychologie".

4.4.3   Kritik an der Black Box-Psychologie – Differenzierung der Innenwelt

In der Praxis der Psychologie ist es nötig, sich nicht nur auf Emotionen und Kognitionen, sondern auf mehrere Kategorien, die psychische Prozesse, Zustände und Funktionen beschreiben, zu stützen. Insbesondere im Bereich der klinischen Arbeit wie der Psychotherapie oder der Psychiatrie ist dies unersetzlich. Es sind dies die Kategorien der klassischen Psychologie wie *Wahrnehmung, Denken, Gedächtnis, Gefühle, Motivation, Aufmerksamkeit, Antrieb* usw. Diese Kategorien helfen, das psychische Geschehen aus der Innenperspektive, wie auch aus der Außenperspektive zu beschreiben, wobei selbstverständlich weitere Differenzierungen erforderlich sind (Rohracher 1971, Müsseler u. Prinz 2002, Spada 2005). Dies zeigen schließlich literarische Beschreibungen von Stimmungen.

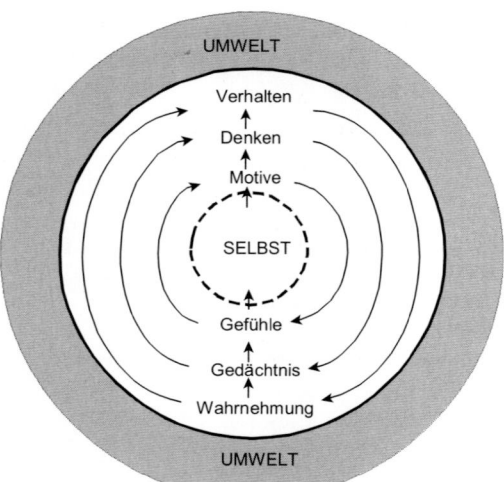

Abb. 4.21: *Ein Zwiebelschalenmodell der Psyche des Menschen - Wahrnehmung (Sensorik) und Verhalten (Motorik) sind bei der Black-Box-Perspektive die „Schnittstellen" zwischen Außenwelt und Innenwelt. Sie erschließen sich der experimentellen Psychologie sehr direkt. Die Vorerfahrungen (Gedächtnis), das Denken und die Gefühle (bzw. Motive, Motivationen) sind für den Außenstehenden nur bedingt zugänglich, das Selbstverständnis ist häufig nur Freunden des betreffenden Menschen nachvollziehbar. Daher sind diese Prozesse und Zustände auch der experimentellen Psychologie schwerer zugänglich.*

4.4.4 Systemische Konzeption des Psychischen – das Ganze ist mehr als die Summe seiner Teile

Unter der Leitidee, dass der psychische Bereich als System konzipiert werden kann, müssen die dieses System konstituierenden Elemente definiert sein. Hier wird in Anlehnung an die bereits genannten Kategorien der Allgmeinen Psychologie wie Wahrnehmung, Denken, Gedächtnis usw. ein theoretisches Rahmenkonzept dargestellt.

Der Umstand, dass die erwähnten Kategorien in einer systemischen Perspektive miteinander wechselwirken, lässt die kategorischen Grenzen in weiche Übergänge transformieren: der jeweilige psychische Zustand ist durch eine bestimmte Konstellation von emotionalen und motivationalen Zuständen, Gedächtnisinhalten, Wahrnehmungen, Gedanken usw. charakterisierbar (Abb. 4.22A) . Die nächste Frage zielt auf die Spezifikation der Beziehungen dieser Variablen untereinander ab (Abb. 4.22B). Zunächst können ohne vertiefte Interpretation diese Beziehugnen als „Wirkungen" begriffen werden, mit aktivierenden und hemmenden Effekten. So kann die Wahrnehmung Gedächtnisprozesse und Gedanken aktivieren und damit Gefühle hemmen, die ihrerseits sonst Motive aktiveren, die in der Folge Verhalten aktivieren usw.

Ein besonderes Problem ist die praxisnahe Konzeptualisierung der Selbstbilder und des Umweltbildes. Die Struktur der *Selbstbildes* und des *Umweltbildes*, das in der Terminologie der Psychoanalyse im Rahmen der Objektbeziehungstheorie von Kernberg als Objektrepräsentanz bezeichnet wird, lässt sich in positive bzw. negative Anteile differenzieren und darüberhinaus auch in abgegrenzte Einheiten von Umwelt und Selbst untergliedern. In der frühen Entwicklung gibt es eine Trennung in „gute" und „schlechte" Anteile der Erfahrung, unabhängig von der Quelle der Erfahrung (Abb. 4.23A). Später, im Kleinkindalter, wird die relevante Trennung zwischen Umwelt und Selbst konstituiert (Abb. 4.23B)

Pathologische Konfigurationen sind beispielsweise die Dominanz negativer Selbstbildanteile bei Depressionen und dissoziierte Repräsentanzen bei schizophrenen Störungen.

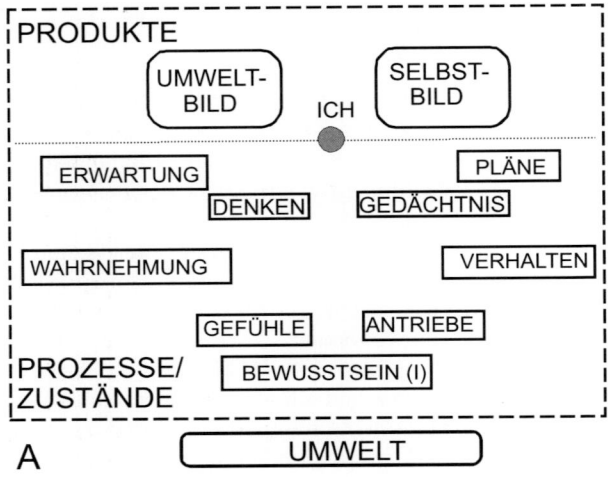

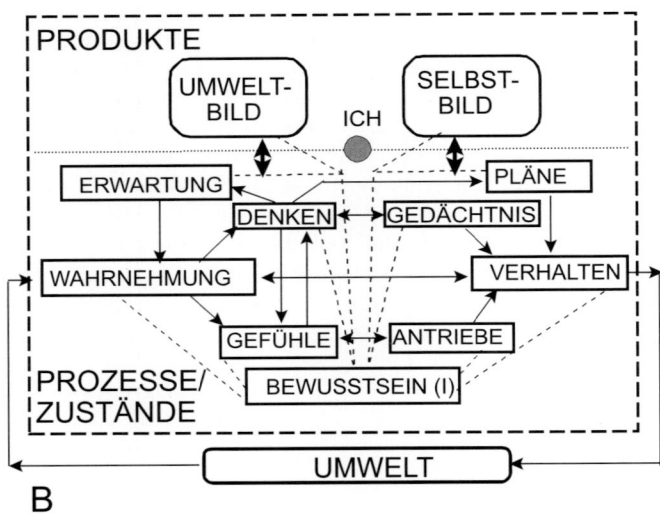

Abb. 4.22: *Schema der „Psyche" als komplexes dynamisches System verschiedener miteinander wechselwirkender Zustände wie Bewusstsein, Erwartungen, Pläne, Gefühle und Bedürfnisse und Prozesse wie Wahrnehmungen, Denkvorgänge, Gedächtnisvorgänge und Verhalten, Produkte (Inhalte) wie Umweltbild und Selbstbild und Operatoren wie das „Ich" (erweitert nach Tretter 1993). (A) Inventarisierung der Komponenten,(B) das Gesamtsystem mit den Interaktionen.*

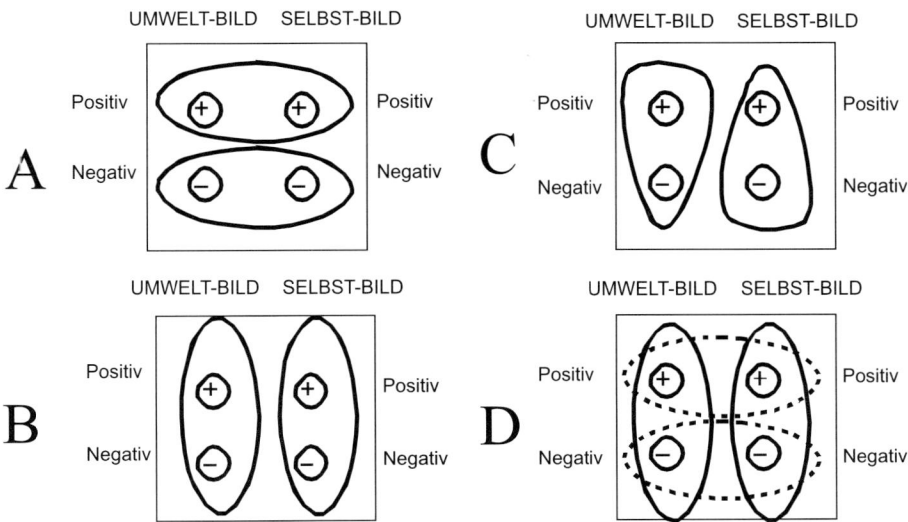

Abb. 4.23: *Struktur des Umweltbilds und des Selbstbilds. In frühen Entwicklungstadien sind die Bilder zunächst nur in positve und negative Bilder differenziert (A). Allmählich entstehen abgegrenzte Bilder von der Umwelt und vom Selbst (B). Bei „neurotischen" Depressionen mit einem Ohnmachts- oder Minderwertigkeitsgefühl überwiegt der negative Anteil des Selbstbildes, bei Überbetonung der positiven Anteile der Umwelt, bei psychotischen (schizophrenen) Konstellationen kann die Bildebene in alle Formen dissoziieren.*

4.4.5 Regelkreis-Konzept der Psyche – „störe meine Kreise nicht"

Aus klinischer Sicht ist darüber hinaus ein Regelkreis-Konzept der Psyche fruchtbar, das diese Prozesse und Zustände in ein Funktionsgefüge einordnet: Wahrnehmungen und Verhalten sind dann äquivalent zu Ist-Werten, während Erwartungen und Pläne als Soll-Werte gelten können. Bei Diskrepanzen zwischen Ist-Werten und Soll-Werten entstehen negative Gefühle, bei fehlenden oder sich reduzierenden Diskrepanzen treten positive Gefühle auf (Abb. 4.24, Tab. 4.4). Vergangene Ist-Werte (WAR) und mögliche Ist-Werte (KANN) sind konzeptuelle Ergänzungen, die als Referenzwerte das Verhalten steuern. Eine Ausarbeitung dieses Konzepts wäre zur besseren Erfassung dynamischer Aspekte nötig.

Dieses Konzept ist dem Konzept von Grawe (2004) sehr ähnlich. Grawe sieht die funtionelle Struktur der Psyche so gestaltet, dass eine *Bedürfnisebene* die Dynamik der Prozesse entscheidend prägt. Die Bedürfnisse bestehen im Streben nach *Lustgewinn*, nach *Orientierung* und *Kontrolle*, nach *Bindung* und nach *Selbstwerterhöhung* (Abb. 4.25).

Damit verbunden sind *motivationale Schemata* als Verhaltensmuster, die ein *intentionales* Schema, ein *Vermeidungs-Schema* und im *Störungsfall* ein *Konflikt-Schema* aufweisen. Auf der *Realisierungs-Ebene* zeigen sich *Störungen* als *Inkonsisten-*

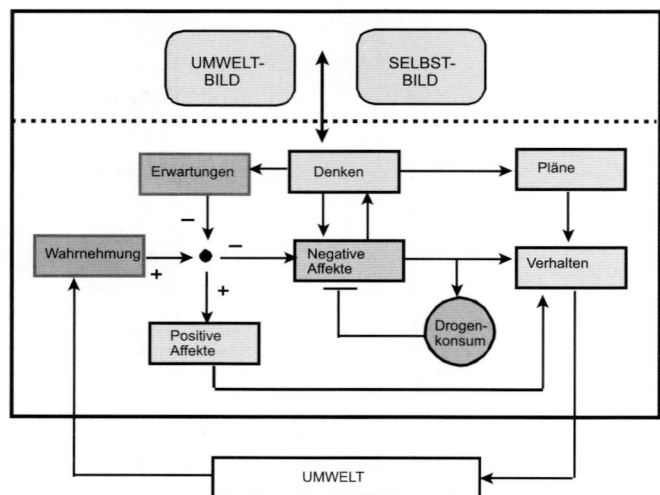

Abb. 4.24: *Regelkreis-Konzept der Psyche. Wahrnehmungen und Verhalten als Ist-Werte werden mit den Soll-Werten in From von Erwartungen und dahinter liegenden Plänen miteinander verglichen. Bei Diskrepanzen treten negative Affekte auf, die dann Denkprozesse und Erinnerungsprozesse anstoßen, die zu Modifikationen des Verhaltens bzw. der Pläne und der damit verbundenen Erwartungen führen können. Bei Fehlen von Diskrepanzen gibt es positive Affekte und das Verhalten wird bekräftigt.*

Tab. 4.4: *Psychische Funktionen im Regelkreis-Konzept.*

Bewusstsein: (a)Wachheit, Aufmerksamkeit, (b) Wissen, Gewahrsein, (Bewusstseinsinhalt)
* Auch die Kategorie Unbewusst hat als gegenwärtig nicht-bewusster Prozess seine Bedeutung nicht verloren.

Wahrnehmung: Aufnahme von Information, Erfahrung (IST)
Erwartung: Extrapolation in die Zukunft, Orientierung (SOLL),
⇒ Maximierung von Orientierung

Denken: Analyse und Synthese von Erfahrungen (Die Essenz vom „IST", KANN, SOLL)
Gedächtnis: Speichern der Erfahrung (IST, WAR)

Gefühle: Bewertungen (IST), ⇒ Maximierung von Lust
Bedürfnisse: Antriebe nach Sollwerten (SOLL)

Pläne: Absichten, Programme (SOLL)
Verhalten: motorische Ausführungen, Handlungen (IST),
⇒ Maximierung von Kontrolle

Umweltbild: Repräsentanz der Umwelt (⇒ Maximierung von Bindungen)
Selbstbild: Repräsentanz des Selbst (⇒ Maximierung der positiven Anteile)

IST = Ist-Werte, SOLL = Soll-Werte, KANN = fiktional mögliche Ist-Werte, WAR = vergangene Ist-Werte, die als KANN oder SOLL als Referenz wirken

154

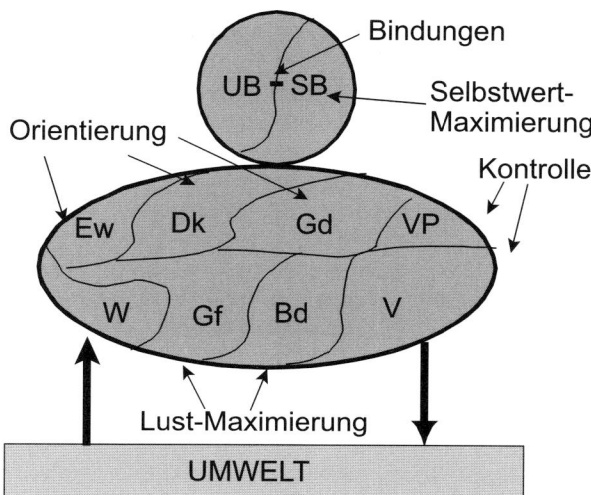

Ew = Erwartungen, W = Wahrnehmungen, VP = Verhaltenspläne, Gf = Gefühle, Bd = Bedürfnisse, Dk = Denkvorgänge, Gd = Gedächtnisvorgänge V = Verhalten, UB = Umweltbild, SB = Selbstbild

Abb 4.25: Die Psyche als System und Regelkreis: Die Sollwerte als Bedürfnisinhalte wie Bindung, Orientierung, Kontrolle, Selbstwertmaximierung und Lustmaximierung.

zen (Brüche) und zwar mit der Außenwelt in Form von *Kongruenz-Defiziten* (geringe Deckungsgleichheit) und mit der *Innenwelt* als *Konkordanz-Defizite* (Stimmigkeitsmängel).

Insgesamt prägt das *Inkongruenzniveau* das Ausmaß der Störung und kann als allgemeine Diskrepanz zwischen Ist und Soll verstanden werden.

Wenngleich bei den eben dargestellten Konzepten und Modellen noch erheblicher Klärungsbedarf besteht, ist doch davon auszugehen, dass in den nächsten Jahren die systemische Konzeption in der Psychologie eine breitere Basis bekommt. Entsprechende Vorarbeiten sind bereits von Hebb (1975), zuletzt aber vor allem beispielsweise von Norbert Bischof (1985,1998), Dietrich Dörner (1999, 2005), Jürgen Krisz (1999) oder Peter Becker (1982, 1995), Klaus Grawe (2000) und insbesondere von Günter Schiepek (1991; Strunk u. Schiepek 2006) und auch vom Autor (1993, 2004b) geleistet worden.

In einem systemischen Konzept, das vor allem auf die Prozessstruktur abhebt und damit mit den Begriffen Programm, Software, Prinzip, Ordnung usw. verwandt ist, hat die Psyche nicht mit einer „res" wie bei Descartes (1644, 2005) zu tun, auch wenn Descartes die res cogitans abstrakt definiert hat. Die Psyche kann in regeltheoretisch-systemischer Sicht als das belebende Prinzip verstanden werden, das im Sinne der Entelechie von Aristoteles sein Ziel in sich trägt.

4.4.6 Der „bedingt" freie Wille – Bedingungsgefüge des intentionalen Verhaltens

Die Freiheit des Willens besteht in der Einsicht in die Möglichkeiten.

Der Wille eines anderen ist, so eng er auch mit Prozessen in seinem Gehirn verbunden ist, eben doch von Außenstehenden nicht vollständig zu entschlüsseln und damit auch nicht objektiv gegeben.
Was bedeutet es dann aber noch zu behaupten, Verhalten in einer offenen Zukunft sei in Wirklichkeit doch vollständig determiniert? Determiniert für wen? Für suprakosmische Wesen? Für uns eher nicht.
(Gierer 2005, S. 146/147)

Freier Wille

Nachdem nun eine Skizze einer systemischen Psychologie erstellt wurde, stellt sich die Aufgabe, wie eine der aktuellen anthropologischen Grundfragen nach der „Freiheit des Willens" gemäß dieser Sichtweise behandelt werden könnte.
Das Konstrukt des „freien Willens" stützt sich zunächst stark auf die Selbstbeobachtung. Das Erleben der Willensfreiheit ist im Wesentlichen die Erfahrung des „So-aber-auch-anders-Könnens". Es ist die Freiheit von Zwängen, die Möglichkeit der Ambivalenz und die Hemmung von Handlungsimpulsen. Auch die Fremdbeobachtung, dass andere Menschen sich nicht wie erwartet verhalten, stützt das Konstrukt „Freiheit des Willens".
Die funktionelle Organisation von Entscheidungen und Willenshandlungen wurde von der Psychologie z.B. von Heckhausen und von Prinz untersucht (Heckhausen 1989, Prinz 2003). Es zeigten sich dabei empirisch gestützt, komplexe Prozesse wie die Ergebniserwartung usw., die den Handlungsablauf und die vorgelagerten Entscheidungsprozesse steuern.
Dem gegenübergestellt ist die *neurobiologische Aussage*, dass es keinen freien Willen gibt und dass das, was wir als freien Willen erleben, eine Illusion unseres Kortex ist, der die Handlungen, die die subkortikalen, sogenannten Stammganglien, initialisieren und steuern, nur im Nachhinein kommentieren kann (Singer 2006b, Prinz 2003, Roth 2006). Dies hat besonders gravierende Konsequenzen für das Menschenbild.

Die neurobiologischen Experimente von Libet

Hirnforscher wie Singer und Roth sind vor allem aufgrund der Experimente von Libet überzeugt, dass es keine Freiheit der Willensbestimmung gibt (Singer 2006a,2006b, Roth 2006, Roth u. Grün 2006): Das bewusst erlebende Subjekt wäre vorprogrammiert und könne abgelaufene Handlungen nur ex post kommentieren und würde die Handlung fälschlicherweise dem eigenen Willen kausal zuschreiben. Die Experimente von Libet zu willentlich gesteuerten Handlungen würden zeigen, dass das elektrophysiologisch registrierbare Bereitschaftspotenzial etwa 300 msec vor der bewusst erlebten Handlungsauslösung auftrete (Libet et al. 2000, Libet 2004, 2005).

Dass mit dem freien Willen andere psychische Prozesse gemeint sind, als motorische Handlungsbereitschaften oder banale links-rechts-Entscheidungen, und dass deshalb derartige Experimente nur die *exekutiven Komponenten* der *Regelkreise von Willenshandlungen* abbilden, wird in der Hirnforschung kaum beachtet. Auf diesen Punkt haben Pauen (2005, 2006) und Herrmann et al. (2005), aber auch Libet selbst (2004,2005) bereits hingewiesen. Diese Relativierungen ergeben sich sofort, wenn man von einem systemischen Konzept der *Ablaufstruktur psychischer Prozesse, Zustände und Funktionen*, wie sie beispielsweise die psychologische Handlungstheorie bietet, ausgeht (Heckhausen 1989, Jungermann et al. 1998, Goschke 2002). Bei psychologischen Experimenten ist darüber hinaus grundsätzlich die *Lernphase* und die *Testphase* zu unterscheiden. Wenn also in der Testphase der Experimente, wie sie von Benjamin Libet zum „freien Willen" durchgeführt wurden, Bereitschaftspotentiale abgeleitet werden, so sind diese Signale möglicherweise auch nur allgemeine Signale der für das Experiment gelernten Bereitschaft zu handeln bzw. gelernte Verhaltensmuster umzusetzen. Sie repräsentieren letztlich sogar den Willen des Versuchsleiters, dass der Proband die experimentelle Aufgabe erfüllt. Demnach bilden die Experimente von Libet vermutlich nur die *Exekutivphase* von Willenshandlungen ab (Goschke 2006, Libet 2004, 2005). Die begrenzte Aussagekraft der Methoden und des Settings dieser und ähnlicher Experimente ist neuerdings ausführlich bei Pauen (2004) und Herrmann et al. (2005), aber auch von Libet selbst (2004, 2005) dargelegt worden. Die Experimente von Libet, so stimulierend sie Intellektuell auch sind, tangieren daher die (psychologisch-psychiatrische) Anthropologie keinesfalls in der Weise, wie es Neurobiologen glauben. Außerdem überrascht es auch seit Freud nicht, dass der freie Wille so frei nicht ist, wie er zu sein scheint – es kann nur vom „bedingten" freien Willen die Rede sein (Goschke 2006).

Willenshandlungen aus systemischer Sicht

Nach dem hier vorgestellten systemischen Schema psychischer Prozesse ist gut einsehbar, dass eine willentlich initiierte Handlung auf vielfältigen innerpsychischen Prozessen beruht. Die Handlungspsychologie (Goschke 2002) und Entscheidungspsychologie (Jungermann et al. 1998) haben eine Vielzahl von experimentell gestützten Konzepten vorgestellt. Am bekanntesten ist das Handlungsmodell, das auf Heckhausen (1989) zurückgeht. Es berücksichtigt als das „Handlungs-Ergebnis-Folgen-Modell" den Stufenverlauf bei Entscheidungsprozessen und berücksichtigt mehrere interdependente Faktoren: Vom Bedürfnis ausgehend wird über Kognitionen eine Ergebnis-Situation antizipiert, deren Folgen emotional und kognitiv evaluiert werden. Im Rahmen von Echtzeit-Betrachtungen ist zunächst grundlegend bei Willensakten begrifflich zwischen Phasen des *Intendierens*, des *Antizipierens* der Effekte, des *Präferierens, Entscheidens* und *Handelns* klar und experimentell-operationalisiert zu unterscheiden (Goschke 2006). Diese Prozesse und Zustände laufen *seriell* und *parallel* zueinander ab. Willenshandlungen sind darüber hinaus empirisch-psychologisch betrachtet *zielorientierte Handlungen*, mit kognitiv-emotionalen Prozesse des *Dafürs* und des *Dagegens* der jeweiligen Handlungsalternative. Dem unterlagert sind aktuelle Motivationszustände. Entscheidungen sind demgemäß auch von langen Phasen der Ambivalenz und Insuffizienz geprägt. Das bedeutet, dass das Verhalten einen Schwellencharakter hat und damit nicht einfach additiv-linear verschaltet ist – es ist ein „diskretes Ereignis.

Zur Frage der Konditionen der Willensbildung lässt sich wegen der Kombination der genannten Faktoren und der Gewichtung ihrer Einwirkung auf das Verhalten das Resultat, empirisch schwer vorhersagen – was in einer bestimmten Situation im Endeffekt herauskommt, ist ungewiß. Damit ist das willentliche Handeln schwerlich im „starken" Sinne „determiniert". Es ist vielmehr so, dass das Ich die gesamten Erfahrungen und die Wahrnehmungen der Situation und die Erwartungen in seine gedanklichen Überlegungen mit einbezieht, sodass eine komplexe Erlebenssituation eintritt.

Vereinfachend kann die *systemische Bedingungsanalyse* gemäß der im vorigen Abschnitt erläuterten Systematik am *Verhalten* begonnen werden, wobei sich die funktionelle Organisation der Bedingungen empirisch darin begründet, dass das Verhalten von *Antrieben* und von hemmenden *Verhaltensplänen* gesteuert ist – süchtige Antriebe (Bedürfnisse) werden beispielsweise durch den antagonistisch wirksamen, verhaltenshemmenden Abstinenzplan gehemmt. Je nach „Kräfteverhältnis" dieser beiden Faktoren tritt eine hohe Anspannung und letztlich das Verhalten auf oder nicht (Tretter 2004a).

Weniger das Initiieren einer Handlung als einen von inneren oder äußeren Anreizen getriebenen Prozess, sondern das *Unterlassen der Handlung* durch Überlegung, also das kognitiv bestimmte *Hemmungsvermögen*, zeichnet daher den Menschen aus. Es ist die „beschränkte" Freiheit, Reflexen und Automatismen angesichts der antizipierten Handlungsfolgen entgegen wirken zu können und ihnen nicht ganz ausgeliefert zu sein oder sie eben bewusst ablaufen zu lassen. Das Hemmungsvermögen kann u.a. experimentell mit dem Stroop-Test operationalisiert werden, der kognitive Interferenzen prüft, indem in sich widersprüchliche farbige Texte, in denen etwa das Wort „grün" in roter Schrift präsentiert ist, vorzulesen sind. Darauf hat Goschke (2006) hingewiesen. Die Hemmungsfähigkeit entspricht auch der Struktur des Konstrukts der „Freiheitsfähigkeit", wie es Heinz Bochnik im Rahmen seiner psychiatrischen Anthropologie der Sucht formuliert hat (Bochnik et al. 1991). Defizite beim Aufbau der Hemmung oder eine zunehmende Entkopplung der Hemmung oder eine starke Hemmung der Hemmung (Disinhibition; z.B, durch Alkoholwirkung) sind die funktionellen Mechanismen der pathologischen Handlungssteuerung. Handlungssteuerung und Willensprozesse beruhen also auf *komplexen Konstellationen* von *hemmenden* und *aktivierenden Mechanismen*, die teils bewusst und teils unbewusst ablaufen und gewissermaßen auf das zu regelnde Verhalten konvergieren. Das Netto-Ergebnis bedingt das Auftreten oder Nicht-Auftreten des Verhaltens, wie dies am Suchtverhalten einsehbar ist: Sowohl ein starker süchtiger Antrieb, gemeinsam mit einer etwas schwächeren Hemmung, wie auch ein schwacher Antrieb, kombiniert mit einer sehr schwachen Hemmung, können das Verhalten auslösen. Es stellt sich also die neurobiologische Frage nach dem lokalisatorischen „Wo" und dem prozessualen „Wie" der *Hemmungsfähigkeit* im Gehirn (s. Abb. 4.26).

Dass also aktuelle Entscheidungen und Willenshandlungen von unbewussten antezedenten Erfahrungen mit gesteuert sind, ist aus psychologischer Sicht trivial. Beinahe jeder Mensch wird aus der Erfahrung (Erste-Person-Perspektive) der Ambivalenz bei Willensentscheidungen zustimmen, dass der freie Wille nur als ein „beding-

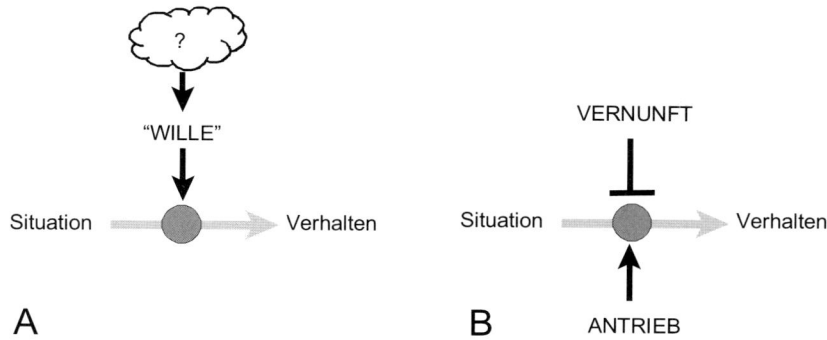

Abb.4.26: *Die Einwirkung des „Willens" auf das Verhalten und die Unklarheit über die den Willen „determinierenden" Hintergrundsfaktoren (A). Verhalten als Resultante von aktivierenden und hemmenden Einwirkungen im systemtheoretischen Sinne der „antagonistischen Konvergenz" (B).*

ter" freier Wille (Goschke 2006) verstanden werden kann. Die *Ko-Determiniertheit* willentlicher rationaler Handlungen durch aktuell unbewusste Faktoren hat auch Sigmund Freud vor beinahe 100 Jahren festgestellt (Freud 1992). Auch er ging von einem Modell aus, das systemtheoretisch gesprochen eine „antagonistische Konvergenz" aufweist, in dem die aktivierenden Antriebe (Es) und die kontrollierende und damit hemmende Vernunft (Über-Ich) auf das Ich einwirken, das die Entscheidung treffen muss: „Go oder No-go!" Die spannungsvolle Aufgabe für das Ich besteht also darin, zwischen den normativen Ansprüchen des Über-Ich und den triebhaften Impulsen des Es und der externen Realität zu vermitteln. Schließlich hat auch Karl Marx betont, dass soziales Sein das Bewusstsein bestimmt (Marx 1974). Dass trotzdem kein fatalistischer Determinismus angezeigt ist, hat bereits Freud betont, indem er hervorhob, dass es Anreize zur, ggfs. therapeutisch gestützten, Persönlichkeitsentwicklung gibt: „Wo Es war, soll Ich werden".

Bezieht man das bisher Gesagte aufeinander, dann ist das moderne „bio-psycho-soziale Modell" vom Bedingungsgefüge des Verhaltens und der Verhaltensstörungen und von Gesundheit und Krankheit, wie es in Grundzügen von George Engel (1977) vorgestellt wurde, weiterhin in klinischen Handlungsfeldern sowohl theoretisch wie auch praktisch als Leitkonzept zweckmäßig.

4.4.7 Fazit zur Psychologie – auf dem Weg zur systemischen Perspektive

Die Psychologie hat in ihrer Verpflichtung zur Wissenschaftlichkeit und zum Empirismus den Gesamtumfang ihres Gegenstandes vernachlässigt und sich nur auf das Messbare konzentriert. Dies hat zur Verabsolutierung der Black Box-Psychologie geführt. Darüber hinaus hat sich die Psychologie verstärkt der Neurobiologie zugewandt. Vor allem in Anwendungsbereichen der Psychologie hat sich aber gezeigt, dass eine Psychologie ohne Kategorien, die über „Kognition" und „Emotion" hinausgehen, keinen großen Nutzen bringt, selbst wenn man statt dessen von kortikalen oder limbischen Prozessen spricht. Im Gegensatz dazu ist die Reaktivierung der klassischen Psychologie sinvoll. Das zeigt sogar paradoxerweise die Neurobiologie mit ihren Daten zu „unbewussten" höheren Gehirnprozessen. Darüber hinaus ergibt sich das Erfordernis zu einer theoretischen Psychologie, die sich an der Systemtheorie orientieren kann. Einige Hinweise in dieser Richtung konnten auch hier gegeben werden. Das Bild der konditionierten Ratte ist nur begrenzt auf den Menschen anwendbar. Dies lässt sich unter anderem an Schwächen der neurobiologischen Theorien der Willenshandlungen erkennen, wodurch das Menschenbild weniger erschüttert wird als von manchen Neurobiologen behauptet. Damit wird auch deutlich, dass die Selbstorganisation und Selbstregulation des Menschen ein zentraler Bereich für das Verständnis des menschlichen Handlens ist.

4.5   Homo sociologicus

Soziales Sein
bestimmt das Bewusstsein
(verändert, nach Marx 1974)

Die Soziologie war in Deutschland eine Art Leitwissenschaft der 1970er und 1980er Jahre. Die Bedeutung der sozialen Welt für die Entfaltung des Menschen wurde zu jener Zeit teilweise extrem hervorgehoben. Im Gegensatz dazu ist gegenwärtig der sozialwissenschaftliche Forschungsansatz ziemlich bedeutungslos. Das zeigt sich beispielsweise auch in der Epidemiologie oder der Randständigkeit der Medizin- und Gesundheitssoziologie. Das ist einerseits durch die Veränderung der politischen Weltlage, in der nicht mehr unterschiedliche Gesellschaftssysteme miteinander konkurrieren, andererseits auch ganz einfach durch die gehobene Sprache und die Form der Argumentation vieler Soziologen bedingt, sodass diesem Fach die breite Akzeptanz verwehrt war. Diese randständige Rolle der Soziologie wird durch die latent gesellschaftskritische Haltung dieses Fachs noch verschärft. Bemerkenswert ist auch, dass soziologische Erkenntnisse gerne punktuell in politische Legitimationsdiskurse eingebunden werden. Letztlich ist die Soziologie zur Diagnose der Gegenwartsgesellschaft unumgänglich, wenngleich für die Soziologie ebenso wie für die Volkswirtschaftslehre das methodische Problem besteht, keine randomisierten kontrollierten Studien mit Gesellschaften bzw. Volkswirtschaften durchführen zu können. Wegen der Bedeutung der Soziologie für eine Ökologie der Person werden hier deshalb einige Aspekte dieses Fachs hervorgehoben.

4.5.1   Soziologie als Wissenschaft – Gesellschaft als ein Text

Die Soziologie ist eine der Wissenschaften vom Menschen, und zwar von Menschen als Kollektiv in Form der *Bevölkerung* oder der *Gemeinschaft* und als Wissenschaft von der *Gesellschaft* in Form des Systems der interpersonellen Regeln (Korte 2004).

Die Soziologie der letzten Jahrzehnte ist also mit den das Individuum übergreifenden Systemaspekten des Menschen befasst. Die Soziologie untersucht vor allem Regelungen, Rollen, Normen, Werte, Wissen, Glauben und ihre Einflüsse auf die Menschen und die Institutionen Der Theoretiker Niklas Luhmann hat die Soziologie sogar den Kommunikations- bzw. Kognitionswissenschaften zugeordnet. Das stimmt mit dem Ansatz überein, wie ihn etwa Richard Harvey Brown vertritt, der Gesellschaft als „Text" definiert (Brown 1987, 1989). Andere Autoren sprechen von „Erzählungen" oder von „narrativen Texten", die letztlich Gesellschaft ausmachen (Lyotard 1986, 1987). Die Einsicht in die Besonderheiten der sozialen Sphäre hat bereits John Stuart Mill betont, der die Eigengesetzlichkeit sozialer Beziehungen, etwa im Sinne der Nützlichkeits-Maxime betonte (Mill 1863, 2006). Einer der Begründer der Soziologie als Wissenschaft, Max Weber, forderte, dass Gesellschaftliches durch Gesellschaftliches zu erklären sei (Weber 1984). Er betonte auch, dass soziales Handeln durch *Sinn* bestimmt sei. Damit wurde die einfache Vorstellung, dass *Gemeinschaft* mit *Gesellschaft* gleich zu setzen sei, aufgegeben.

Die Bedeutung von *Gesellschaft als Regelsystem* muss deshalb hervorgehoben werden. Das kann man sich gut an einem Verein verdeutlichen: Man kann im Gespräch mit Freunden feststellen, dass es für die Erreichung eines Zieles gut wäre, einen Verein zu gründen, mit einer schriftlichen Satzung, mit Zielfestlegungen, Darstellung der Mittel, mit denen die Zielerreichung erfolgen soll und die Struktur der Vereinigung durch Festlegung der Organe und ihrer Wirkungen bzw. Funktionen und Funktionsweisen. Der Verein besteht dann zwar aus personalen Mitgliedern, sie sind jedoch Rollenträger. Im modernen soziologischen Verständnis ist der Verein selbst eigentlich nur die Satzung.

Der Bereich der *empirischen Soziologie* bzw. *Sozialforschung* befasst sich mit allen messbaren Merkmalen der Bevölkerung und versucht nach einzelnen Merkmalen Untergruppen zu definieren. Darauf beruht beispielsweise das 6-stufige hierarchische *Schichten-Konzept* von Gesellschaft, etwa mit einer Schichtung nach Vermögen, Einkommen, Berufen oder Bildung.

Im Rahmen der hier grundlegend gewählten ökologischen Perspektive ist hervorzuheben, dass die Soziologie, bezogen auf den Menschen, eine „Umweltwissenschaft" ist. Dies ist zunächst Thema in der „Mikrosoziologie" und wird hier zunächst grundlegend im Themenkomplex „Individuum und Gesellschaft" bearbeitet. Andererseits sieht die Soziologie heute in ihren extremsten Formen, wie beispielsweise im Rahmen der soziologischen Systemtheorie von Niklas Luhmann, den Menschen als Umwelt und nicht als Element sozialer Systeme. Das ist in Hinblick auf die Elektronisierung unserer Welt sogar allmählich nachvollziehbar, da es nur mehr um „Akteure" als Rolle (z.B. der Kunde) und weniger um *individuelle Menschen* geht. Individuelle Menschen werden in der Soziologie allerdings bereits seit längerem nur mehr als Rollenträger betrachtet.

Die soziologische Forschung untersucht nun konkrete Themen wie die *soziale Integration* verschiedener Bevölkerungsgruppen oder Rollenträger oder auch der Regelsysteme, die *soziale Differenzierung* auf institutioneller Ebene, *sozialen Wandel*, etwa im soziokulturellen Bereich, oder *soziale Bedingtheit* verschiedener *sozialer Phänomene*, wie beispielsweise Gewalt bei Jugendlichen. Wichtig ist zu beachten, dass in der Soziologie die genannten Kategorien Gemeinschaft, Staat, Gesellschaft usw. heute keinesfalls mehr nur verschiedene Ausdrücke für das Gleiche sind, sondern jeweils andere soziale Phänomene betreffen. Das wird im Folgenden noch deutlicher gemacht.

Anzumerken ist, dass eine gewisse „Erodierung" der Soziologie erkennbar wird, insofern die Biologie und die Ökonomie in dieses Fach eindringen. Das zeigt sich durch die Soziobiologie oder durch Anwendungen der biologischen Systemtheorie ebenso wie durch die Nutzung ökonomischer Konzepte. Besonders einflussreich ist der so genannte „methodologische Individualismus" der Ökonomik, bei dem das Konstrukt des Homo oeconomicus als rationaler Egoist im Vordergrund steht und in Form des „rational choice"-Ansatzes in der Soziologie bereits einen sehr wichtigen Raum einnimmt (Coleman 1998).

4.5.2 Soziale Determiniertheit des Menschen – Grenzen der Entfaltung

In der Soziologie (und in der Sozialphilosophie) gab es vor allem in den 1960er und 1970er Jahren einen universellen Anspruch, die Welt und den Menschen zu erklären. Die zentrale Aussage war, dass der Mensch an sich nur über soziale Faktoren definierbar und erklärbar ist. Anthropologie sei obsolet, der einzelne Mensch sei bedeutungslos. Gesellschaftsanalyse und Utopie waren eng miteinander verwoben. Protagonisten dieser Perspektive waren in Deutschland Philosophen und Soziologen, wie beispielsweise Max Horkheimer (1970), Theodor Adorno (1973) oder vor allem, bis heute, Jürgen Habermas (s.u.). Grundlage dazu war mehr oder weniger explizit die fundamentale sozioökonomische Analyse von Karl Marx (1974), mit dem Credo, dass *das soziale Sein das Bewusstsein bestimme*. Unterschiede zwischen Menschen wären nur auf die Klassenlage zurückzuführen, ein allgemeines Menschenbild gäbe es nicht, und daher sei der Mensch als Gattungswesen kein Konzept für soziologische Untersuchungen. Auch das *Entfremdungs-Theorem* von Karl Marx war einer jener Leitgedanken, die die Gesellschaftskritik untermauerten und die beispielsweise in meiner Studentenzeit jede Idee einer Anthropologie als „reaktionär" und „contrarevolutionär" einstufen ließen.

Dieser Erklärungsanspruch der kritischen Soziologie war überzogen, denn das Verhalten der Menschen ist nicht durch die Schichtenzugehörigkeit völlig determiniert, sondern zeigt ein Spektrum der Variation. Schon die Alltagserfahrung zeigt zwar ebenso wie Studien zur vertikalen Mobilität, dass junge Menschen aus der Unterschicht wenige Chancen haben, aus diesem Milieu herauszukommen. Andererseits gibt es Menschen, denen das gelingt – daher kann man vordergründig betrachtet, sowohl die These der sozialen Determiniertheit, wie auch die der sozialen Indeterminiertheit vertreten und darauf aufbauend politische Programme begründen und gestalten. Ein Beispiel für die schichtenspezifische Ungleichheit der Verteilung von Chancen und Risiken ist beispielsweise die Gesundheitslage bei Erwachsenen (Siegrist u. Möller-Leimkühler 1998) und auch bei Kindern und Jugendlichen, wo sich beispielsweise eine doppelt so hohe Rate von psychischen Problemen in der Unterschicht findet (Lambert u. Kurth 2007). Somit bestehen zweifelsohne innerhalb von Schichten und zwischen Schichten unterschiedliche Verhaltens- und Entwicklungsoptionen. Diese Optionen sind auch durch unterschiedliche Ziele gekennzeichnet, die beispielsweise als *Lebensstile*, also als Muster der Lebensführung zu begreifen sind.

Unbestreitbar ist auch, dass neben der sozioökonomische Lage zusätzlich die Bürokratisierung des Lebens und die gesellschaftlichen Institutionen die Optionen der Menschen eingrenzen. Die Frage ist nur, in welchem Ausmaß und unter welchen Bedingungen im Detail. Eine Verabsolutierung dieser Bedingtheiten führt zum Homo sociologicus.

Der biologische Angriff auf den Homo sociologicus

Die erwähnte Epoche der sozialwissenschaftlich fundierten Gesellschaftskritik hat also den Menschen als Produkt seines sozialen Seins interpretiert. Es ist daher im Rahmen einer dialektischen Betrachtung der Ideengeschichte von Gesellschaften verständlich, dass derzeit wieder eine Art Gegenbewegung aufkommt und – ähnlich wie um 1920 – der Mensch auch in seiner sozialen Sphäre als Produkt seiner biologischen Bedingungen interpretiert wird. Derzeit strebt nämlich die Biologie danach, die belebte Welt und damit auch die *Gesellschaft* zu erklären, was aus soziologischer Sicht ein Fehlverständnis wäre, da wohl nur die *Gemeinschaft* gemeint ist. Vor allem die Neurobiologie hat sich hier stark positioniert: Der *Homo neurobiologicus*, wie er etwa von Gerhard Roth vertreten wird, besagt in diesem Zusammenhang, dass sich die gesellschaftliche Natur des Menschen aus seiner Biologie ergibt (Roth 2003, S. 553):

„Nur weil der Mensch über angeborene Mechanismen verfügt, die ihn biologisch, psychisch und kommunikativ an andere Menschen binden, gibt es überhaupt so etwas wie eine menschliche Gesellschaft".

Auch die Plastizität des Menschen sei darüber hinaus äußerst begrenzt und von Geburt an weitgehend festgelegt (Roth 2003, S. 556):

„Drei Viertel der menschlichen Persönlichkeit sind genetisch bedingt oder werden durch frühkindliche Lern- und Prägungsprozesse festgelegt."

Damit scheint für Roth geklärt zu sein, dass gesellschaftliche Faktoren höchstens 25 % der Variationen jener Verhaltensdispositionen bedingen, die ein Mensch im Leben zeigt. Dies erweckt den Anschein, dass es nicht die soziale Lage der Familie ist, in die man hineingeboren wurde, die das eigene Potenzial, und damit letztlich die berufliche Zukunft determiniert, sondern dass dies auf der biologischen Charakteristik der Eltern beruht, es sei denn, es traten Mutationen auf. Das würde im nächsten Denkschritt bedeuten, dass Kinder von Arbeitern genetisch bedingt ebenfalls Arbeiter bleiben und Kinder von Universitätslehrern aus den gleichen Gründen ebenfalls Universitätslehrer werden. Das wäre biologistischer Reduktionismus, der natürlich auch ein stimulierend provokatives Moment hat. Der Biologismus könnte allerdings auch eine Rechtfertigung für die Demontage des Sozialstaates liefern, weil geglaubt werden kann, dass jeder seines Glückes Schmied ist, und weil dann Solidarität in Form der Fürsorge für Arme, Kranke und Behinderte nur ein Akt der Gnade und nicht der Solidarität ist.

Methodologisch betrachtet geht der Ansatz von Roth auch an der über Jahrzehnte verlaufenden Diskussion in der Psychologie vorbei, wo eher davon ausgegangen wird, dass das Konstrukt „Persönlichkeit", theoretisch als „transsituativ invariante Verhaltensdisposition" definiert werden kann und empirisch über Persönlichkeitsinventare („Persönlichkeitstests") operationalisiert ist. Ohne ausreichende Operationalisierung der Kategorie Umwelt bzw. Situation ist die Einschätzung der verhaltenssteuernden Relevanz der „Persönlichkeit" nur begrenzt sinnvoll (Magnusson u. Stattin 1998).

Es wird also in diesem Fall zur Frage des Verhältnisses von Individuum und Gesellschaft nicht hinreichend die Differenz von notwendiger Bedingung (Persönlichkeit) und hinreichender Bedingung (Umwelt) bzw. Emergenz beachtet. Die Problematik dieses Reduktionismus besteht darin, dass, überzeichnet gesagt, zwar einsehbar ist, dass es Menschen geben muss, damit es eine Gesellschaft gibt, und dass es bis auf weiteres noch eine Erde geben muss, damit es Menschen gibt, sodass es wohl eine Erde geben muss, damit es eine Gesellschaft gibt – keine Gesellschaft ohne Erde!

Die bekannte deutsche Soziologin, Renate Mayntz hat außerdem auf dem Deutschen Soziologentag im Herbst 2006 einen eindrucksvollen Vortrag zu solchen Anmaßungen von Seiten der Neurobiologie gehalten, in dem sie im wesentlichen und gut nachvollziehbar aufzeigt, dass der Gegenstand der Soziologie, nämlich sinnhaftes Handeln, mit den Argumenten von Roth gar nicht berührt ist. Sie zieht deshalb Parallelen zum Schattenboxen (Mayntz 2006).

Es sei an dieser Stelle noch betont, dass die Spannung zwischen dem *Homo sociologicus* und dem *Homo biologicus* durch den mehrdimensionalen *Homo oecologicus* aufgelöst werden kann.

Wegen der damit gegebenen sehr zentralen Bedeutung der Soziologie für die Humanökologie werden viele Aspekte des im nächsten Kapitel (Kap. 5) präsentierten ökologischen Ansatzes schon hier, und zwar positiv, im Sinne von brauchbaren Bausteinen für eine mehrdimensionale Anthropologie, angesprochen. Da vor allem der Bereich der „interpersonellen Interaktion" als *Mikrosoziologie* auch von der *Sozialpsychologie* und insbesondere von der *Psychoanalyse* sach- und fachkundig untersucht wird, werden diese Ansätze zusätzlich in die Betrachtungen einbezogen, ohne dass eine fachliche Einengung auf die Soziologie erfolgt. Das erscheint sachlich gerechtfertigt, da vor allem die Psychoanalyse als hermeneutische, deutende Disziplin weit in die Sozial- und Kulturwissenschaften hinein wirkt. Historisch betrachtet hat natürlich auch die *Sozialphilosophie* (moral philosophy) viele Grundfragen der Soziologie formuliert, die erst allmählich in empirische Fragestellungen transformiert wurden.

Der Mensch als soziales Wesen

> *Das Soziale verhält sich zum Psychischen*
> *wie der Inhalt zu seinem Gefäß.*

Es ist grundlegend zu bemerken, dass bereits Aristoteles in seiner Schrift „Politik" den Menschen nicht nur als mit der Vernunft, dem *Logos* begabtes Tier angesehen hat, sondern als ein *„Zoon politikon"*, also ein Tier, das Gemeinschaft organisiert und Aufgaben verteilt (Aristoteles 1973). Aristoteles meinte, dass der Mensch darauf hin ausgelegt sei, eine ideale soziale Ordnung zu verwirklichen. Dies erfolge in der „Polis", der politischen Gemeinschaft in den Stadtstaaten des antiken Griechenlands. Aristoteles unterschied aber auch den *Oikos*, den Haushalt, der im Kern die Familie als elementare soziale Organisation umfasst. Die hinter dieser Formation stehende Ehe, so seine Auffassung, beruhe auf dem Ziel, eine Lebensgemeinschaft zu realisieren. Aristoteles wie auch Platon gingen somit davon aus, dass der Mensch ein soziales Wesen sei und nicht ein zur Vereinzelung neigendes Wesen, das sich nur sekundär in Notlagen vergemeinschaftet.

In der Sichtweise von Aristoteles ist mit dem Bereich des Sozialen ebenso wie mit dem Bereich des Biologischen der Umweltbezug des Menschen indiziert – ist die interpersonelle und gesellschaftliche Dimension des Menschen die „höchste Ebene", so ist die Regulation der physiko-chemischen Austauschprozesse des Menschen mit seiner Umwelt – der Haushalt im engeren Sinne – von grundlegender Bedeutung. Mit diesem Hinweis auf die vieldimensionalen Umweltbezüge des Menschen eröffnet sich aus systemischer Sicht die Möglichkeit, den Menschen radikal umzudefinieren – er ist nicht Zentrum der Welt, sondern Element eines übergeordneten Systems, nämlich eines Ökosystems.

4.5.3 Die „Lebenswelt" und die phänomenologische Soziologie

Die Soziologie ist in besonderem Maß eine Disziplin, in der die phänomenologische Betrachtung in Form einer reflexiven Wesenschau sozialer Phänomene eine zentrale Bedeutung hat. Dies zeigt sich in den Theorieentwürfen verschiedener Soziologen und geht auch mit dem Problem der empirischen Bestimmbarkeit der Kategorie „Sinn" einher.

Einen äußerst einflussreichen Ansatz stellt in dieser Hinsicht der theoretische Rahmen von Alfred Schütz dar (Schütz 1932, 1981). In Anlehnung an Husserls Konzept der *„Lebenswelt"* (Husserl 1962) konzipierte er die Begrifflichkeit der Strukturen der Lebenswelt, wie sie von Berger u. Luckmann (2003) dann weiter ausformuliert wurden. Die Kategorie „Lebenswelt" lässt sich als die erlebte Umwelt begreifen. Schütz unterscheidet, was die Zeitachse betrifft, die *Vorwelt* und die *Folgewelt*. Dabei muss das Individuum die *innere Zeit* mit der *äußeren Zeit* abstimmen. Schütz betont, dass alle Objekte der Welt mit dem *Wollen* verbunden sind, also mit einer *Intentionalität*, was einen Kernbegriff der Phänomenologie des Geistes darstellt. Die Alltagswelt wird in ihrer Bedeutung für den Menschen hervorgehoben, und zwar als *Sinnzusammenhang*. Damit ergeben sich *mannigfaltige Wirklichkeiten*. Auch ist es nach Schütz

sinnvoll, die *Welt aktueller Reichweite* von jener Welt *potenzieller Reichweite* zu unterscheiden. Die *aktuelle Situation*, in der sich ein Mensch befindet, ist in einem *Horizont der Vertrautheit* und des Bekanntseins eingebettet. Es liegt Vertrautheitswissen und Bekanntheitswissen vor. Das Interesse an den Objekten der Umwelt leitet sich von Plänen ab, die im Rahmen eines *Lebensplans* mehr oder weniger explizit konzipiert sind. Die Welt lässt sich auch nach ihrer Bedeutung für das Individuum nach *Relevanzbereichen* untergliedern. Aus der Sicht der Sinnanalyse ist *die Welt ein Gefüge von Sinnprovinzen.* Die Welt untergliedert sich auch in *phantasierte* und als *real erlebte Welt* bis zur *Traumwelt.*
Wenngleich diese äußerst interessante kategoriale Systematik hier nur skizziert werden konnte, stellt sie für die im nächsten Kapitel zu erläuternde *subjektive Ökologie der Person* einen wesentlichen Zugang dar, der allerdings in Zukunft noch spezieller ausgearbeitet werden müsste. Ein weiterer Zugang wäre die sozialpädagogische Nutzung dieses Konzepts (Mühlum et al. 1986, Oppl u. Weber-Falkensammer 1986, Wendt 1992).

4.5.4 Individuum und Gesellschaft

Die Kernfrage der Soziologie in Hinblick auf das Verhältnis von Individuum und Gesellschaft lässt sich auf zwei Teilfragen fokussieren:
(1) Sind die *Gesellschaft* und ihre Institutionen das instrumentalisierte *Produkt menschlicher Bedürfnisse*, insofern sie zur Bedürfnisbefriedigung dienen? Ist der Mensch darüber hinaus dann ein *solitäres Wesen*, das die Gesellschaft nur zum Überleben braucht?
(2) Ist der *Mensch* selbst das *Produkt gesellschaftlicher Verhältnisse?* Und ist der Mensch ein *sozietäres Wesen*, das Gemeinschaft auch ohne Nöte sucht und Gesellschaft bildet, ohne dass es Nöte gibt?
Auch für eine ökologische Perspektive, die zusätzlich die gesellschaftliche Dimension der Beziehungen des Menschen im Auge hat, ist dieser klassische Themenkomplex der Soziologie von Bedeutung.
Das analytische Problem liegt vor allem darin, dass beide Aussagen zutreffend sind, aber jeweils nur zum Teil, sodass Generalisierungen und Typisierungen schwer fallen und nur über Fallbeispiele (Kasuistiken), hier am Lebenslauf ausgerichtet, erläutert werden können:
– Bei der Geburt wird der Mensch aus der Einheit mit der Mutter getrennt und ist dann ein Einzelwesen. Zugleich bedarf es aber der Mutter, um zu überleben. Somit ist das Verhältnis von Individuum und Gesellschaft schon von Geburt an ein dialektisches Spannungsfeld.
– Junge, vom Umfeld abhängige Menschen, können sich zwar vielfältig entwickeln, aber nur soweit wie es die soziale Umwelt zulässt.
– Erwachsene können Institutionen gründen, die Bedürfnisse helfen zu befriedigen.
– Ältere Menschen besetzen oft Spitzenpositionen der Politik als ein Steuerungssystem der Gesellschaft oder sie sind abhängig von ihrer Einordnung in die Gesellschaft, was wohl für die Masse zutrifft.

Die zentrale Frage ist, welcher Aspekt wann und welche Lebenslage bei wem überwiegt.

Der sozialwissenschaftliche Untersuchungsbereich „Individuum und Gesellschaft" wird wissenschaftlich nicht nur grundlegend von der *Soziologie*, sondern – wie erwähnt – auch von der *Sozialpsychologie*, der *Entwicklungspsychologie* und der *Psychoanalyse* untersucht. Diese Fächer haben viele Erkenntnisse zum interpersonellen Bereich erbracht.

Daher ist es sinnvoll, die Frage nach dem Verhältnis zwischen Mensch und Gesellschaft zunächst mit dem mikrosozialen Bereich, der *interpersonellen Interaktion*, unter einer multidisziplinären Perspektive zu betrachten. Die Einbettung des Menschen in umfassendere soziokulturelle Kontexte, die letztlich gesamtgesellschaftlich verankert sind, wird über die Institutionen Familie, Schule, Wirtschaft oder Staat gewährleistet. Und umgekehrt: Diese Institutionen konstituieren die Gesellschaft (s. Abb. 4.27).

Beziehungsdiagnosen

Bereits in den historischen Übergängen, in denen sich die Soziologie als Wissenschaft aus der Sozialphilosophie abhob, wurde das Verhältnis von Individuum und Gesellschaft mit verschiedenen Schwerpunkten gesehen. Als Beispiel kann die Verschränkung von Menschenbild und normativem Gesellschaftsmodell von Hobbes dienen (Hobbes 1970), der in seiner Sozialphilosophie das Wesen des Menschen als böse sah und den destruktiven und pessimistischen Ausspruch *„Homo hominem lupus"* formulierte. Folglich forderte er den starken Staat, der die Menschen im Zaum halten müsse. Rousseau ging davon aus, dass der Mensch schwach und ängstlich ist (Rousseau 1755, 1998). Er sei von den Gegensätzen der Vereinzelung und der Ver-

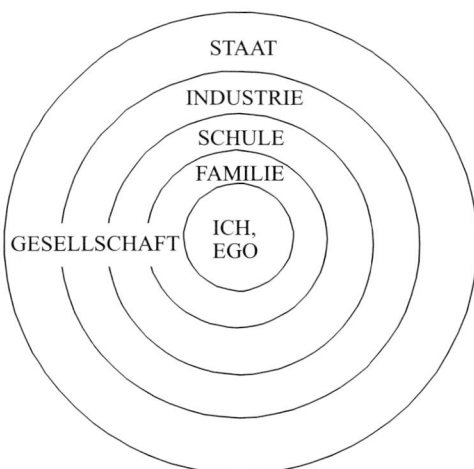

Abb. 4.27: *Individuum und Gesellschaft im Rahmen des „egozentrischen Gesellschaftsbildes" nach Norbert Elias (1970).*

gesellschaftung getrieben. Immanuel Kant ging von einer freiwilligen Verpflichtung zur Einhaltung von Gesetzen und Regeln aus (Kant 1798, 1900).

Als besonders einflussreicher Ansatz des 20.Jahrhunderts hat auch die Psychoanalyse, die eine implizite Anthropologie vertritt, zu diesen Fragen Stellung bezogen. Sigmund Freud konzipierte eher eine solitäre Anthropologie, in der der Mensch gegenüber der Gesellschaft meist in der Defensive ist, zumindest in einem konflikthaften Verhältnis steht, insofern die Triebstruktur und die gesellschaftlichen Normen kollidieren (Freud 1999).

Heute sind die Lebensbedingungen des Individuums in den westlichen Gesellschaften gravierend verändert, und zwar im Sinne der *Individualisierung*, einer *Hyperkomplexität* sozialer und wirtschaftlich-technologischer Veränderungen einer Gesellschaft, die ihrerseits der Globalisierung ausgesetzt ist (Beck 1997, Beck u. Lau 2004). Die funktionale Differenzierung der modernen und postmodernen Gesellschaft birgt mit dem Zerfall der tradierten Werte das Problem der Desintegration bis zur Anomie. Mehrere auf diese Aspekte eingehende aktuelle „Gesellschaftsdiagnosen" haben in der Soziologie eine Bedeutung erlangt (Giddens 1998). Sie können hier nur stichwortartig erwähnt werden:

• Jürgen Habermas hat die „neue Unübersichtlichkeit" (1985) identifiziert und die Diskrepanz zwischen Alltagswelt und Gesellschaft mit der „Kolonialisierung" der Lebenswelt durch monetäre und administrative Einwirkungen diagnostiziert (1992). Die Kontexte der sozialen Verständigung seien zugleich zunehmend defizitär. Diese Sichtweise beruht auf der grundlegenden Theorie des kommunikativen Handelns (1981), in der er grundlegend das Verhältnis von Gesellschaft als System und die individuellen bzw. kollektiven Lebenswelten untersucht hat. Seine aktuelle Gesellschaftsprognose, die er im Sinne von Desintegrationsphänomenen als Lebensweltpathologien erkennt, ist pessimistisch. Aber er sieht Bedingungen der Möglichkeit der Gegensteuerung in der Entwicklung der Zivilgesellschaft durch bürgerliches Engagement, durch eine vielfältig manifeste Öffentlichkeit, die in Form der Massenmedien, aber auch durch andere Kommunikationsmedien (vgl. Internet) in Erscheinung tritt, und nicht zuletzt durch den Rechtsstaat.

• Auch Niklas Luhmann hat in seinen frühen Schriften mit dem Kernkonstrukt der Komplexitäts-Differenz zwischen System und Umwelt indirekt den Aspekt der Überforderung des Individuums durch die Gesellschaft angesprochen, insofern die Umwelt gewissermaßen hyperkomplex ist und das System – also beispielsweise ein Mensch – diese Komplexität reduzieren muss. Das gilt auch für Institutionen und Organisationen, die in komplexeren Umwelten existieren müssen. Demnach streben sie zur Reduktion der Komplexität, was sie mit verschiedenen Strategien bewerkstelligen (Luhmann 1970, 1984).

• Gerhard Schulze hat den weiterhin für große Teile der Bevölkerung zutreffenden Begriff der *„Erlebnisgesellschaft"* geprägt (Schulze 1992). Es geht dabei darum, dass ein Großteil der Bevölkerung in postmateriell-postmodernen Gesellschaften an der Maximierung des persönlichen Glücks im Sinn der alten Frage nach dem gelungenen Leben ausgerichtet ist. Während dies früher nur Ziel der oberen Gesellschaftsschichten war, ist dies nun aufgrund des größeren materiellen Wohlstands einem größeren Teil der Bevölkerung möglich. Das Interessante dabei ist, dass diese Erlebensorientierungen zu einer neuen Ebene der gesellschaftlichen Integration führen – es besteht großer impliziter Konsens für die individuelle Erlebnismaximierung.

• Peter Gross hat in ähnlicher Weise die Vielfalt der gesellschaftlichen Welt hervorgehoben und dafür den sehr fruchtbaren Begriff der *Multioptionsgesellschaft*" vorgeschlagen (Gross 1994). Hier steht die Vielfalt, also auch die Komplexität als das die Lebenswelt bestimmendes Merkmal der Gegenwartsgesellschaft im Vordergrund. Gross betont die Bedeutung der Dynamik, die sich aus dem Wunsch nach „Mehr" herleitet. Die Vielfalt der Möglichkeiten erzeugt einen „Realisierungsdruck", der zu dem unstillbaren Drang zum „Alles, und zwar sofort" führt. Er spricht auch von einer „Steigerungskultur".

Wenngleich hier nur einige wichtige Ansätze kurz referiert werden konnten, soll deutlich geworden sein, dass diese Konzepte fruchtbar für das Verständnis der Erlebniswelt der Menschen sein können. Für einen vertieften Überblick ist die Lektüre von Schimank u. Volkmann (2000, 2006) zu empfehlen.

Es soll nun eine systematische Perspektive der sozialen Welt des Menschen skizziert werden.

4.5.5 Das Interpersonelle – die soziale Mikroebene

Zunächst ist also der Mensch von anderen Menschen umgeben. Er ist Mitglied einer Gemeinschaft, zunächst in der Phase der Kindheit als Mitglied einer Familie, dann als Schüler als Mitglied der Gruppe der Schüler usw. Das bedeutet, dass Menschen in der Regel Mitglieder in verschiedenen Gemeinschaften sind, innerhalb derer bestimmte Regeln gelten und Funktionen ausgeübt werden. Der amerikanische Soziologe Amitai Etzioni spricht in diesem Zusammenhang von der *Gesellschaft* als *Gemeinschaft der Gemeinschaften* (Etzioni 1997).

Eines der persönlichen Grundrätsel des Lebens für jeden Menschen ist die Partnerschaft, ihr Gelingen und ihr Scheitern, sei es im beruflichen wie im Privaten. Oft gehen Partnerschaften aus eher peripheren Austauschbeziehungen in ein inneres und inniges Beziehungsverhältnis über, sie beginnen im persönlich-familialen Bereich als Liebe zu den Eltern, von denen das Kind meist mehr bekommt als es gibt, sie steigern sich in der ekstatische Liebe der Jugend und letztlich enden sie – im optimalen Fall der lebenslangen Liebe – mit der solidarischen Liebe des alternden Paares, das dem irdischen Ende entgegensehen muss und dann als Gläubige vielleicht die Liebe Gottes erahnt oder sie erfährt.

In dieser Hinsicht ist Levinas (1996) interessant, indem er die jüdisch-religiöse Sicht des Menschen in den Raum stellt, die vor allem das Interpersonelle und letztlich auch den Bezug zu Gott betont, indem er den Vers von Hillel in den Mittelpunkt seiner Ausführungen stellt:

„Wenn ich nicht für mich bin, wer wird dann für mich sein?
Aber wenn ich nur für mich allein bin – bin ich dann noch ich?
Und wenn nicht jetzt, wann dann?"

Der interpersonelle Bereich wurde empirisch-technisch und auch deutend, wie auch philosophisch und natürlich literarisch untersucht, weshalb hier die disziplinäre Trennung von Soziologie und anderen Disziplinen nicht durchgehalten wird.

Mutter-Kind-Interaktionen

Die Beobachtung, dass Menschen von ihrer Geburt an in einen *sozialen Kontext* gestellt sind, hat zu allen Zeiten des Nachdenkens über den Menschen den Blick auf den Einfluss der *sozialen Merkmale* der *Familie*, in die der Mensch geboren wurde, gelenkt. Entwicklungspsychologie, Sozialpsychologie, Familienpsychologie, Psychoanalyse, Verhaltensbiologie, Humanethologie und auch die Mikrosoziologie haben hierzu Daten geliefert.

Die naheliegendste ökologische Sichtweise ist jene, die die Mutter-Kind-Einheit im Auge hat, da der Säugling am besten in der Nähe der Mutter versorgt ist – er wird ernährt, gewärmt, gepflegt, geherzt, geschützt, gestützt und im Idealfall auch sonst rundum versorgt. Diesen Aspekt hat vor allem die Psychoanalyse aufgegriffen und auch ihre Krankheitslehre darauf aufgebaut. Trotz vielfacher Entgleisungen psychoanalytischer Kausalinterpretationen, was die ursächliche Bedeutung der frühkindlichen Situationen für psychische Krankheiten betrifft, ist die Beobachtung sicher im Prinzip richtig, zumal auch neuerdings Tierexperimente im Rahmen der neurobiologischen Hirnforschung Belege für hirnstrukturelle Veränderungen bei Deprivationen von Jungtieren erbracht haben (Koch 2006).

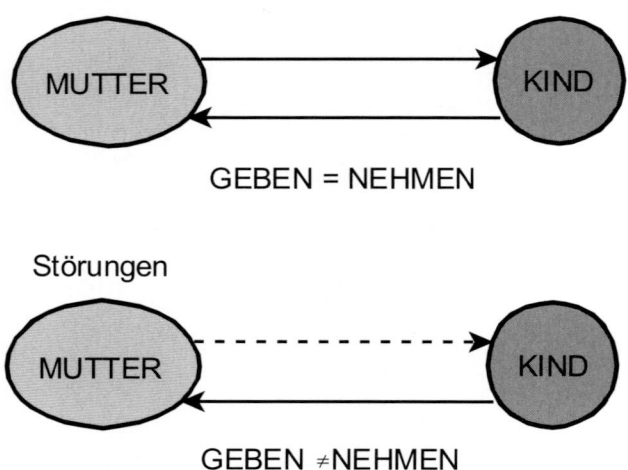

Mutter-Kind-Beziehung: Geben-Nehmen-Haushalt

MUTTER → KIND

GEBEN = NEHMEN

Störungen

MUTTER ----→ KIND

GEBEN ≠NEHMEN

Abb. 4.28: *Dysbalanciertes Beziehungsgefüge zwischen Mutter und Kind. Die Interaktion im allgemeinen sozialen Leben.*

In dieser Hinsicht muss eine Variante des *sozialen Determinismus* muss hier gleich angesprochen werden – die verbreitete psychoanalytische Auffassung, dass dysfunktionale Mutter-Kind-Interaktionen zu Störungen des Kindes führen können: Nach einer Phase der Überinterpretation dieser interpersonellen Störquellen kindlicher Entwicklung und auch späterer Phasen dominiert nun das Erklärungsmodell der Genetik. Nachdem aber die neuere Hirnforschung gezeigt hat, dass auch auf kortikaler Ebene eine Vielzahl nicht bewusster Prozesse abläuft, hat die Psychoanalyse wieder eine zunehmende Bestätigung bekommen. Hier entwickelt sich eine äußerst interessante Debatte der „Neuropsychoanalyse" (Ansemet u. Magistretti 2005). Aus ökologischer Sicht kann die Dysbalance von Geben und Nehmen zwischen Mutter und Kind nach Jörg Willi als Nichtbeantwortung eines sozialen Signals verstanden werden (Abb. 4.28) (Willi 2007a).

Die weiteren individuellen Entwicklungen von interpersonellen Interaktionen und Dispositionen (Beziehungen) sind im Rahmen der psychologischen Beziehungsanalyse teilweise empirisch untersucht worden (Assendorpf u. Brause 2005).

Die Familie als Einheit und Umfeld des Kindes

Die „natürliche" Einheit der Gemeinschaft und des Staates ist die Familie. Sie ist ein Gefüge von Personen, konstituiert durch die Eltern und ihre Kinder. Aus der Sicht des Kindes sind die Eltern die erste signifikante (personelle) Umwelt. Hier wird sofort deutlich, dass die Familie ein System von Personen und von Interaktionen bzw. Regeln ist – die Aufgabenverteilung in der Familie mag zwischen Familien ähnlich

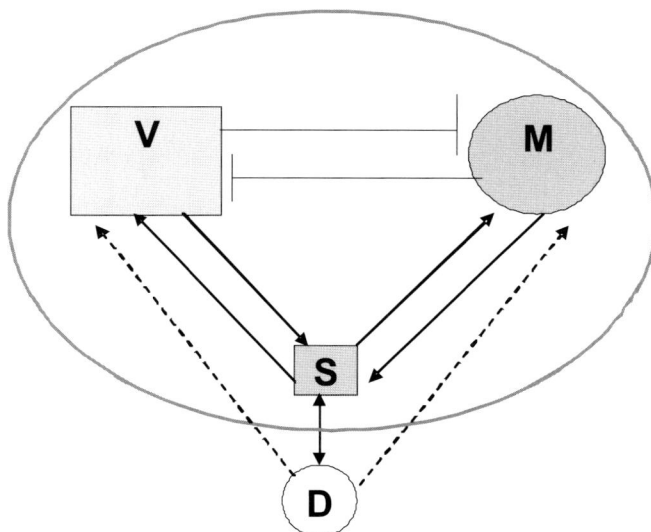

Abb. 4.29: *Die Familie als Personen-System und als Interaktionssystem. Schema der innerfamilialen pathogenen Dynamik mit Konflikt zwischen Vater (V) und Mutter (M), der den Sohn (S) zum Drogenkonsum (D) führt.*

sein, doch sind es eben immer unterschiedliche Personen, individuelle Menschen, Persönlichkeiten, die diese Rolle ausüben und ihnen ein besonderes Gepräge geben. Man bezeichnet diese differenten Muster der Rollenausübung als „Stile": Es lassen sich Beziehungsstile, Erziehungsstile usw. identifizieren.

Besonders viele Erkenntnisse über die Familie als Interaktions- und Kommunikationssystem hat die systemische Familientherapie erbracht (Reiter et al. 1997, Hansen 2007). Dabei geht es unter anderem um widersprüchliche Botschaften, wie „sei spontan" und ihre Effekte auf das Erleben und Verhalten der Familienmitglieder. Ein kurzes klinisches Beispiel soll diese Dynamik im pathologischen Bereich verdeutlichen: Der Sohn nimmt Drogen in einer Familie, in der die Mutter und der Vater in einem Konflikt leben. Je größer der Konflikt ist, desto stärker konsumiert der Sohn die Drogen, die ihn den Stress besser ertragen lassen; es führt dazu, dass die Eltern sich gemeinsam um ihn kümmern (Abb. 4.29).

Er wird in eine Klinik gebracht und dann streiten sich die Eltern wieder darüber, wie es weitergeht. Der Sohn verlässt dann die Klinik, nimmt wieder Drogen und daraufhin widmen sich ihm die Eltern wieder gemeinsam.

Die Paarbildung – Kopilot der Lebensführung werden

> *Gleich und Gleich gesellt sich gern?*
> *oder*
> *Gegensätze ziehen sich an?*

Wir gehen hier weiter vom Kind aus und nehmen nun an, dass es sich bereits in der Pubertät befindet. Dann treten das Phänomen der jugendlichen Liebe und das Rätsel der Paarbildung auf, mit der Folge, dass sich ein Kernsystem einer neuen Familie bildet und in manchen Fällen bis zum Ende des Lebens hält, in vielen Fällen aber zu einem Wechsel zwischen Lebensabschnittspartnern führt. Lebenswelten treffen aufeinander, werden verschmolzen, liefern allmählich Antriebe zum Auseinanderbrechen, werden getrennt oder bleiben zusammen. Letztlich ist die Paarbildung die gegenseitige Ernennung des Anderen zum „Kopiloten", zum Existieren und Navigieren in einer als gemeinsam zu definierenden Lebenswelt (s. Kapitel 5).

In Hinblick auf die Fragen nach der Ausgestaltung der interpersonellen Beziehungen beansprucht die psychologische Bindungstheorie, Beziehungsstile im späteren Leben aus der kleinkindlichen Beziehungserfahrung heraus ableiten zu können (Bowlby 1969). Dieses Konzept ist nur von begrenztem Wert gewesen.

Hier wird in Ergänzung dazu ein Blick auf die in Psychotherapeutenkreisen weniger bekannte *Austauschtheorie* von George C. Homans (1972) geworfen. Sie beruht auf dem Konzept, dass es ausgeglichene Geben-Nehmen-Relationen geben muss, damit Beziehungen persistieren (Gleichgewichtstheorem). Diese Kategorien können erweitert werden in Richtung Fordern-Geben, Verweigern, Verbinden und Abgrenzen. Dieser Ansatz ist eng mit ökonomischen Theorien verbunden. Sehr zentral ist der Optimierungsaspekt, da sich ein Gleichgewicht der Austausch-Beziehungen nur über die Integration über die Zeit hin abbilden lässt: Es geht um den Verzicht gegenwärtiger zugunsten zukünftiger Konsumoptionen. Derartige Verzichtleistungen gehen mit Verzinsungserwartungen einher. Das ist in der Ökonomik als Problem der

172

intertemporalen Optimierung bekannt und lässt sich auch teilweise im interpersonellen Bereich nachweisen (Frey 1999).

4.5.6 Die makrosoziale Dimension – Gesellschaft statt Gemeinschaft

Soziale Differenzierung – Schichtenmodell der Gesellschaft

Über alle Epochen der Menschheit hinweg betrachtet, ist das augenscheinlichste Umwelt-Merkmal eines Menschen das Vorhandensein eines Territoriums mit Ressourcen. Das betrifft bereits Kinder in Hinblick darauf, ob die Eltern über relevante materielle Ressourcen verfügen, etwa in Form von „Haus und Hof". Dadurch steigen die Optionen des Kindes zu überleben, ernährt zu werden, geschützt zu werden, Freiheiten zu haben und sich optimal entwickeln zu können usw. Heute hat das Geld die entscheidende Funktion übernommen und so kann die Bevölkerung vor allem in ökonomisch definierte Schichten (Einkommen, Vermögen, Besitz, usw.) eingeteilt werden.

Viele Studien zeigen den Einfluss der sozialen Schicht auf die Lebenserwartung, auf die Gesundheit, auf den ökonomischen Aufstieg, auf die Partnerwahl usw. (z.B.: Gesundheit, Mielck 2000). Es ist also zweifelsfrei, dass sozioökonomische Faktoren einen gewichtigen Einfluss auf die Entwicklung des einzelnen konkreten Menschen

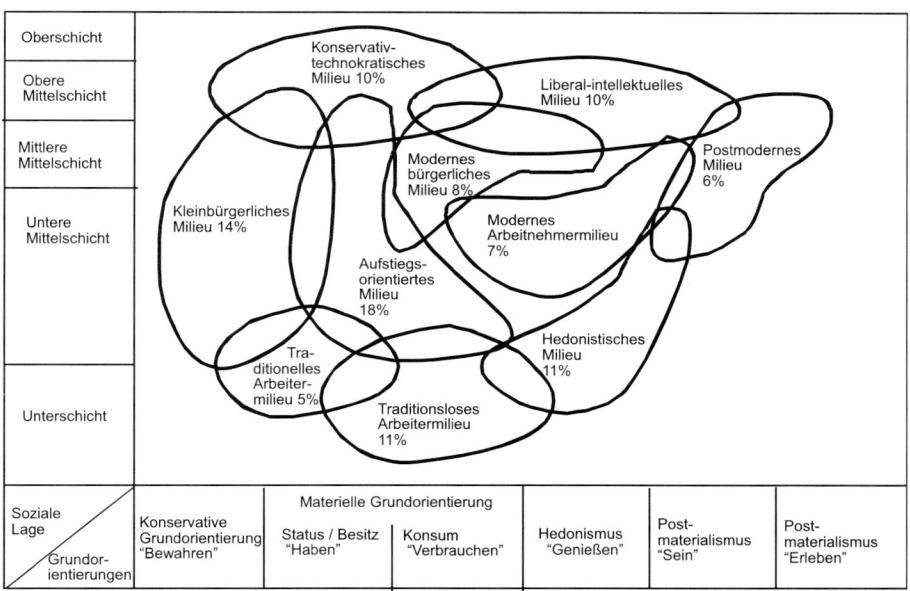

Abb. 4.30: Soziale Schicht und Lebensstil als Dimensionen der Klassifikation von Bevölkerungsgruppen (nach Hadil 1999, S. 422).

haben. Staatliche und politische Faktoren bestimmen außerdem die Verteilung der sozioökonomischen Optionen über die Bevölkerung.

Die Entwicklung eines Menschen hängt selbstverständlich stark von den konkreten sozioökonomischen Bedingungen ab, und auch von den Stelleninhabern der jeweiligen Organisationen, wie Schule, Arbeit, Behörden usw. Dies bildet sich aber nur teilweise in dem traditionellen Schichtenmodell der Soziologie ab (Bolte u. Hradil 1988). Das Verhalten der Menschen ist nämlich nicht durch die Schichtenzugehörigkeit determiniert, sondern zeigt ein Spektrum der Variation. Somit bestehen in den Schichten Verhaltensoptionen. Diese Optionen sind durch unterschiedliche Ziele ausgefüllt, die als Lebensstile, d.h. als Muster der Lebensführung zu begreifen sind. Das Schichtenmodell muss deshalb durch ein soziologisches Lebensstilmodell erweitert werden (Hradil 1999; s. Abb. 4.30)

Eine derartige Differenzierung der Handlungsorientierungen lässt mehr Varianz zwischen den Menschen erklären. So lassen sich Lebensstile, deren Ziele Bewahren, Haben, Verbrauchen, Genießen, Sein oder Erleben sind, unterscheiden.

Makrosoziale Ebene – Gesellschaft als System von Systemen

Die gesellschaftliche Umwelt des Menschen ist ein komplexes dynamisches System. Daher hat die *Systemtheorie* in der Soziologie eine große Verbreitung erfahren. Vor allem Talcott Parsons hat die Grundidee der Allgemeinen Systemtheorie von Ludwig von Bertalanffy konsequent in die theoretische Soziologie eingebunden (Parsons 1951). In Deutschland hat dann der Bielfelder Soziologe Niklas Luhmann die Systemtheorie im Laufe seiner Arbeiten radikalisiert und mit der konstruktivistischen Erkenntnistheorie kombiniert und zu einer allgemeinen Gesellschaftstheorie ausgearbeitet. Dieser Bereich wird hier nicht weiter erörtert (vgl. Berghaus 2003), sondern er soll hier nur als Hinweis gelten, für die kaum übersehbare Literatur zur Theorie sozialer Systeme, die bei der Betrachtung von Individuum und Gesellschaft zu berücksichtigen wäre.

Nach Parsons (1951) haben Gesellschaften verschiedene Teilsysteme mit jeweils bestimmten Teilzielen, wie die Wirtschaft mit dem Ziel Ressourcen bereitzustellen, Wissenschaft um Erkenntnisse zu sammeln, Recht um Ordnung zu schaffen, Medizin um die Gesundheit zu sichern, das Militär, um gegen Feinde gewappnet zu sein usw. (Abb. 4.31).

Diese Systeme sind Institutionen, die durch Organisationen realisiert werden. Diese systemische Sicht der sozialen Sphäre hat vor allem Niklas Luhmann zu einer Abstraktheit der Soziologie getrieben, dass Personen nur mehr Umwelt von sozialen Systemen werden (Luhmann 1984).

4.5.7 Die systemische Perspektive – zu abstrakt für das Konkrete

Der Umstand, dass die Soziologie in ihrem Theorie-Bereich bereits ein Paradebeispiel einer systemtheoretisch orientierten Disziplin darstellt, bedeutet, dass die Soziologie hier wichtige Anregungen bieten kann. Allerdings ist das analytische Problemlösepotenzial der soziologischen Systemtheorie von Luhmann nicht sehr über-

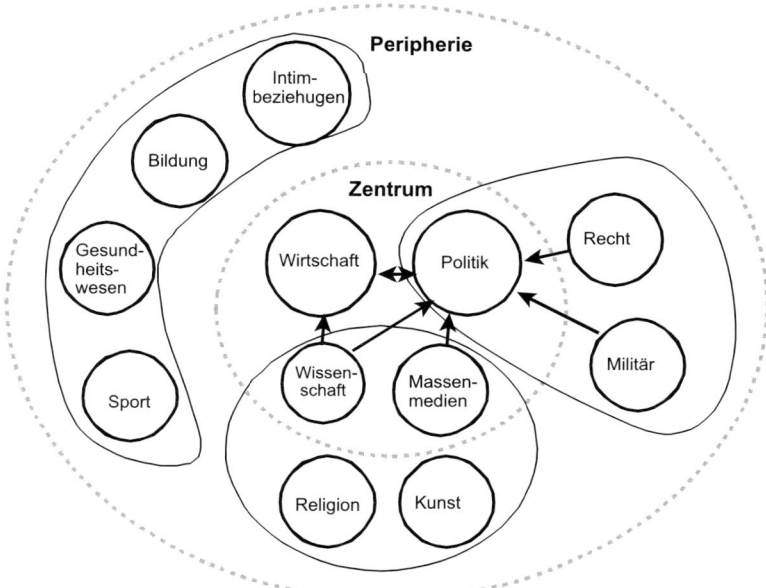

Abb. 4.31: *Die Gesellschaft und ihre Teilsysteme: Die zentralen, die Strukturdynamik der modernen Gesellschaft bestimmenden Teilsysteme Wirtschaft, Politik, Wissenschaft und Medien und die peripheren Teilsysteme (Schimank 2006, S. 44).*

zeugend. Insofern die Theorie sich auch selbst erklärt – Systeme schaffen Systeme (Krause 2001), ist sie konventionellem wissenschaftlichen Denken schwer zugänglich. Durch den frühen Tod von Niklas Luhmann wird es nicht leicht sein, hier wirklich weiter zu kommen. Ein wichtiger Punkt ist allerdings die Entwicklung von Partialtheorien, die auf bestimmte Bereiche zugeschnitten sind (Gilbert u. Troitzsch 1999). Sie müssten auch die Operationalisierung und Quantifizierung ihrer Konstrukte verfolgen, ein Aspekt, der bei Luhmann nur selten erkennbar ist.

Eine durchwegs praktikable Alternative der Systemtheorie ist die Weiterführung der Konzeption von Parsons, um die sich der Bamberger Soziologe Richard Münch sehr verdient gemacht hat (Münch 1992). In dieses Konzept sind die Funktionen sozialer Systeme, wie Integration, Zielerreichung, Strukturerhaltung und Adaptation von zentraler Bedeutung für den Bestand und das Funktionieren der Systeme. Dieses Konzept bietet recht gute Anknüpfungen an Konzepte anderer Disziplinen wie beispielsweise für die Psychologie, wenn beispielsweise an das Konzept der Zielerreichung gedacht wird. Damit bietet sich ein Regelkreis-Konzept direkt an.

4.5.8 Fazit zum Homo sociologicus – wichtiger denn je?

Die Macht der sozialen Welt über das Schicksal der Menschen ist derzeit der Gesellschaft aus dem Blick gekommen. Dieser Bereich darf auch im Lichte der Ergebnisse der biologischen Wissenschaften nicht vernachlässigt werden. Die Kriege und die Millionen von Toten sind ein schreckliches Beispiel, dass es offensichtlich nicht etwa eine genetische Disposition einer Kohorte von Menschen um 1930 gab, die zum 2. Weltkrieg führte, sondern dass ein System Nationalsozialismus unter Hitler und ein bestimmter Zustand der Bevölkerung zu dieser Katastrophe führten. Das bedeutet, dass soziale Faktoren einen starken Einfluss auf die Entwicklung und das Verhalten der Menschen haben. Allerdings hat die Soziologie das methodische Problem, dass sie – ähnlich wie die Astronomie – ihre Forschung nicht im nötigen Umfang experimentell durchführen kann. Die im wesentlichen auf Max Weber zurückreichende Konzeption, dass soziales Handeln von Sinn geleitet ist, kann als Anregung betrachtet werden, dass die phänomenologische Methode ihre Bedeutung behält, zumindest was die Ebene des Individuums im sozialen Kontext betrifft. Eine Reduktion sozialer Phänomene auf biologische Faktoren geht mit einer Banalisierung der sozialen Welt einher, die sich zu einem gefährlichen politischen Desengagement entwickeln kann.

Eine weitere bedenkliche Entwicklung in der Soziologie besteht in der Reduktion sozialer Phänomene auf ökonomische Prinzipien. Davon soll anschließend die Rede sein. Soziologie wird, so scheint es, durch die Biologie und die Ökonomie aufgelöst.

4.6 Homo oeconomicus

Der Umstand, dass auch in der Soziologie dem System Ökonomie eine hohe Verhaltens-determinierende Wirkung zugeschrieben wird, begründet die besondere Bedeutung des *Homo oeconomicus* als „rationalen Nutzenmaximierer". Dieses wirtschaftstheoretisch begründete Konzept vom Menschen soll sein Handeln am Markt beschreiben. Dort passt es ganz gut, und so wird es auch auf andere Verhaltensbereiche ausgedehnt. Dieses utilitaristische Menschenbild geht historisch auf Bentham und Mill zurück (Treibl 2000). Es wurde auch von Soziologen wie Homans, Coleman und im Rahmen der „Rational choice"-Theorie zur Untersuchung soziologischer Phänomene verwendet. Die experimentelle Ökonomik hat zwar die Bedeutung des Fairness-Erlebens im mikroökonomischen Bereich empirisch abgesichert, sodass der *Homo oeconomicus* relativiert wird (Axelrod 1997, Frey 1999), dieses Menschenbild dringt aber unbeeindruckt davon gerade in die letzten großen *ethischen Bereiche* unserer Gesellschaft ein, wie in das Versorgungssystem der *Alten, Kranken* und *Armen*, also in Bereiche der staatlichen *Daseinsfürsorge* (vgl. Bundesärztekammer-Präsident Hoppe im Deutschen Ärzteblatt Dienstag, 15. Mai 2007: „Politik betreibt Entstaatlichung der Daseinsfürsorge").

4.6.1 Der ökonomische Imperativ – dominante Rahmenbedingung der Gegenwartsgesellschaft

Die ausufernde Bedeutung des so genannten „wirtschaftlichen Denkens", etwa in Form des Werbespruchs „Geiz ist geil!", kennzeichnet nicht nur, was ökonomisches Denken (vermeintlich) ist, sondern hat zugleich normativen Charakter – man kann sich nicht mehr „unökonomisch" verhalten, was immer das auch bedeuten mag. In diesem Sinne des ökonomischen Imperativs ist jeder Mensch ein anhaltender „Nutzenmaximierer" und „rationaler Egoist" und hat es auch zu sein, sonst überlebt er gemäß der Evolutionstheorie als Individuum und/oder als Gruppe (Familie) nicht. Es wurde schon im Abschnitt zur Verhaltensbiologie dargestellt, dass das Nutzen-Konzept auch in die Biologie exportiert wurde. Nicht zuletzt ist auch das Gesundheitswesen von diesem Denken überrannt worden. Jeder Quadratmeter und jede Minute medizinischer Handlungsfelder sollen in Geldeinheiten gemessen, also „monetarisiert" werden. Das bedeutet letztlich die Monetarisierung der leidenden Menschen. Die neue Ethik lautet also: Was „wirtschaftlich" ist, ist „gut". Und: Wichtig ist, was „nachgefragt" wird.

Grundsätzlich ist zunächst fest zu halten, dass der Ausdruck „wirtschaftlich" nichts anderes bedeutet als „kosteneffektiv" und dies bedeutet nichts anderes als eine günstige bzw. *optimale Input-Output-Relation*. Sparen alleine, ohne Maß und Ziel ruiniert mittelfristig den Betrieb. Dies lässt sich mit einem kleinen Ausflug in die Mathematik grundlegend auf eine elementare Produktionsfunktion beziehen, die im einfachsten Fall eine *hyperbolische Funktion* ausmacht (Tietze 2003): Der Input, etwa in Form einer zusätzlichen Investititon ΔI, hat zunächst eine große Wirkung im Output-Bereich, während in Bereichen, wo bereits eine hohes Niveau des Outputs gegeben ist, der Effektivitäts-Zuwachs (ΔO) bei gleichem Investitionszuwachs ΔI geringer ist als im Bereich geringer Investitionen (s. Abb. 4.32, 4.33, 4.34). Gibt es keinen Outputzuwachs, dann ist das Maximum der Effektivität erreicht und weitere Investitionen wären dann unökonomisch, also nicht mehr „kosten-effektiv".

Dieser Sachverhalt lässt sich mit der Differentialrechnung formal exakt beschreiben und numerisch auch bestimmen, wenn die *Inputgrößen* in Arbeitsstunden (Löhnen und Gehältern, Investitionen in Technik usw.) messbar sind, und auch die *Outputgrößen* empirisch bestimmbar sind, was bei Stückzahlen eines Produktes (Ziegel) gut geht, aber bei Dienstleistungen, wie es Gesundheitsbetriebe sind, nicht gut geht. Gesundheitsökonomie setzt die valide Messbarkeit von Gesundheit voraus (Drummond et al. 2005; Erbas u. Tretter 2004, Feichtinger u. Tragler 2004). Das ist sogar für die Gesundheitswissenschaften noch ein Problem (Schwarz 1998, Hurrelmann et al. 2006). Darüber hinaus ist die Systemvariable des Gesundheitswesens im Sinne der Versorgungsforschung grundlegend zu beachten (Pfaff 2003).

Das *ökonomische Paradigma*, das den Homo oeconomicus als „wirtschaftlich optimal" agierenden Akteur charakterisiert, lässt sich – auf zwei Grundsätze konzentriert – wie folgt zusammenfassen (Mankiw 2000, Varian 2001, Bofinger 2006):

1. Jeder Akteur ist *Nutzenmaximierer* (Schadensminimierer) gemäß der Präferenzordnung seiner Bedürfnisse („rationaler Egoist", Homo oeconomicus). Auch anderen Menschen helfen zu wollen ist in diesem Sinne Ausdruck des Strebens nach Maximierung des *ideellen Nutzens*. Diese Perspektive wird auch als

„methodologischer Individualismus" bezeichnet, da der einzelne Akteur und nicht ein Aggregat im Zentrum der Betrachtungen steht. Allerdings ergibt sich dabei das im ersten Kapitel erwähnte Theorie-Problem der Erklärbarkeit von Makro-Phänomenen durch Mikrophänomene.

2. Der *Markt* regelt Preise und Mengen aller Güter über *Angebots-Nachfrage-Relationen*. Die Übertragung dieser Prinzipien auf das Alltagsverhalten hat der Wirtschaftsnobelpreisträger Gary S. Becker vorgenommen, insofern die wechselseitige Nutzenmaximierung als „unsichtbare Hand" nach Adam Smith (1776, 1988) auch die Wahl von Ehepartnern u. dgl. regelt (Becker 1993). Auch Kranke würden den angebotene Gesundheitsleistungen nachfragen und „rational" auswählen (Oberender et al. 2002).

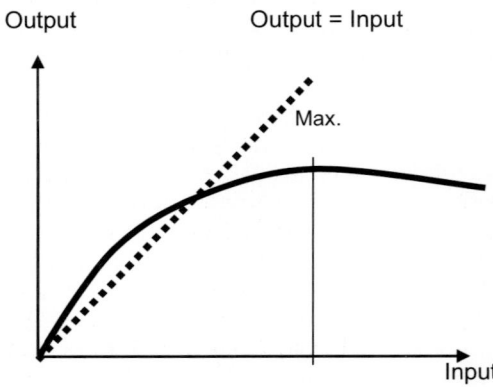

Abb. 4.32: *Die grundlegende Gestalt einer häufigen Input-Output-Funktion als „Produktionsfunktion". Der nichtlineare Verlauf des Outputs (Produktion von y Mengeneinheiten des Gutes) als Folge der Intensität des Inputs an Arbeit und Kapital. Der Anstieg des Outputs als Folge des Inputs (Grenzproduktivität) kann ab einer gewissen Grenze den Wert Null einnehmen (Maximum) oder gar negativ werden. Damit ist die Wirtschaftlichkeitgrenze erreicht (z.B. Grenzproduktivität = Null) oder überschritten.*

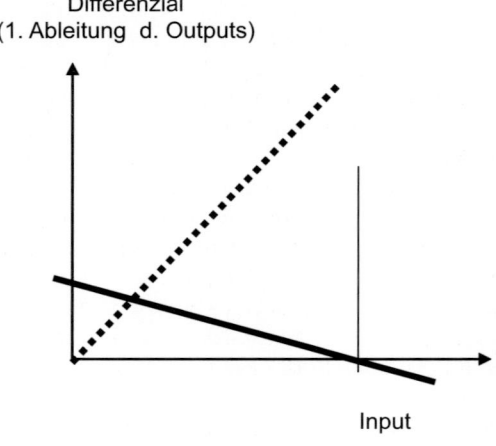

Abb. 4.33: *Das ökonomische Prinzip – die Grenzproduktivitäskurve /-gerade als 1.Ableitung (Differenzial) der Produktionskurve, um die „Grenzproduktivität" anschaulich bestimmen zu können.*

Diese Prinzipien lassen sich zu einem allgemeinen ökonomischen Menschenbild ausgestalten, das voraussetzt, dass jedes *Ego* nicht nur selbst seinen Nutzen maximiert, sondern dass auch bei jeder Begegnung des Ego mit einem anderen Menschen *(Alter)* dieses Alter sich ebenso gemäß seinen Nutzenerwartungen verhält. Grundsätzlich unterstellt also das Ego auch dem Alter die Nutzenmaximierung.

Dieses Egoisten-Bild wird im Rahmen der Betriebswirtschaftslehre im Zusammenhang mit der *Neuen Institutionenökonomik* zur Charakterisierung der Grundstruktur von Betrieben genutzt: Die Mitarbeiter *(Agents)* versuchen, ihren persönlichen Nutzen im Betrieb zu maximieren, der Manager *(Prinzípale)* agiert entsprechend mit Regelungen wie „Erfolgsbeteiligung" (Property rights-Ansatz; Voigt 2002).

Gary Becker hat den Anspruch der allgemeinen ökonomischen Erklärbarkeit von menschlichem Verhalten im Rahmen der „Ökonomie des Alltagsverhaltens" skizziert (Becker 1993): Der Mensch ist nicht nur im Rahmen wirtschaftlichen Handelns, sondern auch im Alltag in nicht-materiellen Angelegenheiten der „individuelle rationale Nutzenmaximierer". Historisch beruht dieser Denkansatz auf Adam Smith (1988), der gezeigt hatte, dass der Anbieter von Leistungen an Nachfrager dies nicht aus caritativen Motiven, sondern aus seinem Eigennutz heraus tut („rationaler Egoist"). An der Validität dieses Konzeptes in definierten Kontexten gibt es wenig Zweifel, doch in seiner schier unbegrenzten Anwendung verkommt es zu einem tautologischen Konzept, mit dem jedes menschliche Verhalten erklärt wird: Jedes Verhalten tritt nur auf, weil vom Akteur ein Nutzen erwartet wird. Verhält sich der Akteur nicht materiell-ökonomisch, dann maximiert er eben seine ideellen Präferenzen. Das Konzept des Homo oeconomicus ist damit ähnlich universell anwendbar und argumentativ immunisiert, wie dies in der Psychoanalyse dem Begriff des „Unbewussten" zugeschrieben wird – das Unbewusste als Wirkgröße kann ebenfalls für jedes Verhalten als Erklärung herangezogen werden. Wenngleich es in den Wirtschaftswissenschaften und insbesondere in der Wirtschaftspsychologie auch andere Menschenbilder gibt – der *social man*, als Mensch, der sich nach sozialen Beziehungen ausrichtet, der *self-actualizing man*, als Mensch, dessen Antrieb die Selbstverwirklichung ist, und der *complex man*, als vielschichtiges Individuum – so ist in der Praxis der Betriebe und der „großen" Politik das Bild vom Homo oeconomicus doch am häufigsten und in zunehmendem Maß anzutreffen (Kirchler et al. 2005). Im Gegensatz dazu ist das Ziel des Gesundheitswesens die Sicherung der Gesundheit und nicht die Maximierung von Gewinnen. Dennoch haben sich im Rahmen der allgemeinen Ökonomisierung der Kultur der Gegenwartsgesellschaft auch die Zielprioritäten des Gesundheitswesens geändert – gesund wird das gemacht, was Geld bringt. Wegen des besonderen Konfliktpotenzials mit der Ethik soll der Homo oeconomicus am Beispiel der Gesundheitsökonomie kurz verdeutlicht werden. Es sind folgende Prämissen, die das ökonomische Bild vom Menschen als Nachfrager und Anbieter auch im Gesundheitswesen kennzeichnen (Breyer et al. 2003, 2005):

(1) Der Patient ist Kunde.
(2) Der Patient wählt die Gesundheitsleistungen am Markt aus.
(3) Der Patient will seinen Nutzen maximieren.
(4) Am Gesundheitsmarkt stehen die Anbieter von Gesundheitsleistungen zueinander in Konkurrenz um die Nachfrager.

(5) Die Konkurrenz der Leistungsanbieter erzeugt im Prinzip automatisch, über Selbstoptimierungsprozesse des Gesundheitsmarktes, mengen- und preisbezogen die günstigste Angebotssituation. Bei der Steigerung der Konkurrenzbedingungen ist dann keine (staatliche) Planung und Regulierung nötig, das System optimiert sich unter diesen Umständen autonom durch die „unischtbare Hand" nach Adam Smith (1988).

Im diesen Sinne wird also das Denkschema der Ökonomik auf das Gesundheitswesen übergestülpt, indem einfache Betriebswirte und mancherorts sogar Volkswirte die optimalen Gestaltungsprinzipien des Gesundheitswesens verkünden, insofern das Profitprinzip automatisch den Nutzen für den kranken Kunden maximieren würde, indem die besten Leistungen in großen Mengen zu den niedrigsten Preisen angeboten werden könnten, gäbe es da nicht die Kassenärztlichen Vereinigungen und die Ärzte-Lobby etc., die die Selbstoptimierung des Gesundheitswesens verhindern würden. In dieser Hinsicht ist zu beachten, dass niemand – auch systemtheoretisch orientierte Autoren – über ein mathematisches Modell verfügt, das eine Volkswirtschaft genau beschreiben, erklären und in ihrer Entwicklung voraussagen lässt (Bruckmann und Fleissner 1989, Sinn 2004; Brodbeck 2000, Tretter 2005a) geschweige denn, was derartige Prozesse im Gesundheitswesen betrifft (Fleissner 1977, Heider-Dorneich 1988, 1993, 1994).

Interessant ist das Nutzenmaximierer-Konzept also im sozialen Kontext, denn *altruistisches Verhalten* ist dann a priori suspekt: Der „prosoziale" Akteur täusche *Altruismus* vor und bediene durch sein Handeln nur ein *egoistisches Bedürfnis,* wie beispielsweise nach dem Tod den besten Platz im Himmel zu bekommen oder es werde damit das Bedürfnis der *Selbstwertmaximierung* usw. befriedigt, wenn ich mich mit Kranken, Alten und Armen umgebe.

Tatsächlich wird die Begrenztheit dieses Konzepts bereits deutlich, wenn man die *empirische Ökonomik* betrachtet und damit die *Messprobleme des Nutzens,* worauf hier kurz eingegangen wird.

Akteure als Nutzenmaximierer

Grundlegend zum Marktverhalten ist die Annahme, dass jeder Akteur als „Nutzenmaximierer" sinngemäß wie eine Kugel mit hoher potenzieller Energie automatisch von dieser Ebene auf ein niedrigeres Niveau seines Energieaufwandes rollt. Präziser gesagt handelt also jeder Akteur im Wirtschaftssystem so, dass er seinen Nutzen N maximiert. Der Nutzen kann der Gewinn, die Ersparnis, der Nutzen beim Konsum eines Gutes, aber auch der immaterielle Nutzen wie Erholung bei einem Spaziergang usw. sein. Grob definiert kann man ähnlich wie zur grundlegenden Produktionsfunktion sagen, dass das Maximum des Nutzens erreicht ist, wenn der nächste Akt (z.B. Konsum der Menge $x + 1$) keinen Nutzenzuwachs erbringt. Das Maximum ist überschritten, wenn beim nächsten Konsumakt der Nutzen abnimmt. Dieser Zusammenhang entspricht mathematisch der Kurvenanalyse im Rahmen der Differenzen- bzw. Differenzialrechnung: $\Delta N / \Delta x$ (s. Abb.4.34). Die Frage dabei ist zu klären, wie der *Nutzen gemessen* wird. Am einfachsten ist es für empirische Untersuchungen, den *monetären Nutzen* zu erfassen, also etwa in Form des Gewinns als

Differenz von Kosten und Erlös. Das geht auch bei ideellen Werten, insofern man die Zahlungsbereitschaft („Willingness to pay") abfragt. Dieses Prinzip hat, wie bereits erörtert wurde, auch die Verhaltensökologie begeistert. Gegenwärtig wird in den Wirtschaftswissenchaften nicht der viel schwerer emrittelbare *kardinale Nutzen*, sondern der *komparative Nutzen* in Form des *ordinalen Nutzens* als Referenz gemessen: Es werden nicht die Geldwerte und Gütermengen dabei direkt abgebildet und die Nutzendifferenz quantifiziert, sondern es wird die Präferenzordnung der

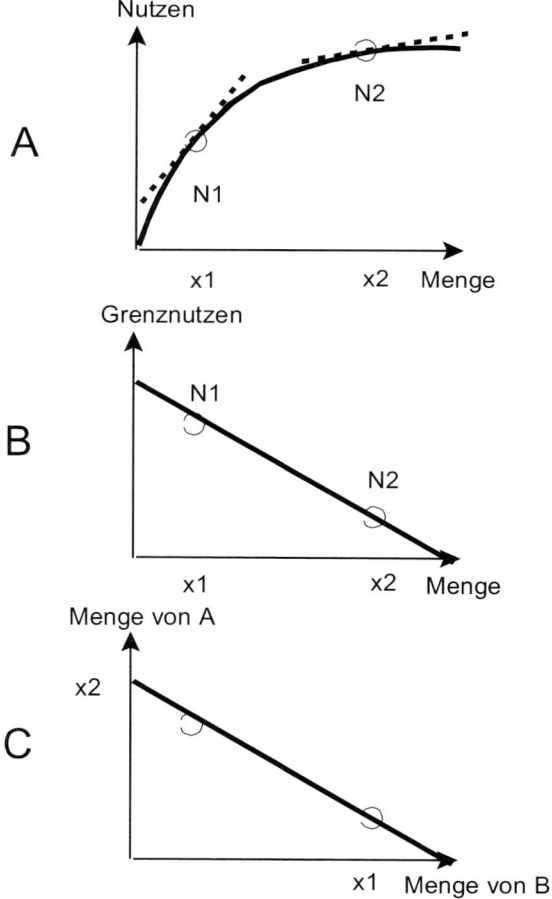

Abb. 4.34: *Maximierung von Nutzen und Grenznutzen (vgl. Dubs 1994, S.129).*
A: Der Nutzen am Punkt N1 ist geringer als am Punkt N2.
B: Der Nutzengradient (Nutzenzuwachs, Grenznutzen) am Punkt N1 ist steiler und damit der Nutzenzuwachs größer als am Punkt N2, wo er in der Nähe von Null liegt. Weitere Mengenzunahme (z.B. Konsum) senkt daher den Nutzen.
C: Ordinale Nutzenfunktion – Menge des Gutes A versus Menge des Gutes B; hier liegt nahezu gleiche Präferenz, also Indifferenz vor.

Güter über *Isoklinen* ermittelt. So wird nur festgestellt, ob eine bestimmte Gütermenge des Gutes A im Vergleich zu einer anderen Gütermenge des Gutes B „mehr" oder „weniger" Nutzen hat. Zu bestimmen ist also, ob 10 Liter Milch den gleichen Nutzen wie 10 Semmeln usw. haben. Ökonomen gehen davon aus, dass auch bei immateriellen Gütern derartige Nutzenkurven zutreffend sind (Becker 1993).

Das Konzept der Nutzenmaximierung ist nur begrenzt zutreffend, weil Akteure mit Innenleben ausgestattete, erlebende und mit Erwartungen und Zielen handelnde *Subjekte* sind, die mit einer individuellen Eigendynamik oft nur „submaximalen" Nutzen akquirieren oder tolerieren (Psychologie-Defizit der Volkswirtschaftslehre; Frey 1999, Kirchler 2005) und auch zeitlich variable Präferenzordnungen zeigen. Auch hier, im Bereich der Theorie der Wirtschaftswissenschaften, zeigt sich die Problematik der Generalisierung von wissenschaftlichen „Gesetzen" und die Approximation, Interpolation und Extrapolation, wie sie im Eingangskapitel (Kapitel1) besprochen wurde.

In Hinblick auf die Medizin trifft die Nutzenmaximierung auf den Arzt, selbst bei einem weit gefassten Nutzenbegriff im Sinne des *„rationalen Egoisten"* nur sehr begrenzt zu, insofern man für die Arztrolle polarisierend vom *„empathischen Altruisten"* sprechen könnte. Darüber hinaus ist ein verallgemeinertes Nutzenkonzept ein zirkuläres, tendenziell tautologisches Konstrukt, das im Nachhinein „alles" erklärt, aber wenig prognostizieren lässt: Wer handelt, maximiert Nutzen, und wer nicht handelt, offensichtlich auch. Weitere Hinweise auf ein in wissenschaftstheoretischer Hinsicht immunisiertes Konzept wie folgt:

– Wer beim teuren Anbieter kauft, kauft einen immateriellen Nutzen mit ein.
– Wer wenig Geld verlangt, erhält immaterielle Werte als „Returns".
– Wer altruistisch ist, maximiert ideelle Werte.

Mit solchen Argumentationen ist das Nutzenmaximierer-Konstrukt gegen Überprüfungen immunisiert, es ist nicht mehr falsifizierbar und erklärt andererseits auch nichts mehr differenziert. Aus wissenschaftstheoretischer Sicht ist daher Nutzen nur im Rahmen der „ordinalen Nutzentheorie", also in Situationen vergleichender Güterbewertungen mit gut messbaren Größen (Geld, Gütermengen), aussagekräftig (rational-choice-Paradigma"). Es ist aber nicht adäquat bei Kranken, die kaum eine Wahl haben.

Der in dieser Richtung ausufernde ökonomische Geist im Gesundheitswesen soll, wegen der von ihm ausgehenden *Gemeingefahr* aufgrund der Eliminierung ethischer Werte und wegen der materialistischen Einordnung der Akteure im Gesundheiswesen, nun etwas genauer beleuchtet werden. Kritisch sind zunächst drei Grundkomponenten dieses Systems – (1) der Kranke/Patient, (2) der Arzt und (3) das System als Markt – zu betrachten:

(1) Der Kranke – souveräner Konsument von Hilfeleistungen oder „Homo patiens"?

Die Annahme der Ökonomen, dass der Kranke, vor allem in der Notfallsituation, noch in einer Wahlsituation ist und die Energie hat, sich am Markt den Überblick zu verschaffen und dann *rational zu entscheiden*, ist unrealistisch und trifft für die überwiegende Zahl der Fälle akut Erkrankter nicht zu. Das passt für den Wellness-Bereich und gilt nur bei Krankheiten, bei denen eine elektive und zeitlich verschiebbare medizinische Intervention angezeigt ist. Es trifft dabei auch nicht zu, dass der Patient die größte Menge an medizinischer Leistung (also Totaloperation) zum niedrigsten Preis auswählt. Darüber hinaus verhält sich der Kranke auch passiv und agiert nur reaktiv auf sein Befinden bzw. auf seine Symptome (Kick 2006)! Zustandsbedingt liegt im ökonomischen Sinne beim Kranken also nur eine äußerst „begrenzte Rationalität" vor. Sein Entscheidungsverhalten ist sogar – beispielsweise wegen Schmerzen – hauptsächlich von seiner *Emotionalität* gesteuert („Hilfe, sofort; koste sie was sie wolle.."). Auch die vollkommene Information über Angebote von Gesundheitsleistungen liegt dem Kranken keinesfalls vor. Diese Übersicht hat nicht einmal der Arzt als sogenannten „System-Gatekeeper".

Damit entspricht der Kranke keinesfalls dem markwirtschaftlichen Modell des „souveränen Konsumenten", sondern eher einem Modell des *abhängigen Konsumenten*. Zutreffender ist das Bild des „Homo patiens" (Frankl 2005b) des Menschen als Mängelwesen im Sinne von Arnold Gehlen, dessen gesundheitliches Scheitern und letztlich dessen Tod immer auftreten kann.

(2) Der Arzt – ein Homo oeconomicus oder der „Homo curans"?

Ein zentrales Problem für die Ökonomie ist die Frage nach der Struktur der Motive der Leistungserbringer am Markt, für die hier die Ärzte als Repräsentanten angesehen werden: Ihr Motiv soll seit Hippokrates gemäß dem gesellschaftlichem Auftrag primär die *caritative Maxime* sein. Die Ökonomie ist zweitrangig. So werden – abgesehen von den Leistungskriterien des Zugangs zur Ausbildung – Medizinstudenten und Ärzte ausgebildet und auch ausgesucht. In diesem Sinne ist der Arzt im Prinzip ein „empathischer Altruist" und weniger ein „rationaler Egoist". Jahrtausende hat die abendländische Gesellschaft dieses Prinzip aufrechterhalten. Es ist hier wichtig anzumerken, dass Ähnliches auch für andere klinische Berufsgruppen, wie insbesondere für das Pflegepersonal ausgeführt werden könnte, das, wie der Klinikalltag zeigt, in äußerst hohem Maß nach ethischen, prohumanen und nicht-eigennützigen Prinzipien handelt. Allerdings wird derartiges nicht- materiell motiviertes Verhalten gegenwärtig zunehmend entwertet und belächelt. Beispielsweise sind ethische bzw. moralische Ziele nicht einmal in Betrieben der öffentlichen Hand der Daseins-Fürsorge explizites Betriebsziel, es ist offensichtlich einfach unwirtschaftlich, einem Kranken und Alten zu helfen.

Diese Feststellungen werden den Leser zwar nicht sehr überzeugen, weil sie von einem Arzt stammen und sie werden auch von allen Gesundheitsökonomen bestritten. Aus der Sicht der Gesundheitsökonomie sind Ärzte nämlich als Fälle des Homo oeconomicus (nur) Nutzenmaximierer – Ärzte würden Patienten danach aussuchen, ob es sich um „lohnende" Kranke handelt, bei denen die Aufwands-Ertrags-Relation bzw. die Kosten-Nutzen-Relation günstig ist. Die Empfehlungen von Gesundheitsökonomen lauten daher in der Umkehrung dieser Sicht sogar, dass Mitarbeiter von Kliniken im Sinne der neuen Institutionenökonomik am Ertrag bzw. am Erlös der Klinik so beteiligt werden sollten, dass sie bei Mindererlös Gehaltseinbußen in Kauf nehmen müssen. Bemerkenswert dabei ist, dass diese ökonomischen Praxisempfehlungen im Rahmen von Beratungen und Begutachtungen von Hochschullehrern vorgenommen werden, ohne dass sie belastbare empirische Studien zur betriebswirtschaftlichen Gesundheitsökonomie vorlegen können oder gar selber „erfolgreich" Kliniken geführt haben (Tretter 2005b, 2006a,b). Das Ergebnis ist, dass einige schwer Kranke wegen der kostenintensiven Diagnostik und Therapie unzulänglich behandelt werden oder durch frühe Entlassung oder Verlegung ausgegrenzt werden. Das liegt zwangsweise in der Profit-Maximierungs-Logik derartig strukturierter Krankenhäuser. Nur klinikinterne Ethik-Kommissionen, bestehend aus Vertretern aus dem Betriebsrat, der Krankenhausleitung und der Krankenhausseelsorge wären ein gewisses Hindernis für solche immer deutlicher werdende Tendenzen.

(3) Die Kostenträger-Perspektive – Optimierung der Preis-Leistungs-Relation?

Die Kostenträger als drittes Glied im System sind die Mediatoren der Arzt-Patient-Beziehung. Bürger zahlen in die Versicherung ein und erhalten im Krankheitsfall bezahlte Leistungen von Ärzten. Nicht jede sinnvolle medizinische Leistung wird aber gemäß dem Leistungskatalog der Kassen bezahlt. Es ist schwierig für Versicherungen wegen der demographischen Schieflage und dem medizinischen Fortschritt die ökonomishce Balance zu halten.

Das Marktversagen im Gesundheitswesen

Auf der Ebene des Versorgungssystems muss noch die begrenzte Validität des Konstrukts „Gesundheitsmarkt" hervorgehoben werden, vor allem insofern – unabhängig vom Finanzierungssystem – Einschränkungen der Marktmechanismen („Marktversagen") anzunehmen sind:
–   Der besondere Charakter des Gutes Gesundheit (höchstes Gut, nicht beliebig konsumierbar und ersetzbar) lässt Gesundheit nicht mit anderen Gütern verglei-

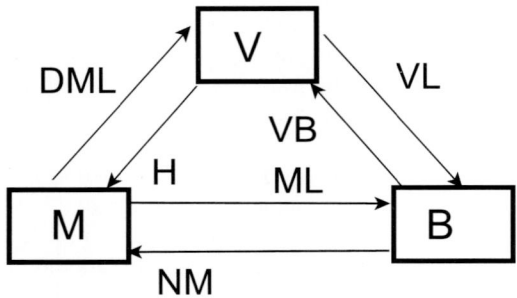

Abb. 4.35: Das „Dreieck" des Gesundheitswesens – Versicherungen (V), Medizin (M) und die versicherte Bevölkerung (B; nach Erbas u. Tretter 2004).
DML: dokumentierte medizinische Leistungen, H: Honorare, ML: medizinische Leistungen, VB: Versicherungsbeiträge, VL: Versicherungsleistungen, NM: Nachfrage nach medizinischen Leistungen

chen. Aber Menschen lernen zunehmend, ihre Gesundheit als Ware zu erkennen.

- Auch die „Preisinelastizität" der Nachfrage nach Gesundheit ist hier hervorzuheben. Sie ist abhängig von der Schwere der Erkrankung, .
- Darüber hinaus gibt es eine kaum behebbare „Informationsasymmetrie" zwischen Arzt und Patienten und Versicherungen und nicht die „vollkommene" Information, die für die Erfüllung des Konstrukts des „souveränen Kunden" erforderlich ist.
- Eine wachsende Ärztedichte erhöht tendenziell die Patientenzahl.
  Gerade dieser Aspekt kann auf einer angebotsinduzierten Erhöhung der Nachfrage beruhen, er ist aber auch durch einen latenten Nachfrageüberhang erklärbar. Die relative Häufigkeit dieser Verhaltensweisen ist in keiner Studie repräsentativ ausgewiesen. Breyer (1984) präferiert eine „Zieleinkommens-Hypothese", die besagt, dass bei einem Anstieg der Ärztedichte der „Anreiz" für die Ärzte besteht, *„die Informationen, die sie an die Patienten geben, systematisch zu ändern, um ihre eigene Auslastung ... sicherzustellen"* (Breyer et al. 2003, S: 312). Die empirischen Befunde sind allerdings uneindeutig. Ungeachtet dieser Einschränkungen, was die Mechanismen am „Gesundheitsmarkt" betrifft, zielen die Reformvorschläge der Ökonomen auf die volle Entfaltung der Marktprinzipien im Gesundheitswesen (Oberender et al. 2002).

Theorie-Probleme der Ökonomik

Die theoretischen Konzepte der Mikro- und Makroökonomik sind keineswegs bereits so ausgereift, dass man „alles verstanden" hat. Die Hauptproblematik liegt darin, dass gewisse Funktionen wie die Optimierung, (Gewinn-)Maximierung, (Aufwands-)Minimierung plausibel sind, dass aber ihr Geltungsbereich nicht genau genug bestimmt werden kann, sodass beispielsweise Prognosen häufig nicht zutreffen. Es ist sicher sinnvoll, auch für die Praxis bei der Gestaltung von wirtschaftlichen Aggregaten (z.B. Betriebe) und Systemen (z.B. Gesundheitswesen) von solchen Prinzipien auszugehen, aber es wäre dann erforderlich, den hypothetischen Charakter dieser Konzepte darzulegen.

In einem Lehrbuch der Volkswirtschaftslehre (Neubauer 2001, S.67/68) wird zwar diese Realitätsferne der Marktmodelle festgestellt, aber dennoch die Bedeutung für wirtschaftspolitische Entscheidungen betont: *„Insgesamt gilt, dass viele wichtige Voraussetzungen des vollkommenen Marktes in der Realität nicht gegeben sind. Gleichwohl lassen sich aus der modellhaften Darstellung wichtige Schlüsse ziehen...Für die Wirtschaftspolitik, insbesondere die Wettbewerbspolitik, bleibt trotz der gemachten Einschränkungen das Modell der vollständigen Konkurrenz ein wichtiger Orientierungspunkt."* Aus wissenschaftstheoretischer Sicht werden also aus falschen Prämissen „wichtige", aber eigentlich „nicht richtige" Folgerungen gezogen, die dann die Politik leiten sollen. Das ist nicht sonderlich rational und kann kaum gut gehen. Man muss sich sogar fragen, warum die Wirtschaft *trotz der Experten* so gut funktioniert!

185

Unberührt von der hier kurz vorgebrachten *metatheoretischen* bzw. *wissenschafts-theoretischen Kritik* gehen Graf von der Schulenburg und Greiner (2000, S. 1) in ihrer Konzeption von ökonomischer Theorie letztlich besonders weit:

„Es gibt nämlich nur eine ökonomische Theorie, die entweder in allen Bereichen ihre Gültigkeit hat oder keine Theorie ist."

Wenn das zutrifft, dann müsste die Wirtschaftswissenschaft offensichtlich über eine universelle Verhaltenstheorie verfügen und damit intellektuell schon weiter sein als die Physik.

4.7 Fazit zum Homo Oeconomicus – Grenzen des Egoismus

Es ist bei Anwendungen wirtschaftswissenschaftlicher Erkenntnisse wichtig zu beachten, dass die Marktmodelle hochgradige Idealisierungen der realen Verhältnisse sind, die sie beschreiben sollen. Auch gibt es kein adäquates analytisches Modell der Volkswirtschaft. Es bestehen also erhebliche wissenschaftstheoretische Probleme (Brodbeck 2000, Frank 2004, Tretter u. Sonntag 2004, Tretter 2005a). Es kann aus diesem Grunde auch nicht gut gehen, diese Modelle direkt als Leitkonzepte für die Systemgestaltung des Gesundheitswesens zu verwenden.
Als positives Beispiel neuer ökonomischer Theorien kann der Forschungsansatz der „evolutionären Ökonomik" angeführt werden, wie er beispielsweise in Arbeitsgruppen am Max Planck Institut für Wirtschaftsforschung in Jena (Witt 1993) und an der Universität in Witten-Herdecke (Herrmann-Pillath 2002) entwickelt wird. Er reflektiert viele Gedanken aus der biologisch-ökologischen Systemtheorie. Man findet aber so gut wie keine Erwähnung dieser Ansätze in der offensichtlich besonders reflexionsschwachen Gesundheitsökonomik, die eher versucht, ein Maschinenmodell der Wirtschaft im Gesundheitswesen zu implementieren.

5. Ökologie der Person – die ökosystemische Perspektive

Der Mensch ist immer eingebunden
in Kontexte, und zwar in Systeme

Der Mensch ist
Produkt seiner selbst und
der Wechselwirkungen mit seiner Umwelt

Der Mensch ist Teilnehmer an Systemen
er wird von ihnen geprägt,
aber er gestaltet sie auch mit.

5.1 Biopsychosoziales Menschenbild – mehrdimensionale Anthropologie

Der Mensch ist ein Geworfener
(nach Heidegger 1927)

Der Mensch ist grundsätzlich mehr
als er von sich wissen kann
(Jaspers 1953, 2005.S.50

Die bisherigen Ausführungen zeigten deutlich, dass *reduktionistische Menschenbilder* dem alltäglich erfahrbaren Wesen und den vielfältigen wissenschaftlichen Erkenntnissen des Menschen, ein Individuum und ein Unikat zu sein, nicht gerecht werden. Vor allem die eminente Bedeutung der Umwelt für den Menschen und die vielen Varianten der Umwelt erfordern ein umfassenderes Konzept vom Menschen als beispielsweise jenes der Genetik, das häufig mit dem „Epigenetischen" als Umwelt schon zufrieden ist: Ist bereits das Prozessgeschehen des Potenzials des Genoms, mit 20.000 bis 30.000 Genen, eine Pflanze, eine Maus oder einen Menschen oder einen Affen zu generieren, formal schwer durchschaubar, so sind Mensch-Umwelt-Beziehungen, in Hinblick darauf, dass ein Mensch zu einer *bestimmten* Zeit an einem *bestimmten* Ort ist und mit jemand anderem zusammentrifft oder nicht, der für das weitere Leben wichtig wird (Partner, Unfallgegner), ein Universum von Möglichkeiten, das nicht kalkulierbar, sondern bestenfalls – wie bei Unfällen – rekonstruierbar ist. Daher bleibt ein lückenloses rationales Verständnis des Menschen bis auf absehbare Zeit verwehrt. Diese Problematik wurde mit den Ausführungen zum *Komplexitätsproblem* und zum *Determinismus* und deren Grenzen in den vorherigen Abschnitten diskutiert (Kapitel 1 u.2). Dies hat auch Konsequenzen für reduktionistische Menschenbilder. Wenngleich aus praktischen Gründen punktuelle Simplifizierungen, also *spezifische und situative eindimensionale Konzeptionalisierungen des Menschen* vertretbar erscheinen, so ermöglicht nur die *Einbettung* in ein *explizit komplexes Menschenbild* die nötige grundsätzliche ideelle Repräsentanz der Komplexität und Variabilität des Menschen. Das erscheint vor allem im *klinischen Kontext* beachtenswert.

Nachdem der biologische, psychologische, soziologische und ökonomische *Reduktionismus* in seiner Grenzwertigkeit nun kritisiert wurde und ein *biopsychosoziales Systemmodell* skizziert werden soll, kann in der Folge in einem ersten Schritt die Synopse der verschiedenen Perspektiven vorgenommen werden. Damit steigert sich die *Komplexität der Betrachtung* mit der Möglichkeit, der Vielfalt der Konstellationen menschlichen Daseins besser gerecht zu werden. Insbesondere die Untrennbarkeit des Menschen von einer ihn real umgebenden Umwelt wirft die Frage auf, welcher wissenschaftliche Rahmen die akademische Behandlung des Gegenstandsbereichs „Mensch-Umwelt-Beziehungen" erlaubt. Gerade in dieser Hinsicht erscheint der Bezug zur biologischen Ökologie besonders fruchtbar.

Die historischen Wurzeln einer derartigen vielseitigen Konzeption des Menschen können bereits in den Ausführungen von Aristoteles gesehen werden, der die Vielfalt des Menschen immer wieder ausführlich dargestellt hat (Aristoteles 1995): Mit seinem Begriff des „Zoon politikon" hat er den Menschen einerseits als gesellschaftliches Wesen identifiziert, er hat aber auch zugleich das Tier im Menschen gesehen und ihn darüber hinaus zusätzlich als vernunftbegabtes Wesen charakterisiert. Damit hat er zumindest implizit bereits ein *dreidimensionales „biopsychosoziales" Menschenbild* konstituiert.

In Fortsetzung dessen soll eine *mehrdimensionale Anthropologie* hier als eine Anthropologie verstanden werden, die nicht nur die „innere" oder die „äußere" Achse des Menschen verfolgt, sondern die *beide Achsen zugleich* betrachtet und darüber hinaus *weitere Differenzierungen* der einzelnen Blickrichtungen als konstitutiv für die Anthropologie ansieht und so auch ihren Gegenstand, den Menschen, in seiner *Bezogenheit* konzipiert. In anderen Worten ausgedrückt ist eine *mehrdimensionale Anthropologie*, wenn sie die Erkenntnisse der Einzeldisziplinen der Humanwissenschaften integriert, eine *„integrale Anthropologie"*, wie sie etwa von Gadamer und Vogler (1972-1975) skizziert wurde. Im Rahmen einer *ökologischen Perspektive* geht sie aber auch darüber hinaus. Das Hauptmanko der vorher genannten eindimensionalen reduktionistischen Menschenbilder ist nämlich nicht nur, dass der Mensch nur *eindimensional* konzipiert wird, sondern dass er in einen *umweltlosen Raum* gestellt ist. Umwelt bleibt in vielen Konzepten nur eine Residualkategorie, was bei dem Begriff „epigenetisch" deutlich gemacht wurde oder in der Molekularbiologie erkennbar ist, wenn von „Gen-Umwelt-Interaktionen" die Rede ist (s. Kapitel 4). In der *ökologischen Perspektive* wird im Gegensatz dazu nicht nur ein *differenzierter Umweltbegriff* vorgestellt, sondern der Grundgedanke der *Umweltbezogenheit* bzw. der *Umweltbedingtheit* der Existenz des Menschen und die Wechselwirkungen hervorgehoben.

5.2 Ansätze zu einer „ökologischen Anthropologie" – Bausteine und Basis

Sein Hier versteht das Dasein
aus dem umweltlichen Dort.
(Heidegger 1927,S.110)

Der Mensch als das lebendige Ding,
das in die Mitte seiner Existenz gestellt ist,
weiß diese Mitte, erlebt sie,
und ist darum über sie hinaus
(Plessner 1975, S. 291)

Exzentrizität ist die für den Menschen charakteristische Form
seiner frontalen Gestelltheit gegen das Umfeld
(Plessner 1975,S.292)

5.2.1 Mensch und Umwelt – Grundkonzepte

Ewig sucht jeder sein Gegenstück
(Platon 1979, S. 58)

Die kategoriale „Zweiteilung" der Welt in *Mensch* und *Umwelt* ist eine Gliederung, die in allen kulturellen Epochen der Menschheit in den Bereichen, welche die Philosophie und die Religion, aber auch die Künste betreffen, zu finden sind. Auch im Rahmen der Anthropologie ist diese Unterscheidung sinnvoll. Sie bedeutet aber bei Betonung der Umwelt-Perspektive, dass die *funktionelle Bedeutung* der Kategorie Umwelt ausgearbeitet werden muss. Mit der Kategorie „Umwelt" ist dabei zumindest die *personelle Umwelt* (mikrosoziale Umwelt), die *natürliche Umwelt*, die *technische Umwelt* und die *kulturelle (makrosoziale) Umwelt* gemeint.
Die wichtigste Umwelt des Menschen ist aber der andere Mensch, also die *personelle Umwelt*. Die in dieser Hinsicht – bezogen auf unseren Kulturkreis – eindrucksvollste und poesievollste, allerdings mythologische Konzeption vom Menschen hat vermutlich die antike griechische Philosophie zu bieten, insofern dass beispielsweise bei Platon das Konzept vom *Kugelmenschen* formuliert wurde: Ursprünglich, so die Idee, soll es keine Männer und Frauen gegeben haben, sondern sie sollen in einem Wesen vereinigt gewesen sein. Seit ihrer schicksalhaften Trennung würden sie wieder nach dieser Vereinigung streben. Dies begründe die Sexualität, die als besonders starker Antrieb auffällt. Jeder suche daher sein „Gegenstück". Die Liebe würde dann anzeigen, dass man sein Gegenstück gefunden habe. Damit ist die zentrale Bedeutung des *Menschen als Umwelt für den Menschen* hervorgehoben.
Die existenzielle Bedeutung der (menschlichen) Umwelt für den Menschen findet sich auch in anderen Konzeptualisierungen des Kosmos und des Menschen, wie das Kategorien-Paar „Yin" und „Yang", das die Kräfte bezeichnet, die aus dem Absoluten, dem Tao (Dao) entspringen, wobei Yin(g) das Weibliche, das Passive, die Erde, die Nachgiebigkeit, die schwarze Farbe und die gerade Zahl kennzeichnen, wäh-

rend dem Yang das Männliche, das Aktive, der Himmel, die Stärke, die rote Farbe und die ungerade Zahl entsprechen (vgl. Moritz 1990). Dieses Konzept wird über das bekannte Yin(g)-Yang-Symbol visualisiert (vgl. Abb. 5.1) Dabei drückt die Verschlungenheit der tropfenförmig miteinander verbundenen Halbkreise und der jeweils gegensinnig gefärbte Punkt im jeweiligen Halbkreis die Vorstellung aus, dass in dem einen Gegenteil der Ursprung des anderen Gegenteils liegt: Das Yin(g) könnte nicht ohne das Yang überleben, und das Yang könnte nicht ohne das Yin(g) existieren.

Nicht ganz unbezogen zu diesen *vorwissenschaftlichen Ansätzen* sind modernere Ansätze, die als *„lebensweltliche Anthropologien"* bezeichnet werden können und die im Wesentlichen eine *phänomenologische Basis* aufweisen. Sie bilden eine gute Basis für eine akademisch orientierte *„ökologische" Anthropologie*.

Diese Ansätze lassen sich vor allem auf das *In-der-Welt-sein* des Menschen im Sinne von *Martin Heidegger* fokussieren. Ausgehend von der Existenzphilosophie von Heidegger (vgl. Luckner 2001) mit dem fundamentalontologischen Konzept der „Geworfenheit" des Menschen wird die existenzielle Gegebenheit, Schwierigkeit und auch Notwendigkeit des Menschen ausgedrückt, in dieser Welt gewissermaßen einen Halt finden zu müssen (Heidegger 1927). Die weiteren tiefsinnigen und sprachlich nicht leicht verständlichen Überlegungen Heideggers zum Dasein, zum Man, dem In-Sein, der Angst, zum Umhaften der Umwelt, der Weltlichkeit der Welt, der Zeitlichkeit des Daseins usw. müssen hier unberücksichtigt werden, da ihr Bedeutungsgehalt ohne weitere philosophische Exkurse in die Gedankenwelt des philosophischen Idealismus und insbesondere von Hegel und Husserl nicht sinnvoll erörtert werden kann und weil hier nur ein pragmatischer Konstruktionsvorschlag einer ökologischen Anthropologie verfolgt wird (s. jedoch Luckner 1997). Es sei hier erwähnt, dass *Viktor Frankl* mit seiner „Existenzanalyse und Logotherapie" wichtige Elemente der Philosophie Heideggers in das klinische Denken aufgenommen hat (Frankl 2005a, 2005b).

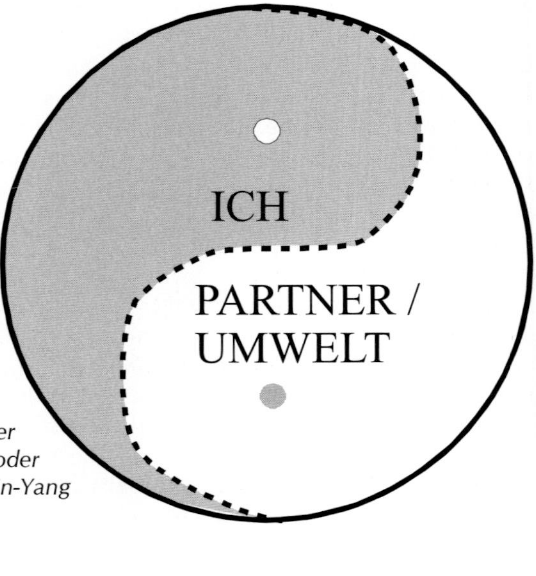

Abb. 5.1: Visualisierung der weltweit in vielen Kulturen nachweisbaren dualen und symbiotischen Grundvorstellung vom harmonischem Verhältnis der Strukturen des Kosmos (Energie und Materie) oder von Mensch und Umwelt, sei die Umwelt der andere Mensch (Mutter, Partner) oder die Natur als Ganzes. Hier die Yin-Yang Dichotomie des Taoismus.

ICH

PARTNER /
UMWELT

Von ähnlich grundlegender Bedeutung sind auch die Überlegungen von *Helmuth Plessner* (1975), die er als Philosoph mit Biologie-Kompetenz beispielsweise in dem Werk „Die Stufen des Organischen und der Mensch" (1975) dargelegt hat. Sein zentrales Konstrukt ist die „Exzentrizität" des Menschen, während Pflanzen durch „Dezentralität" und Tiere von „Zentralität" gekennzeichnet sind. Er betont dabei die Zwischenstellung des Menschen, ein leiblicher Körper zu sein, dieses Dasein zugleich reflektieren zu können und dabei auch den Bezug zur Umwelt zu erfahren. Plessner unterscheidet auch die Innenwelt und die Umwelt, die Außenwelt und die (menschliche) Mitwelt, die die Person umgibt. Allerdings sind diese Begriffe wegen ihrer philosophischen Begründung teilweise sehr abstrakt und fern der Alltagswelt konstruiert, mit einer großen Bedeutung von „Grenzen" und „Punkten". So begreift er die Mitwelt in Form einer Punktualität, „in der alles, was Menschenantlitz trägt, ursprünglich verknüpft bleibt, wenn auch die vitale Basis in Einzelwesen auseinandertritt." (S. 304). Plessner unterscheidet auch Begriffe wie Seele und Geist, und gerade die Mitwelt ist in seinem Sinne eben nicht die objektive äußere Welt der Mitmenschen, sondern deren innere Repräsentanz.

Ein weiterer fruchtbarer Untersuchungsansatz ist jener des Soziologen *Alfred Schütz*, der sich in einer phänomenologischen Analyse mit dem „sinnhaften Aufbau der Welt" und den „Strukturen der Lebenswelt" befasst hat (Schütz u. Luckmann 2003) und dessen Konzeption von Berger und Luckman (1969) weiter ausgebaut wurde. Dieser Ansatz wurde im Abschnitt zur Soziologie schon detaillierter erörtert. Zu erwähnen ist an dieser Stelle auch die Phänomenologie der Alltagswelt, wie sie der Psychologe Boesch (1974) konstituiert hat. Allerdings liegen beide Arbeitsansätze gegenwärtig nicht gerade im Mainstream der soziologischen und psychologischen Forschung. Dennoch wäre deren Adaptation auf das zeitgenössische Denken sehr fruchtbar für Akteure in humanwissenschaftlichen Praxisfeldern, insbesondere im Gesundheitswesen (Pädagogen, Ärzte, Psychologen, Sozialpädagogen). Die genannten Konzepte wären darüber hinaus weitere Bausteine einer phänomenologisch orientierten Konzeption einer ökologischen Anthropologie.

Auch aus dem Bereich Biologie ist ein Konzept anzuführen, das eine Umweltorientierung zeigt, nämlich die „Umweltlehre" von Jakob von Uexküll, der mit dem Konzept des *„Funktionskreises"* die enge Verschränkung von Lebewesen und Umwelt in seine Umweltlehre aufgenommen hat (von Uexküll u. Kriszat 1970): Die *Umwelt* ist *subjektbezogen* zu begreifen, insofern sie sich über die Sinne des Lebewesens als *Merkwelt* abbildet und was die Motorik betrifft, sich als *Wirkwelt* für das Lebewesen darstellt: Die Zecke riecht die Ausdünstungen eines Tieres oder eines Menschen (Merkwelt) und haftet sich dann mit ihren Wirkzeugen als Werkzeuge in die Haut dieses Organismus (Wirkwelt). Als Kreislauf gedacht ergibt sich so der für das Tier existenziell wichtige „Funktionskreis".

Dieses Konzept stimmt gut mit dem Konzept des „Gestaltkreises" der medizinischen Anthropologie von Viktor von Weizsäcker (1940, 1948) überein, der mit diesem Konzept in ähnlicher Weise die „Einheit von Wahrnehmung und Bewegung" hervorheben wollte. Auf diese Weise und unter Einfluss der Psychoanalyse wurde mit dieser Konzeption das *Subjekt* ausdrücklicher in das bis dato sehr naturwissenschaftlich ausgerichtete Denken der klinischen Medizin einbezogen.

191

Die Bedeutung des Begriffs „Subjekt" kann durch die Begriffe „Reagibilität", „Befindlichkeit" oder „innere Zuständlichkeit" umschrieben werden. Die Bedeutung der *Wirkungen der Biographie* als kumulierte Erfahrungen des Subjekts auf die Erlebens- und Verhaltensbereitschaften wurde so ausdrücklich in das medizinische Denken einbezogen. Im Vordergrund stand die individuelle Krankheits-Verarbeitung durch den Kranken (somatopsychischer Wirkungspfad). Auch die Auswirkung individueller Subjektivität, wie sie sich im klinischen Kontext zeigt, auf den Verlauf der Krankheit war Gegenstand derartiger Überlegungen, die den Kern des psychosomatischen Wirkungspfades darstellen. Die Umwelt macht den äußeren Teil des Gestaltkreises aus und bezeichnet als „Objekt" die *gegenständliche und die soziale Umwelt*.

Der Sohn von Jakob von Uexküll, der Psychosomatiker Thure von Uexküll, hat die Relevanz des Bedeutungserlebens des Menschen stärker betont und dieses Konzept in das Konzept vom „Situationskreis" transformiert (Uexküll u. Wesiack 1988, Uexküll et al. 2002).

All diesen stark sowohl an der *Phänomenologie* wie auch teilweise an der Biologie ausgerichteten Ansätzen ist die Zentrierung an der Innenwelt des Lebewesens und damit die Betonung des „Subjekts" als „erlebendes Lebewesen" gemeinsam. Für den Menschen ist dies der Kernbereich und die zentrale Ebene zur Erörterung des konkreten Individuums, aber auch des Menschenbildes.

5.3 Humanökologie – fachliche Grundlage einer „Ökologie der Person"

Die Irreduzibilität des Menschen von einer ihn real umgebenden Umwelt wirft die Frage auf, welcher wissenschaftliche Rahmen die akademische Behandlung des Gegenstandsbereichs „Mensch-Umwelt-Beziehungen" erlaubt. Ein Ansatz, der den Menschen in seinen Bezügen zu seiner Umwelt begreift, muss drei Bestimmungsstücke zugleich beachten: den *Menschen*, die *Umwelt* und die *Beziehungen*. Die dafür geeignete wissenschaftliche Basis ist die *Ökologie* und dabei die *„Humanökologie"* als wissenschaftliche Ökologie des Menschen.

5.3.1 Ökologie und Humanökologie

„Ökologie" ist, im Gegensatz zum allgemeinen Verständnis, nicht die Umweltwissenschaft oder die Lehre vom „guten Umweltverhalten", sondern im akademischen Sinn nach ihrem Begründer Ernst Haeckel die „Lehre vom Haushalt der Natur" (Haeckel 1866). Untersuchungsgegenstand ist das Lebewesen oder Populationen und ihre Umwelten. Wichtig ist der Aspekt des Haushaltes, also des zirkulären Beziehungsgefüges zwischen Lebewesen und Umwelt (Knötig 1972, Remmert 1978, Odum 1999).

In den 1970er Jahren zeigte sich auch in den Einzelwissenschaften eine zunehmende „Ökologisierung", insofern *Begriffe, Methoden, Konzepte* und *Theorien* der *biologischen Ökologie* unter anderem in der *Soziologie*, der *Geographie*, der *Psychologie*, der *Pädagogik* und der *Medizin* genutzt wurden. Die Integration dieser „ökologisierten" Sichtweisen kann als ein Weg zu einer *Humanökologie* als „Ökologie des Menschen" angesehen werden (Knötig 1972, Knötig u. Panzhauser 1976, Tretter 1988a, 1989b, Glaeser 1989, Glaeser u. Teherani-Krönner 1992, Serbser 2004). Nach dem multidisziplinär fundierten Wiener Arbeitsansatz der Humanökologie wurde aus der biologischen Ökologie das Konzept einer spezies-spezifischen Ökologie hergeleitet, das gemäß der Systematik der biologischen Ökologie eine „Individualökologie" und eine „Populationsökologie" bzw. „Sozialökologie" unterschied (Knötig 1972). Es ist aber in den folgenden ca. 35 Jahren wissenschaftsgeschichtlich ein anderer Weg zu einer *Ökologie des Menschen* als Humanökologie beschritten worden und so hat sich von diesen Ansätzen forschungspolitisch gesehen nur die Sozialökologie durchgesetzt – nutzt man die Internet-Suchmaschine „google.com", dann findet man gerade zwei Einträge für den Ausdruck „Individualökologie", für „Sozialökologie" finden sich hingegen 26.400 Einträge!

Die Humanökologie im Sinne der sogenannten „Wiener Schule" der 1970er Jahre ist eine interdisziplinäre *Mensch-Umwelt-Beziehungswissenschaft* (Knötig u. Panzhauser 1976, vgl. Glaeser 1989, Tretter 1989a, Teherani-Krönner 1992). Unter „Umwelt" wird dabei meist die Natur verstanden, aber auch im weitere Sinne die „umgebende Außenwelt" im Sinne von Ernst Haeckel (Haeckel1866). In diesem weiteren Sinn hat auch die stadtsoziologische „Chicago Schule" der Sozialökologie das Dreiecksgefüge „Umwelt-Gesellschaft-Mensch" als Gegenstand *sozialökologischer Analysen* angesehen. „Umwelt" ist dabei „Natur". In der ökologischen Systemperspektive wird aber nicht nur das Verhältnis der *Gesellschaft zur Natur,* sondern auch die *Gesellschaft* als *Umwelt des Menschen* im weiteren Sinne thematisiert. In anderen humanökologischen Konzeptualisierungen wird der Bereich „Technik" bzw. „Technologie" und „Kultur" als eigene Kategorie in die Modellierung eines Humanökosystems aufgenommen (Abb. 5.2). Dabei sind, wie in der Abbildung wiedergegeben, die Zusammenhänge, die Wechselwirkungen, zwischen den Bereichen von zentralem Interesse. Viele Autoren räumen dem gesellschaftlichen Teilsystem *Ökonomie* eine zentrale Bedeutung in ihren Mensch-Umwelt-Modellen ein. Diese Situation spiegelt sich auch in der griffig formulierten und politisierenden verbalen For-

Abb.5.2: Das sozialökologische Grundschema eines Humanökosystems (nach Duncan u. Schnore 1959, Steiner u. Nausser 1993): Die Natur als Ressource ermöglicht die Zunahme der Anzahl der Menschen (+), die über zunehmende Kulturleistungen (+) zunehmend mehr Technologien (+) entwickeln, die zu einer effizienteren Nutzung von Natur (+) führen, bis die Zahl der Menschen zu einer Reduktion

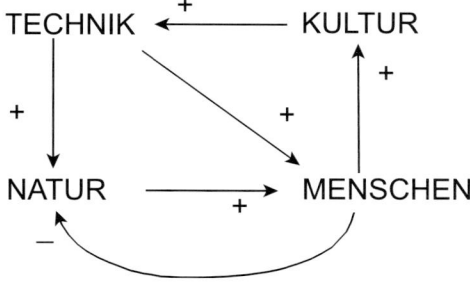

der Natur (-) wegen der Übernutzung von Land oder wegen Umweltbelastungen, Ressourcenverlusten (Wasser) usw. führt – das sind grundlegende Wirkungskreisläufe lokaler und letztlich zirkuläre Bedingung globaler ökologischer Krisen der Menschheit (vgl. Meadows 1972, Bossel 1989,1992, Vester 1998, Meadows et al. 1993).

Tab. 5.1: *Kurzcharakterisierung von Humanökologie (vgl. Glaeser 1989, Glaeser u. Teherani-Krönner 1992)*

Definition

Wissenschaft von den Beziehungen zwischen Mensch und Umwelt bzw. vom Haushalt des Menschen

Differenzierungen (nach Knötig 1972)
A) *Individualökologie* („Ökologie der Person")
  * Individuum steht im Mittelpunkt
B) *Sozialökologie*
  * Population, Gruppe udgl. stehen im Mittelpunkt

Geschichte
- Park, Burgess, Mc Kenzie (Chicago, 1920er Jahre; Park et al. 1925: „The City"): Chicagoer Stadtsoziologie
- Kurt Lewin (USA, 1930er Jahre): „ökologische Psychologie"- Valenzen der Umwelt, der Elemente des Lebensraums (Lewin 1939, 1969)
- Helmut Knötig (Wien, 1970er Jahre): Humanökologie der Wiener Schule - Valenzen der Umwelt im Verhältnis zu den Potentialen der Person (Person-Umwelt-Passung), systematische Ausarbeitung der Humanökologie

Begriffe
Umwelt: als die das/die Lebewesen umgebende Außenwelt, bestehend aus sozio-kulturellen, technischen, biologischen und physiko-chemischen Faktoren, nach räumlichen Aspekten und nach Aspekten der objektiven und subjektiven Umwelterfassung differenziert.
Beziehungen: die Gesamtheit der Inputs und Outputs des/der Menschen in Bezug auf die Umwelt (nicht nur soziale Beziehungen; vgl. Tab. 5.2)

Methoden
Grundsätzlich handelt es sich um eine ganzheitsorientierte Perspektive, die mit den Schwierigkeiten der Integration der Einzelperspektiven vertraut ist. Diese bestehen in der Gefahr der Übervereinfachung und auch der zu starken Abgrenzung der fachlichen Zuständigkeit.

Es wird ein dialektisches Verhältnis polarer methodischer Ansätze gesehen, mit einem Schwerpunkt im Bereich der folgend jeweils erstgenannten Ansätze:
- komplexitätserhaltende (z.B. Systemanalyse) versus komplexitätsreduzierende Methoden
- Kasuistiken versus Statistiken
- Feldstudien versus Laboruntersuchungen

Fortsetzung nächste Seite

Fortsetzung Tab. 5.1: Kurzcharakterisierung von Humanökologie (vgl. Glaeser 1989, Glaeser u. Teherani-Krönner 1992)

Theorien und Modelle

Basis humanökologischen Modellierens sind Strategien der Modellbildung komplexer Systeme. Daher geht es um systemtheoretische Modelle, die in mathematischer Form häufig auf dem Grundmodell des Hase-Füchse-Modells (Beute-Jäger-System) aufgebaut sind und per Computersimulationen Beschreibungen der Dynamik, Erklärungen und Prognoseszenarien zulassen (Meadows 1972, Bossel 1989, 1992).

Forschungsgebiete

Sozialökologie
– Humanökologie von Küstenregionen (vgl. Clayton u. O´Riordan 1996)
– Kulturökologie von Entwicklungsländern (Glaeser u. Teherani-Krönner 1992)
– Stadtökologie (Friedrichs 1981, 1995)
– Stadtepidemiologie psychischer Störungen (Faris u. Dunham 1960)
Individualökologie
– Ökologie des alten Menschen (Lawton 1980, Carp 1987, Saup 1992)
– Ökologie der menschlichen Entwicklung (Bronfenbrenner 1981)
– Ökologie im klinischen Bereich (Schipperges 1978, Willi 1988, 1996; Tretter 1989b, 1997,1998)

mel von „Ökonomie contra Ökologie". Der einzelne Mensch wird in der Sozialökologie allerdings weitgehend nur als marginal angesehen und abstrakt im funktionsanalytischen Sinne als „Akteur" begriffen, oder aber er ist mit der Kategorie „Population" bzw. „Bevölkerung" als Aggregatvariable repräsentiert. Die so genannten „Weltmodelle" (Meadows 1972, Meadows u. Meadows 1974, Meadows et al. 1993), als typische Modelle der Humanökologie, die zur Frage nach den Grenzen des Wachstums als Auftragsforschung für den Club of Rome formuliert wurden, haben um die 2000 Variablen, die allerdings pragmatisch als Indikatoren derartiger Bereiche ausgewählt wurden (vgl. Abb. 5.2).

Ohne hier weiter auf die bekannten erkenntnistheoretischen Probleme einzugehen, die etwa mit der Abgrenzung von Kategorien wie „Umwelt" oder „Natur" verbunden sind (vgl. Teherani-Krönner 1992), soll im Weiteren die Sicht der *Wiener Schule* als Basis genützt werden, die eine *„Individualökologie"* propagierte, die den *einzelnen Menschen und seine Umweltbezüge* gemeinsam im Auge hat und nicht eine Population (Knötig u. Panzhauser 1976, Tretter 1989b).

5.3.2 Individualökologie – zur Ökologie der Person

Die *Individualökologie* als *Ökologie der Person*, des einzelnen Menschen, muss mit den konzeptionellen Entwicklungen der *ökologischen Perspektive* in den *Humanwissenschaften* wie *Psychologie, Pädagogik, Medizin* usw. abgestimmt werden. Der

Vorteil des ökologischen Ansatzes in den einzelwissenschaftlichen Fächern liegt darin, einen übergreifenden Denkrahmen zu bieten, der es erlaubt, bei unterschiedlichen Problemstellungen die Mensch-Umwelt-Beziehungen zur Basis weiterer Überlegungen zu machen. Auf diese Weise lässt sich eine, die einzelwissenschaftliche Perspektiven übergreifende *Individualökologie der Person"* bzw. *"Ökologie der Person"* konstituieren. Wie erwähnt hat sich die Sozialökologie durchgesetzt. Die Individualökologie wurde ansatzweise in Deutschland von Medizinern wie Helmut Paul, Maria Putscher, Karl Aurand und Hans Schaefer im Sinne einer "Umweltmedizin" und von Psychologen wie Gerhard Kaminski und Leneliese Kruse-Graumann im Sinne einer "Umweltpsychologie" bzw. "ökologischen Psychologie", unter anderem im Rahmen der Deutschen Gesellschaft für Humanökologie, propagiert (DGH 2007, Serbser 2004), ohne allerdings bisher einen nachhaltigen Effekt der universitären Implementierung – sowohl der "ökologisierten" Einzelperspektiven, wie auch der Individualökologie – in den einzelnen Fachdisziplinen wie Medizin, Pädagogik, Psychologie usw. erzielt zu haben.

Insofern, dass die *Individualökologie* den Menschen in seine Umwelt eingebettet sieht, bekommt im Rahmen dieses Konzeptes von Humanökologie der Umweltfaktor "Natur" eine zweite Bedeutung, da der Mensch nicht nur von der "inneren" (biochemischen) Natur geprägt, sondern auch von einer "äußeren" Natur umgeben ist.

Die Individualökologie sieht den aktuell gegenwärtigen und konkreten *Menschen als Ergebnis der Person mit ihren vergangenen Umwelteinflüssen bzw. Umweltinteraktionen* und als Person *mit zukünftigem Potenzial und Restriktionen*. Das Beziehungsgefüge *materiell-energetischer* und *informationeller* Einzelbeziehungen bestimmt die Existenz und die Qualität das Leben des Menschen. Es sind die *Kompetenzen* und *Bedürfnisse* und ihr Verhältnis zueinander, ebenso wie die *Anforderungen* und *Angebote* der Umwelt, die die *Komplementarität* zwischen dem *Profil der Person* und dem *Profil der Umwelt* ausmachen. Die Art dieser Person-Umwelt-Beziehungen als Relation von Relationen entspricht dem, was im humanökologischen Fachjargon auch vereinfachend als *"Person-Umwelt-Passung"* bezeichnet wird. Anhaltende Inkompatibilitäten von Person und Umwelt sind für die Genese psychischer und körperlicher Erkrankungen relevant, zumindest insofern, als dass Stresszustände vorliegen. Damit sind Aspekte wie Gesundheit und Krankheit des Menschen (bzw. von Populationen) wichtige Größen in einer medizinischen Humanökosystem-Analyse. Dieses Thema wurde bereits in den Gründerzeiten der Chicagoer Sozialökologie zu Fragen der *Epidemiologie* konkret erörtert (Tretter 1989b). Zuletzt erfolgten derartige Untersuchungen im Rahmen der *Umweltmedizin*, die Mitte der 1990er Jahre in Deutschland ihre Blüte hatte.

Die ökologische Perspektive in Einzelwissenschaften

Einige für die Anthropologie wichtige Disziplinen wie die Psychologie, die Medizin und die Soziologie haben die ökologische Perspektive in den 1970er Jahren aufgenommen. Dies war vorwiegend in Form von Bereichen zu erkennen, die als "Umweltpsychologie", "Umweltmedizin" oder "Umweltsoziologie" bezeichnet wurden. Gegenstand war die Analyse der Bedingungen der natürlichen Umwelt und die Umwelteffekte durch menschliches Handeln aus der jeweiligen Fachperspektive. Die eigentlich ökologische Perspektive, die das Handeln bzw. den Einfluss des Menschen auf die Umwelt im weiteren Sinne bezog, wurde zwar auch eingeführt, sie ist als „ökologische Psychologie", „ökologische Medizin" und „ökologische Soziologie" bezeichnet worden (Tretter 1986, 1989b).

Vor allem in der Psychologie erfolgte die Anwendung der ökologischen Perspektive etwa in Form der „ökologischen Psychologie" (Barker 1968) und durch das Konzept einer „ökologischen Sozialisationsforschung", wie sie von Bronfenbrenner dargelegt wurde (1981). Allerdings zeigte die Ökopsychologie enttäuschende Ergebnisse: Die umfassende kontextbezogene Erhebung der Tagesaktivitäten von Kindern erbrachte in Hinblick auf die ökopsychologische Theorie eine Vielzahl von wenig aggregierten Daten. Das Konzept von Barker ist daher allmählich nicht mehr aktuell. Darüber hinaus ist eine fruchtbare Weiterentwicklung des theoretischen Konstrukts des „Behavior Setting" kaum zu erkennen. Geht man zunächst davon aus, dass vor allem die Theorieebene der ökologischen Psychologie für die Individualökologie relevant ist, dann ist kritisch festzustellen, dass der Umweltbegriff bisher zu topografisch-räumlich verstanden wird. Das ist eigentlich entgegen der Theorieintention von Kurt Lewin, der das Konzept eines internen *topologischen* – und daher *nicht topographischen* – Modells der „Umwelt" vorsah. Im topologischen Konzept sind Kategorien wie „Nähe" oder „Distanz", also Relationsbegriffe relevant. In Hinblick auf die mangelhafte Explikation des Relationsaspekts des Umweltbegriffs ist möglicherweise das Hauptproblem des Niedergangs des ökologischen Ansatzes in der Psychologie zu sehen. Es wird daher in der hier intendierten Neuinterpretation des ökologischen Konstrukts in der klinischen Psychologie der Beziehungsbegriff in den Mittelpunkt der Betrachtung gestellt. Die Bedeutung einer solchen Umorientierung wird bei einem Blick zurück zur ursprünglichen Idee von Ökologie als „Haushaltswissenschaft der Natur" sofort klar. Auch die äußerst stimulierende Konzeption von Bronfenbrenner (1981) mit seiner „Ökologie der menschlichen Entwicklung" geht zu wenig von einem beziehungstheoretischen Modell aus, wenngleich dieser Aspekt bei Bronfenbrenner vergleichsweise noch am stärksten ausgearbeitet ist.

Inwieweit diese „Ökologisierung" der Einzeldisziplinen im Bereich der Individual- bzw. Humanwissenschaften eine weitere Basis für begriffliche und konzeptuelle Entwicklungen einer ökologischen Perspektive der Anthropologie bedeutet, bleibt ungeklärt.

Grunddimensionen der Ökologie der Person

Für eine an der Umwelt der *einzelnen Person* ausgerichteten Perspektive gibt es gute Gründe: Zunächst werden wir – bis auf sogenannte siamesische Zwillinge – als einzelne Einheiten, als *Individuen* geboren und wir sterben auch als Einzelwesen. Dies begründet eine individualwissenschaftliche Ökologie des Menschen. Damit ist der *biopsychische Bereich* ein Fundament individualökologischer Betrachtungen.

Wie bereits in den Eingangskapiteln des Buches zum Reduktionismus ausgeführt wurde, ist aus pragmatischen Gründen im Sinne des epistemologischen Dualismus eine kategoriale Differenzierung von Körper und Psyche sinnvoll, womit keinesfalls ontologische Aussagen gemacht werden. Ein weiterer Aspekt ist die psychische Dimension. Sie erscheint nach den Ausführungen zum Gehirn-Geist-Problem nicht weiter substituierbar zu sein. Das Selbst, das Ich, die Person, das Subjekt sind unersetzliche Ansatzpunkte für eine Bestimmung des Menschen in seiner Welt, genauer in seiner Lebenswelt. An dieser Stelle ist auch zu betonen, dass die körperliche Einwirkung auf psychische Zustände und Prozesse zwar zweifelsfrei gegeben ist – wie jeder nach dem Genuss von etwa 2 Flaschen Bier bestätigen wird – dennoch ist diese Wirkung nur eine „Modulation". Es ist sogar unter dem Einfluss von LSD nicht möglich, „völlig neue" Erfahrungen zu machen. Es sind vor allem nur ungewöhnliche Erfahrungen möglich, die elementare Mechanismen der Wahrnehmung aktivieren und möglicherweise Erfahrungswissen unterdrücken, das die Einordnung der Sinnesreize in sinnhafte Strukturen erlaubt. Wenngleich also beim LSD-Rausch Empfindungen entstehen, die beispielsweise den Mustern der Pop-Art-Malerei entsprechen, ist das Erleben nur *verändert*. Die Inhalte hängen von der Umwelt ab. Auch ist der Einfluss von Gedanken und Vorstellungen auf körperliche Prozesse lange bekannt. Heute wird aber das Geistige zusätzlich auf das Gehirn bezogen. Da aber die Emergenz-Problematik weiterhin in der Diskussion ist, wie bereits im Kapitel 1 und im Kapitel 3 ausgeführt wurde, wird auf diesen Punkt hier nicht weiter eingegangen. Im Wesentlichen können hier die Ausführungen zur Psychosomatik von Thure von Uexküll et al. (2002) oder Janssen et al. (2006) usw. herangezogen werden (vgl. Janssen et al 2004).

Über die biopsychische Dimension hinausgreifend stellt sich die *soziale Dimension*, also die soziokulturelle Einbettung und Einbindung des Menschen als wichtige Betrachtungsdimension dar. Die Individuation und Individualisierung der Menschen in der Gegenwartsgesellschaft mit ihrer *„Pluralisierung"* stellt sich beispielsweise als Option und Problem der „postmodernen" Gesellschaftsformation dar. Diese Aspekte machen nicht nur eine genauere makro- oder mikrosoziologische Erforschung der Lebensbedingungen des *Individuums* erforderlich, sondern legen sogar eine eigene individuumszentrierte ganzheitliche Betrachtung des Individuums, des Subjekts und seiner Lebenszusammenhänge nahe (vgl. Beck 1986). An dieser Individualisierung und damit latent verbunden Entsolidarisierung der Lebenslagen kann die *Individualökologie* analytisch ansetzen. Sie geht dabei über das ökologische Problem der Naturbelastung hinaus und begreift *Umwelt* als *Gefüge von Faktoren, die auf die Person einwirken* und *auf die die Person einwirkt*.

Damit ergibt sich bei der detaillierten Charakterisierung einer Ökologie der Person die Notwendigkeit einer mindestens *dreidimensionale Betrachtung*.

Hier wird deshalb eine Skizze eines konzeptuellen Rahmengerüsts einer *Ökologie der Person* gezeichnet. Die Gegenwart, das „Aktual" – hier als Gegensatz zum Potenzial – eines Menschen ist das Ergebnis der vergangenen Person-Umwelt-Interaktionen, die bis dahin stattgefunden haben: Krankheiten sind das Ergebnis von Noxenexpositionen im Hinblick auf die (somatische) Bewältigungskompetenz und die inneren und äußeren Schutzfaktoren. Entscheidend ist der Begriff des *„Beziehungsgefüges"*, das die „Interaktion" und deren „Komplexität" kennzeichnen soll. In der klinischen Praxis bedeutet das, dass das Auftreten einer Krankheit auf einen individuellen biografischen Verlauf mit Blick auf die individuelle Umwelt zurück zu führen ist und zwar nicht nur in Hinblick auf die Einwirkungen auf die Person, sondern auch in Hinblick auf das Expositionsverhalten der Person gegenüber den Noxen.

Grundsätzlich ist also das Menschenbild in der Indidivualökologie ein Drei-Komponenten-Systemkonzept: Es soll der *Mensch* mit seinen *Beziehungen* zur *Umwelt* untersucht werden. Damit ist eine Relativierung des Menschen auf die Umwelt hin bereits vorgegeben. Außerdem ist sowohl die Individualität wie auch das Generelle des Menschen konzeptuell festgeschrieben. Der *Mensch* stellt sich also nicht gleichsam als Bild auf einem sonst leeren Blatt Papier dar, sondern er ist eingebettet in eine komplexe *Umwelt*, mit der ein lebensbestimmender *Austausch* besteht. Sein Verhalten ist dabei nicht völlig determiniert und zwar weder von außen noch von innen. Es besteht nämlich ein komplexes und nur „weich" gekopppeltes Interaktionsgefüge. Der Mensch ist daher *nicht nur Produkt* sondern *auch Produzent* seines Seins, aber das ist phasenspezifisch, geschlechtsspezifisch, kulturspezifisch zu relativieren.

Ein humanökologisches Menschenbild ist daher ein auf das Ganze, auf die Einbettung ausgerichtetes „holistisches Menschenbild" (Meyer-Abich 1986; vgl. „Gestaltkrei" von V. von Weizsäcker, vgl. „Funktionskreis" nach Th. von Uexküll et al. 2002). Es ist auch ein Konzept, das sich als eine *„Beziehungsanthropologie"* i.w.S. begreifen ließe (vgl. Öko-Psychotherapie nach Willi 1996) Es findet sich darüber hinaus in den Ansätzen zu einer *medizinischen Humanökologie* zum Thema Mensch, Umwelt und Gesundheit, wie sie beispielsweise im Arbeitskreis „Umwelt und Gesundheit" der Deutschen Gesellschaft für Humanökologie unter der Leitung von Karl Aurand und auch unter Mitwirkung von Hans Schaefer diskutiert wurde (Tretter 1989b,1997).

Im einzelnen sollen nun wichtige Kernbegriffe der Individualökologie erörtert werden.

5.4   Grundlegende Begriffe der Indidivualökologie

Es ist sehr wichtig, die Bedeutung der wesentlichen Begriffe der Individualökologie darzulegen, wenngleich dies nicht in der nötigen Tiefe erfolgen kann. Dazu sind spezielle Arbeiten heranzuziehen (Knötig 1972, Knötig u. Panzhauser 1976, Glaeser 1989, Glaeser u. Tehernai-Krönner 1992).

5.4.1   „Person" – der Mensch in der Humanökologie (homo oecologicus)

Der Begriff „Person" wird im Folgenden in einer allgemeinen Bedeutung verwendet, im Sinne von Mensch. Die Bedeutungsvielfalt dieser Kategorie lässt sich durch Rückgriff auf die Abschnitte zur Hirnforschung und die Psychologie im Kapitel 4 verdeutlichen. Hier sollen keine weitere Ausführungen dazu gemacht werden, die Begriffe „Mensch", „Person", Individuum" sind überwiegend im Sinne des alltäglichen Sprachgebrauchs zu verstehen.

5.4.2 „Umwelt" – eine nicht-triviale Kategorie

Der zentrale Begriff für die das System Mensch umgebende Außenwelt ist die Kategorie „Umwelt". Diese Kategorie wird meist als eine Residualkategorie genutzt, in die der Rest der Welt einbezogen wird. Es gilt also: Umwelt = Welt minus Individuum. Umwelt als Weltausschnitt wird auch häufig ohne weitere Bedeutungsdifferenzierung als *Umgebung* oder als *Umfeld* bezeichnet. Derartige Differenzierungen könnten zwar noch weiter ausgearbeitet werden, sie werden aber hier nicht weiter berücksichtigt. Entscheidender ist nämlich die in der *Ökologie* von Ernst Haeckel und in der *Umweltlehre* von Jakob von Uexküll ausgearbeitete erste Differenzierung, die zwischen der vom äußeren Betrachter vorgenommenen *objektiven Definition* und der vom betreffenden Lebewesen ausgehenden *subjektiven Umweltdefinition* unterscheidet. Beide Umwelten sind nur teilweise deckungsgleich.

Nach beiden Perspektiven kann nach verschiedenen Bereichen der Objekte der Umwelt unterschieden werden, die (unbelebte / belebte) *natürliche, technische* und *soziale* Objekte umfasst. Außerdem kann in einem nächsten Schritt der begrifflichen Differenzierung des Begriffs „soziale Umwelt", in „Kultur" und diese wieder in „Technik" untergliedert werden. Natur lässt sich wiederum in „unbelebte" und „belebte" Natur differenzieren. Trotz vieler Bemühungen hat sich in der Diskussion der Umweltwissenschaften und der Ökologie kein Konsens über die Bedeutungsgestaltung des Begriffs Umwelt herstellen lassen. Auch konnte keine durchgängige und konsistente Taxonomie des Umweltbegriffs erstellt werden.

Die für diese Fragen am ehesten als „Umweltwissenschaft" zuständige wissenschaftliche Disziplin ist die Geographie (Weichhart 1979). In diesem Fach ist allerdings die Ausarbeitung des Umweltbegriffs ebenfalls nicht sonderlich detailliert, offensichtlich weil es sich dabei um den eigentlichen Aufgabenbereich dieses Faches handelt (Hagget 2003).

Es lassen sich demnach mehrere Begriffs-Differenzierungen in der Literatur unterscheiden (s. Abb. 5.3):

1. subjektive versus objektive Umwelt
2. materiell-energetische versus immaterielle (informationelle) Umwelt
3. Natur, Technik, Kultur, Gesellschaft, (Mit-)Menschen usw. als Umwelt
4. Lebensbereiche wie Wohnumwelt, Arbeitsumwelt usw.
5. nach „Reichweiten" wie Makroumwelt, Mesoumwelt und Mikroumwelt

Wie bereits erwähnt, sind vor allem die phänomenologischen Ansätze der Gliederung der Welt, wie sie insbesondere von Alfred Schütz vorgelegt wurden, interessant. Sie können aber eine „objektivistisch" orientierte Konzeption der Umwelt, wie sie die empirischen Wissenschaften nutzen müssen und wie sie für eine Ökologie der Person in der Praxis erforderlich ist, nicht ersetzen. Beide Ansätze müssen sich vielmehr ergänzen, müssen komplementär zueinander genutzt werden.

Eine genauere messtechnisch ausgearbeitete Beschreibung der Bereiche der Umwelt findet sich vor allem in der ökologischen Psychologie – wie erwähnt ist dieser Bereich aber zum Erliegen gekommen, sodass hier nur ältere Werke zitiert werden können, wo sich die Erörterung der Messprobleme und die Messskalen für die einzelnen Umweltbereiche finden lassen (Stokols u. Alma1987).

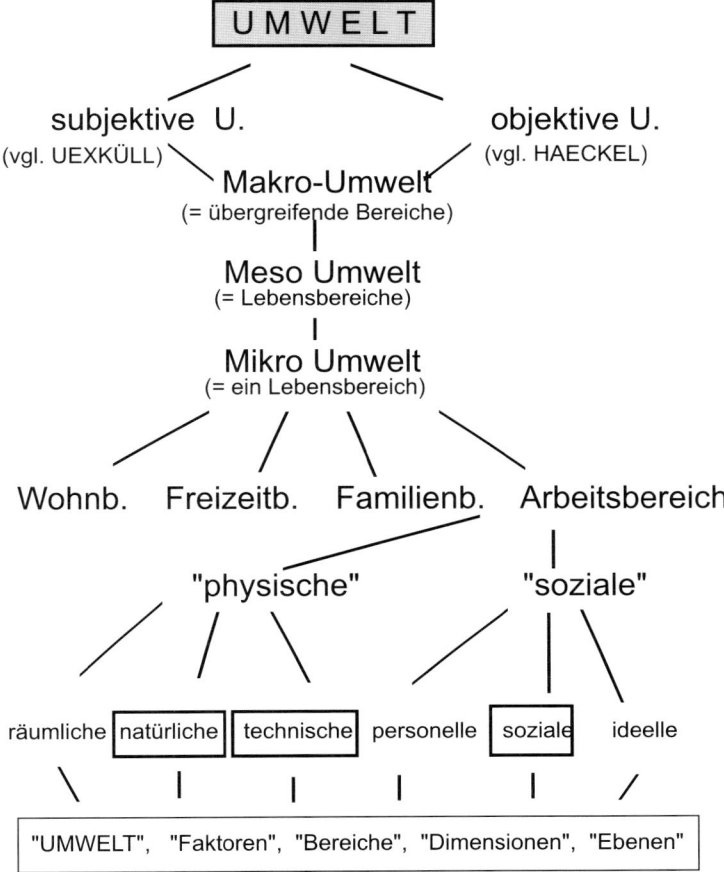

Abb. 5.3: *Die Struktur und Dimensionen des Begriffs „Umwelt" (Tretter 1989c)*

Beispiel Arbeitsumwelt – Aspekte der Führung

Aufgrund der existentiellen Relevanz des Arbeitsbereichs für das biopsychosoziale Befinden des Menschen – er verbringt als Berufstätiger bestimmt mehr als die Hälfte seines Lebens im Arbeitsbereich – sollen hier einige Anmerkungen zur Messung und der Gestaltung dieses Bereichs gemacht werden.
Objektive und subjektive Analysen zur Arbeitsumwelt im weiteren Sinne finden sich aktuell nur noch in der *Arbeitspsychologie* (Kirchler et al. 2004). Die Bewertung des Arbeitsbereichs für die Gesundheit hat zwar über die *Arbeitsmedizin* einen gewissen Stellenwert, insofern die trivialen Arbeitsbedingungen evaluiert werden (Greenberg 2005). Es ist aber viel zu wenig untersucht worden, welche Effekte die *Betriebsatmosphäre* auf das Befinden der Mitarbeiter hat und zwar vor allem in Hinblick als Folge der *Führungskultur*. Es ist verständlich, dass sich Führungsgremien mit dem Hinweis

auf geschäftsstrategische Geheimhaltungspflichten jeglicher wissenschaftlichen Untersuchung widersetzen können. Nachdem große Konzerne in Korruptionsskandale verwickelt sind, besteht aber immer mehr der Verdacht, dass die Wirkung von Führung nicht nur am wirtschaftlichen Betriebsergebnis zu bemessen ist, sondern auch an anderen Parametern des Betriebes. Daran ändern Mitbestimmungsoptionen der Betriebsräte auch nicht viel, da vor der Mitbestimmung eine „Mitbesinnung" erfolgen muss. Das soll bedeuten, dass die Problemlandschaft, der sich ein Management gegenübergestellt sieht, nachvollziehbar gemacht sein muss und entsprechende Problemlösestrategien fachlich kompetent erstellt werden müssen. Das „beste" Konzept in dieser Hinsicht, das muss hier angemerkt werden, wurde von der St.Galler Management Schule erstellt: Es handelt sich – wen erstaunt es – um das „systemische Management", das von der Gruppe um Ulrich (Ulrich u. Probst 1988, zuletzt vor allem von Gomez (Gomez u. Probst 2002) und von Fredmund Malik (2003a, 2003b) entwickelt wurde. Das Überzeugende daran ist, dass dieses Konzept sowohl eine Ebene der *Selbstreflexion* im Sinne einer systemischen konstruktivistischen Epistemologie aufweist, wie auch davon ausgeht, dass eine *mentale Karte* (konzeptuelles Modell) der Betriebsprozesse eine wichtige Voraussetzung für rationales Steuern der Betriebsprozesse ist (Dörner 1989, 2002; Tretter 2004c, 2005b, 2006b). Diese Karten wurden zunächst den Mitarbeitern transparent gemacht. Sie berücksichtigen auch in besonderem Maße die Feedback- und Feedforward-Loops von Betriebsprozessen und Umweltprozessen. Systemisches Management sieht demnach Betriebe nicht als Maschinen, sondern als *lebende Systeme*, was sie schon deswegen im wesentlichen sind, weil dort Menschen und nicht nur Mitarbeiter agieren.

Es ist nun extrem interessant herauszufinden, ob und unter welchen Bedingungen Betriebe, die nach diesen Prinzipien arbeiten, „bessere" Betriebsmilieus erzeugen, als technizistisch geführte Betreibe, die nach trivialen „Business and Administration" -Kriterien gesteuert werden.

Ein Blick in die Praxis, die Malik sehr gut beschreibt (Malik 2002): Es scheint zumindest wichtig zu sein, dem Führungspersonal entsprechende Management-Qualifikationen zukommen zu lassen – interessanterweise klammern die Qualitätsmanagement-Systeme nämlich den Bereich „Qualität des Managements" aus!

Man sieht also: Die Analyse des Lebensbereichs „Arbeit" ist ein noch zu bearbeitender Arbeitsbereich für die humanökologische Forschung!

5.4.3   Der Begriff „Beziehung" – jenseits des Alltagsverständnisses

Ökologie wird, wie erwähnt, als die Wissenschaft vom *Haushalt der Beziehungen* eines Lebewesens zu seiner Umwelt beschrieben. Daher ist die Ökologie der Person eben die *Haushaltswissenschaft der Person* (Tretter 1993b). Das bedeutet, dass versucht wird, das *Beziehungsverhältnis der Person* gesamtheitlich in den Blick zu bekommen: nicht nur materielle, sondern auch immaterielle Beziehungen sind dann Gegenstand der Untersuchungen. In dieser Betrachtungsweise ist daher der Begriff *„Beziehung"* besonders bedeutsam (vgl. Bauriedl 1984). Er wird hier deswegen genauer diskutiert, zumal seine Bedeutung über das psychotherapeutische Verständnis hinausreicht (Arbeitskreis, OPD 2006).

Der Begriff „Beziehung" besagt allgemein, dass zwischen zwei Einheiten (z.B. Elementen eines Systems) ein realer oder ein fiktiver (konstruierter) Zusammenhang oder eine Verbindung besteht. Der Ausdruck Beziehung bedeutet also Kontakt, Zuordnung, usw. In der Mathematik wird auch von „Relation" gesprochen. Das hier angestrebte weite und abstrakte Begriffsverständnis von „Beziehung" weicht vom Alltagsverständnis ab, weil umgangssprachlich damit meist *soziale Beziehungen* gemeint sind. Etwas wahrnehmen, etwa einen über dem Weg liegenden Baumstamm beim Spaziergang, ist aber ebenfalls eine Beziehung – die vom Baumstamm reflektierten Lichtstrahlen erreichen die Netzhaut der Person, je nach Tageszeit und Sehschärfe der Person. Die Person hat mit ihrer Wahrnehmung Bezug zu dem Baumstamm aufgenommen. Es handelt sich in diesem Fall um eine *Einwirkung* auf die Person und in gewisser Hinsicht auch um eine *Auswirkung* des Baumstamms. Der Begriff der Beziehung kennzeichnet in dieser Betrachtungsweise einen Effekt oder einen Begleitumstand einer Beziehung. „Beziehung" in allgemeinster Form bedeutet auch „*Bedeutung*" in Form einer sinnhaften Beziehung – der Baumstamm im Weg bedeutet für mich als Spaziergänger ein Hindernis.

Allerdings ist der Begriff Beziehung, wie grundsätzlich im Abschnitt zur Erkenntnistheorie im Kapitel 3 zur Systemphilosophie ausgeführt wurde, immer beobachterabhängig. Tiefgreifende erkenntnistheoretische Betrachtungen zum Beziehungs-Begriff können hier nicht angestellt werden. Es steht jedenfalls fest, dass auch der Begriff der sozialen Beziehungen auf der Erfahrung der sinnhaften „Gerichtetheit" der Beziehung beruht (vgl. „Intentionalität" in der Phänomenologie). Einem intensiv oder gar wahnhaft Verliebten erscheint die Geliebte extrem attraktiv, die Geliebte nimmt jedoch den Verehrer kaum oder gar nicht wahr. Für den Verliebten wird jede Regung der Angebeteten zum Signal, auch wenn es sich nur um völlig unwillkürliche Gesten handelt. Wird allerdings ein Partner eines realen Paares befragt, welche Beziehung er zu seiner Partnerin hat, dann wird der Beziehungsbegriff bilateral interpretiert. Genau genommen wird dabei das „Hin und Her" des sozialen Austauschs beurteilt. Wenn die Gerichtetheit, die „Direktionalität", von Beziehungen bzw. von Beziehungsaspekten betrachtet wird, dann kann von „Geben" und von „Nehmen" die Rede sein. „Geben" und „Nehmen" hat Inhalte, wie Zuwendung, Unterstützung usw. Das Urteil des über seine Beziehung Befragten beruht dann auf dem Verhältnis der Beziehungen über verschiedene Ebenen des Austausch hinweg, also auf dem „Beziehungsverhältnis" oder den „Beziehungsbeziehungen". Der Begriff Beziehung kann bei genauerer Betrachtung ähnlich wie der Umweltbegriff untergliedert werden.

Zusammenfassend können folgende Komponenten bzw. Aspekte des Begriffs „Beziehung" unterschieden werden:

– *Zeitaspekt:* kurzfristige B., aktuelle B.
– *Raumaspekt* (auch metaphorisch bzw. topologisch): lokale B., weiträumige B., fokale B., Innen-B., Außen-B.
– *Epistemologie:* subjektive B., „objektive" B.
– *Direktionalität:* B. „weg von", B. „hin zu"; selbstbezügliche B.
– *Modalität:* physisch-materielle B., informationelle (ideelle) B.
– *Qualität:* „positive" B., „negative" B.
– *Intensität:* starke B., schwache B.

203

- *Quantität:* viele Ben., wenige Ben.
- *Frequenz:* häufige Ben., seltene Ben.
- *Wirkung:* steigernde B., hemmende B.
- *Funktion:* stabilisierende B., destabilisierende B.
- *Kontext:* Arbeits-B., Familien-B.

Für den Menschen besonders bedeutsam ist die *„informationelle Ökologie"*, die sich von der „materiell-energetischen Ökologie" abhebt, d.h. es geht um den Bereich des „Wissens von der Umwelt" und den Deutungen von Umwelt, etwa im Sinne der „Ökologie des Geistes" nach Bateson (1981). Das geht mit sozialen Prozessen einher, durch die soziale Bewertung und Rangreihung von Themen usw.

Die informationelle Ökologie ist von der Komplexität und Heterogenität der informationellen Umwelt und von den Schwierigkeiten im Umgang mit dieser informationellen Struktur der Umwelt geprägt. Der einzelne Mensch bewegt sich in einem Komplexitätsgefälle zwischen interner Information und externer Information (sieht man hier zunächst von der epistemologisch problematischen Trennung von innerer und äußerer Information einmal ab). Auf dieser Ebene des Umweltaustauschs hat das Individuum Probleme mit der Organisation geeigneter affektiv-kognitiver Ordnungsstrukturen.

Es ist daher möglich, eine konkrete Beziehung beispielsweise als eine aktuelle, subjektiv intensive, informationelle Arbeitsbeziehung zu charakterisieren.

Ein weiterer Aspekt des Beziehungsbegriffs ist in der ökologischen Perspektive relevant, nämlich der Begriff der „Passung". Der Grad der „Passung" zwischen personalem Profil und Umweltprofil wird mit den Begriffen „Komplementarität", „Kongruenz" und „Kohärenz" charakterisiert. Diese Konzepte wurden vor allem im Rahmen der ökopsychologisch orientierten Modelle entwickelt, die sich teilweise auf Lewin (1936) rückbeziehen, und vor allem in der Gerontoökologie zur Anwendung kamen (vgl. Lawton 1980, Kahana 1982, Carp 1987, Carp u. Carp 1984, Saup 1992).

- *Kongruenz:* Damit ist die gleichsam deckungsgleiche Passung von Umweltmerkmalen und Personenmerkmalen bezeichnet worden.
- *Komplementarität:* Hiermit ist die sich ergänzende Passung angesprochen.
- *Kohärenz:* Mit diesem Begriff wird dem Umstand der Dynamik sowohl der Umwelt, wie auch der Person entsprochen.

Die wissenschaftlich orientierte Quantifizierung dieser Begriffe lässt sich in Form ordinaler Skalierungen beispielsweise mit den Graduierungen „hoch-", „mittel-" , „niedriggradig" realisieren. Interpersonelle Beziehungen lassen sich zunächst trivial beispielsweise als „Konflikt-Aktual", also nach den in einem Beobachtungszeitraum beobachteten Konflikten oder bei Kommunikationsprozessen, anschaulich gesagt, in Form des „Sich-ins-Wort-Fallens", ermitteln.

Ein forschungstechnisch schwieriger Schritt ist aber die Empirisierung der Kategorie „Passung". Merkmalsprofile der Umwelt und Erwartungs- und Kompetenzprofile der Person müssen aufeinander bezogen erhoben und miteinander verglichen werden (vgl. Craik 1981).

Auch im Rahmen der Gesundheitsförderung wurden umweltbezogen Faktoren wie die „salutogenen Faktoren", (Antonovsky 1979) identifiziert, die das Beziehungsverhältnis der Person zur Umwelt charakterisieren können: Der *Kohärenz-Sinn*, das Erleben einer Stimmigkeit mit der Welt und ihrer Sinnhaftigkeit, kann trotz ihrem Belastungscharakter Gesundheit sichern, auch wenn es sich um den Wahnsinn eines Krieges oder eines Lagers handelt.

Bedauerlicherweise wurde die Analyse dieser und ähnlicher Begriffe seit dem Ökologie-Schub in den 1970er Jahren nicht weiter verfolgt.

Nähe und Distanz – ein Grundproblem

> *Zwischenmenschliches:*
> *Mit der Nähe kommt die Wehe;*
> *Wenn nicht, dann wird es Liebe?*

Eine erste Beurteilung der interpersonellen Umweltbezüge in der Praxis der Humanwissenschaften ist jene von *Nähe* und *Distanz*. Diese Achse muss noch erweitert werden um die Aspekte der erlebten Beziehungsqualität, nämlich „positiv" und „negativ": *Positive Nähe* ist Korrelat von Geborgenheit, *negative Nähe* ist Bedrückung und Beengung, *positive Distanz* ist Freiheit (von) und *negative Distanz* ist Isolation (s. Abb. 5.4). Ständig fluktuieren wir in Hinblick auf unsere Bezugspersonen in diesen Koordinaten, lebensphasenspezifisch sind Nähe in Kindheit und Alter wichtig, im Jugendalter Freiheit im Sinne von Maximierung der Optionen, im Erwachsenalter gibt es, so ist zu hoffen, ein ausgewogenen Verhältnis, oft mit der Dominanz der Einengung durch Pflichten und Verantwortung.

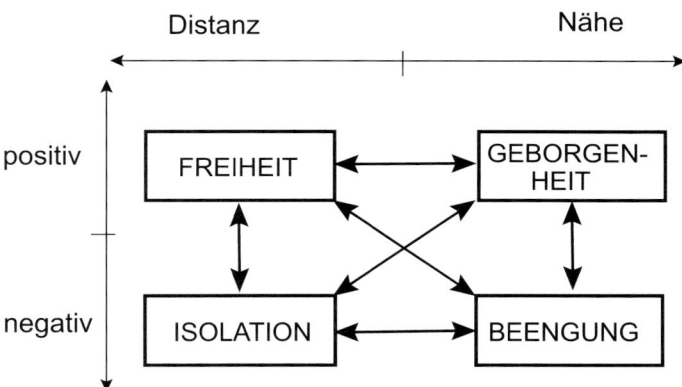

Abb. 5.4: *Nähe und Distanz mit ihren positiven und negativen Aspekten.*

Geben-Nehmen-Relationen – wie sieht das Gleichgewicht aus?

Geben ist seliger denn nehmen?
Wer gibt, dem wird gegeben werden?

Ein wichtiger Aspekt des *Beziehungshaushalts* als „Beziehungs-Beziehungen" ist die auch alltagsweltlich gut nachvollziehbare *Geben-Nehmen-Relation*. Es ist eine gut bestätigte Erfahrung aus dem Alltagsleben, dass das Befinden der Menschen stark von den erlebten Geben-Nehmen-Relationen abhängt. Diese Sachverhalte werden von den Menschen alltagssprachlich häufig als „das passt mir", „das bringt mir etwas /nichts" usw. ausgedrückt.

Etwas technischer formuliert sind es *Input-Output-Relationen* bezogen auf einen Umweltbereich, wie z.B. Arbeit – der als Input erlebte Aufwand (Arbeitsanstrengung) wird in Beziehung gesetzt zu dem erfahrenen Output (Gehalt, Anerkennung), da die Umweltbeziehungen gewissermaßen als „Returns of Investment" verarbeitet werden. Handelt es sich um zeitlich verzögerte „Returns", dann lässt sich längere Zeit ein Ungleichgewicht mit viel Input in das jeweilige Projekt aufrechterhalten. Problematisch wird das Befinden der betreffenden Person, wenn die Returns nicht genau definiert bzw. nicht materieller Art sind, wie „Anerkennung", „Lob", „Zuwendung" oder gar „ Liebe". Wer viel arbeitet um nichtmonetäre soziale Returns zu bekommen, wird chronisch frustriert, fühlt sich gestresst und wird deprimiert (z.B. Burn-out Syndrom).

Die Begriffe *Geben* und *Nehmen* können auf einer tieferen Sinnebene sprachlich noch weiter differenziert werden. Der Begriff „Geben" kann zunächst, vor allem um den Aspekt der *Potentialität*, erweitert werden, d. h. im Hinblick auf das *„Geben-wollen"* und *„Geben-können"* im Sinne von Bieten. Auch der Begriff „Nehmen" kann mit dem Begriff des *„Nehmen-wollens"* und des *„Nehmen-könnens"*, und zwar im Sinne des *„Forderns"* ergänzt werden. Zentrale Kategorien der Beziehungsanalyse sind daher *geben/bieten* und *nehmen/fordern*. Hinzu kommt die Negation in Form von „Ablehnen" als Sich-nicht-geben-lassen oder „verweigern" als Sich-nicht-nehmen-lassen. Das Verhältnis, also etwa das relative Ausmaß von bieten und fordern (oder verweigern und fordern) bestimmt die Qualität einer sozialen Beziehung (s. Abb. 5.5).

Wichtig sind in dieser Hinsicht noch die *Inhalte* (Objekte, Medien) des Austausches: Liebe, Status, Dienstleistungen, Information, Geld, Güter (s. Tab. 5.2; vgl. Foa u. Foa 1980). Diese „Objekte" sind nach Foa und Foa (1980) nur teilweise substituierbar, und zwar in Hinblick auf den Grad ihrer „Partikularität": Geld und Liebe lässt sich gegenseitig schwer austauschen, Güter und Informationen und Geld und Informationen sind wechselseitig relativ leicht austauschbar. In der Bewertung von Austauschobjekten ist der Aspekt „Konkretheit" ebenfalls wichtig: Güter und Dienstleistungen sind konkret und lassen sich relativ leicht bewerten, Status und Information sind hingegen abstrakt und lassen sich schwerer bewerten. Im Rahmen dieser beiden Dimensionen, der Partikularität und der Konkretheit, lassen sich Konflikte über Austauschobjekte in Beziehungen leichter verstehen (vgl. Foa und Foa 1980).

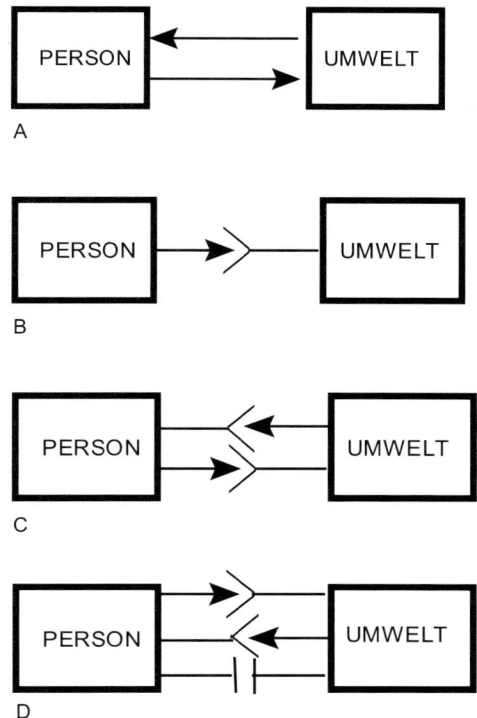

Abb. 5.5: *Person-Umwelt-Beziehungen als Gefüge von Geben-Nehmen-Relationen. A: Geben-Geben-Relation, B: Geben-Annehmen-Relation, C: wechselseitige Geben-Neh-men-Relation, D: wechselseitige distanzierende Ablehnung und wechselseitige Geben-Nehmen-Relation. —> = Geben, Bieten; —< = Nehmen, Fordern; —| = Ablehnen*

Tab. 5.2: *Geben und Nehmen von Inhalten des interpersonellen Austauschs (nach Tret-ter 1998)*

Geben	Inhalt („Signal der")	Nehmen
ausgeben	Anerkennung	einnehmen
hingeben	Ablehnung	hernehmen
abgeben	Belastung	annehmen
(an)bieten	Zuwendung	fordern
hergeben	oder:	hinnehmen
(weggeben)	Geld	
Negation:		
(abwehren)		(ablehnen)
(verweigern)		

207

Wenn man schließlich vom „Beziehungshaushalt", also dem Haushalt von Geben und Nehmen spricht, dann hat das (Aus)geben und das (Ein)nehmen und das Verhältnis dieser beiden Prozesse eine zentrale Bedeutung. Der *„Haushalt"* kann allerdings unterschiedlich definiert sein:

1. *Personenbezogen,* d.h. das Einnehmen und Ausgeben der Person wird untersucht.
2. *Umweltbezogen,* insofern die Einnahmen und Ausgaben der Umwelt verglichen werden.
3. *„Beziehungsbezogen",* etwa in Form einer Geben-Geben und Nehmen-Nehmen-Relation als Formen des Austausches mit der Umwelt im Sinne des Beziehungshaushaltes.

Jeder Mensch steht in seiner Lebensführung über seinen individuellen Haushalt in einem *Beziehungsfeld von Inputs und Outputs* mit seiner Umwelt – Informationen, Energie, Substanzen werden aufgenommen und abgegeben, es wird eingekauft, Müll abgegeben, Arbeitskraft zur Verfügung gestellt und Geld dafür eingenommen, es wird Vertrauen entgegengebracht und genutzt oder verletzt, Nahrung zubereitet, Wäsche gewaschen, der Haushalt umgeräumt, umgeordnet usw.

Für die klinische Praxis hat die Betrachtung des Beziehungshaushaltes die Bedeutung, dass mit einer gefährdeten oder zu beratenden Person, also beispielsweise mit einem Patienten, das Geben-Nehmen-Verhältnis zur Umwelt untersucht werden kann, etwa in Hinblick auf das subjektive Gefühl, ausgenutzt oder „ausgebrannt" zu sein (Abb. 5.5A, 5.5B). Auf diese Weise kann die *Geben-Geben-Relation* (und auch die *Nehmen-Nehmen-Relation*) etwa in einer Partnerschaft (was gibt A und was gibt B usw.) untersucht werden (vgl. Abb. 5.5C) und auch das Nein-Sagen-können wird wichtig (Abb. 5.5D). Durch ein derart strukturiertes beziehungsdiagnostisches Vorgehen lässt sich bei Patienten in der Therapie häufig ein gestörtes soziales Beziehungsgefüge identifizieren.

Als Beispiel für diese Sichtweise können die bei *suchtkranken Patienten* häufig vorzufindenden Beziehungsstörungen angeführt werden (Tretter 1998):

- Viele Suchtkranke können schwer „Nein sagen". Dieses Beziehungsgestaltungsproblem kann als Defizit im Sich-Abgrenzen gesehen werden (s. Abb.5.4D). Das heißt, dass die Person das an die Umwelt gerichtete Fordern minimiert und andererseits der fordernden Umwelt keine Grenzen setzen (=geben) kann. Dies entspricht suchtstoffbezogen der „Abstinenzunfähigkeit".
- Suchtkranke zeigen oft die Neigung, sich zu viel zuzumuten oder zumuten zu lassen. Sie können Forderungen wenig Widerstand entgegensetzen. Dieses Problem kann somit als ein Zuviel des Sich-Nehmens verstanden werden. Das heißt, dass die Person sich durch Beanspruchungen Kräfte und Energien nehmen lässt, was selbstzerstörerisch wirken kann.
- Die Tendenz zum Exzess und zur Eskalation verweist auf Defizite im Gegensteuern und eine Disposition zur Überreaktion. Das heißt, dass das Sich-Zurückhalten, das (Sich)-Nicht-(Her)-Geben oder das (Sich-)Nicht-(Hin-)-Geben defizient ist. Dies entspricht dem „Kontrollverlust".
- Bei Suchtkranken kann auch häufig ein starkes Bedürfnis nach Anerkennung festgestellt werden. Dies bedeutet ein Bedürfnis und die Erwartung, dass die perso-

208

nelle Umwelt Anerkennung und Unterstützung „gibt". Dies macht die Umwelt aber nur, wenn sie sich dazu veranlasst fühlt. Dies hängt wiederum davon ab, ob die betroffene Person die Fähigkeit besitzt bzw. zeigt, von der Umwelt die Anerkennung zu fordern. In diesem Sinne zeigen dann Suchtkranke erfahrungsgemäß eine mangelnde Kompetenz, bei der sozialen Umwelt die „Produktion" von Anerkennung hervorzurufen. Höchstens im Rausch provozieren sie (subjektiv) die erwünschte soziale Anerkennung („Bibo, ergo sum").
– Bei manchen Suchtkranken fehlt aus klinischer Sicht eine ausgewogene Bilanz der Liebe, sie wird ersehnt, der Kranke kann sie aber (immer weniger) erlangen. Dieses Bedürfnis nach Liebe, das in Form akzeptierten Geliebtwerdens befriedigt werden kann, wird oft heroisch abgewehrt.

Eine wichtige begriffliche Erweiterung des Themas „Beziehung" bzw. „Beziehungshaushalt" liegt darin, das *Doppelverhältnis* von *Geben* (Leisten) und *Nehmen* (Fordern), nämlich einerseits *bezogen auf die Person* und andererseits *bezogen auf die Umwelt* zu betrachten. Für die Person ist es relevant, ein ausgewogenes Verhältnis von Hergeben und Einnehmen zu erfahren. Diese Erfahrung hängt eben auch von den Merkmalen der Umwelt ab, denn die Forderungen der Umwelt und die Angebote der Umwelt müssen ebenfalls in einem „guten" Verhältnis zueinander stehen. Insgesamt ist also das Person-Umwelt-Verhältnis der personellen Kompetenz zu Geben im Hinblick auf das Bedürfnis etwas zu bekommen (passendes Nehmen/Geben-Verhältnis) und dem Verhältnis zu den Umweltverhältnissen der Anforderungen und der Angebote abhängig. Banal formuliert und vereinfacht gesagt handelt es sich um so etwas wie ein Preis-Leistungsverhältnis der Umwelt. Das *Lebensgefühl* der Person hängt also von *vier relationierten Faktoren* ab (s. Abb. 5.5):
– das „innere" Beziehungsgefüge auf Seiten *der Person* in Form der *Kompetenz* oder *Performanz* der Person im Verhältnis zum *Bedürfnis*, Wunsch oder Plan der Person
– das „innere" Beziehungsgefüge auf Seiten der *Umwelt* als Verhältnis von *Anforderung* zu *Angebot*.

5.4.4   Die Zeitperspektive – der Moment und das Leben

Das Leben – ist es
strukturiertes Warten auf den Tod?

Die Betrachtung der Zeit fällt dem gegenwartszentrierten menschlichen Denken schwer. Dennoch ist es wichtig, im Lebenslauf die *Phasen der Heteronomie* im Säuglings-, Kindes- und Jugendalter, der maximalen (relativen) *Autonomie* im Erwachsenenalter und der individuell unterschiedlich zunehmenden *Heteronomie* im höherem Lebensalter wahrzunehmen. Je nach Lebensalter bestehen unterschiedliche Gesundheitsrisiken, wie beispielsweise für Jugendliche früher Drogenkonsum, der die Gehirnentwicklung beeinträchtigt (Abb. 5.6).
Wichtig bei der lebensalterbezogenen Betrachtung der Umweltverhältnisse einer Person ist auch das aktuelle *Zeitbudget* – Zeit wird aufgewendet und somit schließt

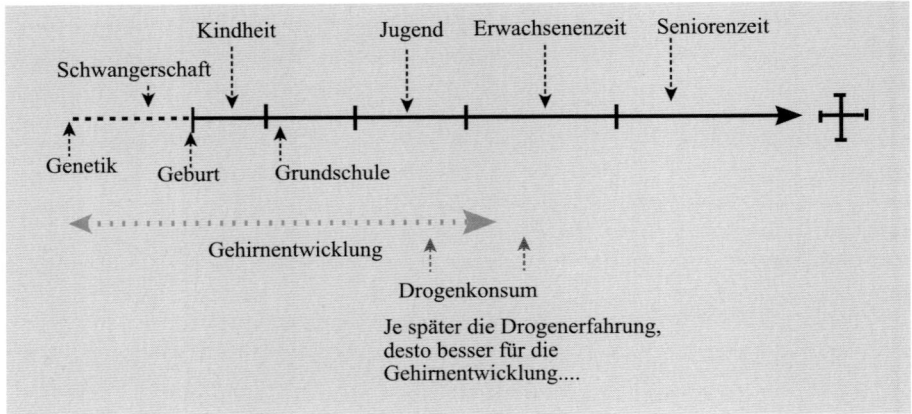

Abb. 5.6: *Lebensalter, Lebenslauf, Lebensphasen, Gehirnentwicklung und Drogenerfahrung in der Jugend*

jede Handlung viele andere Handlungen zumindest zeitlich aus, das Nicht-Gemachte wird subjektiv abgewertet durch Verdrängung, Rationalisierung, Sublimierung usw. Es sind die alltäglichen Priorisierungen von Handlungen und das Hintanstellen anderer Handlungen. In der Ökonomie ist dies als das bekannte Problem der intertemporalen Optimierung bekannt – der Gegenwartswert einer Handlung wird mit dem „aufgezinsten" Zukunftswert einer anderen Handlung (z.B. Konsumverzicht) verglichen und dann wird die Entscheidung getroffen – meist zugunsten des Gegenwartswerts. Zu lange aufgeschobene persönliche Belange müssen dann unter Umständen am Ende des Lebens in die Bilanz-Kategorie des „Nicht-Gelebten-Lebens" eingeordnet werden. Beispielsweise bringt die Freizeit heute bereits einen Entscheidungsstress – am Samstag schlafen oder sporteln, mit den Kindern oder der Familie spazieren gehen, Freunde treffen, ins Kino gehen, ein Buch lesen, den Haushalt aufräumen. Das Dilemma ist – *das Eine tun heißt das Andere lassen müssen*. Regulationsaufgabe der Lebensverhältnisse ist es also, *Selektionen* vorzunehmen.

Als mögliches Rahmenkonzept einer lebenslaufbezogenen Perspektive der Individualökologie sollen hier einige Aspekte der *lebensphasenspezifischen Typisierung der Beziehungen* der menschlichen Existenz angesprochen werden, die sich im wesentlichen aus der Psychoanalyse von Erikson herleiten (Erikson 1973): Jeder Mensch ist von *Geburt an in einen Kontext* gesetzt, der aus den physischen und sozialen Komponenten des Haushalts der Herkunftsfamilie und deren Umfeld besteht. Nicht nur die Interaktion mit Mutter und Vater, sondern auch die Struktur des Raumes, das Vorhandensein von Natur, die Nähe zum Hauptaufenthaltsort der Mutter, die Nähe zum elterlichen Schlafzimmer, die Organisation der Küche usw. sind, wie es teilweise die Erzählungen von Psychotherapie-Klienten zeigen, wichtige, die Pathogenese modulierende Kontexte traumatischer Erfahrungen. Sie sind Strukturen für Schutz und Exploration, die jeweils bedarfsgerecht für das Kind zur Verfügung stehen müssen. Das punktuelle Geben-Nehmen-Verhältnis zwischen

Mutter und Kind bei der Ernährung, der Pflege usw. bestimmt die Qualität der Umweltbeziehung des Kindes.

So ist in der Kindheit folgende Beziehungsformation nötig:

- *Urvertrauen versus Urmisstrauen* (1.Lebensjahr): Das Kind benötigt die Sicherheit, dass seine Signale von der Mutter beantwortet werden. Der Aufbau von regelhaften Beziehungsmustern ist wichtig. Es geht beispielsweise um die symbiotische Beziehung, die auch bei Abwesenheit der Mutter bestehen soll.
- *Autonomie versus Scham und Zweifel* (2. -3. Lebensjahr): Das Kind benötigt Freiräume, muss sich dem Einfluss der Mutter entziehen können und benötigt entsprechende Erfolgserlebnisse. Scheitern führt zu Scham als diffuses Gefühl bei Nichterfüllung der (auch fiktiven) Erwartungen der Umwelt.
- *Initiative versus Schuldgefühl* (4. bis 5. Lebensjahr): Das Kind steigert seinen Einflussbereich und hat zunehmend Einsicht in die Folgen seines Tuns, das auch negative Konsequenzen haben kann.

Zunehmend verselbstständigt sich das Kind und wird zum jungen Erwachsenen. In dieser Phase stellen sich vor allem Aufgaben der Identitätsbildung. Es sind nach Erkisson folgende Aufgaben der Beziehungsregulation zu lösen:

- *Wertsinn versus Minderwertigkeitsgefühl* (Kindheit bis präpubertäre Zeit): Die Bedeutung, etwas interpersonell Wertvolles zu machen, wird für den heranwachsenden Menschen immer wichtiger.
- *Identität versus Identitätsdiffusion* (Pubertät) : Allmählich bekommt der junge Mensch das Bewusstsein, eine übergreifende soziale Funktion zu haben. Demgemäß können sich hier beim Scheitern schwerwiegende Verletzungen aufbauen, die sich evtl. in pubertären Krisen manifestieren. Auch Drogengebrauch kann sich hier anschließen.

Im *Erwachsenenalter* könnte man nach Schipperges et al. (1988) vom Bild der „Regelkreise der Lebensführung" ausgehen, insofern sich die Grundaufgaben der „gelungenen" Lebensgestaltung stellen. Auch sie hat Eriksson im Prinzip sehr treffend erfasst.

- *Intimität versus Isolierung* (Erwachsenenalter): Die zentralen Aufgaben in dieser Lebensphase sind die Bildung der Familie bei Aufrechterhaltung noch weiterer sozialer Bezüge.
- *Generation versus Stagnation* (Mittleres Erwachsenenalter): Dieser Lebensabschnitt stellt den Höhepunkt der Schaffenskraft dar und bietet Herausforderungen der persönlichen und beruflichen Entwicklung.

Für die anschließende *Pensionärsphase* lassen sich im allgemeinen die schwierigsten Aufgaben der subjektiven Selbstverortung identifizieren, insofern sie die Bilanzierung der Lebensleistung betrifft und die Frage aufwirft, ob man sein Leben „gut" und gelungen gelebt hat und wenn dies nicht der Fall war, woran dies gelegen hat, welche Fehler man gemacht hat usw. und welche Konsequenzen daraus folgen. Diese Phase ist besonders bedeutsam, weil sie bei negativer Bilanz mit dem Attribut der Irreversibilität belastet ist. Es sind deshalb enorme Anpassungsleistungen des individuellen Menschen erforderlich, vor allem wenn sie im Rahmen chronischer Krankheiten vorzeitig, etwa im Vergleich zu Schulkollegen und –kolleginnen oder nach dem Tod des Partners bzw. der Partnerin in Einsamkeit erfolgen müssen.

Eriksson sah diese Aufgaben wie folgt:

– *Ich-Integrität versus Verzweiflung* (Hohes Erwachsenenalter): In dieser letzten Phase des Lebens, die vom Ende des Wachstums und von Anzeichen des Vergehens geprägt ist, muss die Person Stellung zu sich selbst und dem Geleisteten und Nicht-geleisteten beziehen.

Grundsätzlich ist das Leben von Menschen also nach zeitlichen Phasen gestaffelt, und so bietet sich demgemäß auch eine Gliederung der „Ökologie der Person" in eine „Ökologie der Kinder", „Ökologie der Jugendlichen", „Ökologie der Erwachsenen" und „Ökologie der älteren Menschen" an (vgl. Tretter 1988b). Vor allem die „Ökologie der älteren Menschen" („Gerontoökologie") ist ein interessantes und zunehmend wichtiges Spezialgebiet der Individualökologie (vgl. Garms-Homolova et al. 1982, Saup 1992).

Eine Ökologie des Individuums ist, wie diese Darstellungen zeigen, also erst aspekthaft möglich, sie lässt sich wegen ihrer Komplexität am besten im Rahmen von multidisziplinären Arbeitsgruppen entwickeln.

5.5   Teilmodelle einer „Ökologie der Person"

In Hinblick auf die Modelltheorie gibt es verschiedene Typen von Modellen (Stachowiak 1973). Eine gewisse Typologie von Modellen lässt sich danach aufstellen, welche Funktion das Modell hat: Modelle sind für bestimmte kognitive Prozesse der Anwender nützlich. So gibt es *Erklärungsmodelle*, um eine Anzahl von empirischen Sachverhalten erklären zu können, es gibt *Beschreibungsmodelle*, um komplexe Prozesse beschreiben zu können und es gibt *Explorationsmodelle*, die zu weiteren Untersuchungen und Forschungen anleiten (vgl. Kapitel 3).

Als typische humanökologische Modelliertechnik zeichnet sich immer deutlicher eine Vorgehensweise ab, die auf diese Weise, wie im Kapitel zur „Systemphilosophie" erwähnt, als „Multiperspektivität" die einzelnen Komponenten des humanökologischen Grundmodells konzeptuell unterschiedlich stark auflöst. Man kann daher folgende Modelle unterscheiden:

1. *Modelle zu intrapersonalen Prozessen*
   Bei diesen Modellen ist das Konstrukt Umwelt nur geringgradig gegliedert. Es handelt sich dabei im wesentlichen um Stressmodelle.
2. *Modelle zur Struktur der Umwelt*
   Der Schwerpunkt bei diesen Modellen liegt in der Analyse der Umweltmerkmale und weniger in der begrifflichen Gliederung der innerpersonalen Prozesse und Strukturen.
3. *Modelle zu interaktiven Prozessen*
   Dieser Modelltyp berücksichtigt sowohl das Konstrukt Person, wie auch das Konstrukt Umwelt nur geringgradig gegliedert. Im Zentrum des Interesses steht der Beziehungsbegriff (z.B. Kongruenz-Modelle).

Der Humanökologe verfügt dadurch über einen „Modellpark", aus dem er je nach forschungspraktischer Problemstellung einen der drei Modelltypen verwenden kann und sofort wieder einen anderen Betrachtungsfokus einnehmen kann. Ein einziges integratives Modell kann nicht sinnvollerweise angestrebt werden, da dadurch nur äußerst triviale Zusammenhangsaussagen gemacht werden können.
Im einzelnen sind hier folgende Modellversionen interessant.

1. Ein systemisches Modell zur Person (vgl. Tretter 1993a, Rensing et al. 2006): In diesem Modell wird versucht, psychische Prozesse und körperliche Prozesse aufeinander zu beziehen. Ein derartiges Modell ist für das Verständnis von Prozeßvernetzungen im Rahmen therapeutischer Betrachtungen nützlich (Abb. 5.7).
Das Modell geht davon aus, dass psychosoziale Stimuli auf das Gehirn einwirken und von dort aus über das vegetative System, das Hormonsystem und das Immunsystem mit dem gesamten Körper in Verbindung stehen, sodass Umwelteinflüsse über das Gehirn auf den Körper einwirken. Der Körper ist seinerseits über die relativ autonom funktionierenden Organe in einem bestimmten Funktionszustand, der

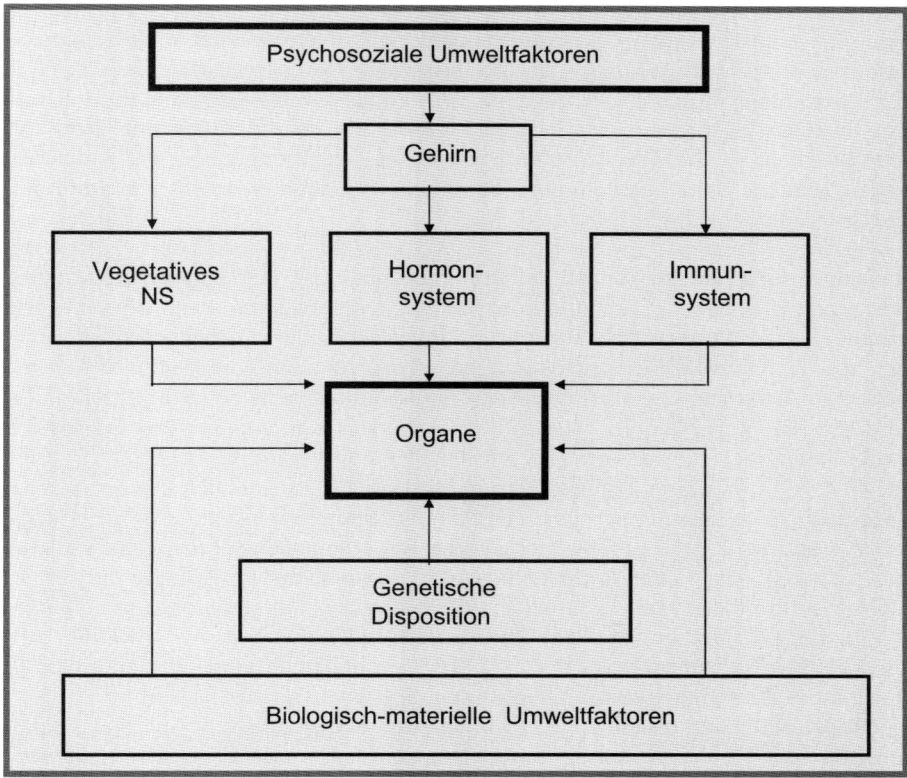

Abb. 5.7: *Ökologisches Störungsmodell mit intraorganismischen Teilsystemen und Differenzierung von biologisch-materiellen und psychosozialen Umweltfaktoren.*

seine Reagibilität gegenüber der Umwelt bestimmt. Die Umwelt wird in diesem Modell nur als Stimulusrepertoire und als Gefüge biologisch-materieller Faktoren konzeptualisiert, das in der klinischen Praxis bedarfsweise auch in verschiedene Bereiche wie Wohnen, Arbeit, Familie und Freizeit untergliedert werden kann.

2. Für eine erste Analyse ist in der Regel eine genauere *Umweltbeschreibung*, etwa durch den Patienten, sinnvoll. Für den Untersucher ist eine konzeptuelle Differenzierung der „Umwelt" oder der „Situation" des Patienten nach „Lebensbereichen" wie Arbeit, Wohnen, Familie und Freizeit praktisch nützlich. So können die Beziehungen zu diesen Bereichen in Geben-Nehmen-Relationen transformiert werden, was beispielsweise bei diagnostischen Aufgaben evtl. gute Hilfestellungen gibt. In einem weiteren Schritt können gemäß den Differenzierungsmöglichkeiten des Begriffs „Umwelt" die „subjektive" und die „objektive" Umwelt, die „sozialen" und die „physischen" Aspekte der betreffenden Umweltbereiche usw. betrachtet werden – zum Nutzen der Exploration in klinischen Handlungsfeldern (Abb. 5.8). In der klinischen Praxis wird bisher nach solchen Kategorien gefragt, wobei im Gegensatz zu einer ökologischen Exploration die Vernetzung dieser Bereiche unbeachtet bleibt und gleichsam nach orthogonalen Achsen gefragt wird, etwa in Form von Checklisten, die zur listenartigen Charakterisierung der Problemlage des Patienten dient. Damit sind bestenfalls Grundlagen für eine triviale Deskriptivstatistik, jedoch nicht für Zusammenhangsaussagen gegeben. Bestimmte Berufe beispielsweise haben Implikationen für die Freizeit (z.B. Schichtdienst) und auch für die Familie (z.B. Vertreterberuf) usw. Die Wechselwirkungen dieser Strukturmerkmale der einzelnen Lebensbereiche sind auch in der Stressforschung noch unzulänglich empirisch geklärt.

3. *Interaktionsanalysen* können auf Grundgedanken der Wirtschaftswissenschaften der marktwirtschaftlich organisierten Systeme aufgebaut werden. Beispielsweise beschreiben Kategorien für Angebots-Nachfrage-Relationen Verhaltensorientierungen und Verhaltensweisen der Menschen und die Variation von Werten in definierten Lebensbereichen ziemlich gut. Auch der traditionsreiche *Austauschstrukturalismus* (z.B. Homans 1960) hat sich auf Konzepte der Ökonomie gestützt, wobei sich in der Ideengeschichte gezeigt hat, dass diese Analogisierung, die sich auf Konstrukte der Wirtschaftswissenschaften stützt, nur begrenzt adäquat bleibt. Dennoch ist die Grundannahme, dass menschliches Verhalten ökonomisch bestimmt ist, im Alltagsdenken und bei Konflikten von Menschen sehr gut erkennbar – ein unausgeglichenes *Verhältnis von Geben und Nehmen* ist in dieser Betrachtungsweise die Grundlage eines Konfliktes. Dabei können ähnlich wie in der Interaktionsanalyse von Bales (1950) die (auch informationellen) Objekte des Austausches spezifiziert werden. Aus ökologischer Betrachtungsweise wäre dann vereinfachend vom „Beziehungshaushalt" im weiteren Sinne zu sprechen.
Qualitativ ist die Kennzeichnung der Umweltbeziehungen durch *Stressoren* als belastend auf die Person wirkende Umweltfaktoren und *Protektoren* als schützende Umweltfaktoren usw. zu sehen. Interessant ist auch in dieser Hinsicht etwa am Beispiel der Konstrukte zum Arbeitsstress zu untersuchen, wie Faktoren wie „Arbeitszufriedenheit" theoretisch und empirisch zum Arbeitsstress in Beziehung zu setzen sind.

214

Die Humanökologie der Person erlaubt es nun im Bereich der interaktionistischen Modelle, mehrere miteinander verbundene Teil-Modelle zu nutzen, um ein *Ökosystem einer Person*, also die „Ökologie der Person", zu beschreiben und zu analysieren.

a) Ein einfaches humanökologisches Modell differenziert die Faktoren der Umwelt in physische (bzw. physikochemische), technische, biologische, soziale und kulturelle Faktoren (PF, TF, BF, SF, KF; s. Abb. 5.8). Zwischen diesen Faktoren bestehen allgemeine Wechselbeziehungen. Wird, ausgehend von dieser Differenzierungsstufe das Beziehungsgefüge konzeptuell differenziert, dann entsteht das Bild eines Netzwerks, das ohne Computersimulation nicht sehr viel mehr verdeutlicht, als dass die Verhältnisse komplex sind (Abb. 5.9).

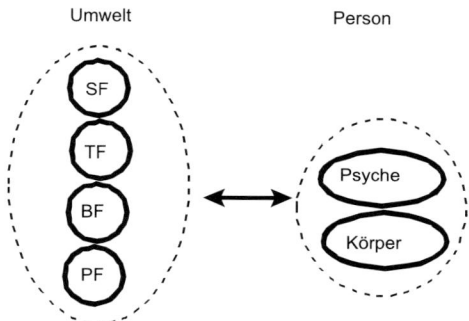

Abb. 5.8: *SF = soziokulturelle Faktoren, TF = technische Faktoren , BF = biologische Faktoren , PF = physikochemische (natürliche) Faktoren.*

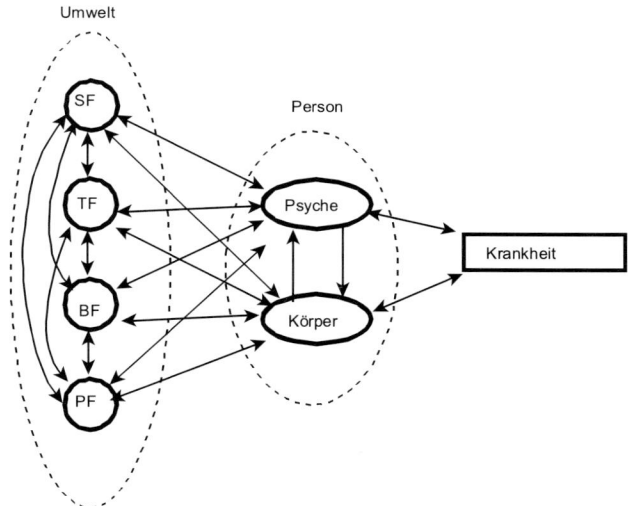

Abb. 5.9: *Beziehungsgefüge zwischen Person und Umwelt als Netzwerkmodell. Höhere Auflösung der Person-Umwelt-Beziehungen als in Abb. 5.8.*

Ein explizites, multifaktorielles, allerdings unidirektionales Wirkungsmodell für Gesundheit und Krankheit hat Hans Schaefer zur multifaktoriellen Genese des Herzinfarkts aufgestellt (s. Abb. 5.10), in dem die Effekte der Gene, der Persönlichkeit, der Umwelt und der Rasse direkt über psychische und psychophysische Wirkmechanismen und über soziale Faktoren zum krankhaften Ereignis führen.

b) Ein zirkuläres humanökologisches Modell, das sich am Reiz-Reaktionsmodell orientiert, ist ein *Lebensstilmodell*. Zentrale Konstrukte sind erlebte *Lebenssituation* wie Arbeit, Wohnen, Familie, Freizeit, als Repertoire an psychosozialen Stimuli, die als

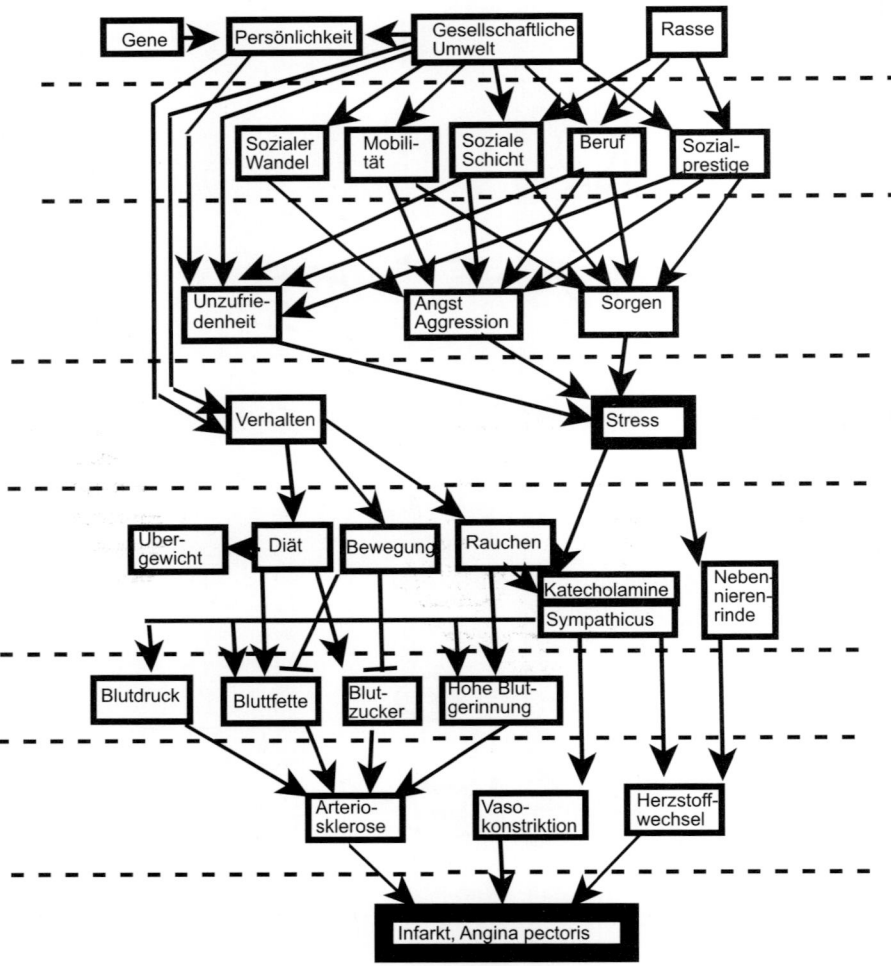

Abb. 5.10: *Multifaktorielles unidirektionales Mehr-Ebenen-Mehr-Stufen-Modell der Genese des Herzinfarktes von Hans Schaefer (vereinfacht nach Schaefer u. Blohmke 1978, S. 195)*

216

Istwerte fungieren, wobei hier die bereichsspezifischen Merkmale nicht nur explizit gegeben sind. Darüber hinaus sind die Begriffe *Lebenskonzept* (Sollwerte als Programm, Pläne usw.) und *Lebensgefühl* als erlebte Resultante des Vergleichs der Soll-/Ist-Relation der Lebenssituation zentral. Schließlich ist die Kategorie *Lebensstil* relevant, die als Muster der Lebensführung zu definieren ist. Der Lebensstil bestimmt teilweise die Lebenssituation und auch Mikroereignisse und hat damit potentiell eine pathogene Relevanz (vgl. Abb. 5.11). Dieses Modell korrespondiert teilweise gut mit dem Lebenswelt- Konzept von Alfred Schütz (s. Kap. 4, Abschnitt Soziologie). Beispielsweise fallen Suchtkranke häufig dadurch auf, dass sie zunächst unter objektiv akzeptablen Lebensbedingungen leben, jedoch ein „ungutes" Lebensgefühl haben (das übrigens auch genetisch mitbedingt sein kann) und in der Folge einen Lebensstil praktizieren, der ihrem Lebensziel entsprechen sollte, obwohl dieses Ziel überhöht oder sonst irgendwie inadäquat ist. Häufig sind dabei schonungslos leistungsorientierte Muster der Lebensführung zu beobachten, manche Alkoholiker arbeiten extrem, brechen dann mit einem Alkoholexzess zusammen, verlieren alles, machen eine Therapie, bauen wieder alles auf, brechen wieder zusammen, machen eine Therapie usw. Der Kreislauf wird erst unterbrochen, wenn ein ökosystemisches Verständnismodell, wie eben ausgeführt, als Leitlinie für die therapeutischen Prozesse genutzt wird und auch der Patient die Zusammenhänge erkennt.

c) In einer weiteren Stufe der umweltorientierten Differenzierung der Konstrukte könnte ein *Lebensbereichsmodell* verwendet werden, bei dem der Faktor Umwelt oder Lebenssituation in Lebensbereiche konzeptionell untergegliedert wird (Arbeit, Familie, Wohnen, Freizeit usw.). Wird auch zusätzlich eine beziehungstheoretische Gliederung der Umweltbeziehungen vorgenommen, dann kann bereits die Ebene einer psychotherapeutischen Beziehungsanalyse erreicht werden (Abb. 5.12). Dann zeigt sich beispielsweise, dass die *Familie als Umwelt* gegenüber der Person ein Bedürfnis nach Zuwendung und Interesse hat, sie will also Kontakt haben. In mancher Hinsicht will die Familie sich vielleicht jedoch auch wieder abgrenzen, sie gibt also Grenzen zu erkennen. Die Familie kann im Gegenzug der Person auch Geborgenheit vermitteln. Komplementär dazu muss die Person entsprechende Zuwendung

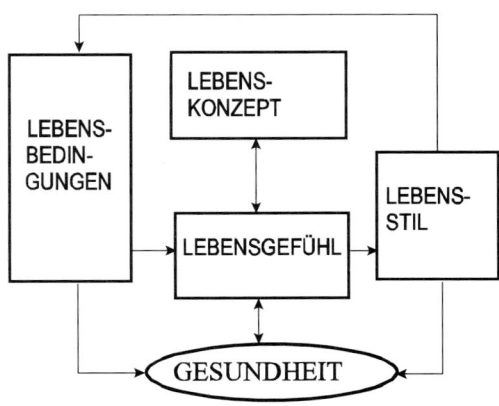

Abb. 5.11: *Das humanökologische Lebensmodell: Das Verhältnis von Lebenskonzept (weitere Ziele usw.) und Lebenssituation ergibt teilweise das Lebensgefühl, das wiederum den Lebensstil bestimmt, wobei mehrfache Rückkopplungen bestehen, die letztlich die Gesundheit beeinflussen.*

217

geben, Abgrenzungen hinnehmen und Verhalten, das von der Familie herkommend Geborgenheit vermitteln soll, akzeptieren und sich nicht eingeengt fühlen. Das Beziehungsgefüge zwischen Person und Familie prägt also eine Komponente des gesamten Ökosystems der Person.

Das grundlegende „Ökosystem" der umweltbezogenen Geben-Nehmen-Relationen besteht aber aus noch weiteren Lebensbereichen, zu denen Beziehungsgefüge existieren: Im *Wohnbereich* sieht sich die Person dem Erfordernis der Instandhaltung ausgesetzt, sie findet ein Angebot an Räumen vor und erfährt Eingrenzungen, wie beispielsweise einen reduzierten Bewegungsspielraum. Ähnlich verhält es sich im *Arbeitsbereich:* Die Person ist Leistungsanforderungen ausgesetzt, sie findet zwar auch Angebote an Gratifikationen vor, ist aber auch an Verhaltensgrenzen gebunden. Im Bereich *Freizeit* werden der Person Angebote zur Freizeitaktivität dargeboten. Damit gekoppelte Aufforderungen nach Aufwendungen sind andererseits finanzielle und/oder zeitliche Grenzen der Person gesetzt.

Nutzt man ein derartig komplexes Modell in der Therapie, dann hat man damit den Inhalt bzw. die Ziele von Programmen von Langzeittherapien vorgezeichnet. Die Perspektive einer ganzheitsorientierten Konzeption einer „Ökologie der Person" soll anschließend an der „Ökologie des Jugendlichen" weiter verdeutlicht werden.

d) Auf einer globaleren Ebene läßt sich ein beziehungstheoretisches Modell formulieren, das auf der Basis der Geben-Nehmen-Relation sich in etwa wie folgt darstellt: Die *Person* ist im Zustand der Zufriedenheit (hohe Lebensqualität), wenn sich das Verhältnis von Bedürfnissen (Wünschen oder Plänen) in Hinblick auf die *Kompeten-*

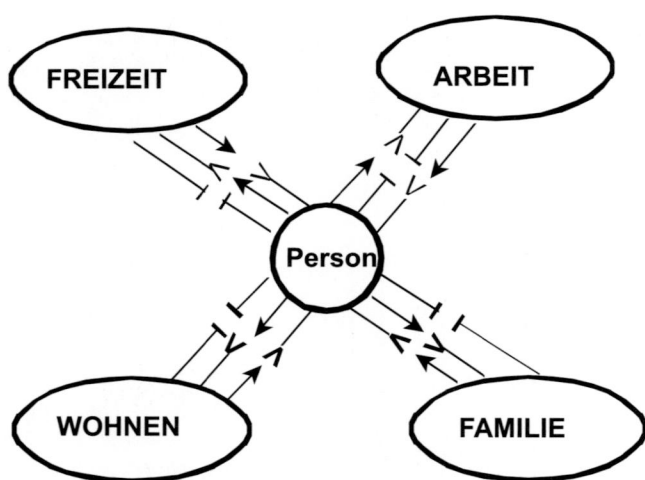

Abb. 5.12: *Der Beziehungshaushalt der Person in Hinblick auf das Geben Nehmen-Verhältnis bezogen auf die einzelnen Lebensbereiche. Die Lebensqualität ist ein Produkt der erlebten Bilanz der einzelnen Geben-Nehmen-Beziehungen und der Abgrenzungsmöglichkeiten.*
Legende: —> = Geben; —< = Nehmen; —| = Ablehnen, Abgrenzen

zen, diese *Bedürfnisse* zu befriedigen, in etwa im Gleichgewicht befindet. Diese Betrachtung bezieht sich auf das Geben-/Nehmen-Können-Verhältnis der Person. Ist die Kompetenz geringer als das Bedürfnis, dann entsteht Stress und eine Dysphorie und ein negatives Selbstwertgefühl. Ist die (erlebte) Kompetenz größer als für die Bedürfnisbefriedigung nötig ist, so entsteht ein positives Selbstwertgefühl.

Was die *Umwelt* betrifft, so ist die Attraktivität der Umwelt durch ihre *Angebote* zur Bedürfnisbefriedigung einerseits, aber auch durch ihre *Anforderungen* in dieser Hinsicht geprägt. Wenn beispielsweise die Anforderungen sehr hoch sind, bei einem relativ geringen Angebot, dann wird die Umwelt als anspruchsvoll erlebt. Werden diese beiden Komponenten der Person und die beiden Komponenten der Umwelt in Hinblick auf eine *doppelte Geben-Nehmen-Relation*, nämlich zwischen der Person und der Umwelt zueinander in Beziehung gesetzt (Kompetenz einbringen/ Kompetenz fordern und Bedürfnis haben/Befriedigung bieten), so erhalten wir am Ende eine Formalisierung von ökologisch begriffener Lebensqualität: Das Verhältnis von Kompetenz und Bedürfnis einerseits und Anforderungen und Angeboten andererseits ergibt aufeinander bezogen die Lebensqualität (Abb. 5.13; vgl. Tab.5.3). Ihre individuelle Konfiguration kann als Hintergrund von Suchtkrankheiten angesehen werden: Fasst man schließlich Gesundheit, wie eingangs erwähnt, begrifflich weiter, dann ist das Wohlbefinden als Gegensatz von Befindensstörungen zu sehen und bei der multiaxialen Betrachtung auch der psychosoziale Bereich zu berücksichtigen. In diesem Fall geht die Gesundheitsförderung rasch in den Bereich der Untersuchung und Gestaltung von Bedingungen der Lebensqualität über.

Akzeptiert man diese konzeptionellen Transformationsschritte, dann lässt sich folgender Zusammenhang formulieren:

$$\text{Ökologische Lebensqualität (LQ)} = \frac{\text{Kompetenz} * \text{Angebote}}{\text{Bedürfnis} * \text{Anforderungen}} = \frac{K * Ag}{B * Af}$$

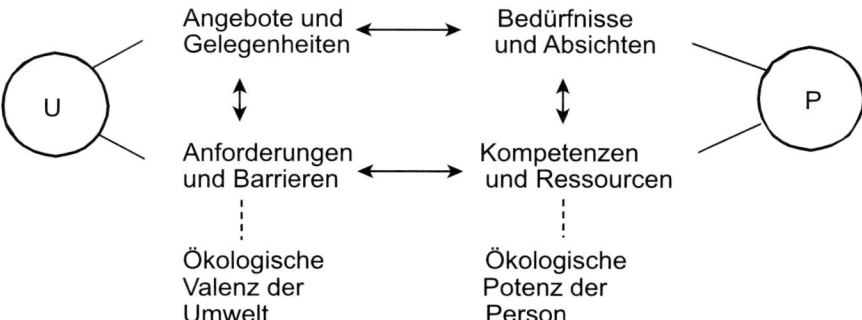

Abb. 5.13: *Das Verhältnis von personalen Bedürfnissen und der Kompetenz, diese Bedürfnisse zu befriedigen einerseits und den Angeboten und Anforderungen der Umwelt andererseits bestimmen aus humanökologischer Sicht die Lebensqualität.*

Tab. 5.3: Schematisierung verschiedener Konstellationen der Person-Umwelt-Beziehungen

---

I) Einzelbetrachtung

(Die Werte werden auf eine fiktive Skala mit den Stufen < 1, 1, > 1 bezogen.)

a) Personale Relationen des Kompetenz (K) / Bedürfnis (B)-Verhältnisses
   $(K < 1) / (B > 1) := (< 1)$ Streßzustand, Dysphorie

b) Umweltverhältnisse als Relation von Anforderungen (Af) / Angeboten (Ag)
   $(Af = 1) / (Ag < 1) := (> 1)$ harte Umwelt

II) Ökosystem-Betrachtung

Lebensqualität = Kompetenz / Bedürfnis der Person: Anforderungen / Angebote der Umwelt

a) Bequeme Situation bei bequemer Person und anspruchsloser, reicher Umwelt
   $(K < 1) / (B = 1) : (Af < 1) / (Ag = 1)$
   dies entspricht: $< 1 : < 1 = 1$, was ein gutes Befinden indiziert.

b) Angespannte Situation bei angestrengter Person und anspruchsvoller Umwelt
   $(K = 1) / (B < 1) : (Af > 1) / (Ag = 1)$
   das entspricht z.B: $(> 1) : (> 1) = / > 1$, was objektiven (bewältigten) Stress bedeuten könnte.

Zur Erläuterung dieses Quotienten, der nur der qualitativen (oder bestenfalls semi-quantitativen) Präzisierung dienen soll, werden in der Folge einige Falltypen dargestellt, die sich in der suchtpräventiven und –therapeutischen Praxis darstellen, wobei eine willkürliche Skalierung der einzelnen Bedingungen erfolgt (von > 0 bis 1). Die Inhalte der dabei auftretenden Kategorien sind zunächst der Phantasie der Leser überlassen, es kann Geld, Liebe, Anerkennung usw. gemeint sein. Geht man von einer dualen Einstufung (z.B. stark, schwach) der Merkmale aus, dann sind 16 Fall-konstellationen möglich, wovon hier nur fünf dargestellt werden:

Typ 1: *„Das gute Leben bescheidener Kompetenter..."*
Diese Konstellation besteht in einer hohen personalen Kompetenz (K) bei einem geringen Angebot der Umwelt (Ag) und bei einem geringen Bedürfnisniveau (B), aber auch geringen Anforderungen (Af) von seiten der Umwelt. Es ergibt sich also eine hohe Lebensqualität ($K = 1$, $Ag = 0,5$; $B = 0,5$, $Af = 0,5$; daher: $LQ = 1 * 0,5 / 0.5 * 0,5 = 2$).
Für diesen Personenkreis ist eine Gesundheitsförderung schwer vorstellbar, Pointiert gesagt paßt dies mit praktiziertem Buddhismus im Westen gut zusammen.

Typ 2: *„Das gute Leben bescheidener gut Situierter..."*
Hier liegt eine niedrige personale Kompetenz vor, jedoch ein großes Angebot von seiten der Umwelt, bei zugleich geringem Bedürfnis, die Angebote zu nutzen, wobei aber auch die Anforderungen, gegebenenfalls die Bedürfnisbefriedigung realisieren zu können, gering sind. Auch hier ist die Lebensqualität hoch.

220

(K = 0,5, Ag = 1; B = 0,5, Af = 0,5; daher: LQ = 0,5 * 1 / 0,5 * 0,5 = 2).
Zur Gesundheitsförderung ist nur prospektiv der Aufbau der Bewältigungskompetenz für Krisen sinnvoll, da eine gewisse Gefahr der „Wohlstandsverwahrlosung", wie sie beispielsweise bei Drogenabhängigen gefunden wird, besteht.

Typ 3: „Das sehr schwierige Leben schlecht situierter Anspruchsvoller..."
In diesem Fall zeigt die Person eine geringe Kompetenz und in der Umwelt gibt es nur wenige Angebote. Zugleich bestehen aber ein hohes Bedürfnis und auch hohe Anforderungen, die Bedürfnisse befriedigen zu können.
(K = 0,5, Ag = 0,5; B = 1, Af = 1; daher: LQ = 0,5 * 0.5 /1 * 1 = 0,25).
Was die Gesundheitsförderung betrifft, muss vor allem am Realitätsbezug der Bedürfnisse gearbeitet werden, zugleich muss nach Möglichkeiten der Umweltänderung und dem Finden von Nischen getrachtet werden. In diese Gruppe fallen eine Menge von Alkoholikern.

Typ 4: „Das schwierige Leben bescheidener schlecht Situierter..."
Auch hier liegt eine geringe personale Kompetenz vor, bei einem geringen Umweltangebot, es gibt aber nur ein geringes Bedürfnis, bei jedoch hohen Anforderungen dieses befriedigen zu können.
(K = 0,5, Ag = 0,5; B = 0,5, Af = 1; daher: LQ = 0,5 * 0.5 / 0,5*1 = 0,5).
In Hinblick auf gesundheitsförderliche Interventionen sind hier vorrangig die Umweltverhältnisse zu ändern, in der Suchthilfe sind es die unauffälligen Süchtigen aus Armenvierteln.

Typ 5: „Das schwierige Leben inkompetenter Anspruchsvoller..."
Hier handelt es sich um Situationen, bei denen die Person eine geringe Kompetenz aufweist, ein geringes Angebot der Umwelt vorliegt, aber bei der Person ein starkes Bedürfnis gegeben ist, das wegen der geringen Anforderungen auch leicht befriedigt werden kann. (K = 0,5, Ag = 0,5; B = 1, Af = 0,5; daher: LQ = 0,5 * 0.5 / 1*0,5 = 0,5).
Für die Intervention ist hier sowohl der Aufbau von Kompetenzen, wie auch die Revision der Bedürfnisse angesagt. In der Suchthilfe sind dies Personen mit ausgeprägter, vorwurfsvoller Anspruchshaltung.

5.5 Die „Ökologie von Gesundheit und Krankheit"

Die unmittelbar anschließende Konzeption für klinische Fragestellungen ist die „Ökologie der Gesundheit und der Krankheit". Sie beruht auf der zirkulären Struktur der Bedingungsfaktoren von Gesundheit bzw. Krankheit, die für die einzelnen Krankheitsbilder identifiziert sein müssen. Hier wird auch der Eigenanteil der Person, etwa durch ihr gesundheitsbezogenes Verhalten, mit in Betracht gezogen (Abb. 5.14).
An dieser Stelle kann nur kurz und fiktiv auf die zirkuläre Komponente des Stress am Arbeitsplatz und die Ausweitungen auf andere Lebensbereiche eingegangen werden (Abb. 5.15) : Stress am Arbeitsplatz führt zu schlechteren Freizeitfunktionen, etwa

weil sich aufdrängende Gedanken über den Arbeitsplatz die Freizeitaktivitäten überlagern. Darüber hinaus wird das Familienleben belastet. Diese sekundären Störungen im Privatbereich unterlagern wieder am nächsten Tag die Situation am Arbeitsplatz mit der Gefahr der Erhöhung des Arbeitsstress wegen einer geringeren Stress-
belastbarkeit. Dieses Schema mag dazu helfen, die therapeutischen Interventionen
entsprechend umsichtig zu planen und zu gestalten. Ausführlich wurde dieses ökologische Stresskonzept im Kontext von Suchtkrankheiten ausgeführt (Tretter 1998).
Der Nervenarzt und Medizinhistoriker Schipperges hat unter Einbezugnahme der
traditionellen Regeln der „Hausväter" versucht, Orientierungen für eine gesunde
Lebensführung aufzustellen. Sie lassen sich in ökologischer Sichtweise als balancier-

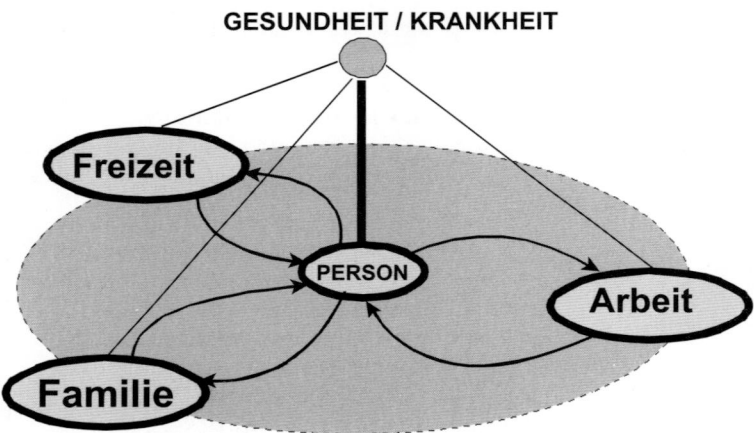

Abb. 5.14: *Gesundheit, Krankheit, die Person und ihr Beziehungshaushalt zu den Lebensbereichen Arbeit, Familie, und Freizeit.*

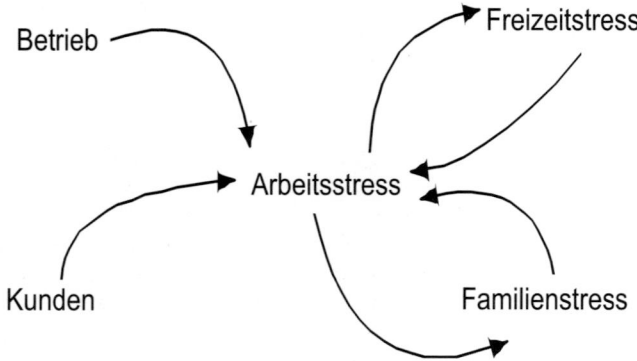

Abb. 5.15: *Das „transsektoral" sich über mehrere Lebensbereiche hin selbstverstärkende Wirkungsgefüge von Stressoren (z.B. Anforderungen) in verschiedenen Lebensbereichen („Zahnräder" der Stressmaschine).*

222

te Beziehungen der Person zu sich selbst und zu ihrer Umwelt begreifen (Schipperges et al. 1988):

- *natürliche Aktivierung* (z.B. morgens Gymnastik)
- *bewußte Körperpflege* im Sinne des pfleglichen Umgangs mit dem Körper, ihn als Ressource anzuerkennen
- *gesunde Kleidung,* bei der modische Aspekte nachrangig sind
- *ausgewogene Ernährung,* mit dem Ziel, vor allem leichte Kost einzunehmen
- in *Bewegung* bleiben, also etwa öfter dort gehen, wo man sonst fährt
- *angepasste Leistungsziele* im Arbeitsbereich
- *angemessene Entspannung* im Freizeitbereich
- (aktive) *Freizeitinteressen pflegen,* zur Abwechslung und Bereicherung
- *Pflege von Familienbeziehungen,* die Familie ist die wahre Heimat
- *Pflege von Freundschaften,* sie sind eine weitere Quelle von Solidarität
- *gesunder Schlaf*

Dennoch: Wieviel Aufregung braucht der Mensch? Wird man Menschen, die nicht nach diesem Programm leben, bestrafen müssen, etwa mit höheren Beitragssätzen bei der Krankenkasse? Das wäre wohl eine Pervertierung des Plädoyers für eine gesunde Lebensführung. Es gibt außerdem Menschen, die sicher nicht ein vorbildliches Leben in dieser Hinsicht führten und die dennoch alt wurden und recht gesund blieben. Sie sind alltagsweltliche Beispiele gegen ein deterministisches Bild von Gesundheit und Krankheit.

5.6 Die Ökologie der Familie als mikrosozialökologische Perspektive – gemeinsames Haushalten

Es ist hier nicht unser Ziel, etwas Wesentliches zu dem Thema Paare, Familie usw. auszusagen. Dazu ist schon viel publiziert worden: So gibt es Untersuchungen zur Binnenstruktur und -funktion der Familie. Dies wurde vor allem von der Familienpsychologie (Schneewind 1991, Richter 2007) und der Familientherapie (Simon u. Stierlin 1984, Simon 1988) erarbeitet. Darüber hinaus gibt es Untersuchungen zum Verhältnis von Mensch, Familie und Gesellschaft. Dies ist vorwiegend der Gegenstand der Familiensoziologie (Huinink u. Konietzka 2006). Einiges dazu wurde im Kapitel 4 zu Soziologie ausgeführt.

Eine (human)ökologische Betrachtung der Familie führt, systematisch betrachtet, in die *„Mikrosozialökologie"* – es steht das Verhältnis von Familie und Umwelt im weiteren Sinne im Fokus der Betrachtung. Es geht bei der Ökologie der Familie also nicht nur um die Verwandtschaftsbeziehungen, die Gemeinschaftsbeziehungen oder die gesellschaftlichen Beziehungen, sondern auch um Fragen der Siedlungsformen und Strukturen, der Urbanisierung usw. Sehr zentral ist eine Betrachtung der Familie als „Haushalt". Dieser Gedanke findet sich bereits bei Aristoteles mit dem Konzept des „Oikos". Heute ist die universitäre Humanökologie in den USA, beispielsweise an der Cornell University in Ithaca (New York State), eng mit dem Fachbereich „home economics" verbunden und umgekehrt – Humanökologie hat sich zu einer

„allgemeinen Haushaltswissenschaft" entwickelt, in der Verbraucherschutz, Ernährung, Bekleidung usw. wichtige Themen sind (//www.human.cornell.edu/):

„The New York State College of Human Ecology (HumEc) ...is a unique compilation of studies on consumer science, nutrition, health economics, public policy, human development and textiles, each part of the discipline of human ecology".

Es soll hier die ökologische Perspektive der Familie nur kurz angesprochen werden, um den Blick für eine ökologische Betrachtungsweise für sehr klassische Themen der Psychologie und Psychiatrie zu öffnen. In dieser Sicht stellt sich das Leben von Paaren und Familien etwa so dar (Abb. 5.16):
• Das Beziehungsgefüge zweier einzelner Personen zu ihrer Umwelt integriert sich bei der Bildung eines Paares bzw. einer Lebensgemeinschaft. Es findet zunehmend das Ko-Management der Lebensverhältnisse statt, jeder wird, was die Lebensführung betrifft, zunehmend gewissermaßen zum „Kopiloten" des Anderen. Sukzessive werden die *Lebensbereiche* integriert und gemeinsame Beziehungen dazu aufgebaut. Meist bleibt dabei der *Arbeitsbereich* getrennt, aber auch bei Familienbetrieben, Kleinunternehmen, Arztpraxen usw. wird dieser Bereich ebenso integriert.
• Bekommt das Paar Kinder, ändert sich die Struktur der Umweltbeziehungen des Paares erneut. Aufgabenverteilungen zwischen den Partnern erfolgen. Ungleichgewichte erzeugen interpersonelle Konflikte und manche Paare trennen sich mit der teilweisen oder kompletten Separation der Lebensbereiche. In anderen Fällen tritt die Ko-Evolution nach Willi (1985, 1988, 1990, 1996) auf.
Hier interessiert nur die Darstellung der Komplexität der Beziehungsnetzwerke und ihre Dynamik und Stabilität. Nur intuitiv können die beiden Partner ihre Lebensver-

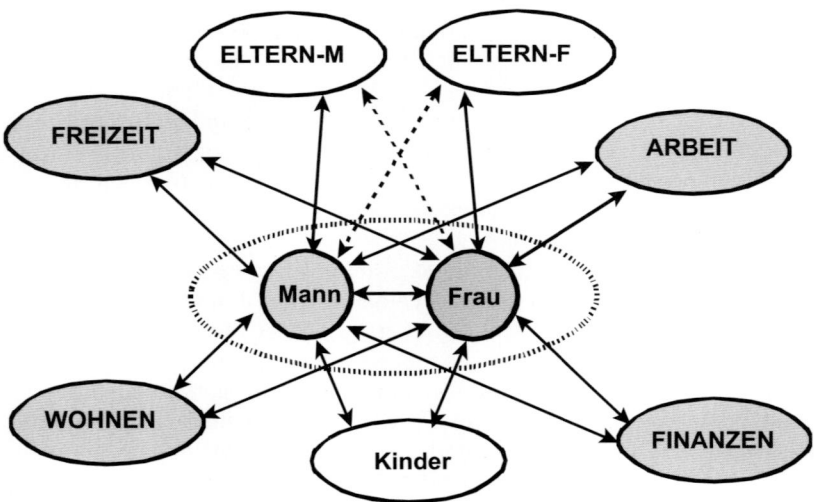

Abb. 5.16: *Ökologie der Familie - gemeinsames Regeln der Lebensverhältnisse mit Eltern und Kindern: ein Management-Problem der Beziehungssysteme.*

hältnisse und die konkreten Beziehungen regeln. Sie entzieht sich auch weitgehend mathematischen Modellierungen. Diese Aufgaben hat u.a. der Sozialpädagoge Wendt (1982) sehr plastisch beschrieben.

5.7   Das Makrosystem

Die Einbettung des Mikro-Ökosystems der Person in das Makrosystem ist beim Verständnis des Menschen ein weiterer wesentlicher Gesichtspunkt. Man könnte dazu auch noch eine mittlere Ebene – die Mesoebene – der Betrachtung zwischenschalten, die sich dann im wesentlichen auf die Regionalität des Lebensraums der Person beziehen müsste.

Es geht dabei um Faktoren der Geographie, des Klimas, der Fauna und Flora und der gesellschaftlichen Besonderheiten des betreffenden Lebensraums (s. Abb. 5.17). Sie bestimmen die Lebensqualität, das Alter, die Gesundheit und vieles andere in hintergründiger Weise. Beispielsweise gibt es ein Nord-Süd-Gefälle der Inzidenz der Herz-Kreislauferkrankungen, die mit Lebensstilfaktoren und Umgebungsfaktoren des Menschen zu tun haben. Ein Beispiel ist auch die weltweite Betrachtung der Drogenproblematik, wie sie bereits ebenfalls ausführlich als „Ökologie der Sucht" dargelegt worden ist (Tretter 1998).

Diese Systemebene wird von der Soziologie und der Sozialökologie untersucht wie es vor allem in dem Abschnitt zur Soziologie im Kapitel 4 angesprochen wurde.

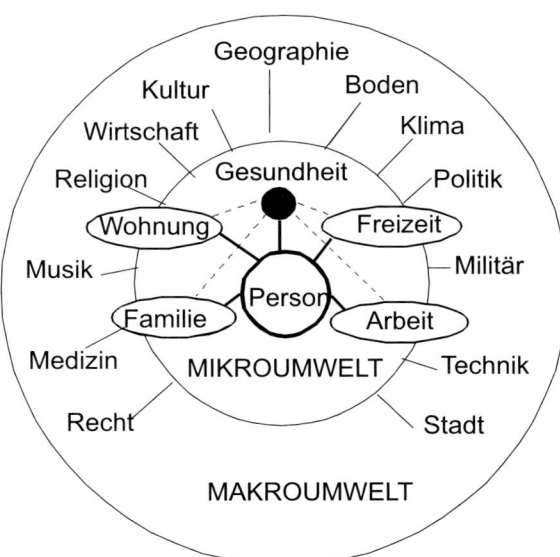

Abb. 5.17: *Makroebene und Mikroebene der Umwelt der Person. Das Umweltbeziehungsgefüge zwischen der Person, den Lebensbereichen, der Krankheit und der makroskopischen Rahmenbedingungen.*

225

Darüber hinaus muss auf einschlägige Publikationen zur Humanökologie hingewiesen werden (Serbser 2004).

5.8 Fazit – Lebenswelt des Menschen als Ökosystem

Das Konzept einer „Ökologie der Person" gestattet einen umfangreichen, Alltagsrealitäts-bezogenen und doch differenzierten Begriffsrahmen zu nutzen, der wegen seiner Kontextbezogenheit für Fokalanalysen sehr hilfreich sein kann. Die Besonderheit der Ökologie der Person, das Beziehungsnetzwerk und sein Gleichgewicht (oder sein Nichtgleichgewicht) zum Schwerpunkt der Betrachtungen zu erheben, eröffnet neue Perspektiven im Praxisbereich, wie beispielsweise in der Therapie. Die Verdichtung dieser Begrifflichkeit auf das Konzept „Haushalt" und „Geben" und „Nehmen" erscheint zwar zunächst reduzierend, sie ermöglicht jedoch praxisrelevante Erklärungen des abstrakten Beziehungsbegriffes.

6. Spezielle Ökologie der Person – die Ökologie des Jugendlichen

Der Jugendliche befindet sich
in einem ökologischen Übergang.
(nach Bronfenbrenner 1981)

6.1 Jugendforschung – Soziologie oder Ökologie?

Die Anwendung des Rahmenkonzepts einer „Ökologie der Person" im Bereich der Jugendforschung und der Jugendhilfe verspricht mehrere Vorteile im Vergleich zu anderen Forschungsansätzen (Bronfenbrenner 1981):

– das Verhältnis der Bevölkerungsgruppe der Jugendlichen zur Gesellschaft wird inhaltlich umfassender thematisiert als es die jugendsoziologischen Ansätze derzeit leisten, wenngleich in der Jugendsoziologie immer wieder von sozialökologischen Perspektiven der Jugendforschung die Rede ist (vgl. Baacke 1993, Schäfers u. Scherr 2005).

– der Begriff *Umwelt* wird umfassend und nicht nur als Gesellschaft bzw. als soziokulturelle Umwelt, sondern auch im Sinn der personellen Umwelt (z.B. Peers als Bezugspersonen), der technischen Umwelt und der natürlichen Umwelt in ihrem Gesamtzusammenhang und dennoch differenziell betrachtet. Auch kann eine Lebensbereichs-bezogene Konzeption von Umwelt genutzt werden, um die Fragen der Lebensführung aus Subjektperspektive zu verdeutlichen.

– der Aspekt Beziehung zur Umwelt wird als tragende Perspektive dargestellt.

Die Ausarbeitung der ökologischen Perspektive in der Jugendforschung ist wichtig, da die Jugendphase der Menschen gewissermaßen das Fundament der zukünftigen Gesellschaft betrifft, bei dem „Fehlentwicklungen" in Form von schweren intergenerationalen Konflikten und von Gesundheitsstörungen etwa im Verhaltensbereich (z.B. Drogenkonsum) erkannt und in ihren Bedingungen verstanden werden sollen. Unter „Jugendlichen" (und jungen Erwachsenen) sollen hier Personen zwischen 15 und etwa 20 Jahren verstanden werden. Insbesondere in Gesellschaften mit hohem Akademikeranteil wird allerdings die Jugendphase bis zum Ende des zweiten Lebensjahrzehnts veranschlagt, man spricht dann von „jungen Erwachsenen".

Das Verständnis für die Lebenswelt dieses Personenkreises ist eine der Voraussetzungen für einen bilateral funktionierenden Generationenvertrag in der Gesellschaft. Auch die effektive Weitergabe von kulturellen Orientierungen an die junge Generation ist für deren Integration in die Gesellschaft von großer Bedeutung. Ebenso können Anregungen der Jugend für die vorherrschende Kultur der Gesellschaft fortschrittsförderlich sein. Diese Aspekte wurden in der Soziologie, beispielsweise in systemtheoretischen Arbeiten von Eisenstadt 1966 im Sinne des Ansatzes von Parsons (1951, 1965) betont, bei dem der Aspekt der *Integration* als einer Aufgabe sozialer Systeme betont wurde.

Jugend als Population ist aber in unterschiedliche Kontexte eingebunden und so ist der Übergang von der Jugendphase in das Erwachsenenalter von den soziokulturellen Bedingungen abhängig – die spezifische Lebenslage von Jugendlichen in den Entwicklungsländern ist anders als in den Industrieländern. Auch ist in dieser ökologischen Sichtweise auffällig, dass es mehrere gestaffelte Übergänge von der Jugend in die Erwachsenenphase gibt, wie beispielsweise die körperliche Entwicklung, die mentale Ausreifung, die rechtliche Mündigkeit, der Schulabschluss usw.

Aufgrund derartiger Kontextgebundenheiten der Entwicklung der Jugend geht es hier im Sinne der in diesem Buch vorgeschlagenen Perspektive der „Ökologie der Person" um die zentrale Frage, wie sich die *Passung* der Umweltmerkmale in Hinblick auf die Merkmale der jugendlichen Person gestaltet. Wie bereits dargelegt, handelt es sich dabei, pointiert gesagt, vor allem um Fragen des Geben-Nehmen-Verhältnisses auf den verschiedenen Bedürfnis- und Kompetenz-Ebenen der Person und der verschiedenen komplementären Ebenen der Umwelt. Somit kann die *„Ökologie des/der Jugendlichen"* als Spezialfall der „Ökologie der Person" oder im Sinne der Populationsökologie als Spezialfall der „Ökologie einer Gruppe" gelten.

Im Sinne der Ökologie der Person ist in einem ersten Schritt die Person des Jugendlichen zu betrachten, wobei auf Aristoteles zurückgegriffen werden kann: In seiner Schrift „Rhetorik" (Aristoteles 1980, S. 120) beschreibt er die psychophysische Situation von Jugendlichen als impulshaft, geprägt von flachen Gefühlen, mit der Neigung, alle Dinge im Übermaß zu tun, aber auch mit der Fähigkeit zu punktuell tiefem Mitgefühl (z.B. Tierliebe). Diese Beschreibung trifft die psychophysische Situation der Heranwachsenden auch aus heutiger Sicht recht zutreffend (Oerter u. Montada 2002). So besteht nach gegenwärtiger Auffassung als wesentliche Entwicklungsaufgabe von Jugendlichen der Aufbau eines adäquaten Verhältnisses zu den *körperlichen Veränderungen*, der Umgang mit *Sexualität*, die *Konstituierung der Identität*, die Differenzierung des *Selbst- und Weltverständnisses*, der *Umbau der sozialen Beziehungen* und die *Planung der Berufsbiographie*.

Wenngleich die Lebensphase Jugend individuell und subjektiv meist eine positive Bedeutung hat, so ist zu bedenken, dass diese Phase angesichts der steigenden Lebenserwartung zwar richtungsweisend, aber quantitativ von abnehmender Bedeutung ist.

Bei einer differenziellen Betrachtung der Umwelt ist die soziokulturelle Umwelt zunächst von besonderer Bedeutung. Sie wird meist über Personen vermittelt. Da die soziokulturelle Sphäre aber Gegenstand der Soziologie ist, hat die Jugendsoziologie eine herausragende Bedeutung für das Verständnis der Situation der Jugend. Folgende Hauptthemen sind dabei relevant (Schaefers und Scherr, 2005, S. 41):

1. die für die jeweilige Gesellschaft charakteristische Ausgestaltung und Institutionalisierung der Lebensphase Jugend
2. die gesellschaftlichen Einwirkungen auf den Jugendlichen
3. der Einfluss von Jugend auf die Gesellschaft
4. die Bedeutung von Jugendgruppen und Jugendkulturen für die Lebensführung Jugendlicher, ihre Sozialisation

Grundlegend für die deutsche Jugendsoziologie war die Studie von Helmuth Schelsky „Die skeptische Generation" von 1957, ein Werk, das die Situation der Jugendlichen in der Nachkriegsgesellschaft Deutschlands als zwar skeptisches, aber im Grunde harmonisches Verhältnis zur Gesellschaft gut charakterisierte. Dieses Konzept war allerdings nicht in der Lage, die Studentenbewegung der 1960-er Jahre und die Jugendunruhen Anfang der 1980-er Jahre und die Protestphase der 90-er Jahre im Nachhinein zu erklären bzw. gar vorherzusehen. Das wäre bedeutsam gewesen, da sich zu jenen Zeiten antagonistische Verhältnisse der Jugendkultur im Hinblick auf die vorherrschende Kultur zeigten, deren teilweise außergewöhnlich intensive Wirkungstiefe und -breite kaum geklärt ist.

Aus soziologischer Sicht wird der Jugend allerdings im allgemeinen keine große gesellschaftliche Wirksamkeit eingeräumt (Schaefers u. Schoerrs 2007). Bei kulturellen Umorientierungen spielt sie jedoch eine große Rolle, wie sie beispielsweise der so genannten „1968-Generation" zugeschrieben wurde. Zu jener Zeit wurden soziokulturelle Werte, wie Gleichberechtigung, Freiheit, Selbstbestimmung, Naturschutz usw. in ungewöhnlicher Schärfe und praktisch mit weltweiter Verbreitung propagiert, und zwar mit einer derartigen Intensität, dass sie heute in Rechtssystemen mit ihrer Gesetzgebung ihren Niederschlag gefunden haben.

Die soziologische Perspektive bietet zwar, wie im Abschnitt zur Humanökologie erläutert wurde, einen guten fachlichen Hintergrund für die ökologische Perspektive, sie muss aber, was die „Umwelt" betrifft, um die Faktoren Raum, Zeit , Natur und Technik erweitert werden und darüber hinaus den Aspekt der Wechselbeziehungen zwischen Mensch und Umwelt in Betracht ziehen.

Neben der spezialisierten Jugend- und Sozialisationsforschung hat Uri Bronfenbrenner (1981) mit seiner *Ökologie der menschlichen Entwicklung* einen entscheidenden, aber leider heute nicht mehr aktuellen Anstoß zu einer fundierten *integrativen Betrachtung* der Entwicklung (nicht nur) des Jugendlichen vorgelegt. Hierbei wird die jugendliche Person als sich in *Beziehungsnetzwerken* entwickelnd begriffen. Auch Baacke (1995) hat ein Plädoyer für einen ökologischen Ansatz für das Verständnis Jugendlicher gefordert und Gründe dafür dargelegt, die sich mit der hier vorgebrachten Argumentation decken, und die beispielsweise einen umfassenderen Umweltbegriff betreffen.

Die folgenden Ausführungen sind nun *hypothetische Generalisierungen*, die eine ökologische Perspektive für die Jugendforschung und für die Praxis mit Jugendlichen (z.B. Suchthilfe) skizzieren sollen. Sie sind nicht sicher schichtenübergreifend adäquat, sie beruhen teilweise auf empirischen Jugendstudien, aber überwiegend auf der psychiatrischen Praxis und sie sind natürlich extrem zeitabhängig, insofern sich die Lebenswelt Jugendlicher binnen weniger Jahre nachhaltig ändern kann. Aufgrund dieser Schnelllebigkeit sind beispielsweise auch rasch erfolgende Publikationen von empirischen Jugendstudien, etwa in Form der Serie der verdienstvollen Shell-Studien, bei ihrem Erscheinen oft bereits inaktuell und ermöglichen nur mehr ein rückblickendes Verständnis von Jugendphänomenen (Shell Jugendwerk 2006). In Hinblick auf die Generalisierbarkeit der getroffenen Aussagen ist auch anzumerken, dass etwa 15 % aller Jugendlichen und jungen Erwachsenen in Deutschland einen Migrationshintergrund aufweisen, davon wieder etwa 25 % mit türkischem Hintergrund. Gerade der Migrations-Aspekt begründet aber den Nutzen einer ökologischen Perspektive, die differenziell diese Gruppen von Jugendlichen in Hinblick auf soziokulturelle Milieudifferenzen analysieren kann. Auch die Problematik der jugendlichen Aussiedler aus den osteuropäischen Ländern ergibt gegenwärtig ein Problem der Integration, das Milieuvariablen stärker berücksichtigen muss. Mangelnde Integration ist eng verknüpft mit der Frage nach den Ursachen der Devianz Jugendlicher, in Form von Gewalt und Drogenkonsum.

6.2   Grundsituation – Entwicklung im Kontext

Charakteristika der Gegenwartsgesellschaft sind vielfältig (s. Kapitel 4). Ein speziell für die soziale Ökologie der Person wichtiger Ansatz ist jener von Ulrich Beck (1986), der von der individualisierten Gesellschaft spricht. In dieser Gesellschaftsformation hat jeder „bei Strafe seiner permanenten Benachteiligung zu lernen, sich als Handlungszentrum, als Planungsbüro im Bezug auf seinen eigenen Lebenslauf, seine Fähigkeiten, Orientierungen, Partnerschaften usw. zu begreifen" (Beck 1986, 217).

Die Diversifizierung von *Lebenslagen* und die Pluralisierung von *Lebensstilen*, in denen sich die Jugendlichen selbst eine Position geben müssen, und geschlechtsspezifische und schichtenspezifische Besonderheiten erschweren es, ein homogenes Bild von der Jugend zu zeichnen.

Bei einer allgemeinen Betrachtung ist im Sinne der vorher dargestellten Konzepte die Ökologie der Jugendlichen von dem psychologischen Problem des *Autonomiebedürfnisses* bei zugleich *gegebener Abhängigkeit* gekennzeichnet, das der psychologisch-psychoanalytischen Entwicklungslehre gut entspricht (Küfner 1989). Mehrere Autoren, wie beispielsweise Hornstein (2002), sehen in der Widersprüchlichkeit der Lebensphasen der Jugendlichen ein Charakteristikum. Der Grundwiderspruch bestehe in dem Verhältnis von Autonomie und Heteronomie, wobei die Heteronomie auf der Basis der Ökonomie zu sehen ist – die Jugendlichen sind von der finanziellen Unterstützung der Eltern noch lange abhängig und lassen sich auch von ihnen versorgen.

Der wesentliche *ökologische Übergang* der Jugendlichen liegt im Bereich der *quantitativen Minderung* und der *qualitativen Veränderung* des Verhältnisses zur Familie. In verschiedenen Lebensbereichen des jugendlichen Individuums nimmt die Einwirkmöglichkeit der Familie ab. Von Seiten des Jugendlichen bestehen darüber hinaus eher Beziehungswünsche zu Gleichaltrigen, wobei allerdings die schichtenübergreifenden Kontakte nicht so ausgeprägt sind. Der entscheidende Aspekt ist also die personelle Umwelt, die „peers" als Bezugspersonen.

Generell ist die *soziokulturelle Kontextsituation* der heutigen Jugend in Industrieländern durch einen *Postmaterialismus* und durch die *Postmoderne* gekennzeichnet. Viele Jugendliche können von dem materiellen Wohlstand der Eltern profitieren und sind daher nicht primär am Gelderwerb orientiert. Die stärker interessierende Erlebnisebene ist seit einiger Zeit durch das Bedürfnis, „Fun" haben zu wollen, gekennzeichnet.

Es hier auch zu betonen, dass die heutige Situation der Heranwachsenden vom „Verschwinden der Kindheit" im Sinne von Neil Postman (1988) geprägt ist, indem zunehmend Eingriffe der Gesellschaft, des Staates und der Politik in diese Lebensphasen erfolgen, um das Kind für die heutige Gesellschaft zu erziehen. Die Kindheit endet früher, die Jugend beginnt eher, das Erwachsenenalter beginnt später und geht fließend aus der Phase der „Postadoleszenz" hervor. Das Wort Jugend wird positiv bewertet und bedeutet heute als Idealvorstellung auch für Ältere „for ever young" und drückt sich aktuell in der Anti-Aging-Welle aus. Die Erscheinungsweisen dieses nahezu archaischen Bedürfnisses ändern sich offensichtlich alle paar Jahre.

In der Folge sollen einige Merkmale relevanter Lebensbereiche Jugendlicher skizziert werden, ohne hier den Anspruch auf Repräsentativität zu erheben oder jede Aussage mit empirischen Studien zu belegen. Es geht hier um die Synopse, die auf einigen Bausteinen beruht. Viele der hier genutzten Beobachtungen beruhen auch auf der jahrzehntelangen Therapieerfahrung mit jungen Drogenkonsumenten.

6.3 Multioptionalität der Umwelt – hohe Komplexitätsdifferenz zum Individuum

Der Begriff der *„Multioptionalität"*, besagt, dass außergewöhnlich viele Wahlmöglichkeiten bestehen. Es ist dabei unerheblich, ob es sich um signifikant unterschiedene Möglichkeiten oder um eine Vielzahl ziemlich ähnlicher Optionen handelt – man kann sich dies schon aus der Alltagserfahrung heraus verdeutlichen, wenn man an die für Jugendliche höchst relevante, für Erwachsene jedoch kaum unterscheidbare Präferenz von Turnschuhen denkt.

Diese Multioptionalität macht auch die „Komplexität" der Lebenswelt aus, die zu kognitivem Stress führt, weil Unterscheidungsmerkmale der einzelnen Optionen sondiert und gemerkt werden müssen. Durch die zunehmende Differenzierung und Diversifizierung der Produkte am Markt besteht beispielsweise für den Konsumenten die Qual der Wahl. Eine Rangordnung der Wertigkeit und Wichtigkeit ist nicht mehr gegeben, es zeigt sich eine Gleichrangigkeit der Produkte, sie sind für den Nichtspezialisten nicht unterscheidbar. Dadurch entstehen ein *Entscheidungs- und Konsumstress*, eine *Überforderung und ein komepensatorischer Identifikationsbedarf* etwa als einfache Festlegung auf ein Produkt. Das Interesse für die Vielfalt der Dinge kann wegen ihrer kaum durchschaubaren Vielfalt nur mehr oberflächlich bleiben. Diese Situation führt im Erleben einerseits dazu, nie die richtige Wahl treffen zu können, was zur Ambivalenz und Verweigerung führen, aber auch beruhigend sein kann, weil nach falscher Wahl noch weitere Möglichkeiten offen stehen. Andererseits führt diese Situation auch zu einer prinzipiellen Unersättlichkeit.

Parallelwelten

Ein weiterer Begriff, der die allgemeine Situation Jugendlicher (und auch Erwachsener) kennzeichnet, lautet „Parallelwelten". Darunter werden geschlossene Sinnsysteme verstanden, die aus aufeinander bezogenen Inhalten und Werten bestehen, sich jedoch stark voneinander abgrenzen. Nach Alfred Schütz (Schütz u. Luckmann 2003) könnte man hier von Sinnprovinzen sprechen. Sie treten in der Jugendkultur vor allem in Formen der Computerwelten, der Welten der Stars und der nächtlichen

Partyräusche auf. Gegenüber steht die etwas graue, da zukunftsoffene Welt der Schule oder des Berufsanfängers. Diametral gegenüberstehende Werte (Leistung und Ernst vs. Entspannung und Vergnügen) erzeugen beim jugendlichen „Sozialisanden" Spannungen, die unter Umständen auch mit Drogen subjektiv gut reduziert werden können. Die virtuellen Welten der Freizeit-Settings haben eine Sogwirkung. Sie bekommen eine immer stärkere Bedeutung. Die Moden der Freizeit, Elemente der Musik, Film usw. gehen teilweise, vor allem durch den Computereinsatz, in Richtung virtueller Realitäten, also künstlicher, nicht mehr physisch vorhandener, aber als real erlebter Realitäten. „Internet-Chat" ist die neue private, isolierte Kommunikation mit distanten Computer-Partnern. Das multifunktionelle Handy übernimmt immer mehr dieser Kommunikations-, Informations- und Unterhaltungsfunktionen. Das Handy ist für 13-jährige schon das wichtigste Bezugsobjekt, ja nahezu wichtiger als Freunde im direkten Umfeld. Die elektronische Umwelt erlaubt Kontakte zu pflegen mit Menschen, die ein ähnliches Interessen- und Bedürfnisprofil haben. Inwieweit diese Entwicklung Phänomene der „De-Realisation" auslöst, bleibt zu beobachten.

6.4 Umwelt „Familie" – zur Ambivalenz zwischen Autonomie und Geborgenheit

Die vielfältigen Analysen von Familien sollen hier nicht vertieft werden. Generell wird die Funktion der Familie für Jugendliche überschätzt, zumindest was ihre Erziehungsmöglichkeiten betrifft und so werden von Experten bereits die frühen Außenkontakte von Kindern unterschätzt. Die Individualökologie (Ökologie der Person) sieht die Familie demgemäß grundlegend als nur einen Umweltfaktor in der Lebenswelt des Individuums. Daher wird an dieser Stelle nur betont, dass das Beziehungssystem Familie für Jugendliche zunehmend nur eine Basis für externe Operationen darstellt. Sie wird zwar geschätzt, sie ist jedoch nicht mehr relevanter Meinungsgeber. So wird beispielsweise für die Berufswahl bei den meisten Jugendlichen der Freundeskreis als relevant erachtet und nicht der Rat der Eltern. Umgekehrt haben Jugendliche zunehmend mehr Einfluss darauf, was im Haushalt an technischen, insbesondere elektronischen Geräten beschafft werden soll. Das *Beziehungsdefizit*, das in vielen tendenziell überforderten Familien ausgefüllt werden muss, wird zunehmend durch die Szene oder durch die elektronischen virtuellen Welten kompensiert. Das führt in Extremfällen zu „derealisierten" Kindern und Jugendlichen, die sehr stark in Phantasiewelten leben.

Grundlegend ist die Familie zwar das primäre „umhüllende" Ökosystem der heranwachsenden Person, doch findet allmählich der Aufbau eines eigenen Ökosystems des Heranwachsenden statt. Schon nach wenigen Lebensmonaten ist das Kind in der Situation, dass es bereits über einen „persönlichen Bereich" (wie Kleidung) und einen eigenen „Wohnbereich" (das Bettchen) verfügt. Diese Kernbereiche der Kinder und Heranwachsenden werden meist von der Mutter kontrolliert, so dass bereits zu frühen Zeitpunkten der Entwicklung wichtige Regulationen der *Balance* von *Selbst-* und *Fremdsteuerung* der subjektiven Zustände stattfinden, die im Kontext aller Lebensbereiche auftreten. Vor allem das Missverhältnis von bedürfnisbestimmten, phantasierten Umweltzuständen und realen Umweltzuständen, die der Säugling und das Kleinkind nur unzureichend selbst steuern können, führt evtl. zu einer Dominanz des vom Kinde phantasierten, fiktiven Ökosystems (paradiesische, warme, nährende Umwelt). Dies geht grob gesagt mit Abwehr und Entwertung des realen Ökosystems einher.

Auch die „mikroökologischen" Übergänge, wenn das Kind auf den Armen der Mutter in das Bettchen gebracht wird, sind durch den Grad des Zusammenpassens der eigenen Aktionen mit denen der Mutter (bzw. anderer Familienmitglieder) geprägt. Das nötige Gleichgewicht von Erfahrungen der *Selbststeuerung* und der *Fremdsteuerung* der Umweltzustände (und Eigenzustände) kann durch „Überengagement" und „Unterengagement" der Familienmitglieder gestört werden: dem Kind misslingt unter diesen Umständen eine funktionale „Relationierung der Relationen" zu den einzelnen Lebensbereichen. Auf diese Weise können frühe Störungen im *primären Ökosystem der Person* entstehen – ökologisch betrachtet reicht es also nicht, die *Interaktionsstörungen zwischen Kind und Eltern* als ätiologisch und pathogenetisch in Hinblick auf Krankheiten als bedeutsam anzusehen, sondern es ist zutreffender, die *Beziehungen der Eltern zu den Beziehungen, die das Kind zu allen seinen Lebensbereichen hat,* als Störquelle zu betrachten (vgl. Abb. 6.1). Später wird die *Schule* als Vorbereitung für den Arbeitsbereich ein Bereich, in den die Eltern zwar einwirken, in dem jedoch die Eigenleistung des Individuums zunehmend wichtig wird, zumal das Kind sich wenigstens halbtags in einer „extrafamilialen" Umwelt aufhält. Familie wird somit zunehmend nur mehr am Abend, am Wochenende oder im Urlaub manifest. Sie dient als letztes Referenzsystem, als Basis für Operationen, jedoch fängt die eigene Familialität Jugendlicher, also das Bemühen um eine eigene soziale Identität in Form einer Partnerschaft, zunehmend früher an. Daran ändert auch die Tatsache wenig, dass Jugendliche in den letzten Jahren wieder zunehmend im elterlichen Haushalt leben, was neuerdings vor allem wegen des Komforts in Kombination mit der Freiheit des Erwachsenenlebens, aber auch wegen der hohen Jugendarbeitslosigkeit erklärt wird (Shell Jugendwerk 2006). Die Phase der Jugend ist also dadurch gekennzeichnet, dass das primäre Ökosystem Herkunftsfamilie zu einer zwar tragenden und weiterhin prägenden Komponente des neuen eigenen Ökosystems transformiert wird; parallel beginnt der Aufbau eines eigenen Ökosystems bereits im Kindesalter durch Kontakte mit Kindern und Familien in der Nachbarschaft.

Die bei dieser Entwicklung gegebene, noch hochgradige Fremdbestimmung des Ökosystems der jugendlichen Person bringt Widersprüche und damit Abspaltungen der Lebensbereiche mit sich, was die Erfahrung der Inkompetenz zur Folge hat. Diese Inkohärenzen können bei den Jugendlichen vermutlich die Entwicklung eines stabilen und positiven Selbstwertgefühls behindern.

Das Verhältnis der Jugendlichen zur Familie ist durch verschiedene Bindungsmodi geprägt, auf die Helm Stirling (1980) hinwies: Es gibt den Bindungsmodus mit einer nachhaltigen kognitiven und affektiven Bindung, den Delegationsmodus, in dem Jugendliche Aufträge der Eltern übernehmen, und den Ausstoßungsmodus, mit dem Ziel, den Jugendlichen rasch abzugrenzen.

Dank der Familie als Quelle der Ökonomie der Jugendlichen erhalten Jugendliche zusätzlich als Konsumenten eine nicht unerhebliche Bedeutung im Wirtschaftsleben.

233

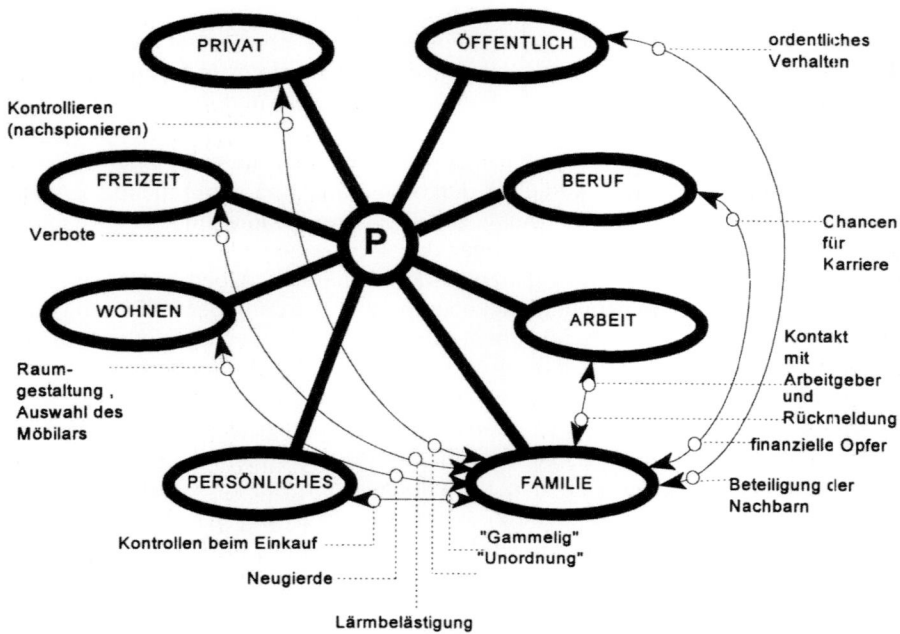

Abb. 6.1: *Der Jugendliche und seine Familie als Umwelt*
Die Einwirkungen der Familie auf die Lebensbereiche der jugendlichen Person (P) und die Rückwirkungen: das Problem des Verhältnisses von Selbst- und Fremdregulation der Umweltverhältnisse beim Aufbau der zentralen Strukturen des primären Ökosystems der jugendlichen Person und die periphere Determination durch die Familie als einschränkend-belastender und schützend-stützender „Umweltfaktor".
Die Beziehungspfeile lassen sich mit den Worten „...Bereich wirkt (oder „erwirkt") ...im ...Bereich ..." umschreiben: z.B. der persönliche Bereich bewirkt den Kommentar „Unordnung" im familiären Bereich; der familiäre Bereich bewirkt (daraufhin) Kontrollen im persönlichen Bereich des Jugendlichen usw. (nach Tretter 1998).

6.5   Umwelt „Schule" – Trainingsmilieu für die Arbeitswelt

Auch zum Bereich Schule gibt es unzählig viel Literatur. Hier soll nur der Beziehungsaspekt des Jugendlichen gegenüber diesem Umweltbereich angesprochen werden. Die Schule steht der Familie aus der vorschulischen Phase in gewisser Weise potentiell als „Gegenwelt" gegenüber. Die Schule eröffnet neue Horizonte, das in der Familie gelernte Sozialverhalten wird erprobt und modifiziert. Relevante Leistungserfahrungen werden gemacht. Soziale Vergleichsprozesse werden bestimmend, Konkurrenz und Kooperation werden erlernt.

Die Ausbildung Jugendlicher steht im Vordergrund ihrer Lebensphase. Es geht um den Aufbau von Grundlagen für das Berufsleben. In der Schule tritt das Vorfeld der Arbeitswelt für den Jugendlichen in Erscheinung. Nicht wenige Jugendliche brechen ihre Ausbildung ab, manche ohne grundlegende Abschlüsse. Dies sind häufig Bedingungen, die zur Delinquenz führen.

Die Schule ist somit ein Setting, in dem gesellschaftliche Wirklichkeit kennengelernt und bewertet wird. Schulfreunde als Partner der Verarbeitung dieser Erfahrungen, stellen wichtige Weichen in diesem Bereich. So kommt es bald vor, dass sich Cliquen und private Gegenwelten als Subkulturen bilden, die z.B. dem Konsum von Rauschmitteln frönen, was bald mit der Schulteilnahme nicht mehr vereinbar ist.

6.6   Freizeitsettings

Mit wachsender Bedeutung der Schule bekommt der Freizeitbereich eine eigenständige und wachsende Bedeutung. Somit hat die Lebenswelt des Jugendlichen neben der Familie und der Schule einen dritten Pol. Auch die Freizeitwelt findet zunehmend außerhalb der Familie statt. Den zentralen Werten der Schule (z.B. Ernsthaftigkeit und Leistung) stehen die Werte des Freizeitbereichs (z.B. Spiel, Lust und Entspannung) diametral gegenüber.

Einige Orte (Settings), in denen Freizeit verbracht wird, sollen hier dargestellt werden (vgl. Janke u. Niehues 1995).

Die „Szene"

Szenen sind soziokulturelle Räume, wo sich Menschen gezielt aufhalten, um gemeinsame Interessen und Wertvorstellungen darzustellen, auszutauschen und umzusetzen. Diese Szenen lassen sich nach den Interessen, den Bereichen und den Formen charakterisieren – die Musik-Szene, die Rave-Szene, die Szene der Computer-Freaks usw. Es sind immer Orte oder abstrakter: Adressen (auch im Internet), an denen man sich trifft und wo Interessen ausgetauscht und gegebenenfalls auch aufgebaut werden.

Die Szenen geben Orientierung und Identität. Schulze (1992) führt folgende Ursachen der Szenebildung an: „Suche nach Eindeutigkeit, nach Anhaltspunkten, nach kognitiver Sicherheit in einer zunehmend unübersichtlichen Situation. Dem ständig drohenden Chaos setzen die Menschen vereinfachende Strukturvorstellungen entgegen. Szenen, alltagsästhetische Schemata (...) sind Versuche, sich in einer schwer überschaubaren sozialen Wirklichkeit zu orientieren." Man kann mehreren Szenen angehören. Damit ist das Kontaktverhalten zwischen den Szenen relativ reduziert. Im Alltag, im Begegnungsverhalten in der Großstadt erklärt dies auch die Teilnahmslosigkeit – jeder ist innerlich, wenn er einem Anderen auf der Straße begegnet, an den äußeren Merkmalen einer Szene orientiert oder ist im Ablauf seiner Handlungsprogramme so mit sich selbst oder bestimmten Aspekten seiner zunehmend virtuellen Umwelt beschäftigt, dass er für den Anderen keinen Blick mehr hat. Das sozial Relevante findet ja sowieso in der Szene statt, also etwa abends in den Szene-Lokalen oder zu Hause mit Freunden oder an einem Computer im Internet.

Um den Kreis der Personen zu kennzeichnen, der tatsächlich vor Ort Kontakt miteinander hat, wird auch der Begriff der „Szene-Cliquen" benutzt. Auch bei den vernetzten Computerfreaks wird eine begrenzte Anzahl der Netzwerkteilnehmer regelmäßig kontaktiert.

Discotheken

Discotheken sind beliebte Wochenend-Settings für Jugendliche. Sie haben eine
Erlebnisfunktion. Das Personal hat dafür zu sorgen, dass eine Mischung aus attrakti-
ven Gästen und guter Musik zustande kommt. Darüber hinaus müssen originelle,
aktuelle Ereignisse angeboten werden wie Wettbewerbe, Männerstrip u. dgl. Eine
Alternative sind die *Club-Discos*. Hier zählt nur das Publikum, es soll nur ein Kreis
ausgewählter Leute hineinkommen. Die Discothek ist ein Ort, wo die Jugendlichen
ganz für sich sein können. Sie fängt erst ab 0 Uhr richtig an, lebendig zu werden.

Kneipen

Die Kneipe hat ebenfalls die Funktion eines erweiterten persönlichen Raums, der
größer ist als das Wohnzimmer und demnach eine gewisse Geborgenheit vermitteln
soll. Es sollen möglichst viele Leute, die man sehen will, hereinkommen und möglichst wenig Leute drinnen sein, die man nicht sehen will.
Vor allem am Wochenende haben die Kneipen eine wichtige Identifikationsfunktion
(nicht nur) für Jugendliche.

Kino

Aktion-Filme dominieren, kritische Themen sind kaum mehr zu finden. Die Optik
muss stimmen. Die Szenen, die Dramaturgie muss mit Gewalt, Verfolgung, Entkom-
men, Gut und Böse, Sexualität geprägt sein. Der Trend geht zu den computergene-
rierten Kulissen und den computeranimierten Schauspielern, die in eine virtuelle
Welt hineinführen, bei der der Bezug zur Realität zunehmend geringer wird. Auch
das „Heimkino" in Form der DVD-Nutzung wird zunehmend attraktiv. Die Folge ist
bei einigen Jugendlichen in Extremfällen sicher der Verlust an Realitätskontakten
mit Entgleisungen im Verhalten, aber auch Rückzug und Zuwendung zu Rauschmitteln.

Computer

Die Hauptbeschäftigung mit dem Computer besteht in Spielen. Wenngleich das
Moment des Interaktiven, das den Umgang mit dem Computer auszeichnet, psycho-
pathologisch günstig ist, sind auch hier Gefahren der sozialen Isolation gegeben, die
aber nur bei weiteren Störungen im Ökosystem des Jugendlichen klinisch relevant
werden.

Sport

Sport ist ein wichtiges Interessengebiet Jugendlicher, allerdings z.T. auch ohne große Ambitionen. Sport ist auch auch eine Erlebnisform (z. B. Snow boarden). Sport interessiert, vielleicht weil er in den Medien ubiquitär präsent ist. Die kommerzielle Dimension des Sports zeigt sich darin, dass die Sport-Stars Werbeträger für Großfirmen, wie Pepsi Cola, Coca Cola, Reebok usw. sind. Sport ist ein wichtiger Bereich der Selbsterfahrung mit Funktionslust. Auch die Erfahrung des Siegens oder Verlierens, Schwächen überwinden usw. ist Anlaß für natürliches Modulieren des Erlebens.

Medien

Die Medien, wie Fernsehen, Radio, CDs und nun zunehmend der Computer machen eine immer wichtigere Umwelt für die Jugendlichen (ähnlich auch für die Erwachsenen) aus (JIM 2004). Fast 96 % der 11- bis 17-Jährigen sitzen täglich vor dem Bildschirm. Etwa 40 % der Jungen zwischen 14 und 17 Jahren sitzen 5 Stunden täglich vor dem Fernseher, am Computer oder der Spielkonsole. Etwa 17 % der Mädchen telefonieren drei Stunden täglich! Etwa 92 % nutzen täglich das Fernsehen, etwa 90 % hören Musik über Kassetten oder CDs, etwa 75% hören Radio und etwa 72 % nutzen den Computer als Medium. Die Medien erzeugen virtuelle Umwelten, deren entwicklungspsychologische Effekte nicht unproblematisch sein dürften. Mittlerweile ist vor allem die Mediensucht als Problem erkannt (Grüsser u. Thalemann 2006).

6.7   Fazit – Lebenswelt Jugendlicher als Ökosystem

Für das Verständnis von Jugendlichen ist die Entwicklung einer „Ökologie des Jugendlichen" von zentraler Bedeutung, die sich mit der objektiven und subjektiven Lebenswelt von Jugendlichen befasst. Es wird dabei deutlich, dass sich die Lebenswelt der Jugendlichen stark wandelt. Man könnte dabei vor allem aus der Sicht der Prävention in größte Besorgnis verfallen, oder aber auch an ein „gesundes" Regulationsgeschick der Jugend denken, das sie dazu führt, allzu Schädliches selbst zu vermeiden. Dennoch wird die Erfahrungswelt der Eltern, der Erwachsenen, für Jugendliche ein wichtiges Korrektiv bleiben müssen. Zentrale Aufgabe ist es daher, die *Vermittelbarkeit* der *Lebenswelt* von *Jugendlichen* und *Erwachsenen* zu sichern. Eine „subjektorientierte" Ökologie der Person(en) kann an dieser Stelle vielleicht einen wichtigen analytischen Ansatz bieten. Dabei ist nicht die Beschaffenheit der einzelnen Umweltbereiche – Familie, Schule, Freizeit , mediale Welt, usw. – sondern ihr Verhältnis zueinander, und zwar aus der Sicht des Jugendlichen wichtig.

Für die differenzierte Analyse pathologischer Probleme von Jugendlichen, wie beispielsweise Verhaltensstörungen, ist es sinnvoll, von der Ökologie der Jugendlichen auszugehen, die den Jugendlichen als ein sich in Beziehungsnetzwerken zu verschiedenen Umweltbereichen entwickelndes Wesen begreift. Bei Störungen dieses

Netzwerkes besteht eine hohe Anfälligkeit für Drogenkonsum und anderen Verhaltensstörungen wie Anorexie und Spiel- und Mediensucht .

Für die Pädagogik und die Prävention ist es daher bedeutsam, von einem Verständnisansatz einer Ökologie der Jugendlichen auszugehen.

7. Die Ökologie des älteren Menschen

Die letzte Lebensphase ist aus humanökologischer Sicht von besonderer Bedeutung, insofern der Blick zurück bei weitem länger ist als der Blick nach vorne, den der Tod begrenzt. Es gilt nun für die Person das *gelebte Leben*, das *erlebte Leben* und das *erzählte Leben* mit dem *gewollten Leben* und dem *nicht-gelebten Leben* in Beziehung zu setzen. Es geht dabei um die alte Frage nach dem „guten Leben" und dem „gelungenen Leben". Vergangenheit, Gegenwart und Zukunft werden stärker miteinander verwoben. Das betrifft unter Umständen äußerst schwierige innere Regulationsvorgänge. Es geht also beim älteren Menschen in seiner Identitätsdefinition darum, die Lebensleistung anzunehmen, mit ihren Erfolgen ebenso wie mit den Schwächen und Fehlern, mit dem Ziel jedoch, eine positive Bilanz zu erreichen. Zusätzlich ist die Angst vor Krankheit und dem Tod, die Erschütterung vor dem, dass das Leben nicht noch einmal von vorne gelebt werden kann, mit einem Neuanfang, der den Zielen besser gerecht werden könnte, all das ist zu verarbeiten. Zeit wird zunehmend wertvoller. Das Ergebnis dieser Auseinandersetzung kann für den einzelnen älteren Menschen eine Depression sein oder darin liegen, Weisheit zu erlangen und ein ausgewogenes Bild von sich und der Welt zu bekommen und, wenn es soweit ist, in Würde sterben zu können, und sich dann von denen, die man liebt und von denen man geliebt wird, in Liebe zu trennen, für immer.

Teufelskreise des Alterns

Das zentrale Problem des Alterns ist, dass verschiedene körperliche, psychische und soziale Funktionen des Menschen schwächer werden, dass also humanökologisch gesagt, die „ökologische Potenz" des älteren Menschen bereichsweise gemindert wird. Die Alltagserfahrung zeigt es, und auch die Gerontologie hat eine Vielfalt an Daten dazu geliefert. Hinweise auf *körperliche Einschränkungen* der Sensorik, der Motorik (Gelenke), des Herz-Kreislauf-Systems, Diabetes, Bluthochdruck usw. sind bekanntlich charakteristisch für das Alter. Auch Depressionen, Gedächtnisstörungen, allgemeine kognitive Defizite u. dgl. sind im höheren Alter nicht selten. Es bestehen auch Wechselwirkungen zwischen den Funktionsbereichen. Hinzu kommt die *Reduktion des sozialen Umfeldes* durch *Verlust* der *Arbeitswelt* und vor allem durch den *Tod von Freunden*. Dem gegenüber stehen deutlich weniger Zugewinne an neuen sozialen Kontakten. Die Altersgrenze dafür ist interindividuell unterschiedlich. Die genauer numerisch zu beziffernde Altersgrenze, wo ein objektiv feststellbares Funktionsdefizit eintritt, ist individuell verschieden, für wenige Menschen trifft dies erst ab dem 90. Lebensjahr zu, andere trifft es schon mit 65 Jahren. Darüber hinaus bestimmt, neben der objektiven – und oft verdrängten – Ebene, die subjektive Ebene, die gelegentlich zu einem pessimistischen und negativistischen Aufschaukeln des Selbstkonzepts des älteren Menschen führen kann, zum erlebten Alter:

Bemerkte Funktionseinbußen werden als Erfahrung genutzt, um sich selbst als „alt" einzustufen. Dies wird durch die gesellschaftliche Definition von „alt" verschärft (Zwangspensionierung etc.). Über diese altersbedingten physiologischen und psychologischen Funktionsebenen soll hier nicht detaillierter gesprochen werden, sondern über die objektive und subjektive „Zirkularität" dieser Faktoren und die damit verbundenen Gefahren.

Ältere Menschen sind deshalb – ökologisch gesprochen – durch eine *reduzierte ökologische Potenz* gekennzeichnet, insofern die Auseinandersetzung mit der Umwelt weniger Erfolgschancen mit sich bringt, wobei Verluste und Zugewinne an Potenzialen getrennt zu betrachten sind und das Netto-Ergebnis entscheidend ist.

Klinische Aspekte der Teufelskreise

Aus der Sicht der ärztlichen Praxis ist die ungünstige Verknüpfung und Verdichtung der genannten Defizite das Problematische im Alter, wobei die Umwelt zu einer Zuspitzung des Problems führen kann. Diese Kausalkreisläufe sollen hier prototypisch verdeutlicht werden: Mangelnde *Mobilität* wegen Gelenksbeschwerden und Kreislaufschwächen führt zum Beispiel zu mangelnder Ernährung und zu geringerer Flüssigkeitszufuhr. Dies fördert eine schon oft vorliegende *depressive Stimmungslage* mit wenig Antrieb, was dann zu einer noch geringeren Bereitschaft führt, einkaufen zu gehen mit Verschärfung der Folgen der Mangelernährung, was unter der Bedingung der Einnahme von z.B. Antidiabetika zur Situation der Blutzuckerminderung mit der Folge einer körperlichen Schwäche zu erhöhtem Sturzrisiko führt. Ähnlich verhält sich die Situation bei der Behandlung der häufig auftretenden Schlafstörungen, wo bei jüngeren Personen erprobte Medikamente mit muskelrelaxierenden Nebenwirkungen eingesetzt werden, die vor allem das nächtliche Sturzrisiko erhöhen. Solch ein Sturz führt auf Grund der Knochenschwäche (Osteoporose) häufig zu einer *Oberschenkelhalsfraktur*. Alleinstehende alte Menschen kommen hier u. U. auch zu Tode. Werden sie ins Krankenhaus verbracht, wird eine Endoprothese implantiert. Danach erfolgt die umgehende Entlassung nach Hause oder eine Aufnahme in ein Pflegeheim. Seltenst findet im Anschluss eine Prüfung und Anpassung der häuslichen Gegebenheiten oder Lebensumstände und der damit infolge verbundenen notwendigen Versorgung statt. Die klinische Erfahrung zeigt, dass die Patienten wenig später mit diesem oder einem ähnlichen und oft leicht vermeidbaren Problem wieder eingeliefert werden, bis dann definitiv eine Pflegeeinrichtung indiziert ist.

Nur ein umsichtiges Erkennen der Lebensumstände und ein Einwirken auf diese Bereiche (z.B. Organisieren von betreutem Wohnen) wird das Wiederauftreten des Sturzes oder anderer leicht vermeidbarer Komplikationen (bzw. der Fraktur) verhindern. Derartige übergreifende Aktivitäten werden aber aus praktisch-ökonomischen Gründen immer weniger zur Aufgabe von Kliniken gemacht. Nicht einmal die Vermittlung zu entsprechenden sozialen Diensten ist ausreichend gewährleistet. Es ist sogar zu befürchten, dass derartige Leistungen zunehmend aus dem Katalog kassenfinanzierter Leistungen ausgegrenzt und in Hilfesysteme mit niedrigeren Pflegesätzen transferiert werden. Nur die fokale Behandlung von Gesundheitsstörungen wird nämlich nach dem Willen einiger Gesundheitspolitiker noch erstattungsfähig sein.

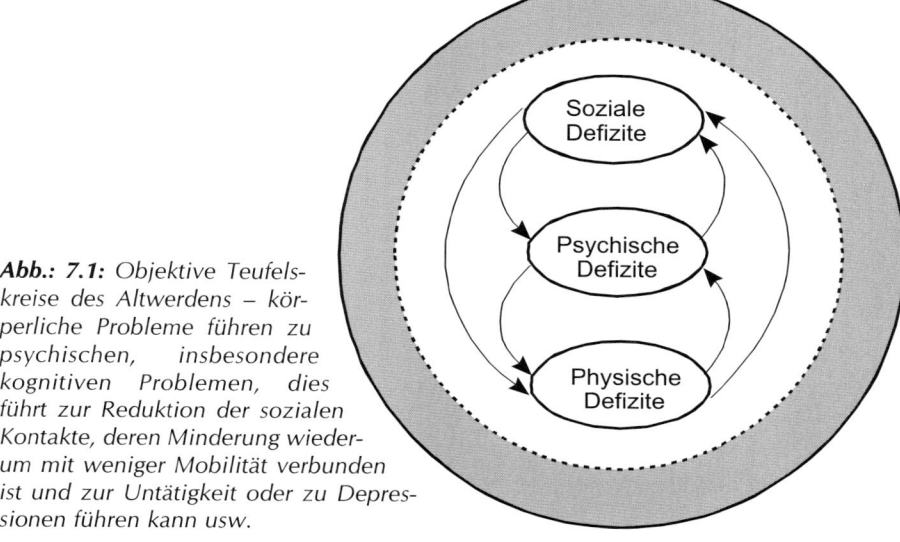

Abb.: 7.1: *Objektive Teufelskreise des Altwerdens – körperliche Probleme führen zu psychischen, insbesondere kognitiven Problemen, dies führt zur Reduktion der sozialen Kontakte, deren Minderung wiederum mit weniger Mobilität verbunden ist und zur Untätigkeit oder zu Depressionen führen kann usw.*

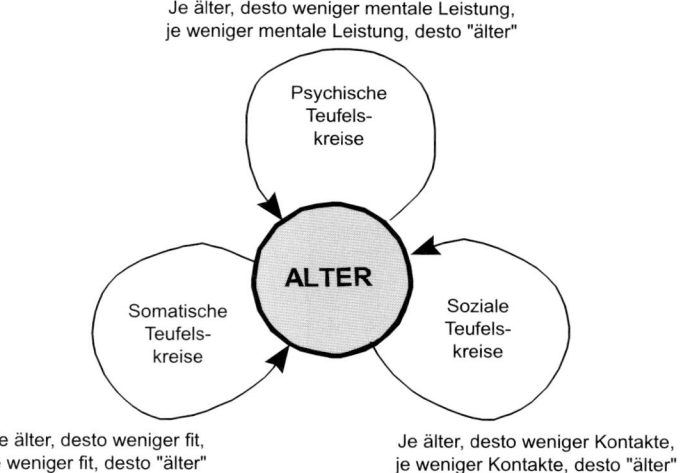

Abb. 7.2: *Subjektive Teufelskreise beim Altern – je eher eine Funktionseinschränkung objektiv gegeben oder subjektiv erlebt wird, desto eher wird man sich als alt vorkommen und je älter man sich vorkommt, desto eher wird man sich als Älterer verhalten. Wenn man als älterer Mensch Gelenksbeschwerden hat, kann man glauben, dass dies vom Alter käme, daher könnte es sein, dass man deshalb eigentlich sinnvolle Belastungen vermeidet („maligne autodestruktive Zyklen"). Manche Menschen verdrängen diese Aspekte jedoch und halten sich in einer Extremform für „for ever young", was zu einer Überlastung führen kann.*

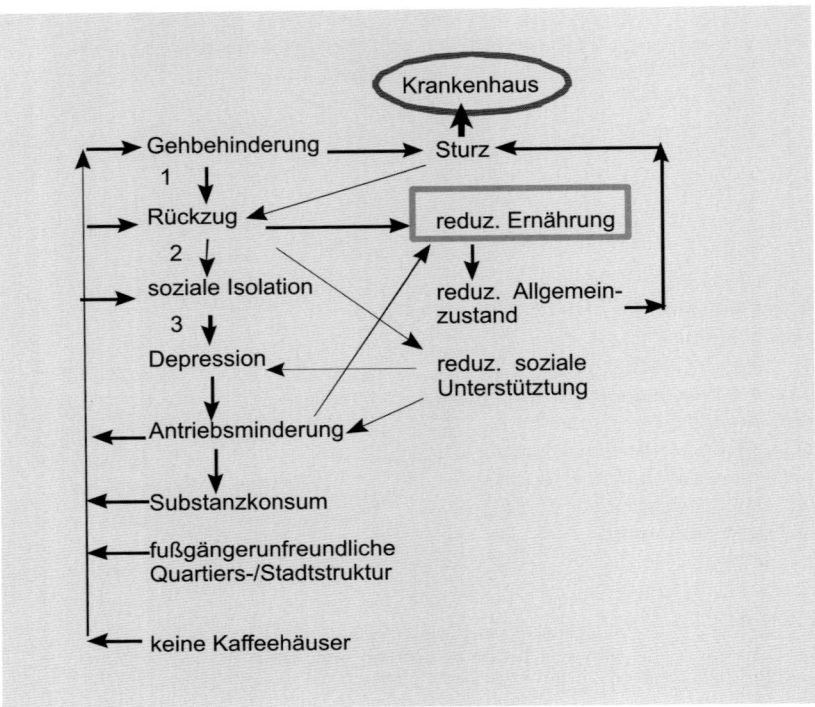

Abb. 7.3: *Die Gesundheitsökologie der älteren Menschen. Ein Krankenhausaufenthalt wegen einer Oberschenkelhals-Fraktur als Folge eines Sturzes lässt sich von einer alterstypischen Gehbehinderung mit Rückzug, sozialer Isolation, Depression, (reduzierter) unausgewogener Ernährung und anderen Faktoren, die zu einem erneuten Sturzrisiko führen können, herleiten (nach Tretter 1989b).*

Eine lebensweltlich orientierte Handlungsperspektive dürfte damit in Kliniken noch mehr „weggespart" werden. Auch für in den Praxen niedergelassene Ärzte wird es zunehmend schwieriger, eine in diesem Sinne „ganzheitsorientierte" Medizin zu betreiben.

Alternativ wäre eine Analyse dieses *zirkulären Kausalgefüges* von Störungen im Alter und vor allem die Struktur der Umwelt und des Umweltbeziehungsgefüges des älteren Menschen relevant. So lassen sich Hilfemöglichkeiten identifizieren, die eine *Heimverlegung* verzögern. Dies erscheint wünschenswert, wenn man das *Bedürfnis nach maximaler Autonomie* der Menschen respektiert. Die klinische Praxis zeigt ein komplizierteres Wechselspiel von Zuweisung von Verantwortung für den Schadensfall, so dass jeder der Beteiligten zur Prävention von Schadensfällen die „sicherste" Lösung anstrebt, was aber nicht den Bedürfnissen des älteren Menschen gerecht wird.

Die Bedeutung des letzten „Zuhauses"

Einen alten Baum verpflanzt man nicht.

Das Aktual der Lebensqualität des älteren Menschen ist also das *Ergebnis* des Verhältnisses von *ökologischer Potenz* und *ökologischer Valenz.* Im Alter sind dann für viele bestimmte Lebensräume besonders erstrebenswert: Mildes lungenfreundliches und herz-kreislauffreundliches Klima, wie in Florida oder Mallorca und nicht Nebel, Regen, Schnee mit Gefahren des Sturzes. Ruhe und doch Teilhabe am Leben, Wohnung, die mit dem Lift erreichbar ist, Zugang zum physischen Umfeld und doch Schutz davor. Lebt der Partner noch, sind neue Beziehungsebenen zu finden, Solidarität hat ein großes Gewicht, lebt man alleine, muss der Bezug zur verbliebenen Gemeinschaft, und seien es nur die Nachbarn oder die Heimbewohner, gefunden werden.

Allerdings stehen solche Bedürfnisse oft im Widerspruch zu anderen Bedürfnissen, nämlich geringes Interesse an neuen Begegnungen zu haben und das Leben gelebt haben zu dürfen, was dann subjektiv als stimmig erlebt wird. Es ist zu beachten, dass es im zunehmenden Alter oft als belastend erlebt wird, sich auf Neues einzulassen, was sich auch schon bei einer Veränderung der Wohnung oder des Wohnortes zeigt. Das Gleichgewicht von Autonomie und Abhängigkeit, von Freiheit und Gebundenheit muss immer wieder neu gefunden werden.

In diesem Sinne werden zunehmend begrüßenswerte Alternativen von der ambulanten Betreuung zu Hause bis zu locker aggregierten Wohnformationen im höheren Lebensalter anstelle der meist deprimierenden Heimstrukturen eingerichtet. Aus ökologischer Sicht ist letztlich der Auszug aus dem „zu Hause" in das *Heim* einer der letzten *ökologischen Übergänge* des Menschen, den insbesondere der Ökopsychologe Saup (Saup1992, Saup u. Eberhard 2005, Eberhard u. Saup 2006) empirisch untersucht hat.

Im Altenheim stellt sich die angeführte Mobilitäts-Problematik erneut, so dass zur Vermeidung von Stürzen ältere Menschen Mobilitätseinschränkungen unterzogen werden müssen, wie beispielsweise medikamentöse Sedierungen oder mechanische Beschränkungen (Fixieren am Stuhl).

Je mehr Funktionseinschränkungen der Mensch hat, desto mehr braucht er einen Menschen um sich, evtl. ein Rund-um-die-Uhr-Betreuung. Dies kann in vielen Fällen aus finanziell-organistischen Gründen nicht ausreichend geleistet werden, sodass Mobilitätseinschränkung bei Gangunsicherheiten und Umtriebigkeit oft unumgänglich sind. Und so geht im Pflegeheim die Spirale noch weiter nach unten. Diese genannten Bereiche – Krankenversorgung, Altenheim, Pflegeeinrichtungen – stehen deshalb vor großen humanitären und organisatorischen Herausforderungen. Sie sind die täglichen Härtetests unserer Ethik, die sich mehr und mehr der Ökonomie unterordnet. Die hier tagtäglich tätigen Berufsgruppen sind mit einem Menschenbild des Homo neurobiologicus oder des Homo oeconomicus nicht gut beraten, zumindest die ihnen schutzbefohlenen Menschen würden es dann nicht leicht haben.

Wissenschaftliches Leitbild vom „älteren Menschen"

Die Aufgabe der professionellen Altenbetreuung wird wichtiger, weil die Familien heute eine ausgesprochene „Multilokalität" aufweisen. Das bedeutet für eine ältere Dame beispielsweise, dass der Sohn in den USA und die Tochter in Australien leben und somit die Kinder für Hilfen in den schwierigsten Lebensphasen nicht zur Verfügung stehen.

Älteren Menschen therapeutische und/oder betreuerische Verarbeitungshilfen zu geben, ist deshalb eine große Aufgabe, deren Gelingen auch von deren eigener Lebenslage und Bewältigung der Pflegenden abhängt und im wesentlichen durch ein entsprechend *ökologisch ausgerichtetes Menschenbild* fachlich gestützt sein müsste. Dieses mehrdimensionale Menschenbild, das eine *mehrdimensionale Betrachtung* des kranken, alten (und armen) Menschen erlaubt, ist aber weder im *wissenschaftlichen Bereich der Medizin* oder in ihren *Praxisfeldern*, noch in der Altenbetreuung ausreichend verankert. Dies verursacht große Besorgnis. Hier wird die Humanökologie auch nicht viel ausrichten können, sollte sie es wollen. Nur wenn eine sektorenübergreifende Kostenträgerperspektive deutlich mehr Gewicht bekäme, die mehr auf „Case Management" und „multiaxial-integrierte Versorgung" Wert legt, könnte sich ein humanökologisches Menschenbild bzw. Leitkonzept in der Medizin durchsetzen. Kritisch ist allerdings zu bemerken, dass sich die Wissenschaft seit den 1970er Jahren kaum mehr um die Frage des Menschenbildes in der Humanökologie gekümmert hat, wohl auch deswegen, weil die dominierende sozialwissenschaftliche Perspektive diese Fragen nur marginal betrachtet.

7.1   Fazit – Lebenswelt älterer Menschen als Ökosystem

Die gegenwärtigen Trends der Biologie und der Ökonomik, ein eindimensionales Menschenbild zu zeichnen, sind kritisch zu hinterfragen. Sie zeigen sich vor allem beim gesellschaftlichen Umgang mit älteren Menschen. Vor allem bei der Fürsorge für den älteren Menschen muss man von einem mehrdimensionalen Menschenbild ausgehen, das die biologischen, psychologischen und sozioökonomischen Aspekte in einen gemeinsamen Rahmen einbindet. In diesem Sinne ist vor allem der Faktor „Umwelt" von zentraler Bedeutung. Hier bietet eine wissenschaftlich begründete „Ökologie der Person" gute Ansätze, die die Person auf der Basis der individuellen biopsychischen Voraussetzungen und den psychosozialen Umweltfaktoren im Rahmen des Beziehungsgefüges zwischen Person und Umwelt verstehen lässt.

8. Grenzfragen der Anthropologie

Ursprünglicher als der Mensch
ist die Endlichkeit des Daseins in ihm.
(Heidegger 1975, Bd,2. S.229)

Es gibt mehrere große Fragen einer Anthropologie. Die wichtigsten sind:
1) Wer bin ich?
2) Woher komme ich?
3) Wohin gehe ich?

Zur ersten Frage sollte hier nun klarer gemacht worden sein, dass der Mensch als aktuell kumuliertes Produkt der Wechselwirkung seiner Selbst mit seiner Umwelt zu sehen ist. Neue Umweltbedingungen können einen Menschen in seinem Verhalten und in seinem Selbsterleben verändern. Diese Option sollte nie vergessen werden. Es kann im Positiven vor allem über das Erleben von Liebe und Geliebt-werden auftreten, aber auch durch materielle Zuwächse. Im Negativen kann es durch Verlust von Liebe, eines geliebten Menschen oder durch materielle Defizite bedingt sein.

Die zweite Frage nach den Anfängen des Menschen ist die ontogenetisch erste große Grenzfrage. Sie kann aus biologischer Sicht im Rahmen der Evolutionstheorie erklärt werden, in der der Mensch (bzw. die Menschheit) gewissermaßen als „Experiment der Natur" verstanden wird. Dann schließt sich die Theorie der Kosmogenese an, die bis zum Urknall zurückreicht. Was vorher war, bleibt wieder offen und kann im Rahmen der Metaphysik als Gebiet der Religion oder als intellektuelle No-Go-Area betrachtet werden.

Die dritte große Grenzfrage ist jene nach dem Ende des Menschen, die ebenfalls in den Bereich der Metaphysik führt.

Die beiden Fragenkomplexe (1) und (2) zum Werden lassen sich bei sachgerechter Behandlung nicht definitorisch lösen, sondern nur *permanent diskursiv im gesellschaftlichen Kontext aushandeln*. Es werden beispielsweise mit unterschiedlichsten Zielen Grenzen gezogen, wann „der Mensch beginnt" und wann er „aufhört", wie es beispielsweise die Kriterien für Schwangerschaftsabbrüche bzw. für die Todesdefinition des Menschen sind. Die Einwirkung ethischer bzw. moralischer und auch latent wirtschaftlicher Aspekte in diesem Fragenkomplex ist unabweisbar und erschwert das Verständnis des rein anthropologischen Fragenkomplexes.

Diese Fragen können hier nicht behandelt werden, sondern es können nur einige Hinweise gegeben werden:

In der vorgeburtlichen Existenz des Menschen ist bereits die Frage angesiedelt, ab wann ein Mensch ein Mensch ist. Von der sexuellen Enthaltsamkeit über den Koitus interruptus, der die Möglichkeit der Menschwerdung unterbindet, bis zu Fragen der Schwangerschaftsabbrüche ist diese Grenzfrage virulent. Tatsächlich wird beispielsweise niemand bestreiten, dass der Embryo aktuell noch kein voll ausgebildeter Mensch ist, aber dass das *Potenzial*, ein Mensch wie Du und ich zu werden, unabwendbar bei einigermaßen typischen intrauterinen Bedingungen abläuft. Kann es die Mutter und/oder die Eltern daher wollen dürfen, diesen Prozess zu stoppen und wenn ja, unter welchen Bedingungen?

Diese medizinisch relevanten Fragen zur ethisch-anthropologischen Berechtigung eines Schwangerschaftsabbruches werden hier nicht weiter erörtert, da sie im Bereich eines mehrdimensionalen und multipersonalen Entscheidungsprozesses eingebunden sind und als Diskursethik zwischen Mutter, Medizin, Religion, Ethik, dem fiktiven Willen des Ungeborenen und anderer Personen, Institutionen und Gesichtspunkten konflikthaft ausgehandelt werden und auch in demokratischen Gesellschaften auszuhandeln wären. Wichtig dabei ist in der entwicklungsbiologischen Perspektive die Frage nach dem Auftreten des Geistigen. Das ist sicher in den letzten Schwangerschafts-Monaten der Fall, was durch verschiedene Reaktionsuntersuchungen belegt ist und auch durch die retrospektive Rekonstruktion der Funktionen anhand der Fähigkeiten des Neugeborenen plausibel ist. Geht man davon aus, dass der Mensch erst durch sein Geistiges Sein ein Mensch ist, dann wird sich die Grenze auf diese Zeitpunkte konzentrieren.

Diese Themen können allerdings hier nicht weiter angesprochen werden, denn es ging im Wesentlichen um die Abgrenzung von reduktionistischen Menschenbildern und um den Gegenentwurf eines explizit vieldimensionalen Menschenbildes, was die Umweltbezogenheit des Menschen und des Mensch-seins hervorhebt. Die möglichen Konsequenzen eines ökologischen Menschenbildes im Kontext dieser Grenzfragen könnten nur darin liegen, dass entsprechende Diskussionen stärker auf den *Lebenshintergrund* des Menschen abzielen würden. Die Anmaßung, über Leben und Tod eines anderen Menschen zu entscheiden, wird immer eine konflikthafte Anmaßung bleiben.

Wir fühlen selbst,
dass wenn alle wissenschaftlichen Fragen beantwortet sind,
unsere Lebensprobleme noch gar nicht berührt sind.
(Wittgenstein 1963)

9. Ausblick

Der Trend zu einem reduktionistischen Menschenbild bleibt in der Alltagswelt unübersehbar. Vor allem der *Homo oeconomicus* ist bereits indirektes Leitkonzept in der Alltagspraxis unserer globalisierten kapitalisierten Welt. Jeder Mensch scheint in seinen Interaktionen den anderen Menschen zu benutzen wollen. Der *Austausch*, wie er schon seit jeher zwischen Menschen praktiziert wird, verändert sich in der Alltagspraxis wieder stärker zu einem Versuch, eine *einseitige Kumulation* von tauschbaren „Werten" zu erzielen. Auch die Reduktion des Bewusstseins auf das Gehirn, der *Homo neurobiologicus* als ein Menschenbild ohne Geist, scheint einer der aktuell stärksten Angriffe auf das phänomenale Selbstverständnis des Menschen zu sein.

Es wurde versucht zu zeigen, dass derartige reduzierende Konzepte vom Menschen letztlich nur *Hypothesen* sind, deren *Vorannahmen* und *Zusatzannahmen* nicht explizit gemacht werden. Der Hegemonie-Anspruch sowohl der Ökonomik wie der Hirnforschung in Fragen zum Menschenbild ist nicht haltbar. Die damit verbundene Behauptung einer geschlossenen Naturwissenschaft ist unseriös, denn nicht zuletzt hat auch die Physik noch viele Aufgaben der Naturbeschreibung und Naturerklärung zu lösen. Insbesondere rasche Veränderungen als *„Sprünge"*, wie sie etwa in der Evolution der Lebewesen gegeben sind, werden noch aktuell kontrovers diskutiert, ebenso wie das *Komplexitätsproblem* noch Theorie-Probleme bereitet.

Aber auch in der Psychologie findet sich ein Abbau der geistigen Dimension, insofern die Phänomenologie universitär kaum mehr gepflegt wird. Vor allem der Behaviorismus hat mit seinem Wissenschaftsanspruch diese Entwicklung forciert. Die Elimination der Kategorie des Unbewussten ist ein weiteres Beispiel für diesen Prozess. Dass gerade die Neurobiologie hier wieder die Notwendigkeit eines differenzierteren Kategoriengerüsts deutlich macht und zeigt, dass es unbewusste Gehirnprozesse gibt, ist nicht gerade verblüffend, aber ein Hinweis auf die begrenzte Rationalität der Selbststeuerung der Wissenschaft, insbesondere von Universitäten, die dafür gesorgt haben, dass die Psychoanalyse als „unwissenschaftlich" in den letzten Jahren nahezu eliminiert wurde.

Die Grenzen der Naturwissenschaft zeigen schließlich die Notwendigkeit und Berechtigung von Philosophie, Kunst und Religion.

Die Grenzen der neueren Naturwissenschaften wie der Biologie und der Hirnforschung müssen stärker öffentlich klargelegt werden. Dies gelingt nur durch einen kompetenten, verständlichen und modernisierten philosophisch fundierten Diskurs. Der Autor versucht, durch Hinweise auf eine Systemphilosophie solche Optionen zu skizzieren.

Die Klarlegung der Grenzen der Naturwissenschaften, was das Verständnis des Menschen betrifft, ermöglicht im Weiteren vor allem die Bestandssicherung der Phänomenologie. Dieser Aspekt wurde in diesem Buch nicht ausgebaut. Für Mediziner ist sicher noch das, was derzeit in Heidelberg universitär gelehrt wird, ein Ankerpunkt und auch der Bereich der Psychosomatik ist ein Bereich des Austauschs und der Integration der Natur- und Geisteswissenschaften (v. Uexküll et al. 2002).

Grundlegend für eine Menschenkunde sind aber die Künste, vor allem die bildende Kunst, die Literatur und Musik, also der Bereich, in dem sich Menschsein aus Erster-Person-Perspektive am besten abbildet. So gesehen ist der *Mensch eher ein Kunstwerk der Natur* als eine nutzenmaximierende biomolekulare Maschine.

Der Mensch braucht die Kunst,
um an der Wissenschaft nicht
zugrunde zu gehen.
(nach Nietzsche 1966)

Die Möglichkeit an Gott zu glauben

Die Komplexitätsproblematik gebietet uns Zurückhaltung gegenüber dem Größenwahn der Allwissenheit der Wissenschaft. Die Determiniertheit der Welt, des Lebens der Menschen und letztlich der Gesellschaft lässt sich nicht beweisen, die Vermutungen sind vernünftig, jedoch bleibt eine *Restunsicherheit*. Das trifft selbstverständlich in noch höherem Ausmaß für indeterministische Weltbilder zu. Diese Restunsicherheit kann jeder Mensch verdrängen, rationalisieren oder mit einem ständigen Zweifel ausfüllen. Er kann sich aber auch an dieser Stelle einen Platz für den religiösen Glauben sichern.

Die gegenwärtige Debatte um das „richtige" Weltverständnis, die im ersten Kapitel dieses Buchs dargelegt wurde, zentriert sich auf die zwei konträren Annahmen, dass sich die Welt determiniert oder zufällig entwickelt. Wie bereits erläutert wurde, sind die Physiker sich darin keineswegs so einig wie viele Biologen, die die Evolution als determiniert ansehen. Der *Determinismus* braucht auch keinen „äußeren" Steuermann in Form von Gott, während das *Zufallsprinzip* wieder einen unbewegten Beweger als Ursache zulässt, aber auch im Rahmen des Determinismus interpretiert werden kann. Der Astronom Fred Hoyle, Atheist und Kritiker der biologischen Evolutionstheorie, hat die Zufalls-Hypothese der Bioevolution so charakterisiert (nach Dawkins 2007): *„Die Wahrscheinlichkeit, dass Leben auf der Erde entsteht, ist nicht größer als die, dass ein Wirbelsturm, der über einen Schrottplatz fegt, rein zufällig eine Boeing 747 zusammenbaut."* Hoyle hat zur Erklärung der Entwicklungssprünge das Konzept des kosmischen Kreationismus vorgeschlagen, bei dem schon in Urzeiten Biopolymere existiert haben sollen (Hoyle 1984).

An diesem Zentralproblem der rational-wissenschaftlichen „Welt- und Lebenserklärung" knüpfen gegenwärtig viel diskutierte, populärwissenschaftliche Bücher an. Eines davon wurde von dem bereits in Kapitel 4 erwähnten Evolutionsbiologen Richard Dawkins (2007) verfaßt. Es trägt den Titel „Gotteswahn" und stuft die Existenz Gottes als extrem unwahrscheinlich (knapp über Null) ein. Dawkins sieht die Evolution nach Darwins Gesetzen mit Mutation und Selektion als einen hochgradig wahrscheinlichen, ja determinierten, gewissermaßen superadditiven Prozess an. Somit wären keine neuen Kreationen im Sinne der religiös motivierten „Kreationisten" nötig. Daher wäre Gott als unbewegter Beweger, etwa als Auslöser des „Urknalls" vielleicht denkbar, aber die gegenwärtige Welt in ihrer Komplexität würde er nicht mehr erfassen oder gar steuern können. Und umgekehrt: Wäre nach dem Zufallsprinzip die Existenz des aktuell hochkomplexen Universums unwahrscheinlich, dann wäre es nach Dawkins noch unwahrscheinlicher, dass ein noch komplexeres Wesen existiert, das dieses Universum nach einem Plan geschaffen hat.

Hier wird aber deutlich, dass in einem weiteren Sinne Theorien gegen Theorien aufgebracht werden und die Empirie weiterhin ihre Lücken hat.

Es ist deshalb in diesem Zusammenhang zu erinnern, dass es in der deutschen Ideengeschichte zuletzt die Philosophie von Emanuel Kant war, die die Grenzen zwischen Physik und Metaphysik und zwischen Wissen und Glauben in besonders klarer Weise herausgestellt hat. Derartige Anstrengungen erscheinen auch derzeit wieder erforderlich.

Der seit längerem verstorbene, großartige Mediziner Hans Schäfer, Physiologe, Sozialmediziner und Humanökologe, schreibt in seinem Buch „Gott im Kosmos und die Menschen – Gedanken eines Naturwissenschaftlers" dazu folgendes (Schaefer 2000):

„Für uns ist der Ort des erfahrbaren göttlichen Wirkens unser Leben. Sofern uns die Erfahrung der Liebe gelingt oder geschenkt wird, ahnen wir, wer Gott für uns sein könnte. Unser Bewusstsein ist ein Wunder der Natur oder des göttlichen Schöpfers. Wir müssen nicht als Agnostiker und Atheisten leben."

Die Grenzen der modernen Naturwissenschaft tangieren die Fähigkeit des Menschen zu tiefsten Gefühlen, nämlich jenen der Liebe und der Religiosität, vor allem im Sinne einer grundlegenden „Rück-Bezogenheit".

Worüber man nicht sprechen kann,
muss man schweigen
(Wittgenstein 1963)

Literatur

Adorno, T.W. (1973): Negative Dialektik. Suhrkamp, Frankfurt

Alberts, B., Johnson, A., Lewis, J., Raff, M., Roberts, K., Walter, P. (2004): Molekularbiologie der Zelle. Wiley-VCH, Weinheim

Alon, U. (2007): Systems Biology – Design principles of biological circuits. Chapman & Hall, New York

Ansemet, F, Magistretti, P. (2005): Die Individualität des Gehirns. Suhrkamp, Frankfurt

Antonovsky, A. (1997): Salutogenese. DGVT-Verlag, Tübingen

Arbeitskreis OPD (Hrsg.) (2006): Operationalisierte Psychodynamische Diagnostik OPD-2. Das Manual für Diagnostik und Therapieplanung. Huber, Bern

Arbib, M.A., Robinson, J.A. (1990): Natural and artificial parallel computation. MIT-Press, Cambridge MA

Aristoteles (1973): Politik Dtv, München

Aristoteles (1995): Philosophische Schriften. Übers. von Bonitz, H., Rolfes, E., Seidl, H., Zekl, H.G.; 6 Bde. Meiner, Hamburg

Asendorpf, J, Bause, R. (2000): Psychologie der Beziehung. Huber, Bern

Ashby, W. R.(1974): Kybernetik. Suhrkamp, Frankfurt

Axelrod, R. (1997): Evolution kooperativen Verhaltens. Oldenbourg, München

Baacke, D. (1993): Jugend und Jugendkulturen. Juventa, München

Backhaus, K., Erichson, B., Plinke, W., Weiber, R. (2006): Multivariate Analysemethoden. Springer, Berlin

Baecker, D. (2002): Wozu Systeme? Kadmos Berlin

Bales, R.F. (1950): Interaction process analysis. Wisley, Cambridge

Balzer, W. (1997): Die Wissenschaft und ihre Methoden. Alber, Freiburg

Barker, R. (1968): Ecological psychology. Stanford Univ. Press, Stanford

Basieux (1995): Die Welt als Roulette. Rowohlt, Reinbek/Hamburg

Bateson, G. (1981): Die Ökologie des Geistes. Suhrkamp, Frankfurt

Bauriedl, T. (1984): Beziehungsanalyse. Suhrkamp, Frankfurt

Beck, U. (1986): Risikogesellschaft. Suhrkamp, Frankfurt

Beck, U. (1997): Was ist Globalisierung? Suhrkamp, Frankfurt

Beck U., Lau C. (Hrsg.) (2004) Entgrenzung und Entscheidung. Suhrkamp, Frankfurt

Becker, G.S. (1993): Ökonomische Erklärung menschlichen Verhaltens. Mohr, Tübingen.

Becker, P. (1982): Psychologie der seelischen Gesundheit. Bd 1. Hogrefe, Göttingen

Becker, P. (1995): Seelische Gesundheit und Verhaltenskontrolle. Hogrefe, Göttingen

Berger, P.L., Luckmann, Th. (1969): Die gesellschaftliche Konstruktion der Wirklichkeit. Suhrkamp, Frankfurt

Berghaus, M. (2003): Luhmann leicht gemacht. Böhlau-UTB, Köln

Bertalanffy, L.V. (1968): General system theory. Braziller, New York

Binswanger, L. (1942, 1962): Grundformen und Erkenntnis des menschlichen Daseins. Reinhardt, München

Birbaumer, N., Schmidt, R.F. (2006): Biologische Psychologie. Springer, Berlin

Bischof, N. (1985): Das Rätsel Ödipus. Piper, München

Bischof, N. (1998): Struktur und Bedeutung. Huber, Bern

Blankenburg, W. (1983): Anthropologisch orientierte Psychiatrie.In: Kindlers Lexikon der Psychologie des 20.Jahrhunderts, Bd. 10, Kindler, Zürich, S. 172-187

Bochnik, H.J., Gärtner-Huth. C., Geyer. C.F., Hüsgen. H.A., Janssen. H.J., Knörzer. G., Kunz. D. (Hrsg.) (1991): Sucht und Freiheit. Katholische Sozialethische Arbeitsstelle, Abteilung Suchtgefahren. Hoheneck Verlag, Hamm.

Bock, T., Dörner, K., Naber, D. (Hrsg.) (2004): Anstöße zu einer anthropologischen Psychiatrie. Psychiatrie Verlag, Bonn

Böker, W., Brenner, H.D. (1989): Schizophrenie als systemische Störung. Huber, Bern

Boesch, H.H. (1976): Psychopathologie des Alltags – zur Ökopsychologie des Handelns und seiner Störungen. Huber, Bern.

Böse, R., Schiepek, G. (1989): Systemische Theorie und Therapie. Asanger, Heidelberg.

Bofinger, P. (2006): Grundzüge der Volkswirtschaftslehre. Pearson Studium, München.

Bolte, K.M., Hradil, S. (1988): Soziale Ungleichheit in der Bundesrepublik Deutschland. Leske u. Budrich, Opladen.

Bortz, J. (2004): Statistik für Sozialwissenschaftler. Springer, Berlin.

Bossel, H. (1989): Simulation dynamischer Systeme. Vieweg, Braunschweig.

Bossel, H. (1992): Modellbildung und Simulation. Vieweg, Braunschweig.

Bowlby, J. (1969): Attachment and loss. Vol 1: Attachment. New York, Basic Books.

Braun, H.A., Huber, M.T., Anthes, N., Voigt, K., Neiman, A., Moss, F. (2001): Noise Induced Impulse Pattern Modifications at Different Dynamical Period-One Situations in a Computer-Model of Temperature Encoding. Biosystems 62: 99-112.

Breyer, F. (1984):Anbieterinduzierte Nachfrage nach ärztlichen Leistungen und die Zieleinkommens-Hypothese. Jahrbücher für Nationalökonomie und Statistik 19, 415-432.

Breyer, F., Zweifel, P, Kifmann, A. (2003, 2005): Gesundheitsökonomie. Springer, Berlin.

Brodbeck, K.H. (2000): Die fragwürdigen Grundlagen der Ökonomie. Wissenschaft. Buchgesellschaft, Darmstadt.

Bronfenbrenner, U. (1981): Die Ökologie der menschlichen Entwicklung. Klett, Stuttgart.

Brown, R.H. (1987): Society as a text. Univ. Chicago Press, Chicago.

Brown, R.H. (1989): Social science as a civic discourse. Uni. Chicago Press, Chicago.

Bruckmann, G., Fleissner, P. (1989): Am Steuerrad der Wirtschaft. Springer, Wien.

Buber, M. (1965): The knowledge of man: A philosophy of the interhuman. New York: Harper & Row.

Bühl, W. (1990): Sozialer Wandel im Ungleichgewicht. Enke, Stuttgart.

Bunge, M. (1998): Philosophy of Science. 2 Bde. Transaction Publishers, London.

Carnap, R. (1928, 1998): Der logische Aufbau der Welt. Meiner, Hamburg.

Carp, F.M. (1987): Environment and aging. In: Stokols, D., Altman, I. (Hrsg.): Handbook of Environmental Psychology, Vol. 1. (pp. 329-360). Wiley, New York.

Carp, F.M., Carp, A. (1984): A complementary/ congruence model of well-being of mental health for the community of elderly. In: Altman, I., Lawton, M.P., Wohlwill, J.F. (Hrsg.): Human behavior and environment. Vol 7: Elderly people and the environment (pp. 279-336). Plenum Press, New York.

Cartwright, D., Harary, F. (1956): Structural balance: a generalization of Heider´s theory. Psychol. Review 63: 277-293.

Churchland, P., Sejnowski, J. (1994): The computational brain. MIT Press, Cambridge (MA).

Clayton, K., O´Riodan, T. (1996): Litorale Morphodynamik und Küstenmanagement. In: O´Riodan, T. (Hrsg.): Umweltwissenschaften und Umweltmanagement (S. 257-273). Springer, Berlin.

Coleman, J.S. (1998): Foundations of social theory. Belknap Press, Cambridge, MA.

Craik, K.H. (1981): Environmental assessment and situational analysis. In: Magnusson, D. (Hrsg.): Toward a psychology of situations (pp. 37-48). Hillsdale, New York.

Damasio, A.R. (1994): Descartes' Irrtum. List, München.

Damasio, A.R. (2000): Ich fühle, also bin ich. List, München.

Darwin, C. (1859): On the origin of species. Murray, London.

Darwin, Ch. (1986): Die Entstehung der Arten durch Zuchtwahl. Reclam, Stuttgart.

Dawkins, R. (1978): Das egoistische Gen. Springer, Berlin.

Dawkins, R. (2007): Der Gotteswahn. Ullstein, Berlin.

Dayan, P., Abbott, L.F. (2005): Theoretical Neuroscience.Computational and Mathematical Modeling of Neural Systems. MIT Press, Cambridge.

Dennett, D.C. (1991): Consciousness Explained. Little, Brown Boston.

Dennett, D.C. (2005): Sweet Dreams. Philosophical Obstacles To A Science Of Consciousness. MIT Press, Bradford Book.

Descartes, R. (1644, 2005): Die Prinzipien der Philosophie. Meiner, Hamburg.

Dölle-Oelmüller, R., Oelmüller, W. (1996): Grundkurs Philosophische Anthropologie. UTB-Fink, München.

Dörner, D. (1999): Bauplan für eine Seele. Rowohlt, Reinbek/Hamburg.

Dörner, D. (1989, 2002): Die Logik des Misslingens. Rowohlt, Reinbek/Hamburg.

Dörner, D. (2005): Reise ins Innere der Black Box – Bewusstsein als Computersimulation. In: Herrmann, C.S., Pauen, M., Rieger, J.W., Schicktanz, S. (Hrsg.): Bewusstsein (S. 309-328). Fink, München.

Dörner, D., Selg, H. (Hrsg.) (1996): Psychologie. Kohlhammer, Stuttgart.

Dörner, G., Hüllemann, K.D., Tembrock, K.G., Wessel, K. F, Zänker K.S. (Hrsg.) (1999): Menschenbilder in der Medizin – Medizin in den Menschenbildern, Band 16. Kleine Verlag, Bielefeld.

Dörner, K. (2001): Der gute Arzt. Schattauer, Stuttgart.

Driesch, H. (1909, 1921, 1923): Philosophie des Organischen. 2 Bände, Engelmann, Leipzig.

Driesch, H. (1935a): Die Maschine und der Organismus. Barth, Leipzig.

Driesch, H. (1935b): Die Überwindung des Materialismus. Rascher, Zürich.

Driesch, H. (1945): Der Mensch und die Welt. Rascher, Zürich.

Drummond, M.F., Sculpher, M.J., Torrance, G.W., O'Brien, B.J., Stoddart, G.L. (2005): Methods for the economic evaluation of health care programmes. Third edition: Oxford: Oxford University Press.

Dubs, R. (1994): Volkswirtschaftslehre. Haupt, Bern.

Duncan, O.D., Schnore, L.F. (1959): Cultural, behavioural and ecological perspectives in the study of social organization. Am Journ Sociol 65: 132-146.

Eberhard, A., Saup, W. (2006).Demenzkranke Menschen im betreuten Seniorenwohnen. Herausforderungen und Empfehlungen. Verlag für Geronologie, Augsburg.

Edelman, G.M., Tononi, G. (2002): Gehirn und Geist. Wie aus Materie Bewusstsein entsteht. Dtv, München.

Edelman, G. (2007): Das Licht des Geistes. Rowohlt, Reinbek/Hamburg.

Eigen, M. (1987): Stufen zum Leben. Die Evolution im Visier der Molekularbiologie. Piper, München.

Eigen, M., Winkler, R. (1996): Das Spiel. Naturgesetze steuern den Zufall. Piper, München.

Eisenstadt, S.N. (1966): Von Generation zu Generation. Juventa, München.

Elger, C.E., Friederici, A.D., Koch, C., Luhmann, H., von der Malsburg, C., Menzel, R., Monyer,H., Rösler, F., Roth, G., Scheich, H., Singer, W. (2004): Das Manifest. Elf führende Neurowissenschaftler über Gegenwart und Zukunft der Hirnforschung.

Elias, N. (1970): Was ist Soziologie. Juventa, München.

Emrich, H. (1990): Psychiatrische Anthropologie. Therapeutische Bedeutung von Phantasiesystemen. Pfeiffer-Verlag, München.

Engel, G.L. (1977): The need for a new medical model: a challenge for biomedicine. Science 196: 535-544.

Erbas, B., Tretter, F. (2004): Grundfragen der Gesundheitsökonomie. In: Tretter, F., Erbas, B., Sonntag, G. (Hrsg.): Ökonomie der Sucht und Suchttherapie (S. 135-157). Pabst, Lengerich.

Erbrich, P. (1996): Makrokosmos – Mikrokosmos. Kohlhammer, Stuttgart.

Erikson, E.H. (1973): Identität und Lebenszyklus. Suhrkamp, Frankfurt.

Etzioni, A. (1997): Die Verantwortungsgesellschaft. Campus, Frankfurt.

Faris, R.E.L., Dunham, H.W. (1960): Mental disorders in urban areas. Hafner, New York.

Feichtinger, G., Tragler, G. (2004): Ein dynamischer Kosten-Nutzen-Ansatz zur Drogenabhängigkeit. In: Tretter, F., Erbas, B., Sonntag, G. (Hrsg.): Ökonomie der Sucht und Suchttherapie (S. 373-394). Pabst, Lengerich.

Festinger, C. (1957): A theory of cognitive dissonance. Stanford Univ. Press, Stanford.

Feuerbach, L. (1843, 1979): Grundsätze der Philosophie der Zukunft. Akademie Verlag, Berlin.

Feyerabend, P. (1976): Wider den Methodenzwang. Suhrkamp, Frankfurt.

Feyerabend, P. (1979): Erkenntnis für freie Menschen. Suhrkamp, Frankfurt.

Fillip, S.-H. (Hrsg.) (1993): Selbstkonzept-Forschung. Klett-Cotta, Stuttgart.

Fischer, E.P. (2002): Das Genom. Fischer, Frankfurt.

Fleissner, P. (1977): Das österreichische Gesundheitswesen im ökonomischen, demographischen und politischen Kontext. Ein Simulationsmodell. Vandenhoeck u. Ruprecht, Göttingen.

Foa, E.B., Foa, U.G. (1980): Ressource theory: Interpersonal behavior as exchange. In: Gergen, K.J., Greenberg, M.S., Willis, D.H., (Hrsg.): Social exchange: Advances in theory and research (pp. 77-101). Plenum, New York.

Foerster, H. von (1985): Das Konstruieren einer Wirklichkeit. In: Watzlawick, P. (Hrsg.): Die erfundene Wirklichkeit (S. 39-60). Piper, München.

Förstel, H., Hautzinger, M., Roth, G. (2006): Neurobiologie psychischer Störungen. Springer, Berlin

Forrester, J.W. (1961): Urban dynamics. MIT Press, Cambridge (Mass.).

Frank, U. (Hrsg.) (2004): Wissenschaftstheorie in Ökonomie und Wirtschaftsinformatik. Deutscher Universitätsverlag, Wiesbaden.

Frankl, V. (2005a): Logotherapie und Existenzanalyse. Beltz Taschenbuch, Weinheim.

Frankl, V. (2005b): Der leidende Mensch. Anthropologische Grundlagen der Psychotherapie. Huber, Bern.

Freud, S. (1941): Gesammelte Werke. Imago, London.

Freud, S. (1992): Das Ich und das Es. Metapsychologische Schriften. Fischer TB, Frankfurt.

Freud, S. (1999): Gesammelte Werke. 19 Bände. Fischer Verlag, Frankfurt am Main.

Frey, B. (1999): Economics as a science of human behaviour. Towards a new social science paradigm. Kluwer Academic Publishers, Boston.

Friedrichs, J. (1981): Stadtanalyse. Westdeutscher Verlag, Opladen.

Friedrichs, J. (1995): Stadtsoziologie. Leske u. Budrich, Opladen.

Frith, U., Frith, C.D. (2003). Development and Neurophysiology of Mentalizing. Phil Trans R Soc Lond B; 358: 459-473.

Fromm, E. (1976): Haben oder Sein. Suhrkamp, Frankfurt.

Fuchs, T. (2000): Leib, Raum, Person. Klett-Cotta, Stuttgart.

Fuchs, T. (2005): Ökologie des Gehirns. Nervenarzt 76: 1-10.

Gadamer, H.-G., Vogler, P. (Hrsg.) (1972-1975): Neue Anthropologie, 7 Bände. Thieme, Stuttgart.

Garms-Homolova, V., Hütter, U., Leibing, C. (1982): Wohnbedingungen und Selbstversorgung im Alter. Zeitschrift für Gerontologie 15: 150-157.

Gehlen, A. (1940, 1962): Der Mensch. Seine Natur und seine Stellung in der Welt. Athenäum, Frankfurt.

Gerok, W., Haken, H., zur Hausen, H., Nachtigall, W., Roesky, H.W., Nöth, H., Gibian, H. (Hrsg.) (1989): Ordnung und Chaos in der belebten Natur. Wissenschaftliche Verlagsgesellschaft, Stuttgart.

Geyer, Ch. (Hrsg.) (2004): Hirnforschung und Willensfreiheit. Suhrkamp. Frankfurt.

Gibson, J.J. (1982): Umwelt und Wahrnehmung. Urban und Schwarzenberg, München.

Giddens, A. (1998): Der dritte Weg. Suhrkamp, Frankfurt.

Gierer, A. (2005): Bewusstseinsnahe Hirnforschung und das Gehirn-Geist-Problem. In: Engels, M., Hildt, E. (Hrsg.): Neurowissenschaften und Menschenbild (S.139-150). Mentis, Paderborn.

Gigerenzer, G., Swijtink, Z., Porter, T., Daston, L., Beatty, J., Krüger, L. (1998): Das Reich des Zufalls – Wissen zwischen Wahrscheinlichkeiten, Häufigkeiten und Unschärfen. Spektrum Akademischer Verlag, Heidelberg.

Gilbert, N., Troitzsch, K.G. (1999): Simulation for the Social Scientist. Concepts in the Social Sciences. Open University Press, Berkshire.

Gill, F.B., Wolf, L.L. (1975): Economics fo feeding territoriality in the golden-winged sunbird. Ecology 56: 333-345.

Glaeser, B. (Hrsg.) (1989): Humanökologie – Grundlagen präventiver Umweltpolitik. Westdeutscher Verlag, Opladen.

Glaeser, B., Teherani-Krönner, P. (Hrsg.) (1992): Humanökologie und Kulturökologie. Westdeutscher Verlag, Opladen.

Glasersfeld, E. von (1992): Konstruktion der Wirklichkeit und des Begriffs der Objektivität. In: Gumin, H., Meier, H. (Hrsg.): Einführung in den Konstruktivismus (S. 9-40). Piper, München.

Glass, L., Mackey, C. (1988): From clocks to chaos the rhythms of life. Princeton Univ. Press, New Jersey.

Gomez, R. , Probst, G.J. (2002): Vernetztes Denken. Ganzheitliches Führen in der Praxis. Gabler, Wiesbaden.

Goschke, T. (2002): Volition und kognitive Kontrolle. In: Müsseler, J., Prinz, W. (Hrsg.): Allgemeine Psychologie (S. 271-335). Spektrum Akademischer Verlag, Heidelberg.

Goschke, T. (2006): Bedingter Wille. Willensfreiheit und Selbststeuerung aus der Sicht der kognitiven Neurowissenschaft. In: Roth, G., Grün, K.-J. (Hrsg.): Das Gehirn und seine Freiheit (S.107-156). Vandenhoeck u. Ruprecht, Göttingen.

Grawe, K. (2000): Psychologische Therapie. Hogrefe, Göttingen.

Grawe, K. (2004): Neuropsychotherapie. Hogrefe, Göttingen.

Gray, C.M., König, P., Engel, A.K., Singer, W. (1989): Oscillatory responses in cat visual cortex exhibit inter-columnar synchronization which reflects global stimulus properties. Nature 338: 334-337.

Gross, P. (1994): Die Multioptionsgesellschaft. Suhrkamp, Frankfurt.

Gross, R., Löffler, M. (1997): Prinzipien der Medizin. Springer, Heidelberg.

Grüsser, S.M., Thalemann, C.N. (2006): Verhaltenssucht. Diagnostik, Therapie, Forschung. Huber, Bern.

Gumin, H., Meier, H. (Hrsg.) (1992): Einführung in den Konstruktivismus. Piper, München.

Guntern, G. (1983): Systemtherapie. In: Schneider, K. (Hrsg.): Familientherapie (S. 38-77). Jungfermann, Paderborn.

Guttmann, G., Scholz-Strasser, I. (1998): Freud and the Neurosciences. From Brain Research to the Unconscious. Wien: Verlag der Österreichischen Akademie der Wissenschaften.

Habermas, J. (1958): Anthropologie. In: Diemer, A., Frenzel, I. (Hrsg.): Philosophie Lexikon (S. 18-35). Fischer, Frankfurt.

Habermas, J. (1968, 1973): Erkenntnis und Interesse. Suhrkamp, Frankfurt/Main.

Habermas, J. (1981): Theorie des kommunikativen Handelns. Suhrkamp, Frankfurt.

Habermas, J. (1985): Die neue Unübersichtlichkeit. Suhrkamp, Frankfurt.

Habermas, J. (1992): Faktizität und Geltung. Suhrkamp, Frankfurt.

Habermas, J., Luhman, N. (1971): Theorie der Gesellschaft oder Sozialtechnologie. Suhrkamp, Frankfurt.

Haeckel, E. (1866): Generelle Morphologie. I: Allgemeine Anatomie der Organismen. II: Allgemeine Entwicklungsgeschichte der Organismen. Reimer, Berlin.

Haggett, P. (2003): Geografie. Eine globale Synthese. Ulmer-UTB, Stuttgart.

Haken, H. (2002): Brain dynamics. Springer, Berlin.

Haken (1995): Erfolgsgeheimnisse der Natur. Rowohlt, Reinbek/Hamburg.

Haken (2002): Brain dynamics. Springer, Berlin.

Haken, H., Schiepek, G. (2006): Synergetik in der Psychologie. Hogrefe, Göttingen.

Haken, H. (1983): Synergetics. An introduction. Springer, Berlin.

Hallmayer, J. (2000): Autismus und verwandte Störungen. In: Förstl, H. (Hrsg.): Klinische Neuropsychiatrie (S: 136-149). Thieme, Stuttgart.

Hansen, H. (2007): A bis Z der Interventionen in der Paar- und Familientherapie. Ein Praxishandbuch. Klett Cotta, Stuttgart.

Hardesty, D.L. (1977): Ecological Anthropology. Wiley, New York.

Hartje, W., Poeck, K. (2002): Klinische Neuropsychologie. Thieme, Stuttgart.

Hawking, S. (2001): Die illustrierte kurze Geschichte der Zeit. Rowohlt, Reinbek/Hamburg.

Hartmann, F. (1973): Ärztliche Anthropologie. Bremen, Wirtschaftsverlag.

Hebb, D.O. (1975): Einführung in die Psychologie. Beltz, Weinheim.

Heberer, G., Schwidetzky, I., Walter, H. (1970): Das Fischer Lexikon – Anthropologie. Fischer, Frankfurt.

Heckhausen, H. (1989): Motivation und Handeln. Springer, Berlin.

Heidegger, M. (1927, 2006): Sein und Zeit. Max Niemeyer Verlag, Tübingen.

Heisenberg, W. (2003): Quantentheorie und Philosophie. Reclam, Stuttgart.

Hempel, C.G. (1965): Aspects of Scientific Explanation. New York.

Hempel, C.G., Oppenheim P. (1948): Studies in the Logic of Explanation. Philosophy of Science 15.2., 135-175.

Henke, W., Rothe, H. (2003): Menschwerdung. Fischer, Frankfurt.

Henningsen, P., Gündel, H., Ceballos-Baumann, A. (2006): Neuropsychosomatik. Schattauer, Stuttgart.

Herder-Dorneich, P. (1988): Systemdynamik. Nomos Verlag, Baden-Baden.

Herder-Dorneich, P. (1993): Ökonomische Systemtheorie. Nomos Verlag, Baden-Baden.

Herder-Dornreich, P. (1994): Ökonomische Theorie des Gesundheitswesens. Nomos, Baden-Baden.

Herrmann, C.S., Pauen, M., Rieger, J.W., Schicktanz, S. (Hrsg.) (2005a): Bewusstsein. Fink, München.

Herrmann, C.S., Pauen, M., Min, B.K., Busch, N.A., Rieger, J.W. (2005b): In: Herrmann, C.S., Pauen, M., Rieger, J.W., Schicktanz, S. (Hrsg.): Bewusstsein (S. 120-134). Fink, München.

Herrmann, T., Höfstätter, P.R., Huber, H.P., Weinert, F.E. (1977): Handbuch psychologischer Begriffe. Kösl, München.

Hermann-Pillath, C. (2002): Grundriss der Evolutionsökonomik. Fink-UTB, München.

Hinterhuber, H. (2001): Die Seele. Natur- und Kulturgeschichte von Psyche, Geist und Bewusstsein. Springer, Berlin.

Hobbes, T. (1970): Leviathan – Erster und zweiter Teil. Reclam, Stuttgart.

Höffe, O. (Hrsg.) (1992): Der Mensch – ein politisches Tier. Kröner, Stuttgart.

Hösle, V. (1997): Moral und Politik. Beck, München.

Homans, G.C. (1972): Theorie der sozialen Gruppe. Westdeutscher Verlag, Opladen.

Horkheimer, M. (1970): Traditionelle und kritische Theorie. Fischer, Frankfurt.

Hornstein, W. (2002): Jugendforschung und Jugendpolitik. Beltz, Weinheim.

Hoyle, F. (1984): Evolution from Space: A Theory of Cosmic Creationism. Simon & Schuster, New York.

Hradil, S. (1995): Die Single-Gesellschaft. Beck, München.

Hradil, S. (1999): Soziale Ungleichheit in Deutschland. Leske u. Budrich, Opladen.

Hubel, D.H., Wiesel, T.N. (1963): Shape and arrangement of columns in cat´s striate cortex. Journ Physiol 165: 559-568.

Hubel, D.H., Wiesel, T.N. (1988): Die Verarbeitung visueller Information. Spektrum der Wissenschaft. Gehirn und Nervensystem. Spektrum Verlag, Heidelberg, S. 123-133.

Huinink, J., Konietzka, D. (2007): Familiensoziologie. Eine Einführung. Campusstudium, Frankfurt.

Hume (1739; 1740; 1989): Traktat über die menschliche Natur. Meiner, Hamburg.

Hurrelmann, K., Laaser, U., Razum, O. (Hrsg.) (2006): Handbuch Gesundheitswissenschaften. Juventa, Dortmund.

Husserl, E (1962): Die Krisis der europäischen Wissenschaften und die transzendentale Phänomenologie. Den Haag, Nijhof.

Hütt, M. Th. (2001): Datenanalyse in der Biologie. Eine Einführung in Methoden der nichtlinearen Dynamik, fraktalen Geometrie und Informationstheorie. Springer, Berlin.

Illies, C. (2006): Philosophische Anthropologie im biologischen Zeitalter. Suhrkamp, Frankfurt.

Irrgang, B. (1996): Lehrbuch der evolutionären Erkenntnistheorie. UTB, München.

Jacob, F. (1993, 2002): Die Logik des Lebendigen. Eine Geschichte der Vererbung. Suhrkamp, Frankfurt.

Jacobi, J. (1977): Die Psychologie von C.G. Jung. Eine Einführung in das Gesamtwerk. Fischer, Frankfurt.

James, W. (1890, 1983): The Principles of psychology. Harvard University Press, Cambridge, Mas.

Janke, K., Niehues, S. (1995): Echt abgedreht – Die Jugend der 90er Jahre. Beck, München.

Jannsen, P.L., Joraschky, P., Tress, W. (Hrsg.) (2006): Psychosomatische Medizin und Psychotherapie. Ärzteverlag, Köln.

Jaspers, K. (1932): Philosophie 3 Bände – I. Philosophische Weltorientierung; II. Existenzerhellung; III. Metaphysik. Springer, Berlin.

Jaspers, K. (1973): Allgemeine Psychopathologie. Springer, Berlin.

Jaspers, K. (1953, 2005): Einführung in die Philosophie. Piper, München.

Jeschke, G. (1989): Mathematik der Selbstorganisation. Harri Deutsch, Frankfurt.

JIM-Studie Jugend Information, (Multi-)Media (Hrsg.) (2004): Medienpädagogischer Forschungsverbund Südwest, Stuttgart; http:www.mpfs.de/studien/jim/index_jim.html

Jungermann, H., Pfister, H.R., Fischer, K. (1998): Psychologie der Entscheidung. Spektrum Akademischer Verlag, Heidelberg.

Kant, I. (1798, 1900): Anthropologie in pragmatischer Hinsicht. Gesammelte Schriften. Berlin, Meiner.

Kahana, E. (1982): A congruence model of person-environment interaction. In: Lawton, M.P., Windley, P.G., Byerts, T.O. (Hrsg.): Aging and environment: theoretical approaches (pp. 97-121). Springer, New York.

Kappeler , P. (2006): Verhaltensbiologie. Springer, Berlin.

Karp, G. (2005): Molekulare Zellbiologie. Springer, Berlin.

Kernberg, O. (1994): Innere Welt und äußere Realität. Anwendungen der Objektbeziehungstheorie. Klett-Cotta, Stuttgart.

Kick, H.A. (2006): Die Rolle von Patienten und Kunden: Ethische Verantwortung des Therapeuten. Deutsches Ärzteblatt 103(18): A-1206-8.

Kim, J. (1998): Philosophie des Geistes. Springer, Wien.

Kirchler, E. (Hrsg.) (2005): Arbeits- und Organisationspsychologie. UTB-Fink, München.

Kirchler, E., Meier-Pesti, K., Hofman, E. (2005): Menschenbilder. In: Kirchler, E. (Hrsg.): Arbeits- und Organisationspsychologie (S. 17-195). UTB-WUV, Facultas, Wien.

Kitano, H. (2002): Systems Biology: a brief overview. Science 295: 1662-1664.

Klaus, G. (1969): Wörterbuch der Kybernetik. Fischer, Frankfurt.

Klaus, G., Liebscher, H. (1974): Systeme, Informationen, Strategien. VEB Technik, Berlin.

Klipp, E., Herwig, R., Kowald, A., Wielring, C., Lehrach, H. (2005): Systems Biology in Practice. Wiley-VCH, Weinheim.

Knötig, H. (1972): Bemerkungen zum Begriff „Humanökologie". Humanökologische Blätter, H.2/3, 3-140.

Knötig, H., Panzhauser, E. (1976): Grundsatzerklärung der Humanökologischen Gesellschaft. In: Knötig, H. (Hrsg.): Proceedings of the first international meeting on human ecology (pp. 22-28). Vienna 1975, St. Saphorin, Georgi.

Koch, M. (Ed.) (2006): Animal models of neuropsychiatric diseases. Imperial College Press, London.

Korte, H. (2004): Soziologie. UTB-UVK Verlagsgesellschaft, Konstanz.

Krause, D. (2001): Luhmann-Lexikon. Lucius & Lucius,-UTB, Stuttgart.

Krause, K.H. (2006): Ätiologie der ADHS. In: Edel, M.A., Vollmoeller, W. (Hrsg.): Aufmerksamkeitsdefizit-/Hyperaktivitätsstörung bei Erwachsenen (S. 1-20). Springer, Berlin.

Kriz, J. (1999): Systemtheorie für Psychotherapeuten, Psychologen und Mediziner.

Krohs, U., Toepfer, G. (Hrsg.) (2005): Philosophie der Biologie. Suhrkamp, Frankfurt.

Krüger, H.P. (Hrsg.) (2007): Hirn als Subjekt? Philosophische Grenzfragen der Neurobiologie. Akademie Verlag, Berlin.

Krüger, H.P. (2007): Einleitung. In: Krüger, H.P. (Hrsg.): Hirn als Subjekt? Philosophische Grenzfragen der Neurobiologie (S. 9-24). Akademie Verlag, Berlin.

Küfner, H. (1989): Bindung und Autonomie als Grundmotivation des Erlebens und Verhaltens. Forum Psychoanalyse 5: 3-16.

Kuhn, A., Hellingrath, H. (2002): Supply Chain Management. Springer, Berlin.

Kuhn, T.S. (1973): Die Struktur wissenschaftlicher Revolutionen. Suhrkamp, Frankfurt.

Kunz, H. (1963): Zur Frage nach der Natur des Menschen. Psyche 17: 685-720.

Kutschera, U. (2001): Evolutionsbiologie. Eine allgemeine Einführung. Parey, Berlin.

Kutter, P. (Hrsg.) (1999): Selbstpsychologie. Weiterentwicklungen nach Heinz Kohut. Klett-Cotta, Stuttgart.

Lakatos, I. (1970): Criticism and the Growth of Knowledge. New York: Cambridge University Press.

Lakatos, I. (1974): Falsifikation und die Methodologie wissenschaftlicher Forschungsprogramme. In: Lakatos, I., Musgrave, A. (Hrsg.): Kritik und Erkenntnisfortschritt (S. 89-189).

Lamnek, S. (1988): Qualitative Sozialforschung. Psychologie Verlags Union, Weinheim.

Lampert, T., Kurth, B.M. (2007): Sozialer Status und Gesundheit von Kindern und Jugendlichen. Deutsches Ärzteblatt 104(43): B2593-B2598.

Laszlo, E. (1972): Introduction to Systems Philosophy. Gordon & Breach, New York.

Laubichler, M.D. (2005): Systemtheoretische Organismuskonzeptionen. In: Krohs, U., Töpfer, G. (Hrsg.): Philosophie der Biologie (S. 109-124). Suhrkamp, Frankfurt.

Lauth, B, Sareiter, J. (2002): Wissenschaftliche Erkenntnis. Mentis, Paderborn.

Lawton, M.P. (1980): Environment and aging. Brooks u. Cole, Monterey.

Lazarus, R.S., Folkman, S. (1984): Stress, apraisal and coping. Springer, New York.

Le Doux, J. (2004): Das Netz der Gefühle. dtv, München.

Leehey, S.C., Moskowitz, C., Cook, A., Brill, S., Held, R. (1975): Orientational anisotropy in infant vision. Science 190: 900-901.

Leibniz, G.W. (1714, 1998): Monadologie. Reclam, Stuttgart.

Lenk, H., Ropohl, G. (Hrsg.) (1978): Systemtheorie als Wissenschaftsprogramm. Athenäum, Frankfurt.

Lersch, P. (1954): Aufbau der Person. Barth, München.

Levinas, E. (1996): Jenseits des Buchstabens. Bd. 1: Talmud-Lesungen, aus dem Französischen übersetzt von Frank Mieting, Jüdischer Verlag, Frankfurt a.M.

Lewin, K. (1936): Principles of topological psychology. McGraw-Hill, New York, deutsch Huber, Bern (1969).

Libet, B. (2004): Haben wir eine freien Willen? In: Geyer, Ch. (Hrsg.): Hirnforschung und Willensfreiheit (S. 268-289). Suhrkamp, Frankfurt.

Libet, B. (2005): Mind Time. Suhrkamp, Frankfurt.

Libet, B., Freeman, A., Sutherland, K. (Hrsg.) (2000): Volitional brain – towards a neuroscience of free will. Imprint Academic, Charlottesville.

Löffler, G. (2005): Basiswissen Biochemie. Springer, Berlin.

Lorenz, E.N. (1963): Deterministic Nonperiodic Flow. Journal of the Atmospheric Sciences, 20 (2), 130-141.

Lorenz, K. (1965,1992): Über tierisches und menschliches Verhalten. 2 Bde. Piper, München.

Lorenzen, S. (1988): Die Bedeutung synergetischer Modelle für das Verständnis der Makroevolution. Eclogae Geol. Helv 81, 927-933.

Lyotard, F. (1986): Das postmoderne Wissen. Bölau, Wien.

Lyotard, F. (1987): Der Widerstreit. Fink-UTB, München.

Luckner, A. (2001): Martin Heideger: Sein und Zeit. UTB-Schöningh, Stuttgart.

Luhmann, N. (1970): Soziologische Aufklärung. Westdeutscher Verlag, Opladen.

Luhmann, N. (1984): Soziale Systeme. Suhrkamp, Frankfurt.

Luhmann, N. (1990): Soziologische Aufklärung. Westdeutscher Verlag, Opladen.

Luhmann, N. (1992): Die Wissenschaft der Gesellschaft. Suhrkamp, Frankfurt.

Lyotard, F. (1986): Das postmoderne Wissen. Böhlau, Wien.

Lyotard, F. (1987): Der Widerstreit. Fruh, München.

Mackey, M.C., An der Heiden, U. (1982): Dynamical diseases. Funkt. Biol. Med. 1: 156-164.

Maier, W., Schwab, S. (1999): Genetische Determination häufiger psychischer Störungen. In: Ganten, D., Ruckpaul, K. (Hrsg.): Handbuch der molekularen Medizin – Erkrankungen des Zentralnervensystems (S. 150-194). Springer, Berlin.

Maier, W., Helmchen, H., Sass, H. (2005): Hirnforschung und Menschenbild im 21. Jahrhundert. Der Nervenarzt 76 (5): 543-545.

Magnusson, D., Stattin, H. (1998): Person-context interaction theories. In: Lerner, R.M. (ed.): Handbook of Child Psychology, Vol. One, Theoretical models of human development (pp. 685-759). Wiley, New York.

Mainzer, K. (1996): Thinking in complexity. Springer, Berlin.

Mainzer, K. (2007): Der kreative Zufall. Beck, München.

Malik, F. (2003a): Strategie des Managements komplexer Systeme. Bern, Haupt.

Malik, F. (2003b): Systemisches Management. Evolution, Selbstorganisation. Bern, Haupt.

Malik, F. (2004): Führen, Leisten, Leben. Heyne, München.

Mankiw, N.G. (2000): Makroökonomik. Schäfer-Poeschel, Stuttgart.

Marcuse, H. (1967): Der eindimensionale Mensch. Suhrkamp Verlag, Frankfurt.

Marx, K. (1974): Grundrisse der Kritik der politischen Ökonomie. Dietz Verlag, Berlin-Ost.

Marx, K. (1867/2004): Das Kapital. Eine Einführung von Michael Berger. UTB-Funk, München.

Maturana, H.R. (1982): Erkennen. Vieweg, Braunschweig.

Maturana, H.R., Varela, F.J. (1987): Der Baum der Erkenntnis. Scherz, Bern.

Mayntz, R. (2006): Einladung zum Schattenboxen: Die Soziologie und die moderne Biologie. www.mpi-fg-koeln.mpg.de/pu/dp_abstracts/dp06-7.asp – 8k

Mayr, E. (1979): Evolution und die Vielfalt des Lebens. Springer, Berlin.

Mayr, E. (2003): Das ist Evolution. Bertelsmann, München.

McCelland, J.D., Rumelhart, D.E. and the PDP Research Group (1986): Parallel distributed Processing: Explorations in the microstructure of cognition. Vol 2, MIT Press, Cambridge, MA.

Meadows, D.L. (1972): Die Grenzen des Wachstums. DVA, Stuttgart.

Meadows, D.L., Meadows, D.H. (1974): Das globale Gleichgewicht. DTV, Stuttgart.

Meadows, D.H., Meadows, D.L., Randers, J. (1992): Die neuen Grenzen des Wachstums. DVA, Stuttgart.

Meadows, D. H., Meadows, D. L., Randers, J. (1993): Die neuen Grenzen des Wachstums. Rowohlt, Reinbek.

Meissner, R. (1999): Geschichte der Erde. Von den Anfängen des Planeten bis zur Entstehung des Lebens. Beck, München.

Mendel, G. (1983): Versuche über Pflanzen-Hybriden. Arkana-Verlag – Göttingen (Brünn, Gastl, 1866).

Merton, R. (1973): Sociology of Science. Univ Chicago Press, New York.

Merton, R. (1975): Social Theory and Social Structure. Free Press, Glencoe.

Mesarovic, M., Pestel, E. (1974): Menschheit am Wendepunkt. DVA, Stuttgart.

Metzinger, T. (2004): Subjekt und Selbstmodell. Die Perspektivität phänomenalen Bewußtseins vor dem Hintergrund einer naturalistischen Theorie mentaler Repräsentation. Paderborn, mentis.

Metzinger, T. (2005): Die Selbstmodell-Theorie der Subjektivität: Eine Kurzdarstellung in sechs Schritten. In: Herrmann, C.S., Pauen, M., Rieger, J.W., Schicktanz, S. (Hrsg.): Bewusstsein (S. 242-269). Fink, München.

Meyer-Abich, K.M. (1986): Wege zum Frieden mit der Natur. Praktische Naturphilosophie für die Umweltpolitik. DTV, München.

Michal, G. (1999): Biochemical pathways: an atlas of biochemistry and molecular biology. Wiley, New York.

Mielck, A. (2000): Soziale Ungleichheit und Gesundheit. Huber, Bern.

Mill, J.S. (1863, 2006): Utilitarism / Der Utilitarismus. Reclam, Stuttgart.

Miller, J.G. (1976): The nature of living systems. Behavioral Science 21: 295-319.

Miller, J. G. (1978): Living systems. New York: McGraw-Hill.

Mittelstraß, J. (2003): Transdisziplinarität wissenschaftliche Zukunft und institutionelle Wirklichkeit (Konstanzer Universitätsreden). Universitätsverlag Konstanz, Konstanz.

Mittelstraß, J. (Hrsg.) (2004): Enzyklopädie Philosophie und Wissenschaftstheorie. Metzler, Stuttgart.

Monod, J. (1971): Chance and Necessity: An Essay on the Natural Philosophy of Modern Biology. Alfred A. Knopf, New York.

Moos, R.M. (1976): The human context. Wiley, New York.

Moritz, R. (1990): Die Philosophie im alten China. Berlin: Deutscher Verlag der Wissenschaften.

Mühlum, A., Olschowy, G., Oppl, H., Wendt, W.R. (Hrsg.) (1986): Umwelt-Lebenswelt: Beiträge zur Theorie und Praxis ökosozialer Arbeit. Campus, Frankfurt/M.

Münch, R. (1992): Die Struktur der Moderne. Suhrkamp, Frankfurt.

Müsseler, J., Prinz, W. (Hrsg.) (2002): Allgemeine Psychologie. Spektrum Wissenschaftsverlag, Heidelberg.

Murray, J.D. (2004): An introduction to Mathematical Biology. An Introductory Course. Springer, New York.

Murray, J.D. (2003): Mathematical Biology. Spatial models and biomedical applications. Springer, New York.

Nagel, T. (1974): What is it like to be a bat? Philosophical Review 83: 435-450.

Neisser, U. (1967): Kognitive Psychology. Appleton-Century & Crofts, New York.

Neubauer, G. (2001): Grundzüge der Volkswirtschaftslehre, 4. überarb. Auflage, Verlag P.C.O., Bayreuth.

Neuseer, W., Neuseer von Öttingen, K. (Hrsg.) (1996): Quantenphilosophie. Spektrum Akademischer Verlag, Heidelberg.

Newen, A., Vogeley, K. (2000): Selbst und Gehirn. Mentis, Freiburg.

Nietzsche, F. (1966): Aus dem Nachlaß der Achtziger Jahre. Hrsg.: K. Schlechta. Hanser, München.

Northoff, G. (1997): Neuropsychiatrie und Neurophilosophie. Mentis, Paderborn.

Northoff, G. (2004): Philosophy of the Brain. The Brain Problem. Benjamins.

Oberender, P., Hebborn, A., Zerth, J. (2002): Wachstumsmarkt Gesundheit. Lucius u. Lucius, UTB, Stuttgart.

Odum, E.P. (1999): Ökologie. Thieme, Stuttgart.

Oerter, R., Montada, L. (Hrsg.) (2002): Entwicklungspsychologie. Psychologie Verlags Union, München.

Olivier, R. (2007): Die Willensfreiheit aus der Sicht einer Theorie des Gehirns. In: Krüger, H.-P. (Hrsg.): Hirn als Subjekt? (S.203-214). Akademie Verlag, Berlin.

Oppenheim, P., Putnam, H. (1958): Unity of Science as a Working Hypothesis. In: Feigl, H., Scriven, M., Maxwell, G. (Eds.): Concepts, Theories and the Mind-Body-Problem. Minnesota Studies in the Philosophy of Sciences, vol. 2 (pp. 3-36). Minneapolis, University of Minneapolis Press.

Oppl, H., Weber-Falkensammer, H. (Hrsg.) (1986): Lebenslagen und Gesundheit. 3 Bde., Diesterweg, Frankfurt.

Ossimitz, G. (2000): Entwicklung des systemischen Denkens. Profil, München.

Palsson, B.O. (2006): Systems Biology. Cambridge: Cambridge Univ Press.

Park, R.E., Burgess, E.W., McKenzie, R.D. (1925): The city. University of Chicago Press, Chicago.

Parsons, T. (1951): The social system. Free Press, Glencoe.

Parsons, T. (1965): Jugend im Gefüge der amerikanischen Gesellschaft. In: Friedeburg, L.v. (Hrsg.): Jugend in der modernen Gesellschaft (S. 131-155). Kiepenheuer u. Witsch, Köln.

Pauen, M. (2001): Das Rätsel des Bewusstseins. Mentis, Paderborn.

Pauen, M. (2005): Willensfreiheit, Neurowissenschaften und die Philosophie. In: Herrmann, C.S., Pauen, M., Rieger, J.W., Schicktanz, S. (Hrsg.): Bewusstsein (S. 53-80). Fink, München.

Pauen, M. (2006): Illusion Freiheit? Mögliche und unmögliche Konsequenzen der Hirnforschung. Fischer TB, Frankfurt.

Pauen, M., Roth, G. (Hrsg.) (2001): Neurowissenschaften und Philosophie. Fink-UTB, München.

Peitgen, H.O., Jürgens, H., Saupe, D. (1998): Bausteine des Chaos. Fraktale. Rowohlt, Reinbek.

Pfaff, H. (2003): Versorgungsforschung – Begriffsbestimmung, Gegenstand und Aufgaben. In: Pfaff, H., Schrappe, M., Lauterbach, K.W., Engelmann, U., Halber, U. (Hrsg.): Gesundheitsversorgung und Disease Management (S. 13-28). Huber, Bern.

Platon (1979): Das Gastmahl. Reclam, Stuttgart.

Plessner, H. (1928, 1975): die Stufen des Organischen und der Mensch.

Plessner, H. (2003): Schriften zur Philosophie Suhrkamp, Frankfurt.

Poincaré, H. (1912, 2003): Wissenschaft und Hypothese. Xenomoi Verlag.

Popper, K. (1984a): Logik der Forschung. Mohr, Tübingen.

Popper, K. (1984b): Objektive Erkenntnis. Campus Paperback, Frankfurt.

Popper, K., Eccles, J.C. (1982): Das Ich und sein Gehirn. Piper, München.

Postman, N. (1988): Das Verschwinden der Kindheit. Fischer, Frankfurt.

Prechtl, P. (Hrsg.) (2004): Grundbegriffe der analytischen Philosophie. Metzler, Stuttgart.

Prechtl, R., Burkard, F.P. (1999): Metzler Lexikon der Philosophie. Metzler, Stuttgart.

Prigogine, E. (1985): Vom Sein zum Werden. Piper, München.

Prinz, W. (2003): Der Mensch ist nicht frei (Interview). In: Das Magazin 2/2003, S. 19.

Reiter, L. (1992): Systemisches Denken und Handeln – Wohin? In: Schwertel, W., Rattisfeld, E., Emlein, G. (Hrsg.): Systemische Theorie und Perspektiven der Praxis (S. 9-74). Klotz, Frankfurt.

Reiter, L., Brunner, E., Reiter-Theil, S. (Hrsg.) (1997): Von der Familientherapie zur systemischen Perspektive. Springer, Berlin.

Remmert, H. (1978): Ökologie – ein Lehrbuch. Springer, Berlin.

Rensing, L., Koch, M., Rippe, B., Rippe, V. (2006): Mensch im Stress. Spektrum Akademischer Verlag, Heidelberg.

Retzer, A. (2003): Systemische Familientherapie der Psychosen. Hogrefe. Göttingen.

Retzer, A. (2004): Systemische Paartherapie. Klett-Cotta, Weinheim.

Richmond, B. (2001): An introduction to systems thinking. High Performance Systems, Hanover/USA.

Richter, H.E. (2007): Patient Familie. Psychosozial-Verlag, Gießen.

Richter, K., Rost, J.M. (2002): Komplexe Systeme. Fischer, Frankfurt.

Riedl, R. (1975, 1990): die Ordnung des Lebendigen. Parey, Berlin.

Riedl, R. (1981): Biologie der Erkenntnis. Parey, Berlin.

Rohracher, H. (1971): Einführung in die Psychologie. Springer, Berlin.

Roth, G. (1994): Das Gehirn und seine Wirklichkeit. Suhrkamp, Frankfurt.

Roth, G. (2003): Fühlen, Denken, Handeln. Suhrkamp, Frankfurt.

Roth, G. (2004): Worüber dürfen Hirnforscher reden – und in welcher Weise? In: Geyer, Ch. (Hrsg.): Hirnforschung und Willensfreiheit (S. 66-85). Suhrkamp, Frankfurt.

Roth, G. (2006) Willensfreiheit und Schuldfähigkeit aus Sicht der Hirnforschung. In: Roth, G., Grün, K.-J. (2006): Das Gehirn und seine Freiheit (S. 9-28). Vandenhoeck u. Rupprecht, Göttingen.

Roth, G., Grün, K.-J. (Hrsg.) (2006): Das Gehirn und seine Freiheit. Vandenhoeck u. Ruprecht, Göttingen.

Rousseau, J.-J.(1998): Abhandlung über den Ursprung und die Grundlagen der Ungleichheit unter den Menschen. Reclam, Ditzingen.

Sachsse, H. (1984): Ökologische Philosophie. Wissenschaftliche Buchgesellschaft, Darmstadt.

Saunders, P.T. (1986): Katastrophentheorie. Vieweg, Braunschweig.

Saup, W. (1992): Alter und Umwelt. Kohlhammer, Stuttgart.

Saup, W. & Eberhard, A. (2005). Umgang mit Demenzkranken im Betreuten Wohnen. Ein konzeptgeleiteter Ratgeber. Augsburg: Verlag für Geronologie

Schaefer, H. (1979): Zur neuen Theorie der Medizin. Mensch, Medizin, Gesellschaft 4 (1979) 210-216 (a).

Schaefer, H. (2000): Gott im Kosmos und im Menschen. Topos-Styria, Graz.

Schaefer, H., Blohmke, M. (1978): Sozialmedizin. Thieme, Stuttgart.

Schaefers, B., Scherr, A. (2005): Jugendsoziologie. VS Verlag für Sozialwissenschaften, Wiesbaden.

Scharfetter, C. (1999): Schizophrene Menschen. Beltz, Weinheim.

Scharfetter, C. (2002): Allgemeine Psychopathologie. Thieme, Stuttgart.

Scheler, M. (1913): Wesen und Formen der Sympathie. Halle, Niemeyer.

Scheler, M. (1928): Die Stellung des Menschen im Kosmos. Otto Reichl Vlg., Darmstadt.

Scheler, M. (1929): Philosophische Weltanschauung. F. Cohen, Bonn.

Scheler, M. (1994): Schriften zur Anthropologie. Reclam, Stuttgart.

Schiepek, G. (1991). Systemtheorie der Klinischen Psychologie. Vieweg, Braunschweig.

Schimank, U. (2006): Gesellschaftliche Teilsysteme und Strukturdynamiken. In: Volkmann, U., Schimank, U: (Hrsg.): Soziologische Gegenwartsdiagnosen II (S. 14-49). VS Verlag für Sozialwissenschaften, Wiesbaden.

Schimank, U., Volkmann, U. (Hrsg.) (2000): Soziologische Gegenwartsdiagnosen I. VS Verlag für Sozialwissenschaften, Wiesbaden.

Schipperges, H. (1978): Medizin und Umwelt. Hütter, Heidelberg.

Schipperges, H., Vescovic, G., Gene, B., Schlemmer, J. (1988): Die Regelkreise der Lebensführung. Deutscher Ärzteverlag, Köln.

Schlippe, A.v., Schweitzer, J. (1997): Lehrbuch der systemischen Therapie und Beratung. Vandenhoeck u. Ruprecht, Göttingen.

Schmidt, R. F. (2001): Physiologie kompakt. Springer, Berlin.

Schmidt-Degenhard, M. (2003): Anthropologische Aspekte psychiatrischer Erkrankungen. In: Möller, H.-J., Laux, G., Kapfhammer, H.-P. (Hrsg.): Psychiatrie und Psychotherapie. Springer, Berlin, S. 269-280.

Schneewind, K.A. (1991): Familienpsychologie. Kohlhammer, Stuttgart.

Schrödinger, E. (1935, 1996): Die gegenwärtige Situation in der Quantenmechanik. In: Neuser, W., Neuser-von Öttingen, K. (Hrsg.) (1996): Quantenphilosophie (S. 21-33). Spektrum Akademischer Verlag, Heidelberg.

Schrödinger, E. (1989): Was ist Leben? Piper, München.

Schulenburg, J.M. Graf von der, Greiner, W. (2000): Gesundheitsökonomik. Mohr-Siebeck, Tübingen.

Schulze, G. (1992): Die Erlebnisgesellschaft. Campus, Frankfurt.

Schüssler, G. (2004): Neurobiologie und Psychotherapie. Z. Psychosom. Med. Psychother. 50: 406-429.

Schuster, H.G. (1988): Deterministic Chaos. VCH, Weinheim.

Schuster, R. (1995): Grundkurs Biomathematik. Teubner, Stuttgart.

Schütz, A. (1932, 1981): Der sinnhafte Aufbau der sozialen Welt. Suhrkamp, Frankfurt.

Schütz, A., Luckmann, T. (2003): Strukturen der Lebenswelt. UTB, Stuttgart.

Schwartz, F.W., Busse, R. (1998): Denken in Zusammenhängen: Gesundheitssystemforschung. In: Schwartz, F.W., Badura, B., Ledil, R., Raspe, H., Siegrist, J., (Hrsg.): Das Public Health Buch (S. 385-411). Urban u. Schwarzenberg, München.

Schwartz, F.W., Siegrist, J., Troschke, J.v. (1998): Wer ist gesund? Wer ist krank? Wie gesund bzw. krank sind Bevölkerungen? In: Schwartz, F.W., Badura, B., Leidl, R., Raspe, H., Siegrist, J. (Hrsg.): Das Public Health Buch (S. 94-109). Urban u. Schwarzenberg, München.

Schwegler, H. (2001): Reduktionismen und Physikalismen. In: Pauen, M., Roth, G. (Hrsg.): Neurowissenschaften und Philosophie. Fink-UTB, München.

Searle, J.R. (1997) The mystery of consciousness. Granta Books, London.

Searle, J.R. (2004): Freiheit und Neurobiologie. Suhrkamp, Frankfurt.

Seifritz, W. (1987): Wachstum, Rückkopplung und Chaos. Hanser, München.

Serbser, W. (Hrsg.) (2004): Humanökologie. Ursprünge – Trends – Zukünfte. Ökom-Verlag, München.

Shell Jugendwerk (2006). Shell Jugendstudie 2006. http://www.shell.com/home/content/de-de/society_environment/jugendstudie/2006/dir_jugendstudie.html

Siegrist, J. (1996): Soziale Krisen und Gesundheit. Hogrefe, Göttingen.

Siegrist, J., Möller-Leimkühler, A.M. (1998): Gesellschaftliche Einflüsse auf Gesundheit und Krankheit. In: Schwartz, W., Badura, B., Leidl, R., Raspe, H., Siegrist, J. (Hrsg.): Das Public Health Buch (S. 8-31). Urban u. Schwarzenberg, München.

Silbernagl, S., Despopoulos, A. (2003): Taschenatlas der Physiologie. Thieme, Stuttgart.

Simon, F. (1988): Unterschiede, die Unterschiede ausmachen. Springer, Berlin.

Simon, F.B., Stierlin, H. (1984): Die Sprache der Familientherapie. Klett, Stuttgart.

Singer, W. (1990): Search for Coherence: a basic principle of cortical self-organization. Neuroscience 1: 1-26.

Singer, W. (1999): Neuronal synchrony: a versatile code for the definition of relations? Neuron 24, 4965.

Singer, W. (1992): Gehirn und Kognition. Spektrum, Heidelberg.

Singer, W. (2002): Der Beobachter im Gehirn. Suhrkamp, Frankfurt.

Singer, W. (2003): Ein neues Menschenbild? Gespräche über Hirnforschung. Suhrkamp, Frankfurt.

Singer, W. (2006a): Vom Gehirn zum Bewußtsein. Suhrkamp, Frankfurt.

Singer, W. (2006b): „Der freie Wille ist nur ein gutes Gefühl". Süddeutsche Zeitung, 25.04.2006; 113.

Sinn, H.W. (2004): Ist Deutschland noch zu retten? Ullstein, München.

Skinner, B.F. (1982): Jenseits von Freiheit und Würde. Rowohlt, Reinbek/Hamburg.

Smith, A. (1988): Der Wohlstand der Nationen. Eine Untersuchung seiner Natur und seiner Ursachen. dtv, Stuttgart.

Smith, A., Streissler, E.W. (2005): Untersuchung über Wesen und Ursachen des Reichtums der Völker. UTB-Mohr Siebeck, Tübingen.

Spada, H. (2005): Lehrbuch Allgemeine Psychologie. Huber, Bern.

Sperber, H. (2003): Wirtschaft. Verstehen-nutzen-ändern. Schäfer-Poeschl, Stuttgart.

Spitzer, M. (1996): Geist im Netz – Modelle für Lernen, Denken und Handeln. Spektrum, Heidelberg.

Stachowiak, H. (1973). Allgemeine Modelltheorie. Wien: Springer.

Stegmüller, W. (1969-1986): Probleme und Resultate der Wissenschaftstheorie und analytischen Philosophie. 4 Bde., Springer, Berlin.

Stegmüller, W. (1974): Wissenschaftliche Erklärung und Begründung. Springer, Berlin.

Steinbuch, K. (1971): Automat und Mensch. Auf dem Weg zu einer kybernetischen Anthropologie. Springer, Berlin.

Steiner, D., Nauser, M. (Hrsg.) (1993): Human ecology – fragments of anti-fragmentary views of the world. Routledge, London.

Sterman, J. (2000): Business dynamics. McGraw-Hill, New York.

Stier, W. (2001): Methoden der Zeitreihenanalyse. Springer, Berlin.

Stokols, D., Altman, I. (Hrsg.) (1987): Handbook of Environmental Psychology, Vol. 1. Wiley, New York.

261

Strogatz, St.H. (2001): Nonlinear Dynamics and Chaos. With Applications to Physics, Biology, Chemistry and Engineering. The Perseus Books Group. New York.

Strunk, G., Schiepek, G. (2006): Systemische Psychologie. Spektrum Akademischer Verlag, Heidelberg.

Tarrassow, L. (1998): Wie der Zufall will? Spektrum Akademischer Verlag, Heidelberg.

Teherani-Krönner, P. (1992): Von der Humanökologie der Chicagoer Schule zur Kulturökologie. In: Glaeser, B., Teherani-Kröner, P. (Hrsg.): Humanökologie und Kulturökologie (S. 15-46). Westdeutscher Verlag, Opladen.

Thies, Ch. (2004): Einführung in die philosophische Anthropologie. Wissenschaftl. Buchges., Darmstadt.

Thom, R. (1989): Structural stability and morphogenesis. Perseus Books, New York.

Thoms, S.P. (2005): Ursprung des Lebens. Fischer, Frankfurt.

Tietze, J. (2003): Einführung in die angewandte Wirtschaftsmathematik. Vieweg, Wiesbaden.

Tinbergen, N. (1953): The Herring Gull's world. Collins, London.

Treibl, A. (2000): Einführung in die soziologische Theorie. Leske u. Budrich, Opladen.

Tretter, F. (1974): Die kortikalen Detektoren des visuellen Systems. Diss. Univ. Wien.

Tretter, F. (1978): Medizinsystem und Umwelt. Unveröff. Diss. Soziol. Inst. Univ. München.

Tretter, F. (1982): On the development and multidisciplinary relevance of a qualitative analytical systems technology for biology, psychology and sociology. In: Trappl, R., Klir, J., Pichler, F. (Eds.): Progress in Cybernetics and systems research, Bd. 3 (pp. 179-184). Mc Graw Hill, New York.

Tretter, F. (1986): Umwelt und Gesundheit: Ansätze zu einer ökologischen Medizin. Deutsches Ärzteblatt 17: 1192-1196.

Tretter, F. (1988a): Humanökologie. Psychosozial 35: 22-29.

Tretter, F. (1988b): Altern, Umwelt und Gesundheit ganzheitlich betrachtet – Wege zu einer ökologisch-systemischen Perspektive in der geriatrischen Praxis. Psychosozial 35: 97-102.

Tretter, F. (1989a): Systemwissenschaft in der Medizin. Deutsches Ärzteblatt 43: 3198-3209.

Tretter, F. (1989b): Humanökologische Medizin. In: Glaeser, B. (Hrsg.): Humanökologie (S. 209-224). Westdeutscher Verlag, Opladen.

Tretter, F. (1989c): Grundprobleme des Begriffs „Umwelt". Natur- und Ganzheitsmedizin 7/1: 97-102.

Tretter, F. (1993a): Skizze einer systemischen Psychopathologie. In: Tretter, F., Goldhorn, F. (Hrsg.): Computer in der Psychiatrie (S. 355-393). Asanger, Heidelberg.

Tretter, F. (1993b): Skizze einer "Ökologie der Person" als Denkrahmen der Psychiatrie. Forum für interdisziplinäre Forschung 10: 21-47.

Tretter, F. (1997): Humanökologie und Gesundheitsförderung. Hazard, B. (Hrsg.): Humanökologie und Gesundheitsförderung (S. 37-55). Westdeutscher Verlag, Opladen.

Tretter, F. (1998): Ökologie der Sucht. Hogrefe, Göttingen.

Tretter, F. (2000): „Suchtgedächtnis" und „Neurophilosophie". Sucht 48(1): 56-60.

Tretter, F. (2002): Sucht aus der Sicht von Philosophie, „Neurophilosophie" und Systemtheorie. Suchtmedizin in Forschung und Praxis 4(2): 135-151.

Tretter, F. (2004a): Systemisch-kybernetische Modellansätze der Psychologie der Sucht. In: Tretter, F., Müller, A. (Hrsg.): Psychologische Therapie der Sucht (S. 165-200). Hogrefe, Göttingen.

Tretter, F. (2004b): Grundlagen der Wirtschaftswissenschaften. In: Tretter, F., Erbas, B., Sonntag, G. (Hrsg.): Ökonomie der Sucht und Suchttherapie. Pabst Science Publishers, Lengerich.

Tretter, F. (2004c): Betriebswirtschaftslehre – Effizienz von Betrieben. In: Tretter, F., Erbas, B., Sonntag, G. (Hrsg.): Ökonomie, Sucht und Suchttherapie (S. 97-134). Pabst Science Publishers, Lengerich.

Tretter, F. (2005a): Krankes Gesundheitswesen und die Reformen – Kritik an der „politischen Gesundheitsökonomie". Deutsches Ärzteblatt 102(9): A570-571.

Tretter, F. (2005b): Systemtheorie im klinischen Kontext. Pabst, Lengerich.

Tretter, F. (2006a): Der Homo oeconomcius und die psychiatrische Versorgung. Krankenhauspsychiatrie 17: 40-41.

Tretter, F. (2006b): Führung im psychiatrischen Krankenhaus in Zeiten der Ökonomisierung – die systemische Perspektive. Krankenhauspsychiatrie 17: 114-121.

Tretter, F. (2007): Wissenschaftsphilosophische Probleme im Hinblick auf die Psychiatrie. Der Nervenarzt V 78 (5): 498-504.

Tretter, F., Küfner, H. (1992): Netzwerke der Sucht. Psycho, Supplement 1/1992: 2-10.

Tretter, F., Albus, M. (2004): Einführung in die Psychopharmakotherapie. Thieme, Stuttgart.

Tretter, F., Sonntag, G. (2004): Philosophische Aspekte der Wirtschaftswissenschaften: Menschenbild, Ethik und Erkenntnis. In: Tretter, F., Erbas, B., Sonntag, G. (Hrsg.): Ökonomie der Sucht und Suchttherapie (S. 17-40). Pabst, Lengerich.

Tretter, F., Queri, S. (2005): Wissenschaftstheoretische Aspekte zur Kausalanalyse des Drogentods. Suchtmedizin 7(1): 33-45.

Tretter, F., Müller, W.E. (Hrsg.) (2007): Profrontal cortex, working memory and Schizophrenia: data and models. Pharmacopsychiatry (in Druck).

Tretter, F., Erbas, B., Sonntag, G. (Hrsg.) (2004): Ökonomie der Sucht und Suchttherapie. Pabst, Lengerich.

Tretter, F., Müller, W., Carlsson, A. (Eds) (2006): Systems Science, Computational Science and Neurobiology of Schizophrenia. Pharmacopsychiatry S 1.

Tschacher, W. (1997): Prozessgestalten, Hogrefe.

Uexküll, J.v., Kriszat, G. (1970): Streifzüge durch die Umwelten von Tieren und Menschen. Fischer, Frankfurt.

Uexküll, Th. v. (1953): Der Mensch und die Natur. Bern, Francke Verlag.

Uexküll, Th. v., Wesiack, W. (1988): Theorie der Humanmedizin. Urban u. Schwarzenberg, München.

Uexküll, Th.v., Adler, R.H., Herrmann, J.M. (Hrsg.) (2002): Psychosomatische Medizin. Modelle ärztlichen Denkens und Handelns. Urban u. Fischer, München.

Ulrich, G. (2006): Das epistemologische Problem in den Neurowissenschaften und die Folgen für die Psychiatrie. Der Nervenarzt V 77(11): 1287-1300.

Ulrich, H., Probst, G.J.B. (1988): Anleitung zum ganzheitlichen Denken. Haupt, Bern.

Unschuld, P.U. (2006): Geschichte der Medizin – Der Patient als Leidender und als Kranker. Deutsches Ärzteblatt 103(17): A 1136-9.

Varian, H.L. (2001): Grundzüge der Mikroökonomik. Oldenbourg, München.

Vester, F. (1988): Leitmotiv vernetztes Denken. Heyne, München.

Vester, F. (1998): Ballungsgebiete in der Krise. Dtv, München.

Vester, F. (2002): die Kunst vernetzt zu denken. Dtv München erborn, mentis.

Vogeley, K. (1995): Repräsentation und Identität. Duncker & Humblot GmbH, Berlin.

Vogeley, K. (2001): Psychopathologie des Selbstkonstrukts. In: Roth, G., Pauen, M. (Hrsg.): Neuro- und Kognitionswissenschaften: Eine Einführung in philosophische und empirische Probleme (S. 238-268). Fink / UTB, Paderborn, München.

Voigt, S. (2002): Institutionenökonomik. Fink, München.

Volkmann, U., Schimank, U. (Hrsg.) (2006): Soziologische Gegenwartsdiagnosen II. VS Verlag für Sozialwissenschaften, Wiesbaden.

Völz, H., Ackermann, P. (1996): Die Welt in Zahlen und Skalen. Spektrum Akademischer Verlag, Heidelberg.

Walter, H. (1999): Neurophilosophie der Willensfreiheit. Mentis, Paderborn.

Watzlawik, P. (Hrsg.) (1991): Die erfundene Wirklichkeit. Piper, München.

Watzlawik, P. (1995): Wie wirklich ist die Wirklichkeit? Piper, München.

Watzlawick, P., Beavin, J.H., Jackson, D.D. (1971): Menschliche Kommunikation. Huber, Bern.

Weber, M. (1984): Gesamtausgabe, 41 Bände. Mohr-Siebeck, Tübingen.

Weichhart, P. (1979): Remarks on the term „environment". Geo Journal 3(6): 523-531.

Weichhart, P. (1989): Die Rezeption des humanökologischen Paradigmas. In: Glaeser, B. (Hrsg.): Humanökologie – Grundlagen präventiver Umweltpolitik. Westdeutscher Verlag, Opladen.

Weizsäcker, V. v. (1929): Kranker und Arzt. Junker & Dünnhaupt, Berlin.

Weizsäcker, V. v. (1930): Soziale Krankheit und soziale Gesundung. Springer.

Weizsäcker, V. v. (1940): Der Gestaltkreis. Thieme, Leipzig.

Weizsäcker, V. v. (1947): Der Gestaltkreis. Thieme, Stuttgart.

Weizsäcker, V. v. (1948): Grundfragen medizinischer Anthropologie. Furche Verlag, Tübingen.

Weizsäcker, V. v. (1951): Der kranke Mensch. Einführung in die medizinische Anthropologie. Stuttgart, Köhler.

Weizsäcker, V. v. (1956): Pathosophie. Vandenhoeck & Ruprecht, Göttingen.

Wendt, W.R. (1992): Die Lebenswelt: kränkend und heilend – eine ökosoziale Übersicht. In: Andresen, B., Stark, F.M., Gross, J. (Hrsg.): Mensch-Psychiatrie-Umwelt (S. 89-110). Psychiatrie Verlag, Bonn.

Wiener, N. (1948): Cybernetics. MIT press, Cambridge, Mass.

Willi, J. (1985): Koevolution – Die Kunst gemeinsamen Wachsens. Rowohlt, Reinbek.

Willi, J. (Hrsg.) (1988): Psychoökologie. Psychosozial 35: 11-21.

Willi, J. (1990): Die Zweierbeziehung. Rowohlt, Reinbek.

Willi, J. (1996): Ökologische Psychotherapie. Hogrefe, Göttingen.

Willi, J. (2007): Wendepunkte im Lebenslauf. Klett-Cotta, Stuttgart.

Willke, H. (1982): Systemtheorie. UTB, München.

Wilson, E.O. (1978): Sociobiology: the new synthesis. Cambridge.

Witt, U. (Hrsg.) (1993): Evolutionary Econcomics. Elgar, Aldershot.

Wittgenstein, L. (1963): Tractatus logico philosophicus. Suhrkamp, Frankfurt.

Wittgenstein, L. (1984): Werkausgabe. 8 Bde. Suhrkamp, Frankfurt.

Wolfram, S. (2002): A new kind of science. Wolfram Media Champaign (Ill, USA).

Wohlgenannt, R. (1969): Was ist Wissenschaft? Vieweg, Braunschweig.

Wright, G.H. von (2000): Erklären und Verstehen. Philo-Verlag, Berlin.

Wuketits, F.M. (2005): Evolution. Die Entwicklung des Lebens. Beck, München.

Zeigler, B.P. (2000): Theory of Modeling and Simulation. Academic, New York.

Zeitler, H., Pagon, D. (2000): Fraktale Geometrie – eine Einführung. Vieweg, Braunschweig.

Zutt, J. (1963): Auf dem Weg zu einer anthropologischen Psychiatrie. Springer, Berlin.

Stichwortverzeichnis

F. Tretter, B. Erbas, G. Sonntag (Hrsg.)

Ökonomie der Sucht und Suchttherapie

Die Begriffe "Sparen" und "Wirtschaftlichkeit" bestimmen die gegenwärtige Diskussion im Gesundheits- und Sozialwesen in einem Ausmaß, wie noch niemals zuvor. Sie sind bestimmende Leitgedanken bei der Organisation und in der täglichen Praxis gesundheitsbezogener und sozialer Hilfeleistungen geworden. Die Anforderungen, die Hilfeerbringung verstärkt unter ökonomischen Aspekten zu sehen und zu steuern, stehen oft in einem unübersehbaren Spannungsverhältnis zum Auftrag und zum Selbstverständnis der Angehörigen der helfenden Berufe. Negative Auswirkungen hat dies am Ende aber vor allem für diejenigen, die der Hilfe dringend bedürfen, falls es "den Ökonomen" und "den Helfern" nicht gemeinsam gelingt, dieses Spannungsverhältnis auszutarieren.

Die beiden aus dem Leitgedanken der "Wirtschaftlichkeit" erwachsenden Forderungen Sparen und dennoch Qualität der Hilfeleistungen zumindest beizubehalten, wenn nicht gar zu steigern, erscheinen zunächst als Widerspruch: Qualität kostet Zeit und Zeit ist Geld. Dieser Zielkonflikt ist nicht einfach zu lösen, kann aber durch Optimierungsprozesse zu einem akzeptablen Ergebnis geführt werden.

Diese Aufgabe ist auch den Angehörigen des Suchthilfesystems gestellt und sie müssen versuchen, das ökonomische Prinzip, durch "effizienten Einsatz knapper Ressourcen zur Bedürfnisbefriedigung" zu gelangen, in ihre Hilfekonzepte und Hilfepraxis zu integrieren, ohne dabei ihre sozialethischen Grundauffassungen preis zu geben.

Mit diesem Themenkomplex beschäftigt sich das vorliegende Buch. Es ist das Ergebnis einer Tagung der Bayerischen Akademie für Suchtfragen in Forschung und Praxis (BAS e.V.), die im Oktober 2002 in München stattfand.

Die Vorträge der Tagung wurden von den Referenten ausgearbeitet und in das Buch übernommen. Sie werden ergänzt durch einige grundlegende Aufsätze zu den wichtigsten Aspekten ökonomischen Denkens in der Betriebs- und der Volkswirtschaftslehre. Auch das Verhältnis von Ökonomie, Philosophie, Ethik und Therapeutik und die Auswirkungen dieses Bedingungsgefüges auf das praktische Handeln werden beleuchtet.

Die Leserinnen und Leser des Buchs bekommen einen fundierten Einblick in die ökonomische Dimension verschiedener suchtbezogener Bereiche, der von ökonomischen Aspekten der Herstellung und Distribution psychotroper Substanzen bis hin zu gesundheitsökonomischen Fragestellungen bei der Allokation von Suchthilfeangeboten reicht.

400 Seiten, ISBN 978-3-89967-100-1   *Preis: 25,- Euro*

PABST SCIENCE PUBLISHERS

Eichengrund 28, D-49525 Lengerich
T. ++ 49 (0) 5484-308, F. ++ 49 (0) 5484-550
E-mail: pabst.publishers@t-online.de, Internet: http://www.pabst-publishers.de

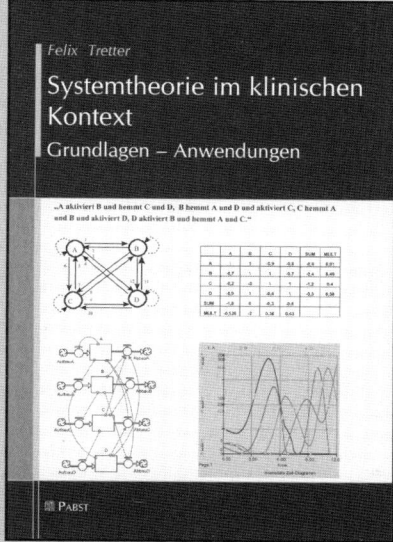

Felix Tretter

Systemtheorie im klinischen Kontext

Grundlagen – Anwendungen

„Systemisches Denken" bedeutet, einen Gegenstand als „System", also als Gefüge von miteinander funktionell verbundenen Elementen, zu begreifen. Das ist im Bereich der Forschung ebenso wie im Bereich des Managements oder im klinischen Kontext, insbesondere im Rahmen von Therapie, möglich.

Untersucht man die Anwendbarkeit des systemischen Modellierens im klinischen Bereich, ist es günstig, zunächst ein systemisches Konzept von Gesundheit und Krankheit zu entwickeln. Dies erfolgt in diesem Buch.

Der Autor erörtert das ökologische Problem der Gegenwartsgesellschaft im Rahmen der „Weltmodelle", die der Ursprung systemischen Modellierens sind. Anhand dieser anschaulichen Beispiele betrachtet der Autor systemisch
- die Epidemiologie des Konsums von Heroin und Tabak,
- die Versorgung von Alkoholikern,
- die Funktionsweise von Krankenhäusern und Familiendynamiken.

Die systemische Modellierung psychischer Störungen nimmt einen breiten Raum ein; das Gehirn wird als biologisches System betrachtet.

Abschließend stellt der Autor ein mathematisches Modell der Suchtentwicklung dar.

Das Buch soll Psychologen, Medizinern, Wirtschaftswissenschaftlern, Pädagogen, Soziologen und anderen an der klinischen Systemforschung interessierten Lesern mit einem Minimum an Mathematik einen Einstieg in die systemische Modellierung bieten.

556 Seiten, ISBN 978-3-89967-182-7, Preis: 50,- Euro

PABST SCIENCE PUBLISHERS
Eichengrund 28, D-49525 Lengerich
Phone ++ 49 (0) 5484-308, Fax ++ 49 (0) 5484-550,
E-mail: pabst.publishers@t-online.de, Internet: http://www.pabst-publishers.de

Thomas Fuchs, Kai Vogeley, Martin Heinze (Hrsg.)

Subjektivität und Gehirn

Subjektivität und *Gehirn*

Thomas Fuchs
Kai Vogeley
Martin Heinze (Hg.)

PABST SCIENCE PUBLISHERS
PABODOS

**2007, 302 Seiten,
ISBN 978-3-89967-433-0,
Preis: 25,- Euro**

Nachdem das neuzeitliche Subjekt im Laufe der letzten 150 Jahre einige Kränkungen (z.B. durch Darwin, Freud oder die so genannte Postmoderne) erfahren hat, scheint ihm die jüngste neurowissenschaftliche Forschung den Todesstoß zu versetzen. Will man aber das Projekt einer aufgeklärten Gesellschaft nicht aufgeben, in der Menschen als freie und bewusste Subjekte handeln, muss Subjektivität restituiert und reformuliert werden.

In diesem Band stellen renommierte Philosophen und Psychiater unterschiedliche Konzeptionen von Subjektivität vor, die nicht nur die Herausforderungen der Neurowissenschaften am Beginn des 21. Jahrhunderts annehmen, sondern auch zwischen den oftmals verhärteten Fronten produktiv vermitteln. Der Band ist aus der Jahreskonferenz 2006 der Deutschen Gesellschaft für Psychiatrie, Psychotherapie und Nervenheilkunde (DGPPN) im Berliner ICC hervorgegangen und schließt an den Vorjahresband "Willensfreiheit - eine Illusion" an.

Philosophie

Klaus Brücher: Eine sehr kurze Geschichte der Subjektivität

Manfred Frank: Lässt sich Subjektivität naturalisieren?

Thomas Fuchs: Verkörperte Subjektivität

Hinderk M. Emrich: Philosophie der Berührung: Spontaneität als Konstituens von Subjektivität

Hans-Peter Krüger: Die Entdeckung und das Missverständnis der neurobiologischen Hirnforschung

Neurowissenschaften

Kai Vogeley: Neurale Grundlagen der sozialen Kognition

Dirk Leube und Tilo Kircher: Phänomenologie und Neurobiologie des gestörten Ich-Erlebens

Friedel M. Reischies: Selbst im Gehirn? Neurowissenschaftliche Modelle des sensomotorischen Bewusstseins

Günter Schiepek: Die neuronale Selbstorganisation des Selbst. Ein Beitrag zum Verhältnis von neuronalen und mentalen Prozessen aus Sicht der Synergetik

Stephan Schleim und Henrik Walter: Gedankenlesen - eine Herausforderung für die Neuroethik?

Andreas Heinz und Anne Beck: Sucht als Störung der Selbstkontrolle

Psychopathologie

Paul Hoff: Über die zukünftige Rolle der Psychopathologie: Grundlagen- oder Hilfswissenschaft?

Wolfgang Gaebel und Jürgen Zielasek: Die Subjektivität in der modularen Psychiatrie

Christoph Mundt: Das Selbst als soziales Organ

Christian Kupke: Subjekt und Individuum in philosophischer und psychiatrischer Perspektive

Martin Heinze: Aspekte von Subjektivität: Sichverhaltenkönnen, Anerkennung und Assoziativität

Uwe Gonther und Jann E. Schlimme: Die Begründung der Subjektivität im Gegebenen - Göttlicher Wahnsinn und Psychose bei Hölderlin

PABST SCIENCE PUBLISHERS
Eichengrund 28
49525 Lengerich, Germany
Phone + + 49 (0) 5484-308
Fax + + 49 (0) 5484-550
pabst.publishers@t-online.de
www.pabst-science-publishers.com
www.pabst-publishers.de
www.psychologie-aktuell.com